牦牛藏羊养殖技术与疫病防治

倪关英　浮怀琳　张德虎 ◎ 著

吉林科学技术出版社

图书在版编目（CIP）数据

牦牛藏羊养殖技术与疫病防治 / 倪关英，浮怀琳，张德虎著． -- 长春：吉林科学技术出版社，2021.6
ISBN 978-7-5578-8062-0

Ⅰ．①牦… Ⅱ．①倪… ②浮… ③张… Ⅲ．①牦牛－饲养管理②西藏羊－饲养管理③牦牛－牛病－防治④西藏羊－羊病－防治 Ⅳ．① S823.8 ② S826.8 ③ S858.2

中国版本图书馆 CIP 数据核字（2021）第 099193 号

牦牛藏羊养殖技术与疫病防治

MAONIU ZANGYANG YANGZHI JISHU YU YIBING FANGZHI

著		倪关英　浮怀琳　张德虎
出 版 人		宛　霞
责 任 编 辑		丁　硕
封 面 设 计		舒小波
制　　版		舒小波
幅 面 尺 寸		185 mm×260 mm
开　　本		16
印　　张		19.25
字　　数		420 千字
页　　数		308
印　　数		1 1500 册
版　　次		2021 年 6 月第 1 版
印　　次		2022 年 1 月第 2 次印刷

出　　版		吉林科学技术出版社
发　　行		吉林科学技术出版社
地　　址		长春市净月区福祉大路 5788 号
邮　　编		130118
发行部电话／传真		0431-81629529　81629530　81629531
		81629532　81629533　81629534
储运部电话		0431-86059116
编辑部电话		0431-81629518
印　　刷		保定市铭泰达印刷有限公司
书　　号		ISBN 978-7-5578-8062-0
定　　价		80.00 元

由于特殊的自然环境和生态条件，牦牛以自然放牧为主，与其他牛种相比，牦牛良种体系不健全、畜群结构不合理、管理方式粗放，致使部分地区牦牛表现出体格变小、体重下降、繁殖率低、死亡率高等问题，牦牛养殖中饲草料短缺、基础设施薄弱，这些因素制约着牦牛群体生产力水平的提高。如何提高牦牛良种制种供种能力、提高牦牛生产性能，改良牦牛品质，节本降耗、提质增效，是牦牛生产和科研工作需要迫切解决的问题。

近年来，在各级主管部门、科研单位和科技项目示范带动下，青藏高原牦牛养殖方式正在发生变化，应用科学技术破解青藏高原生态平衡与科学养畜等难题的效应逐步显现。一是科技进步推动科学养畜的作用越来越明显，对牦牛进行科学选种选配、错峰出栏、舍饲（半舍饲）育肥已成为增加牦牛经济效益的重要方式；二是传统的牦牛放牧模式正在被改变，牦牛驱虫防疫技术、高寒牧区青贮技术、牦牛适时出栏技术等正在被推广应用。科技创新对牦牛产业发展的杠杆撬动作用显著，科技创新支撑牦牛的产业发展。在充分发挥繁育场、养殖场主体作用的同时，建立产学研联盟，着力促进科技成果转化，促进牦牛产业持续健康发展。改善牦牛生产条件，促进科技创新和牦牛产业发展的紧密结合，大力推广优良种牛，不断加大科研技术投入，综合配套实施良种繁育技术、适时出栏技术、生态高效牧养技术、疫病防控技术，更好地发挥科学技术作用，挖掘牦牛遗传潜力，提高牦牛生产性能，提升牦牛产业经济效益。

藏羊主要分布在我国青藏高原一带，是当地群众在海拔3000m以上的严酷恶劣环境下以自然放牧为主要方式培育出来的具有地方特色的优良畜种，是世世代代高原地区农牧民肉、毛等生活必需品的直接生产者，是农牧民群众赖以生存的物质基础。藏羊养殖业是青藏高原地区的支柱产业之一。

近年来，随着藏羊养殖业的发展和养殖集约化程度的提高，养殖环境日趋恶化，病害发生率越来越高，导致畜产品的质量不断下降，食品安全问题日益突出。因此，藏羊的健康养殖问题摆在了广大畜牧工作者的面前，探索新的养殖模式，以新的养殖技术来减轻养殖环境压力、维系藏羊养殖业的可持续发展已十分必要。目前藏羊生产还以千家万户分散饲养为主体，集约化程度较低。大力推广普及先进实用技术，迅速提高藏羊饲养管理水平，是促进藏羊产业化发展的重要环节。

目 录
CONTENTS

第一章 青海省畜牧产业的发展

近年来，青海省为解决牧区生态保护与牧民增收的困境，做了许多的探索和努力，诸如草原建设，划区轮牧、以草定畜，移民工程等，但均没有取得预期效果。而此次青海生态畜牧业建设取得了突破性进展，其经济学逻辑是什么？本章将作出明确阐释。

第一节 青海生态畜牧业建设的经济学逻辑

一、国家战略需要：生态畜牧业建设的动因

诺思认为，"国家提供的基本服务是博弈的基本规则，这些规则都有两个目的：①界定形成产权结构的竞争与合作的基本规则（即在要素和产品市场上界定所有权结构），这能使统治者的租金最大化。②在第一个目的的框架中降低交易费用以使社会产出最大，从而使国家税收增加。这第二个目的将导致一系列公共（或半公共）产品或服务的供给，以便降低界定、谈判和实施作为经济交换基础的契约所引起的费用。"同时，诺斯还认为，"制度创新来自统治者而不是选民，这是因为后者总是面临着搭便车问题。对统治者来说，既然他没有搭便车问题，他就要不断进行制度创新以适应相对价格的变化。"在诺斯的理论中，国家的主要作用不仅在于界定和保护产权，而且还通过制度创新增加公共产品或服务的供给。

正是因为青海省的特殊生态地位，党中央、国务院历来高度重视青海生态保护工作，从实施天然林保护、退牧还草和退耕还林（草）等工程，到实施三江源生态保护与建设工程，国家有关部门认真贯彻党中央、国务院的决策部署，对青海生态保护和建设给予了政策、资金、项目等多方面的支持。2005 年 1 月国家正式批准实施《三江源生态保护与建设总体规划》，2007 年青海省委提出了"生态立省"的发展战略，提出了"科学发展是第一要务，保护生态是重要责任，改善民生是当务之急"的三大历史任务。为了更好地实施"生态立省"战略，青海省 2007 年取消了对"三江源"重要生态功能区涉及 3 州 16 县的GDP 考核，转而考核生态和民生。2008 年 10 月 15 日，国务院常务会议审议通过《关于支持青海省等省藏区经济社会发展的若干意见》，明确提出强化生态保护和建设，并作为

头号工程。2009年10月，青海省海南州生态畜牧业可持续发展试验区被列为国家级可持续发展试验区，是中国目前唯一的生态畜牧业国家级试验区。为从根本上遏制三江源地区生态功能退化趋势，探索建立有利于生态建设和环境保护的体制机制，2011年11月16日国务院常务会议决定建立"青海省三江源国家生态保护综合试验区"，批准实施《青海省三江源国家生态保护综合试验区总体方案》。该方案的实施，标志着三江源生态保护和经济社会协调发展上升为国家战略，成为加速推进三江源区生态保护、民生改善和经济社会协调发展的新引擎。

《三江源生态保护与建设总体规划》和《青海省三江源国家生态保护综合试验区总体方案》的批准实施，一方面说明国家在青海省处理生态保护和经济发展两难困境问题时及时给予的制度供给，旨在弥补原有正式制度供给不足的问题；另一方面也是更重要的一方面，就是青海省的生态产品相对全国而言，具有公共物品的特性。公共物品具有很强的外部性，如果青海省的生态环境一旦遭到破坏，对中国乃至全球的生态环境都是灾难性的。因此，为了克服生态环境遭到破坏产生的外部负效应，国家就必须提供相应的制度安排来确保青海省生态，特别是三江源地区生态环境的特殊功能不至于弱化，以满足国家经济社会协调发展中对生态环境依赖的需要。有了国家强有力的制度供给，青海实施生态畜牧业建设也就变得水到渠成。

二、经营模式创新：提高了效率

诺斯认为，"制度在变迁，而相对价格的根本性变化乃是制度变迁的最重要来源。如要素价格比率的变化，信息成本的改变，技术的变化等，皆属于相对价格的变化。"那么，在什么情况下，相对价格的变化才会最终导致制度变迁呢？诺斯认为，"一种相对价格的变化使交换的一方或双方（不论是政治的还是经济的）感知到：改变协定或契约将能使一方甚至双方的处境得到改善，因此，就契约进行再次协商的介图就出现了。然而，契约是嵌套于规则的科层结构之中的，如果不能重构一套更高层面的规则（或违反一些行为规范），再协商或许就无法进行。在此情况下，有希望改进自身谈判地位的一方就极有可能投入资源去重构更高层面的规则。"这样一来，改变现存的制度安排就必不可免。

青海省实施生态畜牧业建设期初，就特别注重发挥牧民的首创精神，积极鼓励牧民组建合作社，并根据实际情况探索生态畜牧业建设的新模式。截至目前，探索出了诸如股份合作制、联户制、代牧制、租赁制和多种类型集于一身的混合模式等。尤其是海南藏族自治州共和县拉乙亥麻村探索出的以牲畜联户经营、草场随畜计价流转、生产指标量化，土地折价入股、用工按劳取酬，利润按股分红，劳动力专业分工，二、三产业并举的混合模式，取得了生态保护和经济发展的双赢。实践证明：这种混合模式是目前青海省牧区生态畜牧业建设中组织化程度最高、集约化程度最高和市场化程度最高的生产经营模式，具有牧区特色性、可复制性和方向性，在广大牧区具有很强的生命力。

在坚持草地家庭承包经营基础上的经营模式创新，改变了农牧民所拥有的生产要素的相对价格。就人力资本而言，做到了人尽其才，"宜农则农、宜牧则牧、宜工则工、宜商则商"，实现了人力资源配置的帕累托改进；就生产技术而言，通过品种改良技术、牧草种植技术、牲畜饲养管理技术和畜产品加工技术等新的现代技术要素的引入，提高了农牧产品的附加值，延长了产业链，带动了相关产业的发展。同时，畜牧业技术革新反过来又降低了生产经营制度创新的成本，增加了制度创新的收益。经营制度创新和技术创新的协调统一，使畜牧业生产要素和产品价格发生变化成为可能，从而实现了牧业增效、牧民增收和生态保护的"三赢"，激发了广大牧民积极参与生态畜牧业实践的热情。

三、建设取得实效：强制性制度变迁与诱致性制度变迁的有机结合

林毅夫认为，"诱致性制度变迁指的是一群（个）人在响应由制度不均衡引致的获利机会时所进行的自发性变迁；强制性制度变迁指的是由政府法令引起的变迁。"青海省在牧区六州实施生态畜牧业建设是落实"生态立省"战略的具体举措之一，从一开始就表现出较强的政府主导的强制性制度变迁的特征。在实施生态畜牧业建设的过程中，各地采取什么样的经营模式，牧民自主选择，政府仅仅是引导和创造条件而已，经营模式的创新表现出较强的牧民主导的诱致性制度变迁的特征。

从强制性主体来讲，青海省为了使生态畜牧业建设取得实效，采取了一系列举措，要求必须做到"四个结合"：①生态畜牧业建设与生态补偿奖励机制相结合；②生态畜牧业建设与游牧民定居等民生工程相结合；③生态畜牧业建设与实施的重点生态工程相结合；四是生态畜牧业建设与解决富余劳动力转移相结合。

从诱致性主体来讲，具体采取何种经营模式，政府给予指导，但完全由牧民结合实际情况进行自主选择，赋予牧民充分的经济自由选择权。①在坚持草场家庭承包经营的基础上，牧民自主选择经营创新模式；②合作社为了促进生态畜牧业建设，出台了合作社生产资料整合、使用、收益及分配，人力资源开发与利用，第二、第三产业发展等一系列相关制度安排，既发挥了牧民参与决策的积极性，又给牧民提供了更大的发展空间。

实践证明：以合作社为载体的生态畜牧业建设是青海省牧区生产关系适应生产力发展要求的一个必然产物，是一个带有根本性的制度创新。它抓住了转变经营方式这个核心，实现了全面推进牧业生产方式、牧业利用资源方式和牧业经营方式的转变，做到了"三管齐下"，解决了转变牧业发展方式中单打独斗的路径困境。强制性制度变迁和诱致性制度变迁的有机结合，实现了草场规模经营基础上资源配置的帕累托改进。

四、建设顺利开展：正式制度与非正式制度的有效匹配

诺斯认为，"正式规则能够补充和强化非正式约束的有效性。它们能够降低信息、监

督以及实施的成本，并因而使非正式约束成为解决复杂交换问题的可能方式。同时，正式制度也可能修改、修正或替代非正式约束。双方谈判能力的改变，将产生出对于不同的交换制度框架的有效需求，而其成败，取决于非正式约束。"在诺斯的理论中，正式制度要与非正式制度相匹配，即正式制度只有与非正式制度相容才能发挥作用。如果两者相容，就会降低制度变迁的成本。

国家批准实施《青海省三江源国家生态保护综合试验区总体方案》，是党中央、国务院为建设生态文明、促进可持续发展而做出的重大决策，就是把三江源区建设成"生态文明的先行区"，为全国同类地区积累经验、提供示范。青海省生态畜牧业建设就是落实国家战略的具体举措，是国家制度供给背景下的具体制度安排。此项制度能否在牧区顺利推广实施，就取决于正式制度与牧民的非正式制度是否具有相容性。藏族是一个笃信藏传佛教的民族。藏传佛教的文化中，就有许多崇敬自然、保护生命及生命之间平等的认同思想。南文渊认为，"藏族自然禁忌是出于对自然的敬畏与感恩，因而对自然的保护性禁忌是一种非常自觉的行为，一种必须要这样做否则会引起灾难的心理倾向与道德规范。而藏区部落及政教合一政权所颁布的保护水草动物的法令，则是对民间自然禁忌的扩大与具体化。这样，自然崇敬观念、自然禁忌机制、道德规范与世俗法令共同构成了保护自然环境的网络。从文化上讲，这是作为统一的整体而在发挥功能作用。禁忌与法规是建立在对自然的崇敬之上的，没有崇敬信仰，法规不可能被执行。"这说明，生态保护的理念在广大牧区具有深厚的群众基础，是草原牧民文化生活的组成部分。可以说，正式制度中关于实现生态保护和经济发展双赢的宗旨与广大牧民遵循的非正式制度是一致的。正式制度与非正式制度的有效匹配，降低了制度运作的成本，加快了生态畜牧业建设顺利开展的进程。

另外，2010年12月国务院决定建立草原生态保护补助奖励机制促进牧民增收政策的出台，使青海省生态畜牧业建设的制度供给不断增加，制度结构更趋稳定，有力地保障了"禁牧不禁养，减畜不减收"的目标，解除了牧民的后顾之忧。随着牧区经济社会的发展，广大牧民也越来越多地趋向多元化经营，生态畜牧业建设的正式制度安排也成为了促使牧民积极从事多种经营的催化剂，正是二者的有机结合，成就了生态畜牧业建设的美好前景。

青海省实施生态畜牧业建设工作以来，立足比较优势，强化制度保障，探索出了一条具有牧区特色、青海特点的生态畜牧业建设之路，实现了生态保护和经济发展的"双赢"。但是，在发展中也存在一系列不容忽视的问题，如专业合作社的治理问题、牧民人力资本水平的提升问题、畜牧业现代科学技术创新及推广问题和二、三产业发展问题等，这些问题如果解决不当或不及时，就会延缓生态畜牧业建设的进程，甚至影响已有成果的巩固和壮大。因此，在生态畜牧业建设的过程中需要政府不断提供有效的制度安排来弥补原有制度供给的不足。通过上述分析，我们得出如下启示：①关乎国家生态安全的青海生态，没有国家强有力的制度供给，畜牧业生产体制机制的改革就不可能成功，改革也就无法获得潜在的利益，也不可能实现资源配置的帕累托改进。②高原牧区改革不能忽视产权改革。在坚持稳定草场家庭承包经营的基础上，积极创新经营模式，才能实现规模经营和草场的正常流转。③政府在强化制度供给的同时，要尊重牧民的现实需求，要善于发现、支持牧民的创新活动，并予以引导，使诱致性制度变迁能够和强制性制度变迁形成合力，从而提高制度绩效。④正式制度的提供要充分考虑牧民的非正式制度，只有正式制度与非正式制度相匹配，才能够降低制度安排的运作成本，也有利于构建和谐社会。

第二节　青海生态畜牧业合作社建设回顾

自 2008 年起，青海大力推进生态畜牧业建设，生态畜牧业合作社应运而生；2008—2009 年，青海在玉树、果洛、黄南、海南、海北、海西牧区六州的七个纯牧业村进行了生态畜牧业合作社建设的试点工作 2010~2011 年，青海在牧区六州的 30 个村开展了示范村建设工作，并启动了 600 多个村的生态畜牧业合作社组建工作；2012 年，青海牧区六州30 个县的 883 个纯牧业行政村实现了生态畜牧业合作社的全覆盖；2013~2014 年，青海生态畜牧业合作社以提高运行效率为核心，同时启动将合作社建设范围扩大到牧区 412 个半农半牧村和 352 个有草地畜牧业生产农业村。随着生态畜牧业合作社的蓬勃发展，合作社建设成效如何，对牧区的经济收入、社会影响、生态环境以及合作社组织运营发展等影响如何，这些都是在对生态畜牧业合作社进行绩效评价时，首先要了解的问题。因此，本研究报告从青海生态畜牧业合作社所创造的经济收入状况、社会影响状况、生态环境状况以及组织运营发展状况四个方面来了解合作社的绩效状况。

一、经济收入

1. 农牧民收入水平不断提高

自组建生态畜牧业合作社以来，青海省加入生态畜牧业合作社的大部分村民经济收入水平都得到了较大幅度的提高。2010 年，青海 30 个示范村合作社成员人均纯收入达到4374 元，比 2009 年合作社成员人均收入增加 664 元，比 2010 年全省农牧民人均纯收入高出 511 元，较全省牧民人均纯收入高出 836 元；2011 年，青海全省 30 个示范村和 25 个运行较好的生态畜牧业合作社建设村人均纯收入达到了 5282 元，较全省牧民人均纯收入高出 1003.2 元，其中牧业收入 4396 元；占总收入的 83.2%，较 2010 年增加 510 元，二、三产业收入 886 元；占总收入的 16.8%，较 2010 年增加 560 元，与 2010 年相比，合作社成员增收 1070 元，增长率达到 25.4%，其中，牧业收入增长 13.12%，二、三产业收入增长 171.78%，尤其是梅陇村人均收入由 2008 年的 4623 元增加到 2011 年的 1.4 万元，较

2010 年增长了 43.8%，高出全州农牧民人均收入 113 个百分点，较合作社成立初期增长了 202%，2012 年梅陇村人均收入达到 1.6 万元，增长了 246%；2012 年底，就全省整体情况而言，青海省加入生态畜牧业合作社的牧民人均纯收入超过了 5200 元，比全省农牧民人均纯收入高出近 500 元；2013 年，生态畜牧业示范村牧民人均纯收入达到 7291 元，较同期全省农牧民人均纯收入高出 1095 元，较 2010 年增长 3079 元，平均增速保持在 20%，远远高于全省平均水平。

2. 农牧民收入结构不断优化

青海自组建生态畜牧业合作社以来，村民积极以现金、牲畜、草场等作为股份加入生态畜牧业合作社，实现了村民的多元增收，使村民的经济收入由单一的畜产品销售收入转变为工资收入、红利收入以及畜产品销售收入等多种收入方式组成，如天峻县梅陇村作为全省生态畜牧业建设试点村之一，全村 69 户牧民的草场、牲畜全部入股；天峻县快尔玛乡纳尔宗村织合赛生态畜牧业专业合作社，2011 年实现净收入 158.21 万元，人均分红 1.01 万元；2011 年，织合玛乡加陇生态畜牧业专业合作社盈利 45 万元，其中：牧户分红 23.4 万元，每户 549.2～28562.4 元不等，其余 21.6 万元用于发放管理人员、放牧人员的工资、放牧人员的奖励以及租赁草场、购买饲草及合作社办公经费；2013 年 12 月 18 日，都兰县热水乡扎么日村生态畜牧业专业合作社进行分红，共为参与牧民 40 人发放资金 130 余万元，其中，入股草场分红 30 万元、入股牲畜分红 6.43 万元、入股土地分红 3.1 万元、放牧奖励工资 6000 元、劳务工资 5.5 万元、管理人员工资 2.4 万元、放牧工工资 24.2 万元；2014 年 3 月 13 日，海西州天峻县木里镇佐陇畜牧业专业合作社为全村 83 户入股牧民合计发放分红 491 万元。

二、社会影响

1. 农牧民劳动方式组织化

生态畜牧业合作社鼓励广大村民加入，不仅使畜牧业生产资源得以整合，同时也使劳动力资源得以重新洗牌，部分劳动力成为了合作社的"员工"，踏上了"上班族"的道路。截至 2012 年底，青海牧区 883 个纯牧业村以及 78 个半农半牧村的生态畜牧业合作社共吸纳入社牧户 11.5 万户，占建设村牧户总数的 63%，牧户入社率达 72.5%；如截至 2013 年 5 月，门源县生态畜牧业合作社共有 62 家，入社牧户 1543 户；截至 2013 年 11 月底，兴海县共有生态畜牧业专业合作社 40 家，入社农户达到 3651 户，会员 1.58 万人；截至目前，海南州在纯牧业村组建生态畜牧业专业合作社 182 个，在半农半牧村组建生态畜牧业专业合作社 41 个，共有入社农牧户 23048 户，占全州牧业总户数的 61%。

2. 农牧民就业渠道多元化

生态畜牧业合作社的建立，使劳动力从"草地"上得到解放，实现了劳动力资源的优化配置，使村民"宜农则农、宜牧则牧、宜工则工、宜商则商"，即让放牧经验丰富的人尽量继续放牧，种植经验丰富的人尽量去种植，加工技术娴熟的人尽量从事加工生产，有经商头脑和经验的人尽量从事经商活动。如全省设立公益性的村级草原生态管护员岗位，通过发放一定的劳动报酬，解决了 9489 名牧民的就业问题；截至 2010 年 3 月，天峻县新源镇梅陇村放牧人数为 42 人，59% 的劳动力从传统畜牧业生产中得到解放，转移劳动力人口中，种草点劳动力占比 6.86%，空心砖场劳动力占比 19.61%，牦牛奶牛场劳动力占比 9.8%，经营出租车和农用车劳动力占比 8.8%，进城务工劳动力占比 13.73%；2011 年，木里镇佐陇生态畜牧业专业合作社共安置富余劳动力 65 名；截至 2013 年，青海省牧区约 14.3% 的劳动力转向非牧产业，约为 5.33 万人。

三、生态环境

1. 草场资源利用效率显著提高

草场作为青海发展畜牧业的核心资源，保护草原生态环境对发展青海生态畜牧业有着重要意义。2011 年，青海省确立了以生态畜牧业为载体的"以草定畜生产模式"，使草地资源利用方式得以转变，同时也提高了草场资源的利用效率。青海省在全国五大牧区率先探索出了"产业培植—牧民转移—牲畜核减—草场保护"的草原生态保护新机制。截至 2012 年 9 月，883 个纯牧业村累计流转草场 0.13 亿公顷，占生态畜牧业合作社建设村草场总面积的 51%。截至目前，883 个纯牧业村以及 78 个半农半牧村共整合草场 0.17 亿公顷，整合率达到 66.9%，同时，青海省紧紧抓住国家实施"草原生态保护补助奖励机制"的难得机遇，将 0.32 亿公顷可利用草场全部纳入草原生态保护补助奖励范围，现如今，草场共核减牲畜 456 万羊单位，牲畜超载量由 2010 年的 570 万羊单位下降到 2012 年的 114 万羊单位，逐步实现了草畜平衡。据全省草原生态监测，2013 年天然草原平均鲜草产量比 2011 年提高 225.93kg、植被平均盖度比 2011 年提高 3.1 个百分点、植被平均高度比 2011 年提高 2.77 厘米；同时，青海生态畜牧业合作社的建立也提高了草场资源的利用效率，其中，天峻县梅陇村草场产草量每公顷增产 1～1.3kg，植被覆盖度提高 5% 以上，生态畜牧业合作社冬春草场可食鲜草产草量较合作社成立初期提高 38%。

2. 畜牧业发展方式不断转变

生态畜牧业合作社的组建，使青海省畜牧业资源得到了优化重组，牧业基础设施得到改善，畜牧业科技推广方式不断创新。有效挖掘了畜牧业的潜力和资源优势，使青海牧区畜牧业发展方式发生了质的转变。截至目前，883 个纯牧业村以及 78 个半农半牧村生态畜牧业合作社累计整合牲畜 1015 万头只，占建设村牲畜总数的 67.8%；截至 2013 年，30 个示范村通过结构调整，畜群结构不断优化，能繁母畜比为 59.8%，较建设初期提高 4.2%，牛羊本品种选育率达到 73.2%，较建设初期提高 34.7%，尤其是梅陇村牲畜的母畜比以及仔畜繁活率达到 80% 以上，成活率达到 90% 以上，杂色率下降了 10%，藏羊品种不断优化，个体比游牧放养时平均每只增重 3.5kg；通过优化畜群结构，全省现有近 30 个合作社组建了耗牛、藏羊和细毛羊种畜场，"世界耗牛之都"和"中国藏羊之府"的特色优势逐步显现。

四、组织运营发展

1. 规模化发展趋势初显

2009 年，青海省在牧区六州启动了 7 个试点村的生态畜牧业合作社建设工作，分别为玉树州治多县的同卡村、果洛州玛沁县的阴柯河村、黄南州河南县的吉仁村、海北州门源县的苏吉湾村、海南州共和县的哈乙亥村、海南州贵南县的子哈村、海西州天峻县的梅陇村。2010 年，青海省启动了 30 个村的示范村建设，除海西州的柴旦行委和茫崖行委，全省六州各县均设立了 1 个示范村，其中，1 个示范村设立在半农半牧村（玉树州囊谦县的青土村），29 个示范村设立在纯牧业村，占纯牧业村的 3.28%。

青海省 883 个纯牧业村集中分布在青海牧区六州，其中，玉树州纯牧业村全省占比 20.16%，果洛州占比 19.82%，黄南州占比 14.27%，海南州占比 20.05%，海北州占比 8.72%，海西州占比 16.99%。2010 年全省共启动 300 个村组建生态畜牧业合作社，其中 9 个为半农半牧村，分别为海南州贵德县 6 个（拉西瓦镇的豆后浪村、曲乃海村、叶后浪村、曲卜藏村，衆让乡的亦什扎村、大滩村），玉树州囊谦县 3 个（香达镇的香达村，娘拉乡的下拉村、娘多村）；2011 年，全省共启动 334 个村组建生态畜牧业合作社，截至 2011 年底，全省共组建 634 家生态畜牧业合作社，其中纯牧业村组建 625 家生态畜牧业合作社，占纯牧业村比例为 70.78%；2012 年，全省共启动 249 个村组建生态畜牧业合作社，截至 2012 年底，全省 883 个纯牧业村实现了生态畜牧业合作社的全覆盖；截至目前，青海省共有生态畜牧业合作社 961 家，其中 883 家建立在纯牧业村，78 家建立在半农半牧村。

2. 集约化经营特征显现

根据生态畜牧业合作社的经营责任主体、产权关系、经营规模等因素，目前青海省生态畜牧业合作社主要有股份制、大户制、联户制、代牧制以及混合制等不同类型的发展模式。

股份制发展模式是以风险共担、利益共享为特点的经营模式，其主要特征表现为：以牲畜、草场承包的经营权作价入股，对劳动力实行专业分工，对生产指标进行量化处理，按劳支付用工报酬，按股进行利润分红，主要代表有门源县苏吉滩乡苏吉湾村、天峻县新源镇梅陇村、河南县优干宁镇吉仁村、格尔木市孟根克力开等；大户制发展模式是以大户规模经营、牲畜集中饲养为基础的经营模式，通过草场流转、分流牧业人口等方式，促进资源优化配置，主要代表有共和县倒淌河镇哈乙亥村；联户制发展模式是以联户经营、分群协作为基础，以优化产业结构、保护草原生态环境为特点的经营模式，主要以自然村、行政村为单位或以协会、合作社为平台，对草场和牲畜实行规模经营并集中管理，主要代表有贵南县塔秀乡子哈村、治多县治渠乡同卡村、黄南州优卡村；代牧制发展模式是以合作社统一管理内部事务，部分社员将草场有偿提供给养殖户利用、将牲畜代养给养殖户、相互间约定利益分配，由养殖户自主生产为特点的经营模式，主要代表有同仁县瓜什则乡西合来村与郭进村；混合制发展模式是以合作社统一管理内部事务，股份制和代牧制并存，具有牧区特色、可复制性和方向性为特点的经营模式，主要代表有共和县拉乙亥麻村。

在上述五种发展模式中，草场承包经营权没有发生实质变化，合作社均对内部事务进行统一管理，但是各模式仍存在区别，股份制发展模式既需要一定的人力资本，又需要二、三产业发展基础相配套，同时，对目前的状况需要从法律上做出解释；联户经营方式是目前青海省发展最为成熟、组织化程度最高、与市场联系最为紧密的经营方式；大户制、代牧制在合作社的支持下，可以普遍使用，但要做大做强，困难重重；混合制在上述发展模式中具有一定的代表性。总而言之，从经营层次上讲，股份制高于其他路径，但有的股份合作制中牧民退出参与生产；从治理结构上讲，股份制更为复杂；从运行效率上讲，混合经营更为有效。

在生态畜牧业建设过程中，各地依据资源禀赋，在充分尊重牧民的首创精神的前提下，创造出了多种符合地方实际的合作社经营模式，诸如股份制、联户制、大户制、代牧制、混合制和"联合＋联姻"制等。这些经营模式，是当地生产关系适应生产力发展要求的必然产物，对于促进生态畜牧业发展发挥了积极作用。但是，这些"经营模式"只不过是合作社经营路径的现实选择，不是一成不变的，还需要随着生态畜牧业建设工作的推进而进一步优化。如何优化现实路径，探索符合高原特色、牧区特点的合作社经营模式，直接关系到青海生态畜牧业建设的成效。因此，通过不同经营模式的比较，试图澄清各种经营模式的优点和不足并作出综合评价，进而提出经营模式的优化方向。

第三节 青海生态畜牧业合作社经营模式比较及优化路径

一、生态畜牧业合作社经营模式比较

1. 股份制

股份制是以草场承包经营权、牲畜作价入股，劳动力专业分工，生产指标量化，用工按劳取酬，利润按股分红为主的风险共担、利益共享的经营模式。这种模式的实质是"草地、牲畜入股，生产专业承包"。这种模式又称"梅陇模式"，是以海西州天峻县新源镇梅陇村首创而得名。

这种模式的优点是：采取了将草地股权进行量化并具体到户的办法，实现了草地产权的对象化、具体化，在一定程度上还原了草地集体所有制的本来面貌；实现了不改变草地家庭承包经营权基础上的草地规模经营，提高了资源配置效率；通过草地、牲畜等生产资料入股，合作社资产雄厚，市场交易能力提升；"草地、牲畜入股，生产专业承包"的制度设计建立了激励机制、降低了监督成本、避免了"搭便车"现象。

这种模式的不足主要是：生产决策权属于合作社，不属于牧户，牧户在合作社授权之下从事承包经营，牧户身份从"独立生产决策者转变为受雇者"，有悖于合作社本质；除部分受雇于从事专业承包的劳动者获得按劳取酬外，合作社成员均按照"利润按股分红"取得报酬，不是按照"交易额（惠顾额）取得主要收入"，合作社本质也因"资本报酬有限、按惠顾额分配盈余"原则不能得到遵循受到质疑；在治理结构不完善的条件下，容易形成"一股独大"或"内部人控制"问题；折股量化、利润分红技术操作相对比较复杂，对社员人力资本水平要求较高。

2. 联户制

联户制是"合作社＋联合经营小组"的管理运行机制，合作社统一经营畜牧业生产，社员间以若干户联合形成生产单元，相互间以股份形式重组生产要素的联户经营方式。小组内部采取"牲畜折价入股，草场、土地计价流转，劳力专业分工，生产指标量化，用工按劳取酬，利润以股份分红，风险共担，利益共享的股份制经营"。联户制的实质是股份制。这种模式以海北州门源县苏吉滩乡药草梁村为代表。

这种模式的优点是：除了具备"梅陇模式"的优点之外，联合经营小组内由于人数少，交易费用低，容易采取一致的集体行动；社员参与联合经营小组生产决策的程度较高，有利于实现民主管理。

这种模式的不足主要是：除了具备"梅陇模式"的缺点外，不同联合经营小组之间发展不平衡，不利于合作社健康发展；不同联合经营小组均设相关事务部门，不利于集中精力发展生产；合作社与联合经营小组之间存在委托代理关系，不利于合作社掌握社员具体情况。

3. 大户制

大户制是合作社统一管理内部事务，社员内部将草场流转到养殖大户、牲畜承包给养殖大户，由大户生产经营的方式。这种经营模式的实质是合作社框架下的合同（契约）组织模式。其基本点在于通过契约作为制度和法律保证，界定各利益主体之间的利益分配关系。这种模式以海南州共和县倒淌河镇哈乙亥村为代表。

这种模式的优点是：在合作社统一组织下，大户与少畜户、无畜户之间签订草地和牲畜有偿转让协议，程序简便，有利于资源优化配置、实现规模化经营；合作社仅服务于养殖大户，工作效率高；通过契约关系，降低了小牧户生产经营的不确定性，可在一定程度上降低交易的市场风险。例如，小畜户由于经营规模小，搜寻成本较高，通过与大户联合，可以减少其信息成本，增加畜牧业经营过程中的确定性。无畜户可以将闲置的草地资源进行有偿流转，发挥草地功能。对大户而言，这种模式有利于发挥自身具有经营和管理理念、掌握一定的营销网络、拥有一定的社会关系资源等的优势，进一步扩大生产经营规模，享受规模经营所带来的收益。

这种模式中的不足主要是：易出现畜牧业经营合同附和化问题，即合同内容主要由大户一方确定，少畜户或无畜户只能同意或不同意；合作社仅为大户提供生产服务和制定售价服务，大户与合作社不发生交易；大户经营中的短期行为，有可能导致草地生态环境的进一步恶化；各大户之间发展不平衡，不利于生态畜牧业建设工作的顺利推进；大户经营风险有可能导致发展的不可持续性。

4. 代牧制

代牧制是在合作社统一组织和管理下，部分社员将草场有偿提供养殖户利用、将牲畜代养给养殖户、相互间约定利益分配，由养殖户自主经营的方式。这种模式的实质也是合作社框架下的合同（契约）组织形式。其基本点在于通过契约界定当事人双方之间的利益分配关系。这种模式以黄南州同仁县瓜什则乡西合来村为代表。

这种模式的优点是：简单易行，草地流转快，有利于规模经营。

这种模式的不足主要是：合作社仅为牧户提供生产服务和制定售价服务，牧户与合作社不发生交易，有悖于合作社本质原则，也不利于合作社功能的充分发挥；养殖户经营水平关系到代牧制的发展程度；合作社自身积累不足，严重制约了市场交易能力，抵御自然风险能力不强；如果牧民加入合作社之后收入增长缓慢，可能会采取"用脚投票"，进而影响生态畜牧业建设的成效。

5. 混合制

混合制是在合作社统一组织和管理下，畜牧业经营实行牲畜联户经营，委托放牧，草场、牲畜计价流转；种植业实行耕地入股，统一经营，用工按劳取酬，利润按股分红。其是代牧制与股份制并存的一种经营模式。这种经营模式的实质是种植业采取企业组织模式，畜牧业采取合同组织模式。这种模式以海南州共和县倒淌河镇拉乙亥麻村为代表。

这种模式的优点是：根据不同产业选择经营形式，有一定的灵活性，适应性较强；生产要素的优化配置，实现了草地和农地的规模经营；合作社根据不同产业设计具体制度安排，激发了牧民的生产积极性。

这种模式的不足主要是：就畜牧业经营形式—代牧制来讲，同样存在上述代牧制的不足；就种植业来讲，生产决策权属于合作社，种植户身份是受雇者而不是独立的生产决策者；受雇者按劳取酬，入股社员按"利润按股分红"取得报酬，不是按照"交易额（惠顾额）取得主要收入"，合作社本质也因"资本报酬有限、按惠顾额分配盈余"等原则不能得到遵循受到质疑；在治理结构不完善的条件下，容易形成"一股独大"或"内部人控制"问题。同时，合作社与种植经营小组之间存在委托代理关系，不利于合作社掌握社员具体情况。

6."联合＋联姻"制

"联合＋联姻"制是通过合作社之间的联合成立合作社联社，指导、协调、服务和监督整个系统的合作社，达到行业组织的管理功能；联合社与公司联姻，形成"农民—合作社—公司"的产业合作链条，转移富余劳动力，实现牧民致富。其实质是股份制。这种模式以海西州都兰县沟里乡智玉生态畜牧业合作社为代表，联合社与青海山金公司共同出资成立了金沟里工贸发展有限公司（合作社占80%的股份）。

这种模式的优点是：联合社的形成，避免了单个合作社之间的无序竞争，实现了规模经济，增强了合作社整体的竞争力。联姻公司是合作社与公司多要素合作的结合体，有机整合了双方人力、资金、土地等各种生产要素的优势，与合作社相比更具有市场竞争力，与公司相比更加贴近农民，符合市场经济的发展趋势。

这种模式的主要问题是：①联合社农牧业生产采取股份制，是"真"合作社，还是"假"合作社，需要在法律层面作出回答；②合作社入股组建新公司的主要目的是富余劳动力转移，与农牧产品深加工无关，不符合联姻的发展方向。

二、现有模式的绩效比较及进一步优化的路径

1. 现有模式的绩效比较

虽然不同模式是当地生产力发展的现实选择，但其绩效水平到底怎么样呢？不同模式之间有何差异呢？我们选取了各种模式的代表性合作社进行比较。结果发现，经济效益股份制最好，社会效益联营制最好，生态环境效益"联合＋联营"制最好，组织运营发展效益联营制最好，综合效益联营制最好。这说明，在生态畜牧业合作社发展中联营制具有很强的适应性。一方面，联营制较好地发挥了股份合作制的优势，实现了资本与劳动的联合；另一方面，采取联营制（亲缘与血缘关系为纽带）比股份制更能消除牧民"谈合色变"的恐惧心理，有效地提高了牧民参与合作社建设的积极性。"联合＋联营"制绩效位居第二，通过联合将外部收益内部化，使得其社会效益非常显著。股份制、混合制、代牧制和大户制虽不及联营制和"联合＋联营"，但也是不同地区合作社发展的必经之路。

合作社采取什么样的经营模式，取决于当地的经济社会发展水平，并无优劣之分。但是，合作社要取得较好的发展绩效，规范运行是前提，践行"草畜平衡"是底线，经济社会发展是核心。

2. 现有模式的综合评价

通过对六种经营模式的比较发现，现有经营模式均各有利弊，是地方生产关系适应生产力发展要求的现实选择，并对促进青海生态畜牧业建设发挥了积极作用。但是，从本质上来讲，这些模式只不过是生态畜牧业发展的具体路径，不是一成不变的东西，其发展路径远远没有定型。这些具体路径如何优化，关系到合作社运营绩效。同时，从合作社经典原则来看，现有模式均不符合，这是青海生态畜牧业建设中的必然产物。我们应该遵循"先发展，后规范"的原则，对现有合作社应该倍加呵护，在发展过程中逐步规范，切不可一蹴而就。

3. 现有模式优化的路径

既然上述模式的根本是路径，就存在优化的问题，就是采取一定措施使现有路径变得更优秀。如果不对现有模式的功能进行综合研究，就有可能导致模式推进中的过快与过慢情况，不利于从整体上推进生态畜牧业建设。只有根据实际情况，提出明确的优化路径，才能使合作社步入健康发展的轨道。

（1）从不规范向规范转变

合作社与其他组织最大的不同在于治理结构。因此，从治理结构来讲，现有合作社应从不规范向规范转变。

从股份制、联户制向股份合作制转变。第一，给予每个生产者参与畜牧业生产的权利，真正实现劳动联合与资本联合的有机统一；第二，在实现劳动联合与资本联合有机统一的基础上，按照我国《农民专业合作社法》第三十七条之规定"可分配盈余按照下列规定返还或者分配给成员具体分配办法按照章程规定或者经成员大会决议确定：（一）按成员与本社的交易量（额）比例返还，返还总额不得低于可分配盈余的百分之六十；（二）按前项规定返还后的剩余部分，以成员账户中记载的出资额和公积金份额，以及本社接受国家财政直接补助和他人捐赠形成的财产平均量化到成员的份额，按比例分配给本社成员"，做到按惠顾额返利和资本报酬有限。

从大户制和代牧制中社员之间的交易关系向社员与合作社的交易关系转变，真正发挥合作社的功能。

（2）从"牧户＋合作社"向"牧户＋合作社＋公司"转变

从现有合作社发展情况来看，大多数合作社只进行初级产品的市场交易，牧民没有分享附加价值，收入增长缓慢。因此，为了使合作社不断增强自我发展能力，实现牧业增效、牧民增收，人与自然和谐发展的目标，必须从"牧户＋合作社"向"牧户＋合作社＋公司"转变。

具体来讲：

1）合作社办公司

在不同利益联结模式下，牧户只有在自我组成的合作社基础上建公司，实现合作社的一体化经营的产业化发展模式下，才可能获得最大的利益。鼓励有条件的合作社办公司，从事农牧产品的深加工，延长产业链，提高附加值，提升合作社综合竞争力，实现牧民增收、牧业可持续发展。

2）合作社与公司联姻

通过合作社与公司多要素合作，实现共赢。在自身条件不具备办公司的条件下，合作社尽可能发挥比较优势，创造条件，积极主动地与大型农牧企业联姻，来提高合作社的市场竞争能力。

3）从单个合作社向联合社转变

《农民专业合作社法》虽然没有提到联合社，但是青海生态畜牧业合作社数量巨大，联合问题日益凸显。单个的合作社还是势单利薄，没有任何讨价还价的能力，所以在这样的背景下，联合就成为必然，海西州都兰县沟里乡智玉生态畜牧业合作社（联合社）的发展，就充分证明了这一点。其优越性已经显示出来的，外部规模经济效应和抗风险能力明显提高，而且还降低了交易成本。通过合作联社让牧民形成一个统一的定价机制，一致对外，避免合作社之间的内部自相残杀。

需要注意的是：①联合社的发展需要以成员间相互信任和共享理念的形成为基础；②联合社的发展需要政府的积极引导和推动；③联合社的发展可能不一定要自下而上，特别在青海要重视自上而下的引导和推动作用；④发展联合社不必拘泥于封闭还是开放，主要是看基层社发展的需求；⑤发展联合社要遵循全面培养、重点选择的原则，使联合社真正起到典型示范和现身说法的作用。

第四节　提高青海生态畜牧业合作社绩效水平的对策建议

提高青海生态畜牧业合作社绩效水平，要全面协调当地经济、社会、生态环境以及合作社自身组织运营的发展，按照党的十八大会议精神、2013年中央1号文件精神以及《青海省人民政府办公厅关于促进农牧民专业合作社发展的意见》（青政办〔2009〕105号）等国家和青海省关于发展合作社的宏观指导思想，在政府、社会以及合作社等多方主体的共同努力下，摸索出适合青海省省情、牧村村情的合作社发展道路以及运作模式。青海省在实施生态畜牧业建设的过程中，各级政府主要是为牧民参与生态畜牧业建设创造良好的外部环境，在尊重农民主体地位和首创精神、符合合作社基本原则和服务成员宗旨的前提下，各地采取何种经营方式，政府只是予以引导而不是干预，由专业合作社根据实际情况自行决定，只要有利于牧民增收、牧业发展、牧村繁荣，都要在政策上、财政上以及合作社运营过程中给予鼓励和支持，并不断在实践中推出和完善扶持合作社发展的各项法规和政策，在宏观领域为合作社的发展营造优良的环境。在合作社的微观发展中，合作社要在实现可持续发展的目标中，实行各个击破中的共同提升，确保各项措施能够落到实处，并在提升合作社经济、社会、生态以及组织运营绩效的前提下，促进合作社的长足发展。

一、提高牧民收入，转变畜牧业发展方式

青海生态畜牧业合作社经济效益的大小直接受到加入合作社村民家庭户均收入高低的影响，因此，提高合作社经济效益重点在于提高牧民收入，而提高牧民收入关键是要解决好两个问题：一是解决产品质量问题，确保畜产品个体肥大、肉质鲜美；二是解决产品价格问题，提高畜产品的交易量。解决上述两个问题，核心在于转变畜牧业发展方式，实现粗放经营向集约经营的转变，单一经营向多元经营的转变。

1. 粗放经营向集约经营转变

转变传统经营机制是合作社可持续发展的必经之路，虽然青海省在建立生态畜牧业合作社的过程中，积极引导合作社转变传统的经营机制，但是大部分地区仍旧处于经济效益较低的粗放型经营阶段，向集约型经营转变的道路依旧漫长而艰难。因此，为了提高青海生态畜牧业合作社的经济效益，各合作社应该加强畜用暖棚、水电等畜牧业生产基础设施建设，解决"靠天吃饭"的问题，从提高人力资本水平、加强技术更新等方面促进经营机制向集约型转变，鼓励合作社实行外部人才引进，广泛开展社员培训，引进先进的生产加工技术，实现农产品向深加工、精加工方向发展，提高农产品附加值。

2. 单一经营向多元经营转变

经营方式的优化不仅要符合青海生态畜牧业合作社现阶段发展的要求，也要符合合作社长足发展的趋势。因此，在提高经济效益的过程中，要转变"一家独行"的发展方式，积极开展多元的联合经营：①要加强合作社之间的联合，提升规模效益；②要在联合经营中实行互补经营，使各合作社在"术业有专攻"的同时，能够使生产、加工、销售等各环节有效衔接；③要推广"合作社＋企业＋农户"的联合经营方式，积极实施品牌战略，在坚持市场化导向的前提下，鼓励合作社积极开展优质农产品商标注册、优质农产品认证和绿色认证，树立品牌经营理念，加强宣传推介，打造知名品牌，增强了牧民群众的产品品牌意识。

二、拓宽就业渠道，增强就业吸纳能力

青海生态畜牧业合作社社会影响效益的高低主要受到合作社吸纳富余劳动力能力大小的影响，虽然青海发展生态畜牧业合作社使生产要素得以聚集，资源配置得以优化，生产用工得以统筹，使更多牧民得以从放牧中解放，增加了牧村的富余劳动力；同时也使牧民通过草场、牲畜、饲草料地入股方式获得了稳定收入（分红），但是劳动力的大量闲置也增加了社会稳定成本。因此，提高合作社社会影响效益关键在于做好两个方面：一是合作

社自身要兴办特色产业，通过特色确保产业发展能够"落地生根"，如通过发展服务业等举措，为富余劳动力创造更多的就业机会，实现富余劳动力的"引进来"就业；二是要完善劳动力转移机制，加强对待转移劳动力的技能培训，同时借助政府平台，为富余劳动力挖掘更多的就业机会，实现富余劳动力的"送出去"就业。要解决好上述两个问题，主要在于合作社自身兴办特色产业吸纳劳动力，同时借助政府平台转移劳动力。

1. 兴办特色产业吸纳劳动力

目前青海已初步形成具有高原特色、青海特点的农牧业产业体系，建成了具有一定规模的奶牛、牛羊肉、毛绒等特色优势畜产品生产基地，当前青海省初步重点培育了"雪舟"牌牛羊绒、"藏羊"牌地毯、"可可西里"牌牦牛肉等一批特色畜产品品牌。因此，为了长效改进青海生态畜牧业合作社的社会影响效益，合作社可以结合自身特色和优势，利用其特色优势畜产品生产基地的优点，立足优势特色畜产品和特色民族文化兴办产业，借助特色畜产品品牌，挖掘畜产品深加工的各种潜力，实现"一村一品"，逐步形成区域性主导产业和主导产品，努力构建独具特色的高原牧业产业链，激活合作社二、三产业的发展，从而为劳动力创造更多的就业机会，解决脱离草地牧民的就业问题，促进牧区经济的发展。

2. 借助政府平台转移劳动力

近年来，政府对农牧区劳动力转移就业工作的重视得到加强，并出台了相关政策给予保障。因此，青海生态畜牧业合作社要紧抓政策契机，充分借助政府平台来解决富余劳动力的就业问题，如合作社可以与游牧民定居等工程相结合，引导富余劳动力进城入镇，定居创业，使脱离放牧的富余劳动力得到有效分流。但是合作社在扩大农牧区富余劳动力转移就业规模的同时，要更加注重劳动力转移就业的质量，合作社要结合政府开展的"阳光工程""雨露计划"等农牧民转移就业培训专项活动，切实做好待转移劳动力的技能培训、创业培训等工作，努力实现农牧区富余劳动力转移就业由松散型向有序型转变，由体力型向体力技能结合型转变，由数量型向规模与质量并重型转变，不断促进劳动力转移就业工作的健康发展。

三、实现草畜平衡，改善生态环境效益

提高青海生态畜牧业合作社生态环境效益，重点是平衡草场牲畜承载量，即在草场面积既定的情况下，通过每头牲畜的标准草场面积占有量，核减多余牲畜数量对提高青海生态畜牧业合作社的生态环境效益具有较明显的效果，而实现草畜平衡的抓手在于加强草场、饲草地、畜用暖棚以及牲畜资源的整合力度。因此，改善青海生态畜牧业合作社生态环境效益的关键在于提高草场资源的供给能力和降低草场资源的过度消耗，通过增加有效供给和减少超额需求，使草畜达到平衡状态，实现生态效益与经济效益的统一。

1. 提高草场资源的供给能力

提高草场资源供给能力的措施主要有两个：①要加强天然草场资源的整合，对天然草场实行划区轮牧，维护天然草场资源的自我恢复能力和可持续性，同时提高天然草场资源的利用率；②要加强饲草地资源的整合，增加饲草产量，提高牲畜用草的供给能力。在实现草场资源整合过程中，要改革和完善牧区草地产权和草地管理等制度，特别要明确草地资源的财产权利，给牧民核发《草地承包经营权证》、《集体建设用地使用权证》（即宅基地使用权证）、《房屋所有权证》等土地产权证书，并允许其抵押转让，建立牧区不动产的抵押登记、交易流转制度。

2. 降低草场资源的过度消耗

降低草场资源过度消耗的措施主要有两个：一是要将牲畜实际饲养数量控制在草场核定牲畜数量内，科学合理核减超载牲畜、遏制超载过牧；二是要协调草畜平衡和利益获取的关系，加强牲畜资源的整合，优化畜群结构，防止因为追求利益而过度消耗草场资源的行为出现。在实现畜群整合的过程中，要不断完善为迎合草畜平衡制度而产生的草原生态保护补助奖励机制，解决由于政策补助标准偏低，补助标准收益与放牧收益差距较大，补助标准与放牧收益矛盾日益突显的问题。因此，在生态好转或恢复良好的地区，探索建立相应的评价体系，使得植被得到恢复的禁牧区与草畜平衡区实现动态转换，同时，可以建立草原补助的递延机制，一部分年初发放，另一部分根据当年的盈利给予补偿，从而确保草地生态补偿机制能够被广泛拥护并得以有效执行。

四、完善治理结构，提升组织运营效益

组织运营效益是影响青海生态畜牧业合作社绩效水平的关键因素，而合作社的规范发展程度又对组织运营效益产生了较大影响，因此"擒贼先擒王"，提升合作社组织运营的首要工作就是要促进合作社的规范发展，只有规范发展，不断完善合作社的治理结构，创新合作社的经营机制，才能全面提升青海生态畜牧业合作社的绩效水平。

1. 完善治理结构

在提高青海生态畜牧业合作社绩效水平的同时，就要不断壮大合作社自身发展实力，对生态畜牧业合作社内部治理结构进行有效的引导和一定的管理，将现代化企业管理制度融入青海生态畜牧业合作社的治理中。①在社员层面，建立健全社员民主控制机制以及社员民主参与激励机制，不断完善社员实现有效控制或最终控制的权力体系；②在经营管理人员层面，建立以激励约束经营者为主的治理机制，合作社的经营管理人员一般是合作社成员，或多或少地存在经营层排斥外部专业化人员进入的问题，经营方式上专业化程度较低，这一制度虽然能最大化地实现公平价值，但却降低了合作社运行的效率，所以合作社对经营者的激励机制和监督机制的构建已成为合作社治理结构完善的现实需要；③充分发挥理事会、监事会的作用；④始终坚持一人一票、按惠顾额返利以及资本报酬有限的原

则，保持合作社的原样，避免内部人控制和一股独大问题的出现。

2. 创新经营机制

青海生态畜牧业合作社在提高绩效水平的过程中，要勇于创新经营机制，实现发展的新突破。首先，青海生态畜牧业合作社在发展过程中，要敢于打破旧传统，在建立现代企业经营机制上实现新突破；其次，要敢于打破小格局，充分利用发展现代农牧业示范区的优势，尽快实现合作社发展的新突破；再次，要敢于打破小作坊，在提升合作社特色发展的水平上，实现"强强联合"的新突破；复次，要敢于打破小规模，在推进设施化和规模化建设上实现现代化操作的新突破；最后，要敢于打破旧理念，在引进和完善农牧业科技推广机制、高科技人才引进机制、现代企业经营管理机制上实现新突破。

总而言之，提高青海生态畜牧业合作社的绩效水平，首先，要注重合作社自身的发展状况，在自身发展能够实现自我发展的"自给自足"时，才能更好地创造经济效益、社会影响效益以及生态环境效益；其次，要关注经济效益的创造，"经济基础决定上层建筑"，只有具有足够的经济实力，才能更好地促进青海生态畜牧业合作社的发展壮大；再次，要关注生态环境效益，青海生态畜牧业合作社建立的主要功能体现在响应青海"生态立省"战略，实现青海生态环境资源的优化配置，虽然在青海生态畜牧业合作社现行的发展状态中，生态环境效益对绩效水平的影响不大，但是，随着合作社的发展壮大以及合作社主体功能作用的发挥，生态环境效益对合作社绩效水平的影响不可小觑；最后，要注重提高合作社的社会影响效益，在发展过程中"反哺"社会，解决牧民的就业问题以及为三大产业的发展做出贡献，充分发挥合作社的社会责任。

第二章　牦牛概述

第一节　牦牛的分布与生态环境适应性

一、牦牛的分布

中国是一个有着五千年历史的文明古国，养牛业历史也很悠久。相传在公元前30世纪初以前，伏羲氏就教人们饲养六畜，那时养牛业已具雏形。黄帝时代（约公元前30世纪初~约公元前21世纪初）开始用牛驾车，西周时期（公元前1046~公元前771）用牛耕地，春秋战国时期（公元前770~公元前221年）出现铁制农具，开始使用犁和牛进行深耕。从此，牛便成为农业生产的主要役畜。历史学家研究认为，我国古羌人在驯化绵羊、山羊成功后，在距今一万年左右成功驯养了牦牛。那时，古羌人已进入原始的畜牧社会，是羌族文化发展的最盛时期。

牦牛在青藏高原上被古羌人驯养以后，随着古羌人的游牧、迁徙，以及劳动手段的改进、生产水平的提高、商业贸易的发展，向其四周适应生存的地区扩展。东从巴颜喀拉山脉进入松潘草地（现四川阿坝、若尔盖、红原等县草地）至大巴山区，南翻过喜马拉雅山脉的一些山口进入南坡高山草地，西通过阿里草原进入克什米尔及其邻近地区，北越过昆仑山脉和经由克什米尔进入帕米尔及其以北和天山南北、阿尔泰地区。在以后的年代里，逐步形成现今牦牛的分布区域。

青藏高原是适宜发展牦牛生产的一块得天独厚的宝地，天然牧草或自然资源极其丰富。野牦牛被生活在青藏高原的先民，特别是藏族人民驯化成家畜后，成为当地主要的生产、生活资料。在海拔3 000m以上的高寒、少氧生态条件下，在其他家畜难以生存或利用的高山草原上，牦牛为人们提供了营养丰富的肉、乳及其制品和绒、毛、皮等工业原料。同时，牦牛也是高原上驮运、骑乘的役畜，在该区域发挥着重要作用。

牦牛的世界通用名为yak（雅克），是藏语的音译。因其叫声似猪，尾形似马尾，故又称为猪声牛或马尾牛。中国是繁育牦牛历史悠久、拥有牦牛数量最多的国家，现有牦牛1377.4万头，占世界牦牛总头数的90%以上。牦牛分布于我国的210个县（市），约占我国牛只总头数的 11%。我国有天然草原 3.94 亿公顷，其中可供牦牛生长繁衍的高山草原面积 1.03 亿公顷，占全国天然草原面积的 26.1%，发展牦牛生产的天然草原资源潜力很大。

我国牦牛的 90% 以上集中在青藏高原中心地带及其东部边缘，西起帕米尔，东至岷山，南自喜马拉雅山南坡，北抵阿尔泰山麓，海拔 2 000～4 500m 的高原、高山。亚高山的冷半湿润气候区域，都有牦牛的分布，主要分布于青海省、西藏自治区、四川省、甘肃省、新疆维吾尔自治区和云南省。此外，在北京（灵山）、河北（围场）及内蒙古自治区西部等地也有少量分布。

1. 青海省

青海省是我国繁育牦牛最多的省，有牦牛 489 万头，主要有分布于青南和青北高寒地区、被列入《中国牛品种志》的高原牦牛，分布于青海湖周围山地的环湖牦牛以及在 2004 年通过农业部评审的培育品种大通牦牛。其中：玉树藏族自治州数量最多，占青海省牛只总头数的 34.37%；果洛藏族自治州占 25.65%；海南藏族自治州占 11.46%；黄南藏族自治州占 10.39%；海北藏族自治州占 9.09%；海西蒙古族藏族自治州占 4.02%；其余地区及各国有农牧场占 5.02%。

青海省是我国五大牧区之一，地处青藏高原东北部，面积 72 万多平方公里，其中草原面积占 56.13%。境内海拔 2500～4 500m，最高点 7 720m。牦牛分布较密的青南高原（青海省南部），主要由昆仑山脉及其支脉可可西里、巴颜喀拉山、布尔汗布达山及唐古拉山等组成。

青海牧区大部分地区如月份至翌年 4 月份的月均气温在 0℃ 以下。4 月份最低，为 -18.2℃～-5.5℃（极端低温 -41.8℃～19.8℃）；7 月份最高，为 5.4℃～20.2℃（极端高温为 19.5℃～35.5℃）。牧区年降水量 200～400mm。青南高原东部为青海省降水量最多的地区，年降水量 557～774mm。

2. 四川省

四川省有牦牛 392 万头，主要有分布于四川甘孜藏族自治州九龙县和康定县南部的九龙牦牛，以及分布于四川阿坝藏族羌族自治州红原县及若尔盖县南部的麦洼牦牛，这两个品种被列入《中国牛品种志》。

四川的牦牛分布于甘孜藏族自治州、阿坝藏族羌族自治州、凉山彝族自治州等 54 个县。其中：甘孜藏族自治州 205 万头，占四川省牦牛总数的 61.1%；阿坝藏族羌族自治州 125 万头，占 37.2%；凉山彝族自治州 66.7 万头，约占 1.7%。此外，峨边县、汉源县、石棉县、宝兴县、平武县、北川县也有少量分布。

四川省西部为牦牛多分布地区，海拔 2 500～3000m，上限海拔 4 500m（即九龙县高山草地），年平均气温 -1℃～5℃，绝对最低温 -40℃左右，最高温为 30℃左右，年降水量 600～800mm，年平均相对湿度为 60%。

3. 西藏自治区

西藏自治区有牦牛386万头，占全区牛只总头数的81%。主要有分布于西藏东部嘉黎县等高山深谷地区、列入《中国牛品种志》的高山牦牛，以及分布于西藏南部亚东县山原区的亚东牦牛。其中：那曲地区数量最多，占全区牦牛总头数的36.4%；昌都地区占26.3%；日喀则地区占13.4%；拉萨市（包括自治区农牧部门）占13%；山南地区占7.6%；阿里地区占3.3%。

西藏自治区可供放牧牦牛的草原面积有3 700万公顷。牦牛多放牧在海拔3 000m以上的地区，如位于珠穆朗玛峰北坡的绒布寺地区，暖季放牧点海拔超过5 500m。

西藏牦牛分布密集的地区为唐古拉山口、南木林、昌都延线的三角区域，这里的牦牛数量占全区牦牛总数的54.9%。

4. 甘肃省

甘肃省有牦牛90.4万头，占甘肃省牛只总头数的31%，分布于甘南草原和祁连山草原的18个县（市）。主要有分布于甘肃省天祝藏族自治县、被列入《中国牛品种志》的天祝白牦牛，以及分布于甘肃南部甘南藏族自治州高寒草地的甘南牦牛。天祝白牦牛是我国稀有而珍贵的牦牛地方类群，是白尾绒毛的主要生产畜种。其中：甘南草原（总面积约4.4万平方公里）牦牛数量最多，占甘肃省牦牛数量的87%；祁连山草原（总面积约2.5万平方公里）占13%。与甘南草原相邻的临夏回族自治州、岷县、漳县、渭源县也有少量牦牛分布。

甘南草原位于青藏高原东北边缘，占甘肃省总面积的8.8%，海拔一般为3000～4000m，年平均气温为1.4℃，年降水量500~700mm。气候高寒湿润，草原辽阔平坦。

祁连山草原位于甘肃与青海交界的祁连山东段地区，占甘肃省总面积的5.5%，海拔一般为2 500～4 000m，年平均气温为-0.2℃，年平均降水量385mm。

5. 新疆维吾尔自治区

新疆维吾尔自治区有牦牛22万头。主要地方品种是分布于天山中部山区的巴州牦牛。天山分布区是新疆牦牛的主产区，以克孜勒苏河为界，由西向东分布于乌恰、阿合奇、乌什、温宿、拜城、库车、和静、和硕、托克逊等县一带。该区以巴音郭楞蒙古族自治州的和静县巴音布鲁克区最多，全州有牦牛9万头以上。另自温泉县起，由西向东合博乐、精河、乌苏、吉木萨尔、巴里坤、伊吾等县，以及昆仑山分布区（包括帕米尔高原及阿尔金区），即塔里木盆地以南地区，由西向东南台阿克陶、莎车、叶城、皮山、和田、洛甫、于田、民丰、且末、若羌等13个县都分布有牦牛。新疆是我国主要的畜牧业基地，牦牛分布区适宜于放牧牦牛的草原有730多万公顷。

6. 云南省

云南省有牦牛5万多头，分布于滇西北的迪庆高原地区。主要地方品种是分布于迪庆藏族自治州香格里拉县的中甸牦牛。其中：香格里拉县（原称中甸县）和德钦县占90%以上。牦牛产区海拔3000～4000m，年平均气温5.2℃～5.5℃，年降水量500～700mm，年均湿度68%～71%。香格里拉、德钦两县饲养牦牛的历史悠久。两县与四川的乡城、稻城相邻，在交界地区，牦牛混群放牧或互换种公牦牛，所以这里的牦牛与四川乡城、稻城牦牛有血缘关系。据1939年《中甸县志》记载：该地有牦牛5000头。

二、牦牛对青藏高原生态环境的适应性

在特殊而严酷的生态地理环境下生育和繁衍的牦牛，经过漫长的自然选择和人工选择，形成了不同于其他畜种的形态特征、生理特性和遗传特性。

1. 牦牛的耐缺氧特性

牦牛生活在青藏高原海拔3000～5000m的地区。同海平面处比较，海拔3000m处空气含氧量减少1/3。海拔5000m处空气含氧量约减少1/2。在如此严重缺氧的环境下，牦牛不仅能生长发育，还能产出奶、肉、皮、毛、绒等人类的生活必需品；能够发情、排卵、生殖后代，遗传其特性，还能提供耕地、驮载、骑乘等役力。即使是在海拔5000～6000m的地区，牦牛仍能驮载，而且善于奔跑，并与野兽搏斗。而且，牦牛患心脏病的极为稀少。

牦牛之所以能很好地适应空气稀薄、大气压低的缺氧环境，是由于在长期的进化过程中形成了诸多生理特性的缘故。

牦牛胸腔容积大（比普通牛种多1～2对肋骨），心、肺发达，气管短而粗大，软骨环间距离也大，与犬的气管相似，能适应频繁呼吸。同普通牛种比较，牦牛不仅呼吸、脉搏快，而且血液中的红血球多、直径大，红细胞和血红蛋白含量都远远高于黄牛。牦牛血液中的红细胞含量在661～805万/立方毫米，血红蛋白含量为9.92～11.38g/L，黄牛仅为450万/立方毫米。成年母牦牛血液中的红血球直径为4.83微米，成年黄牛血液中的红血球直径为4.38微米。此外，牦牛的肺泡面积大，同样肺组织断面上的肺泡，牦牛平均占59%，而普通牛占40%。也就是说，牦牛的红血球一次运载氧气的量远远多于黄牛，这能增加牦牛血液中的氧容量，获得必需的或更多的氧气。这在缺氧的环境下，提高了气体交换机能。

为了能在低氧环境中正常繁殖，延续其种族，牦牛基本上是季节性发情。牦牛的发情期多集中在7～9月。生长在不同海拔的牦牛发情时期也不相同。牦牛季节性发情除与空气中氧含量有关外，与草场、气候诸因素也有关。同普通牛种相比，牦牛妊娠期短（250～260天），初生犊牛体小，体内保存着较多的携氧力更强的胎儿血红蛋白，能保证犊牛出生后所需氧分，不致缺氧死亡。曾为我国攀登珠穆朗玛峰的登山健儿运送物资的阉牦牛曾到达海拔6500m处，这对其他家畜来说是望尘莫及的。

2. 牦牛的耐寒惧热特性

（1）牦牛的耐寒特性

牦牛对低温环境具有很好的适应性和很大的可塑性。青藏高原气候寒冷，年平均气温在0℃左右。通常自由大气中每上升100m，气温下降约0.6℃。珠穆朗玛峰北坡海拔5 000～5 500m处，每上升100m，气温下降0.9℃。青藏高原植物生。长期仅120天左右，没有绝对无霜期。这里虽然太阳辐射强，但热量散失很快。

牦牛产区冷季长达7～8个月。此时大风多，冰雪覆盖，最低气温达30℃左右，但牦牛仍能正常生活。5月份在海拔5 000m的唐古拉山冬季牧场上常能见到这样的情景：狂风呼啸，一夜降雪之后，牦牛身上覆盖着几厘米厚的雪，毛梢结了冰凌，牧民仍照常能挤出牦牛奶。可见，牦牛是迄今所知家养牛种中最为耐寒的动物。

（2）牦牛的惧热特性

牦牛是一个极不耐热的畜种。有人把牦牛引种到低海拔地放牧，每到炎热季节，牦牛即表现出体温升高，呼吸、脉搏浅表不规则，烦躁不安，毛、绒脱落等种种不适应现象。在年平均气温为0.7℃的四川若尔盖地区测定，当环境温度升高到13℃时，牦牛的呼吸频率开始增加，1秒升高了2.3次；环境温度上升到14.6℃时，体温和皮温分别增加0.3℃、3.2℃，脉搏1秒增加5.4次。与其他牛种相比，引起牦牛生理指标上升的临界温度最低，可见，牦牛是家养牛种中最不耐热的动物。

（3）牦牛耐寒惧热的生理机制

1）皮肤厚、面积小

家畜皮肤的厚度，直接关系到机体的热调节机能。一般地说，寒冷干旱地区的家畜，皮肤厚，散热难，有利于保持体温；而温暖湿润地区的家畜，皮肤薄，有利于水分的蒸发和体热散发，从而适应高热气候。牦牛的皮厚为6.2mm，比耐热性强的瘤牛的皮（平均皮厚5.6mm）厚，比不耐热的欧洲牛的皮（平均皮厚6.18mm）都厚。

皮肤面积的大小，对畜体散热力影响较大。皮肤面积大的牛，散热力强。牦牛在长期自然选择的过程中，为了适应高寒地区恶劣的气候条件，形成了外形紧凑、垂皮小、外周附件和体表皱褶少的体态。虽然牦牛体型较小，但因有以上特点，所以单位体重的表面积小，仅为0.0182m²/kg，这是其耐寒不耐热的原因之一。

2）有特异的被毛

牦牛全身被毛丰厚。青藏高原进入冷季后，牦牛被毛的粗毛间丛生出绒毛，体表凸出部位、腹部粗毛密长，同蓬松的尾毛一起，像"连衣裙"一样裹着全身，随行走而摆动，甚为美观，故称为"裙毛"。据测定：牦牛肩背部粗毛长度平均为14.5cm，密度为181.5根/cm²；腹部相应为24.7cm，200.6cm²。除粗毛外，进入冷季时，全身又着生细密绒毛，肩背部的绒毛密度为1468.8根/平cm²，腹部为756.6根/cm²。长而密的被毛具有良好的保温性能，使躯体免受风雪严寒冻害。同时，牦牛的被毛由不同类型的毛纤维组成，具有相对稳定、保温良好的空气层（是一种热的不良导体），保暖性（阻止体热散失的性能）高。再加上皮下组织发达，暖季容易蓄积脂肪，在冷季可免受冻害。此外，牦牛体躯紧凑，体表皱褶少，单位体重体表散热面积小，加之汗腺发育差，可减少体表的蒸发散热。在冷季气温远低于体温（37℃～38℃）的寒冷条件下，有利于保存体内热量，减少体内热能和营养物质的消耗，维持正常体温和生理机能。这是牦牛能够抵御严寒的重要原因，是牦牛的重要生态特征。

3）泌汗少

牦牛剧烈奔跑1h后，除鼻镜部有汗珠外，全身均无汗斑点出现。可见，除鼻镜部外，牦牛体表排汗机能较弱。在1mm²的组织切片上，牦牛平均有汗腺导管9.3个，导管直径为0.0765mm；黄牛相应为13.5个和0.0855mm。这说明牦牛的汗腺发育不如黄牛。

3.牦牛对高山草原环境的适应性

牦牛是靠从高山天然草原摄取牧草以满足营养需要的放牧畜种。在适应高原牧草低矮、稀疏，枯草期长的环境中，形成了独特的采食特性。

高山草原的冬春季，牧草往往被积雪覆盖。在饥饿情况下，牦牛可以用蹄子扒开10～20厘米厚的积雪采食，也可以用颜面推开堆积的厚雪采食并探路。牦牛能够到陡峭的山崖、沟谷和峭壁之间的草地采食，也能钻入荆棘灌木丛中采食。

夏季每遇天气骤变，雨、雪、冰雹交加时，牦牛仍可照常采食。但遇气温升高，大气闷热时，牦牛则表现出烦躁不安，停止采食，向山顶或山口转移，以求凉爽，躲避蚊蝇袭扰。

（1）牦牛的放牧采食行为

牦牛的放牧采食行为包括采食的强度，如采食频率，日采食量，采食游走、休闲，反刍等时间分配和放牧、收牧、出牧的行进速度等。不同年龄、性别、个体、生理状态的牦牛在同一类型草原上日采食量不同，同一个体在不同的草场及不同的季节日采食量也不等。

1）放牧行进速度

暖季水草丰盛，适口性好，牦牛采食安闲，游走缓慢。冷季牧草枯黄，适口性差，而且枯草期长，牧草总量减少，牦牛急于采食，所以游走较快。

2）采食速度

牦牛的采食速度因季节和草场状况不同而有变化，且每口采食量少。牦牛对冷季牧草稀短而干枯的反应，并不是通常认为的以加速采食来适应，而是增加采食时间，以满足自身的营养需要。

3）采食量

牦牛的日采食量在不同草场、不同季节差异很大，即使在同一季节的不同月份，相差也很大。

（2）反刍

牦牛同其他牛种一样，通过反刍进一步完成对牧草的咀嚼、消化过程。牦牛多在夜间进行反刍，但在夏秋放牧时，白天也时有卧息、反刍。

犊牦牛在半月龄开始采食牧草，出现反刍行为。反刍活动因采食牧草的质量和牧草中的水分不同而有变化。对水分多的牧草，牦牛反刍时间减少；对干草则反刍时间长。在牧草嫩绿的夏秋季，牦牛每天反刍时间为四小时左右，每天有 6~10 个反刍周期。当有人接近或有异常响动时，即停止反刍。每遇生病，反刍暂时停止。牦牛同其他牛种一样，如较长时间不反刍，就可能患病。

第二节　牦牛的用途

牦牛既是生产资料，又是生活资料。

一、牦牛的肉、奶是美味食品和重要的食品原料

牦牛肉由于品质、风味独特，无污染，受到国内外市场的欢迎。中国牦牛年产肉量为 22.56 万 t，占牛肉总产量的 7.96%。供肉用的牦牛活重一般为 230~340kg，屠宰率为 48%-53%。牦牛肉的特点是色泽为深红色（肌红蛋白含量高），蛋白质含量高（21%）而脂肪低（1.4%~3.7%），肌肉纤维细（眼肌肌纤维直径为 48~53 微米）。

中国牦牛年产奶总量约为 715 万吨。产奶牦牛约占牦牛总头数的 36%。在暖季挤奶期，母牦牛产奶量为 200~500kg，乳脂率为 5.36%~6.82%。牦牛奶的特点是色泽为微黄色，干物质含量（16%-18%）和脂肪含量（6%~8%）高，脂溶性维生素和钙、磷丰富。

二、牦牛的毛是优质的毛绒制品原料

牦牛的尾毛、绒毛畅销国内外。中国牦牛年产毛总量（包括尾毛、绒毛）为 1.3 万 t，其中绒毛 0.65 万 t。牦牛尾毛每两年剪 1 次，平均每头剪尾毛 0.25kg。尾毛主要供制作戏剧道具如胡须、蝇拂、刀剑缨穗等以及假发（发帽）和工艺品。其中以白牦牛尾毛（可染色）最为珍贵而价高。粗毛每年暖季剪 1 次，每头剪毛量 0.5~3kg，主要供制作毡、绳、帐篷布等。每年牦牛剪毛前，有的先抓绒（有的同粗毛一起剪），每头抓绒量 0.3~0.7kg。牦牛绒手感松软滑爽，光泽好，近似山羊绒，可加工成牦牛衫（裙、裤）和精纺衣料。牦牛绒细度在 25 微米以下（平均 16.8 微米），折裂强度 9.81g，纤维公制支数 2979。含脂率为 9%~10%。

中国牦牛年产牦牛皮 17 万张，牦牛皮质地良好。成年牦牛的鲜皮重 13~36kg，占活重的 5.6%~8.8%。牦牛皮的特点是生皮毛长，真皮层胶原束编织较疏松。

三、牦牛（主要指阉牦牛）是青藏高原上主要的役畜

牦牛可担负驮载、骑乘、耕地等使役作业。成年阉牦牛可使役到 15 岁，每头驮载重 65~80kg，日行程 25～30kg，可连续驮载 7～10 天。青藏高原地势陡峻，山高路险，无论是跨冰河还是过雪原，牦牛都行进稳健。牦牛四肢较短，强壮有力。骨骼坚实致密，骨小管发育差，含钙、磷多。公牦牛骨断面上骨小管的密度为 26.6 个 /cm²，骨致密部分（干物质）含氧化钙 35.9%；普通牛种公牛相应为 35.3 个 / 平方厘米和 32.9%。牦牛蹄大而坚实，蹄叉开张，蹄尖锐利，蹄壳有坚实突出的边缘围绕，蹄底后缘有弹性角质的足掌。这种蹄不仅着地稳当，而且可减缓身体向下滑动的速度和冲力，所以牦牛能在高山雪原上行走自如。

第三节　牦牛生产现状

近年来，科学技术特别是生物技术的不断提高，新技术的推广、普及、应用，促进了养牛业的迅速发展，牛产品的科技含量也在不断增加。目前在牦牛的生理生化、消化代谢、营养与饲料加工、遗传育种、繁殖新技术及计算机等方面的研究均取得了一定的进展，为合理而经济的利用资源，充分发挥牦牛的生产潜力起到了重要作用。

牦牛是青藏高原古老的牛种，但牦牛科学却是一门年轻的学科。我国牦牛科技工作者深入高原牧区，在各族牧民群众和各级政府的支持下，不畏艰苦，辛勤地开展各项研究工作，把青藏高原的牦牛科研推向了世界的最前列。在牦牛资源调查、繁殖和遗传特性、生物学特性、解剖生理、营养及代谢、产品开发及深加工、本种选育、种间杂交、野牦牛和家牦牛杂交等方面，取得了丰硕的科研成果。

一、遗传育种方面

20 世纪 70 年代后期，各地开始进行牦牛遗传学方面的研究，初期开展的是有关牦牛的染色体、染色体组型比较等的研究。80 年代以后，较多的是牦牛血液蛋白多态性的研究，并已发现牦牛血液中有多种蛋白和酶具有遗传多态性。

目前对该领域的研究多集中在分析和识别牦牛各蛋白质基因位点和基因型上，对将之用于育种上的研究较少，同时对某些蛋白多态性的判别标准也不统一。因此，尽管牦牛的血液蛋白多态性在研究群体遗传变异上显示出较形态特征描述更准确、较细胞水平的分类更直观且易判断的优点，但所得的各座位的基因型和基因频率是以随机交配的孟德尔群体为前提的。因现饲养牦牛多为小群体，存在选择压力下一些功能性酶发生突变的个体被淘汰的可能，•即使血液蛋白基因座位广泛分布在每条染色体上，也不可能完全代表整个基

因的多样性，故血液蛋白多态性作为遗传标记用于中国牦牛类型划分、遗传资源评价仍需从不同层次进行更深入的研究和完善。

对我国牦牛的遗传多样性研究表明，我国牦牛的体形、外貌、血液蛋白、染色体特征、DNA 分子具有多样性，是我国乃至世界牦牛业持续发展的物质基础。但我国对牦牛遗传多样性、开发利用潜力的研究还处于较低的水平，牦牛遗传多样性，尤其是 DNA 分子多层次水平上的多样性的深入研究，对今后中国牦牛遗传资源的保护和利用起着重要的作用。

在牦牛的繁殖技术方面，使用牛的冷冻精液和人工授精技术，充分利用具有世界先进水平的种公牛站的优秀种公牛，使全球共享其遗传潜力。在牦牛生产方面，该项技术也得到了充分的应用，特别在牦牛杂交方面尤其突出。

二、电子计算机在牦牛产业上的应用

微机技术是当今社会发展最迅速，应用领域最广泛，且最富有生命力的高新技术之一，对牦牛业的迅速发展起了重要的推动作用。在牦牛遗传育种上，利用计算机进行奶牛体形鉴定的信息处理分析、牛良种登记的电脑化处理，品种资源的数据库研究及种公（母）牛育种的数据处理和各项选择指数的制定（如 BLUP 法）等。在放牧管理方面，微机技术正应用于放牧管理模型的开发及放牧管理方式的优化等。另外，在生产管理、人工智能专家系统和决策支持系统等方面的开发研究也取得了一定进展。

第四节　牦牛生产展望

当前，在畜牧业经济发达的国家和有些发展中国家，传统养牛业正在向以生物技术为基础的未来养牛业转变，加快了养牛业产业化的步伐，促进了传统的粗放型养牛业向集约化、现代化养牛业方向发生质的飞跃。

回顾过去，展望未来，牦牛业的发展必须立足资源优势，以市场为导向，以科技为依托，以提高牛商品率和产品质量为重点，努力发展数量，突出抓好质量，加快杂交改良，实施龙头带动，推进规模经营，发展区域经济，逐步创造条件建立良种繁殖体系，饲养和饲料工业供应体系，防疫灭病体系，牛生产、加工、销售一条龙服务体系，市场流通信息管理体系，科学服务体系等，从而达到生产专业化、布局区域化、服务社会化、管理企业化和经济规模化的目标和要求，走符合牦牛业产业化特点的道路。

一、保护产区生态环境，科学地开发牦牛产品

由于历史、社会及生态条件的局限，加之牦牛本身所具有的生物学特性，使牦牛生

产形成了不同于其他家畜的生产系统。即：终年放牧，晚熟，生长发育及周转缓慢，以及低投入、低产出或低效益等的粗放饲养管理系统。牦牛生产还表现出很强的季节性，暖季（约4个月）牧草丰盛，冷季（约8个月）天寒草枯，很多地区草地超载或过牧严重，导致草地严重退化甚至出现沙化，使青藏高原一些地区生态变得很脆弱。长江、黄河发源于这里，因此，尽力保护好牦牛产区的生态环境，不仅可使牦牛生产持久、高效的发展，对全国的生态建设也有举足轻重的影响。

长期以来，牦牛产区草原牧草资源只能依托牦牛和藏羊来转化为商品，广大牧民也以牦牛为主要的生产、生活资料，靠出售活牛、牦牛绒、皮等产品谋生。生产、加工、流通环节彼此脱节，产品难以实现多层次的加工增值。特别是牦牛的肉、奶食品，作为无污染的绿色食品，风味独特、鲜美，日益受到人们的青睐，却难以商品化。因此，加强牦牛产品的开发，搞好多层次、多种类牦牛产品的深加工，建立一批规模化、产业化经营的商品生产基地、企业、市场或营销渠道，使粗放的牦牛生产迅速向质量型、生态效益型转变，对提高牦牛产区各族人民的生活、促进西部大开发具有十分重要的意义。

二、加快牦牛产品开发

1. 迅速拓展规模化经营和牛源基地建设

当前，牦牛产区许多自治州（县），都建立有牦牛肉、奶及绒毛产品等的小型加工厂，有的地区建立了牦牛产品加工大型企业或公司，初步形成"公司＋牧户"的规模化经营体系，即牛源基地体系（母牛、犊牛、架子牛）、肉牛育肥场体系、产品加工及销售体系和牦牛生产服务体系。

现阶段牛源基地的主体还是传统牧（农）户，95%以上的牦牛肉及其他牦牛产品的加工原料来源于牧（农）户。传统牧（农）户的特点是生产积极性高，受益面大，饲料及劳动成本低。牧区实施人（有定居住房）、草（草原有偿承包）、畜（有越冬棚圈或暖棚）"三配套"建设。改变基础设施薄弱的状况，形成规模经营（千家万户连片）的牛源基地后，群体规模不断由小到大，并向产业化过渡，在市场上有一定的竞争力，但仍须有深加工或技术含量高的产品来维持牛源基地的经济效益。牦牛生产由传统向专业化、产业化经营转化的趋势，与国外现代化养牛业发展过程中的变化趋势是基本一致的。应该看到，以牧（农）户为主体的牛源基地的不足之处是：在起步阶段，牛源基地供育肥的架子牛批量小，质量参差不齐，给育肥场育肥造成一定困难；牦牛生产资金周转及积累缓慢，对畜牧技术反应也较慢；牧（农）户抗风险力低，游离性（随市场变化相应转变生产方向）大等。这就需要生产服务体系及政府业务部门等多方面的指导和扶持，加强对牛源基地生产变化规律、技术升级、适应市场等方面的研究，采取相应的对策措施。

2. 努力解决牦牛的饲料及育肥问题

牦牛饲料大体可分为天然草原或人工栽培牧草（青绿饲料）。农区的作物秸秆、非蛋白氮（尿素或铉盐），是非竞争性饲料，精料（谷物、加工副产品）是竞争性饲料。牦牛的饲料应以非竞争性饲料为主，精料为辅，二者结合才能达到高效、优质的目标，才能改变历史上遗留下来的冷季减重甚至死亡的状况。因此，除了加强草原培育，种植人工牧草外，应积极开发牦牛的粗饲料品种及进行精料加工，努力解决补饲的精料、育肥场育肥饲料的来源问题，才能获得质量上乘的肉牛制品。要逐步改变单纯追求头数、牦牛不喂料、不加速周转或出栏的传统观念。

农区种植业占主导地位，饲料资源丰富，生态条件优于高寒牧区。除向农区收购饲草料，将牧区架子牛进行舍饲育肥外，对难越冬的牛转入农区继续育肥，使牧区生态系统能流或牛只暖季增重得以延伸。应采取不同的协作或农牧区联营方式，搞好牦牛转入农区的育肥工作。这样不仅可将农区的饲料转换为畜产品，肥料还田，利用农区冬闲的剩余劳力，而且可使牧区集中补饲草料，建设棚圈，养好基础母牦牛。

3. 积极扩大牦牛肉产品市场

牦牛生产周期长，对市场变化及现代畜牧技术反应较慢。牦牛肉产品在生产总量上受市场左右较大，但在产品开发、创名牌上，牦牛肉产品的主动性及优势很大。如牦牛肉含蛋白质丰富，蛋氨酸、赖氨酸含量高，脂肪少，产于青藏高原无污染的生态环境，在国内外市场上都具有较大的竞争力。

目前牦牛肉面临国内、国外两大市场的挑战。国内市场消费基数很大，牛肉消费量不断增长。我国人均增加1kg牛肉，全国就需年增产牛肉120万t以上。国际上主要的牛肉市场位于我国周边地区。我国牛肉主要出口俄罗斯、哈萨克斯坦、伊朗、日本、韩国等国。目前牧区牦牛肉生产虽品牌多，但无规模，在经营管理、肉牛育肥及肉品加工等方面都不适应国内外市场的需求。

为适应市场需求，牦牛肉生产必须积极地向质量型、成本效益型转变。牦牛产区主管部门和加工、流通企业，应放眼国内外市场，按市场需求进行产业化生产，积极创造条件统一品牌、统一质量、统一规格，用新的特色产品占领市场、创造效益。

随着经济全球化速度的加快，国内外消费者对牛肉质量的要求日益苛刻，产品质量及诚信度达不到上乘，就难占领市场，甚至失去竞争力而拱手让出市场。因此，努力提高牦牛肉及其加工制品的质量，是不断开拓市场，参与竞争，取得成效的唯一途径。

由于青藏高原生态及社会、历史条件等的局限，牦牛生产长期处于靠天养育的落后状态。但是近三十年来，各族牧民群众和畜牧工作者积极发展牦牛生产，开展科学研究，进行牦牛的本种选育和种间杂交，合理利用和改良草原，推广现代畜牧技术，从而使牦牛的生产性能、商品率及经济效益不断提高，使牦牛的生产跨入了一个新的发展阶段。

第三章　牦牛的选育及杂交改良

第一节　牦牛的选育

一、牦牛的本品种选育

本品种选育是指本品种内部采取选种选配、品系繁育、改善培育条件等措施，以提高品种性能的一种方法。本品种选育包括纯种繁育，其选育对象不仅包括育成品种，而且还包括地方良种品群。不止是繁殖纯种，而且还包括为克服品种的某些缺点而培育杂交品种。

本品种选育的任务是保持和发展品种的优良性，增加种群中优良个体频率，克服品种某些缺点以及提高其生产性能。

牦牛品种不仅是具有极高经济价值的畜种资源库，而且具有许多特异性状，是极为宝贵的基因库。在国际畜种基因多样性日趋贫乏的今天，开发利用、保存提高这一宝贵的基因库，无疑会使曾经在人类的进步史上起过重大作用的古老畜种，在今后的家畜育种和遗传工程中发挥更大的作用。

我国的牦牛饲牧业历史非常悠久，生产经验极其丰富，促进了牦牛地方品种和优良类群的形成。

二、传统的选育方法

在牧区有一定影响并具有代表性的选种经验和方法是"选公"和"选母"。

公牦牛的选择方法是"一看根根，二看本身"。"根根"是指被选牦牛的父母。要求在体壮和奶多，已产两胎以上的母牦牛所产的犊牦牛中挑选。对其父的要求是毛量多、儿女多。"本身"是指被选牦牛的体形外貌，总的要求是一个"宽"字。即角基要粗，角间距宽，角形开张，额宽头宽，鼻镜宽，嘴宽，上唇薄而长，眼有神而不红（据说，红眼牦牛凶猛，会主动攻击人），颈粗短厚实，肩峰高，前胸宽，背腰平宽，尻部宽而平，尾毛多，前肢挺立，后肢弯曲有力，阴囊紧缩，毛色全黑或前额、肢体端（指四肢、尾、前胸等部位）有白斑。体躯毛色黑白相间的不入选。

选择分三步进行：①初选，在牦牛1、周岁时进行；②再选，在牦牛2周岁时进行；③定选，在牦牛3周岁时进行。未中选的公牦牛全部阉割供役用或肉用。定选后的公牦牛，让其进入母牦牛群中竞争试配。若发现缺陷，如体形外貌不理想、竞配能力不强等，则将其淘汰。

对母牦牛则着重于繁殖力的选择。标准有三条，即"三淘汰"：①到产头胎的年龄（4~5岁）而未见产犊者淘汰；②3~4年空怀不再产犊者淘汰；③母性不强，带不活犊牦牛的淘汰。

对牦牛进行有计划、有目的地选择和培育的工作目前正在实施中，目前对这一领域的研究和认识还较肤浅，对牦牛的许多特性尚不能给出透彻和完善的解释。怎样进行选育，采用哪些有效的技术措施，还无章可循。只能依照现代家畜遗传育种的原理、方法和畜牧生产的一般原则，以及其他牛种选育的成功经验，结合牦牛分布地区的具体条件和牦牛的生态特性，制定主要牦牛地方品种的选育指标。今后，还将进一步开展在专业技术指导下的群众性的系统持续地选育工作，在保证提高牦牛对高寒草地生态条件的适应性的前提下，主攻方向是提高其早熟性、日增重等。对经济型牦牛的选育，则是以肉为主，肉、乳或肉、毛（绒）兼用为标准。

第二节　牦牛的杂交改良

利用杂种优势，大幅度提高畜禽生产力，是现代畜牧业的重要技术手段。牦牛长期生活在特定的高原生态条件下，具有很强的适应高原严酷环境的抗逆能力，并有乳、肉、役、毛等多种用途，但另一方面，牦牛是一个自然选择大于人工选择的原始畜种，生长发育慢，性成熟晚，生产性能及繁殖率低，经济效益差。通过本品种选育，可提高牦牛的生产性能，但这一方式提高的速度慢，遗传进展不大，难以满足牧区经济发展的要求。因此，应在抓好本品种选育的同时，有计划地开展牦牛的杂交改良工作，充分利用杂种优势，大幅度提高乳肉生产性能，减少牲畜饲养量，以增加牧民的收入，保护草地生态环境。

一、牦牛杂交利用研究概况

让生产性能高的种畜与本地生产性能低的母畜交配，以不断提高其杂种后代的生产性能，是一项成功的经验。我国在3000年前的殷周时期，就有利用本地黄牛与当地牦牛杂交生产锦牛以增加乳肉产品的技术，但由于父本的生产性能也不高，杂交改良效果并不好。20世纪40年代，原西康省模范乳牛场曾引进一头荷兰公牛与当地20头母牦牛杂交，并成功地获得两头杂种后代。50年代至70年代末，曾引进国外培育良种公牛如黑白花、西门塔尔等改良牦牛，杂交一代牦牛的奶、肉产量成倍提高，很受当地牧民欢迎。但存在四个问题：①引进的外地良种公牛极不适应高原地区的生态环境，很快患高原病死亡；②由于物种生殖隔离，受胎率低，怀孕母牦牛羊水过多；③杂交后代出生个体大，易导致难产，母子双亡多；④杂种公牛雄性不育，杂种优势利用不充分。70年代中后期，将良种牛冷冻精液引入高原与牦牛进行杂交的试验获得成功，在牦牛杂交改良史上取得了历史性的技术突破。但同样存在受胎率低、难产、杂种后代个体的可持续利用未有突破等问题。

为解决这些制约牦牛杂交改良的问题，20世纪90年代初至今，四川省草原科学研究院等多个研究单位开展了牦牛多元杂交的组合试验研究和犏牛可持续利用研究，先后提出了（黑×黄）×牦、（西×黄）×牦、黑×（黄×牦）、西×（黄×牦）、娟×牦、（西×黄）×［（黑×黄）×牦］、（黑×黄）×［（西×黄）×牦］等牦牛多种杂交改良途径（注：黑，指黑白花牛；黄，指当地黄牛；西，指西门塔尔牛；娟，指娟姗牛），筛选出了较好的牦牛杂交组合，并在四川、青海、西藏等地广泛推广应用，杂交改良效果显著。

二、牦牛杂交改良方法

1. 主要的杂交改良方法

牦牛杂交改良含经济杂交、育种性杂交两种。由于牦牛品种原始，生产性能低，牦牛品种内的杂交研究很少，多集中在野牦牛和家牦牛的导入杂交以育成牦牛新品种的研究上。牦牛和普通牛种的杂交属于远缘杂交，一、二代杂种公牛雄性不育，不能横交育种，但杂种后代的生产性能远高于牦牛。因此，牦牛的杂交改良主要是以提高生产性能为主的经济杂交。

我国牦牛产区通用的经济杂交方式有二元杂交繁育一代，三元杂交繁育二代，还有二元或三元的轮回杂交等几种。

（1）二元杂交

根据高原牧区的反复实践与研究，两品种杂交繁育一代，奶用改良以黑白花特别是中国黑白花、娟姗牛为主，奶、肉兼用改良以西门塔尔牛为主，肉用改良则以海福特、夏洛来为宜。

杂交后代都具有明显的杂种优势。

1）生长发育快，产肉性能高

杂交改良牛两周岁半时的体躯大小几乎与成年牦牛一样。如青海省大通牛场的数据显示：黑白花公牛杂交一代两周岁半时，母牛体高平均113.98cm、体长122.25cm、胸围164.50cm、体重260.36kg，与成年母牦牛相比，增加体高7.88cm、体长5.15cm、胸围8.40cm、体重40kg左右。新疆维吾尔自治区农垦104团利用肉用牛如海福特、夏洛来，兼用牛西门塔尔与牦牛杂交，其后代6月龄时体重平均达152kg，18月龄时体重平均达

278kg，高的达 300kg 以上。四川省草原科学研究院的研究结果表明，6 月龄全哺乳的黑白花 × 牦牛杂种公牛平均体重 131.33kg，胴体重 60.90kg，屠宰率 45.7%，净肉率 34.75%；18 月龄的平均体重 224.63kg，胴体重 105.57kg，屠宰率 47.00%，净肉率 36.70%；30 月龄的平均体重 381.18kg，胴体重 194.40kg，屠宰率 51%。

2）肉质好

改良牛的肉质经品质评定，认为比牦牛肉色浅，肉嫩味鲜，同时具有牦牛肉的特色风味，口感好。

3）产奶量高，乳脂总量多

改良牛一般日挤奶两次，平均奶量为 2.5 ~ 3.0kg，其中，以黑白花 x 牦牛的改良牛奶量最高，日平均产奶量可达 5.5kg。如果提高饲养管理水平，日平均产奶量可增至 14kg。每胎次可产奶 1 000kg 以上，是牦牛的 4 倍，乳脂量达 50kg。

4）适应性能好，繁殖力高

改良牛不仅能生活在高寒生态环境中，还能生活在牦牛不宜生活的低海拔 1 000m 左右的地区，生产性能也较高。杂种母牛性成熟早，繁殖力高。改良牛性成熟年龄比牦牛早一年，繁殖成活率无论自然本交或冻精人工授精均可达 60% ~ 70%，比一般牦牛繁殖成活率高 20% ~ 50%。

5）性情温顺

改良牛性情温顺，易于管理。

（2）三元杂交

良种牛与牦牛本交或良种牛冻精与牦牛配种，虽然杂交效果明显，但其繁殖成活率低，难产、母子双亡多。利用良种牛与半农半牧区的黄牛杂交生产的杂种种公牛再与母牦牛自然交配以生产犏牛，可以减少难产和母子双亡的几率。较优的杂交组合有（黑 × 黄）× 牦、（西 × 黄）× 牦、黑 × （黄 × 牦）、西 × （黄 × 牦）。杂交后代也具有明显的杂种优势。

（3）四元杂交

如何有效持续利用三元杂交的杂交后代，一直是牧区科技人员关注的问题。在多年的研究基础上，四川省草原科学研究院取得了母犏牛持续利用的研究新成果：较好的杂交组合有（西 × 黄）× [（黑 × 黄）× 牦]、（黑 × 黄）× [（西 × 黄）× 牦]，娟 × [（黑 × 黄）× 牦]、娟 × [（西 × 黄）× 牦] 等。

2. 牦牛杂交改良配种管理

（1）种公牛的选择与管理

1）种公牛的选择

利用含 1/2 黑白花或西门塔尔基因的杂种藏黄公牛与牦牛自然交配生产犏牛。杂种藏黄公牛应体形较大，体格健壮，体质结实，肌肉丰满，体躯较长，全身结构匀称；生殖器官发育良好，性欲旺盛；头粗壮，眼大有神，眼睫毛为黑色；背腰平直，腹部不下垂，体宽长、平直，四肢较长；毛色似黑白花或西门塔尔。

2）种公牛的管理

杂种藏黄公牛1~2岁时，于五六月份从半农半牧区引进高寒牧区，实行终年野外放牧。1~4月每日收牧后补饲青干草或芜根1~2kg，夜间进入棚圈（暖棚饲养最佳）。两岁左右可用于配种，初配种公牛，应进行调教，同时人工辅助交配。

（2）参配母牦牛的选择与管理

1）参配母牦牛的选择

选好参配母牦牛是提高受配率和受胎率的关键。选择体形较大，体质健壮，无生殖器官疾病的"干巴"和"牙儿玛"母牦牛，即前一年或前两年产犊的母牦牛作为参配牛。因为，根据母牦牛的发情规律，当年产犊的母牦牛，到配种季节很少发情，即使发情也要到配种后期，因此当年产犊的母牦牛不宜进行杂交改良。参配牛应于配种前一个月选出，组成专群，由有丰富放牧经验的放牧员精心管理，在划定的配种专用草场放牧，使之迅速抓膘复壮。应让其他牛群远离配种的专用草场，以防公牦牛混群偷配。条件允许的，应设置配种专用围栏草场。

2）参配母牦牛的管理

实行"三固定，一隔离气即：

定牛群。选定的参配母牦牛，除淘汰、补充的外，固定为参配群。

定人员。固定人工授精输精员和参配牛群的放牧员、挤奶员，以利于他们熟练掌握技术和熟悉参配母牦牛的个体特征。

定草场。选择交通方便，利于运送、补充液氮、精液的优质草场作为冻精人工授精点和参配牛群的放牧地。

隔离种公牛。人工授精期间，严格防止种公牛串群偷配。

对参配牛群从6月份开始实行昼夜全放牧，并补饲食盐（每隔2~3天每头喂25~30g），勤更换草场，抓膘复壮，促进母牦牛提早发情。

（3）组群配种

杂种藏黄公牛与母牦牛同群放牧，组群的比例为1：20~25.组群时间为5月份，配种时间为6月下旬至8月底，9月放入公牦牛补配。

3. 保胎、接犊和护犊

（1）保胎

怀孕母牦牛仍应延长放牧时间。1~4月，每天收牧后补饲青干草1~2kg，严防挤撞、打击腹部，禁用腹泻及子宫收缩药物。

（2）接犊

在母牦牛分娩前，应做好接犊助产准备，注意观察分娩情况。胎儿头部和两前肢露于阴门之外而羊膜尚未破裂时，应立即撕破羊膜，让胎儿鼻端外露，以防窒息。母牦牛站立分娩的，饲养管理人员应双手托住胎儿，以防落地摔伤。若遇难产，应根据具体情况，采取相应的抢救措施。

（3）护犊

犊牛在产后 1 小时内应吃到初乳。保持圈舍内卫生、干燥，定期消毒。夜间应将犊牛放入圈舍。产犊后半个月内的母乳应大部分供给犊牛吮食。在可能的条件下，犊牛 6 月龄断奶前应采用全哺乳或半哺乳式饲养，以促进犊牛正常生长发育。

三、杂交后代的饲养管理

刚产的杂交犊牛要弱于牦犊牛，对寒冷和疾病抵抗能力差，所以应尽可能地让母牦牛舔犊，如果不舔犊则用食盐辅助，以帮助其建立母子关系。在产后一 h 内应保证犊牛吃到初乳。做好保温和卫生工作，随时检查犊牛的精神、行动、食欲、粪便等。初生期犊牛随母就近放牧，确保其正常吸到初乳，同时避免远距离放牧造成犊牦牛疲劳。收牧后最好将犊牛集中饲养，与母隔离后也应让其定时哺乳。尽早补饲，开始时可将精料同牛奶混拌并涂抹在犊牛的嘴巴和鼻镜上，由少到多诱导其采食，以使犊牛顺利通过断奶关，同时，让犊牛慢慢采食优质青草，以促进其瘤胃的发育。

杂交改良犊牛哺乳至 6 月龄后，一般应断奶并与母牦牛分群饲养。

杂交改良犊牛的培育技术要点主要有：

① 0~7 天保证犊牛吃到初乳，7 日龄时进行犊牛副伤寒的免疫工作。犊牛出生后 4~6 小时对初乳中的免疫球蛋白吸收力最强，因此 1 小时内必须让其吮吸初乳，以尽早获得母源抗体。

② 8 天以后喂常乳，半月后逐渐训练其采食精料，一个月左右训练其采食混合青饲料，确保犊牛正常断奶，同时也为促进其瘤胃的发育。

③加强疾病防治。牧区犊牛极易染病，热血病等病的发病率和死亡率很高。犊牛期跟群放牧时，应注意观察牛只的精神状况、行动、食欲、粪便等，以便及时发现疾病并治疗。

1. 杂交改良犊牛的冷季饲养管理

（1）冷季饲养技术

从放牧的角度而言，川西北牧区草原（草场）分为三季（春季 5~6 月份，夏秋季为 7~9 月份，冬季为 10 月份至翌年 4 月份）或两季（冷季 11 月份至翌年 5 月份，暖季 6~10 月份）。

犊牛指从断奶至 12 月龄以内的小牛，此时的小牛性情比较活泼，合群性较差，与成年牛混群放牧时相互干扰很大，应单独组群，采取"放牧＋暖棚＋补饲"的方式饲养。杂交改良牛耐寒性差，天气较好时，要晚出牧、早收牧，充分利用中午气温高的时机放牧，夜间应补喂精料。天气恶劣时尽量在暖棚内喂青干草并补饲精料，暖棚保持清洁干燥和卫生，个别的牛只覆盖保暖毛毯或辅以其他保暖设备，以确保牛只安全越冬，减少死亡。

（2）犊牛安全越冬的措施

贮备优质、充足的补饲料，如优质青干草、芫根、麦获、玉米面、青棵面、清油、食盐等。

搞好棚圈或塑料暖棚的建设，保持圈舍清洁、干燥、卫生及通风。

及早进行合理的补饲，采取对体弱的牛只多补饲、冷天多补饲、暴风雪天日夜补饲的原则。

2. 杂交改良犊牛的暖季饲养管理

犊牛顺利越冬，1岁~1岁半，是犊牛生长发育的关键时期，应采取"放牧＋补饲"的方式进行饲养。在返青初期，犊牛还比较弱，应尽量减少长时间放牧，防止犊牛过多采食。随着天气的进一步转暖和牧草的生长，要尽量延长放牧时间，做到早出牧、晚归牧，补喂矿物质、维生素、食盐等，个别的补喂适量精料。及时更换草场和卧圈，减少寄生虫病的发生，做好驱虫和疫病防治。

第四章　牦牛繁殖技术

第一节　公牦牛的繁殖特性

一、牦牛的初配年龄

牦牛的性成熟、初配年龄依饲牧条件及所处的生态环境等的不同而有较大的差异。公牦牛一般 10~12 月龄时，具有明显的性反射，但多数不能发生性行为。

牦牛一般为自然交配，公牦牛配种年龄为 4~8 岁，配种年限为 4~5 年，9 岁以后体质及竞争力减弱，很少能在大群中交配，应及时淘汰。

二、提高公牦牛的交配能力

在自然交配的情况下，平均 1 头种用公牦牛配种负担量为 20 头，超过这一比例则影响受胎率。

同普通牛相比，公牦牛的交配力较弱。主要原因是公牦牛求偶行为强烈，性兴奋持续时间长，在母牦牛发情和配种季节每天追逐发情母牦牛，或为争夺配偶和其他公牦牛角斗，体力消耗很大。此外，采食时间减少，仅依靠放牧难以获得足够的营养物质，使交配力下降。

为了提高种公牦牛的交配力，在配种季节应对公牦牛实施控制措施。如将公牦牛从大群中隔出，在距母牦牛群较远处放牧或在围栏中放牧，根据发情母牦牛的数量有计划地安排公牦牛投群配种，保证在配种季节有足够的公牦牛参配；有条件的地区对交配力强的公牦牛，每天补饲一定量的牧草或精料；对投群交配时间长、体质乏弱或交配力下降的公牦牛，可从母牦牛群中隔出，系留放牧或补料，让其休息 1~2 周，视恢复情况再投群配种；老龄公牦牛体大笨重，交配力很差，所以应及时去势或淘汰，否则会造成更多的母牦牛空怀。

第二节　公牦牛采精及精液品质

一、采精公牦牛的调教

1. 调教时期

应在天寒草枯、公牦牛乏弱时期，以饲草料为诱饵，拴系管理，逐步调教成年公牦牛。对幼公牦牛，则从犊牛人工哺乳或舍饲阶段开始调教，效果更为理想。，

2. 调教方法

选用有经验、熟习牦牛习性的牧工为专门的调教员。要求调教员体健、胆大、责任心强。调教时，用饲养诱食的方法来逐步接近公牦牛，将绳索套于公牦牛颈部系住，然后逐步靠近牛体，进行抚摸、刷拭。调教员在饲养管理工作中要穿固定的工作服。为消除采精及使用假阴道时公牦牛的恐惧，调教员在饲养管理中应常手持形似假牛阴道的器具，使公牛熟习采精器械。在人、畜建立一定的感情后，在刷拭牛体的同时，逐步抚摸其睾丸、牵拉阴茎及包皮，并在远处（牛视线内）置饲草，牵引公牦牛采食。此过程请持续一定的时间。

对未自然交配过的公牦牛，在调教中要使其逐步接近、习惯采精架，将发情母牛固定在架内，让其进行交配。在爬跨交配的同时，调教员可同时抚摸牛的尻部、臀部及牵拉阴茎、包皮等。在自然交配两次后，即进行假阴道采精训练。采精工作最好由调教员担任。

二、采精方法

采用假阴道法，按黄牛种公牛采精常规方法进行。假阴道的内压要比普通牛种公牛的稍大，假阴道内壁温度一般为39℃～42℃（四川甘孜藏族自治州）或42℃～45℃（甘肃天祝县）。台牛要用发情母牦牛。采精时，牵公牦牛缓慢接近采精架，引起其性兴奋。采精员持假阴道在架右侧等候，待公牦牛爬跨台牛后，采精员靠近台牛，用左手扶住公牦牛的阴茎，将阴茎插入假阴道，公牦牛数秒即可射精。

采精场内要安静，防止喊叫和非采精人员观看。通往采精架的通道绝不能有任何障碍或其他不熟悉的堆置物。公牦牛注意力集中于交配时无攻击人的行为。只要采精员沉着、敏捷地操作，假阴道温度、压力、润滑度保持正常，即可顺利采得精液。

第三节　母牦牛的繁殖特性

一、初情期及初产年龄

母牦牛的初情期及初产年龄，各地或同一群体的个体之间有一定的差异，在很大程度上取决于犊牛所处的生态及培育条件。一般来说，在产犊季出生早，暖季哺乳及采食期长，生长发育快或体重者初情期早。因牦牛的初情期一般在 1.5～2.5 岁，即在出生后第二或第三个暖季初次发情。以 3 岁发情配种、4 岁产第一胎的母牦牛为最多。据相关资料，四川省若尔盖县母牦牛初产年龄在 3 岁的占 25.4%，4 岁的占 55.6%o 在牛群中，繁殖母牦牛的比例达到 45%-50% 最好。

二、发情

母牦牛发情多在早晚凉爽的时候，早上 6～9 点的占 46.7%，晚上 7～10 点的占 26.7%o 雨后、阴天出现发情的较多。

母牦牛在发情初期，神态不安，放牧中采食减少，外阴轻微肿胀，阴道呈粉红色，阴门流出少量透明如水的黏液。喜爬跨别的母牦牛，喜与育成公牛追逐，但拒绝公牛爬跨。

发情中期或旺期（一般在发情后 10～15h），外阴明显肿胀、湿润，阴门流出蛋白样黏液。举尾频尿或弓腰举尾。

放牧母牦牛很少采食，主动寻找成年公牛，或被成年公牛追逐不离。公牦牛爬跨时，母牦牛举尾、安静站立，欲接受交配。交配后母牦牛后躯被毛上有粪土、蹄印等明显痕迹。

发情末期，上述特征逐渐消失，神态、采食趋于正常，外阴肿胀消退，黏液变稠呈现出草黄色。发情结束后，部分母牦牛阴道排出少量血液。据相关资料，发情期有流血现象的母牦牛占发情牛的 47.8%（其中以青年母牛占的比例较大），占受胎牛的 49.3%，受胎率为 47.6%，与同期受配母牦牛的受胎率相同。一般发情母牦牛阴道排血出现在发情后 1～4 天，此时不宜再交配或人工输精，因血液会使精子产生凝集而影响运行。

1. 发情季节及发情率

母牦牛的发情季节是产区一年中牧草、气候最好的时期，多在 7~11 月份，7～9 月份为发情旺季。青海省大通牛场 7～9 月份的气温为 6.9℃ ～13.9℃，雨量充足，牧草丰盛，牦牛的营养状况处于全年最好，68.7% 的适龄繁殖母牦牛发情。当年未产犊的干奶母牦牛，多集中在 7～8 月份发情，最早的在 6 月 25 日开始发情；当年产犊带犊挤奶的母牦牛，多集中在 9~11 月份发情，最早的在 9 月 5 日开始发情。

据报道，母牦牛的发情季节随海拔的升高而推迟。在海拔 1400m 处母牦牛开始发情的时间为 5 月 29 日，2100~2400m 处为 6 月 10~15 日，在 3000~3800m 处为 6 月 25 日。西藏自治区那曲县门堆地区海拔为 4570m，7 月初才有个别母牦牛发情。

在发情季节内适龄繁殖母牦牛的发情率为 50%~60%，依母牦牛体况、带犊与否、哺乳和挤奶的不同而不同。在青海大通牛场，母牦牛的发情率为 55.8%，其中干奶母牦牛为 84.3%，当年产犊并挤奶的母牦牛仅为 36.5%。

2. 发情持续期及发情周期

母牦牛发情持续期为 16~56h，平均为 32.2h，比普通牛稍长。幼龄母牦牛发情持续期偏短，平均为 23h，成年母牦牛偏长，平均为 36h。气温高而无雨的天气（7 月份，平均气温 14.2℃）发情持续期延长，发情时遇雨天、阴天则变短。母牦牛在发情终止后（不再跟随或接近公牦牛）5~16h 排卵。在人工授精时，必须注意观察，防止错过授精时机而导致母牦牛不孕。为提高受胎率，应在母牦牛发情开始后 12h 输精 1 次，隔 12h 再输精 1 次。记住这几句顺口溜，就可以很好地根据牦牛发情的特点来配种了："牛发情，有特点；持续期，时间短；情终后，才排卵；配一次，不保险；配两次，隔半天。"

发情周期又叫性周期，指母牦牛出现发情征兆，然后消失，如未交配或交配未孕，经过一定时间又发情或重复发情的周期。母牦牛发情周期一般为 21 天。青海大通牛场母牦牛（观测 53 头）发情周期平均为 22.8 天，甘肃山丹马场母牦牛（观测 308 头）发情周期平均为 20.1 天，四川省红原县（观测 1184 头）母牦牛发情周期为 20.5 天。

三、妊娠与分娩

牦牛的妊娠期为 250~260 天（怀公胎儿为 260 天，母胎儿为 250 天）。据报道，解剖观察 38 头母牦牛（其中妊娠 1~4 月的有 17 头）的生殖器官，发现孕于左侧子宫角的（11 头，占 64.7%）多于孕于右侧子宫角的（6 头，占 35.3%）。孕角侧卵巢比空角侧卵巢明显增大，且表面有黄体而稍凸，孕角侧输卵管也明显变粗。

母牦牛的母性行为很强，妊娠后期比较安静，一般逃避角斗，行动缓慢，放牧多落于群后。临近分娩时，喜离群在较远而僻静的地方产犊。犊牛出生后，母牦牛舔净犊牛体表的黏液，经过 10~15 分钟犊牛就会站立（一般站不稳），并寻找哺乳。母牦牛发出一种依恋、温和的眸叫声，一直等哺乳完毕，犊牛安静后，母牦牛才自己采食。刚产过犊的母牦牛，喜带犊牛离群游走，卧息于远处，一般不主动归群，放牧员如不及时发现赶回，夜间犊牛容易遭狼等野兽袭击。大多数母牦牛在白天放牧过程中在草地上分娩，夜间分娩的较少。一般自行扯断脐带。母牦牛难产的情况很少。

母牦牛在哺乳期间，具有很强的保护、照料犊牛的行为。同普通牛种母牛相比，母牦牛对犊牛的保护、占有行为强烈，特别是哺乳初期，如犊牛受生人或其他家畜的干扰时，母牦牛会挺身而出，保持防御反射或攻击人、畜。

妊娠母牦牛的产犊率较高。据西藏畜牧科学研究所的统计，妊娠母牦牛971头，产犊率为94.6%。四川向东牧场统计的牦牛产犊率为94.1%，青海大通牛场统计的牦牛产犊率为85.9%。

尽管妊娠母牦牛流产、死胎等中止妊娠的比例仅有5%~10%，很少有难产，生殖系统疾病也较少，但也不能忽视保胎工作。引起胎儿死亡、流产的原因较多，有体质和抵抗力（膘情、健康状况）弱的原因，也有机械性（拥挤、滑倒摔伤及殴打等）损伤和细菌性（布氏杆菌病、喂发霉饲料）浸染等原因。众多的因素中，内因是母牦牛的体质和抵抗力差，其他属外因，外因只有通过内因才能起作用。因此，保胎或提高产犊率的关键，是搞好妊娠母牦牛的饲养管理，以增强其抵抗力。

第四节　人工授精技术

一、参配母牦牛的组群和管理

参配母牦牛的组群时间，依据当地的生态条件而定，一般应在母牦牛、犏牛发情季节前1月完成，并从母牛群中隔离公牦牛和公黄牛。

参配母牦牛、犏牛应选择体格大、健康结实的经产牛，最好是当年未产犊的干奶牛。参配母牦牛的数量应根据配种计划确定，一定要考虑到人工授精点的人力、物力条件。配种季节配1头母牦牛，平均需2~3支细管冻精。

配种点应设在交通、水源方便，参配牛群较集中，放牧条件较好的地区。配种操作室或帐篷应与食宿帐篷分开。

参配牛群最好集中放牧，及早抓膘，促使牦牛早发情，以便配种和提高受胎率，也便于管理。应选择有经验、认真负责的放牧员放牧参配牛群，要求他们准确观察和牵拉发情母牦牛。产过种间杂种的母牦牛群，相对固定为参配牛群，除每年整群进行必要的淘汰、补充外，一般不要有大的变动，因这些牦牛一般受胎率较高，对人工授精操作具有条件反射，容易开展工作，也能减少牵拉牛、输精等方面的劳力及事故。

一个输精点或一个牛群，最好用一个品种的冻精配种，以便于以后杂种牛的交叉杂交及测定杂交效果，防止近亲交配。

冷冻精液配种的时间不宜拖得过长，一般60天左右完成。在此期间，要严格防止公牦牛混入参配牛群中配种（夜牧也要有人跟群放牧）。人工授精结束后，放入公牦牛补配零星发情的母牦牛。这样做可以大大降低人力、物力（液氮、药品等）的消耗，提高经济效益。

二、液氮容器的保养和维护

1. 液氮容器内部的洗涤与干燥

液氮容器（或液氮罐）在使用过程中，容器内会逐渐积水、细菌丛生，也有精液落入，还会出现腐蚀现象，减少使用期或引发事故。因此，每年必须清洗、干燥容器内部1~2次。具体做法为：从容器内取出提筒（将细管冻精移入另一容器内），倒出液氮放置48小时，使内邮温度回升到0℃左右；用40℃~50℃温水（禁止水温在60℃以上）配以中性去垢剂注入容器内，然后用软布擦洗；用清水冲洗，倒置于木架上，使其自然风干备用。容器无论盛液氮与否，均不得在日光下曝晒、置于火炉旁或炕头边；风干的容器（或新购的容器）盛液氮时，先用少量液氮对容器进行预冷，要让容器内蒸发的氮气顺利排出，然后再注入液氮。

2. 液氮容器使用注意事项

液氮容器内、外壳之间存在着真空夹层，内胆经常处于向外的大气压力下，外壳则相反。这种压力是很大的，容器虽有一定的强度，但使用过程中要十分小心，切不可碰撞、冲击，使容器凹陷、损伤，轻者可能降低性能，重则报废。为防止碰撞，要加厚软的外套保护。草原上用驮牛（阉牦牛）驮运容器时，最好放在专门的木箱里，并用塑料泡沫或干草垫好。

使用風绕性软管往容器中注入液氮、装入提筒及盖塞时，操作要十分小心，防止弄伤颈管。如果操作粗暴，造成盖塞损伤，会造成液氮蒸发损失或不能固定提筒位置，甚至使盖塞从粘接处脱落。

三、冷冻精液的提取、验收、运输和贮存

1. 细管冻精的提取和验收

输精点应及时向提供冻精的单位（或种公牛站、冻精站）提取有关品种公牛的冻精，分别按品种、公牛号、制作日期、批号等分别装入液氮容器的提筒内，并系牢标笺，以免发生错乱。供冻精的单位应填写冻精出售单据，写明上述公牛号、数量及冻精的质量指标或标准，必要时应进行活力检查。

2. 液氮容器或冻精的运输和贮存

无论用何种运输工具运输液氮容器，都要加外套、毯垫或胶垫，要用带子固定结实。车辆运行要平稳，尽量减少颠簸，防止倾倒或碰撞。贮存冻精的液氮容器，应放在阴凉且距火炉较远的地方，由专人管理。液氮减至容器的1/3时，应补充液氮。减量程度虽能开盖看出（用手电筒照明），但为了减少开盖次数，应在每个容器上贴上重量表，每隔3~5

天称重 1 次,并做好消耗记录,以便及时补充液氮。

从液氮容器中提取冻精要迅速,动作要轻要稳,存放冻精的提筒提出或放入时不可用力过猛。颗粒或 0.5ml 细管冻精在容器外停留的时间不得超过 5 秒钟,如向另一容器中转移、分装等需用时间较长,应在广口液氮容器中浸泡下姓理,否则会严重影响冻精的质量。

四、冷冻精液的解冻

冻精解冻操作应在帐篷或室内进行,不允许在露天或圈地上操作。要经常保持帐篷内(或室内)的卫生,操作时严禁吸烟、生火炉等,防止烟、尘污染精液。工作人员要清洗、消毒双手,穿清洁的工作服。

将细管冻精浸入事先准备好盛有 37℃ ～39℃热水的烧杯或瓷杯内加温,使其迅速解冻,然后快速进行活力检查,精子活力在 0.3 以上即可用于输精。

五、输精

1. 发情母牦牛的保定

套捉、牵拉发情母牦牛进入保定架内输精费时费力,有些性野的母牦牛,由 4 个全劳力协同牵赶,仍难以使其进入保定架,有的鼻镜系绳或用牛鼻钳时,甚至扯断鼻镜而逃。发情母牦牛牵入保定架后,要拴系并保定头部,左右两侧各由一人保定,防止牛后躯摆动。保定不当或疏忽大意,很容易出事故。保定稳妥后方可输精。草原上使用的配种保定架,以实用、结实和搬迁方便为好。四柱栏形的保定架比较安全和方便操作。

栏柱埋夯于地下约 70cm,栏柱地上部分及两柱间的宽度,依当地牦牛体形的大小确定。

2. 输精

输精前要准备好各种用品,如经洗涤、消毒、干燥的输精管以及纱布、水桶、肥皂、毛巾等。

将解冻的细管冻精用纱布包好,置于牛用假阴道内,在橡胶内胎夹层加 25 Y 的温水保温。或制一输精管保温箱,箱为两层,下层置一热水袋,加温水保温,上层放输精管,输精前现场取用。应注意避免高原强紫外线、寒冷天气等对精子的损害。

输精员要将指甲剪短磨光,手臂洗净消毒,戴好长臂乳胶套,穿工作服、长筒靴、围裙,以防人、畜患病传染。要求输精剂量准确(细管冻精 1 支),冻精质量合格。输精要适时,每一发情期输精 2 次,以早、晚输精为好。

采用直肠把握子宫颈输精法,做到"慢插、适深、轻注、缓出",防止精液逆流。

输精员用手(一般用右手)轻轻刺激母牦牛肛门,让其排粪,然后伸入肛门掏直肠宿粪后,用清水冲洗母牦牛肛门和阴门,再用生理盐水冲洗。输精员一手伸入母牦牛直肠,另一手持输精器由母牦牛阴门插入，先向上斜插，避开尿道口，然后平插至子宫颈口。同时伸入直肠的手指隔直肠壁把握子宫颈并稍提持平（母牦牛的子宫颈比普通牛的短，长约5cm，有软骨性感触），此时两手协同动作，通过感触，两手配合，将输精器慢慢插入子宫颈口内（子宫颈内壁一般有3个子宫颈环，每一环上有大小不等的紧缩皱裂），将精液注入子宫内后抽出输精器，再用伸入直肠中的手按摩子宫，刺激子宫收缩，然后将手抽出。牦牛子宫颈距阴门近（阴门距子宫颈外口的长度为22.5cm），子宫颈壁硬，子宫在骨盆腔内的流动幅度小，通过直肠较易把握住子宫颈。但子宫颈内壁有明显的3个子宫颈环，环上皱襞多、细小且紧缩。采用直肠把握子宫颈输精法时，向子宫颈插入输精器比较困难，一定要细心、缓慢，以免刺破子宫颈出血，影响受胎率或导致炎症等。

在给母牦牛输精的过程中，工作人员要密切配合，特别要注意安全，严防人、畜受伤，或发生输精器折断于母牦牛阴道或子宫内等事故。输精结束后，要仔细进行输精受配母牦牛的登记及器械、用具的清洗和消毒工作。

第五节　提高牦牛发情率的措施

在高山草原生态环境条件下，适龄繁殖母牦牛并不会全部发情，发情配种之后，也不能全部受孕，即使受孕，母牦牛不一定全产，所产犊牛也难以全活，因此、牦牛的繁殖成活率较低。影响牦牛繁殖成活率的主要指标有发情率、受胎率、产犊率和犊牛成活率四项。在这四项指标中，影响最大的是母牦牛的发情率。因为发情率是基础指标，它在提高繁殖成活率中起到主导作用。牦牛的发情率较低。母牦牛和犏牛中，发情率最低的是当年产犊哺，兼挤奶的母牦牛。这类牛是提高发情的重点牛群，如果将其发情率提高到干奶母牦牛的水平，则整个牛群的繁殖成活率就会提高一倍左右。

加强放牧管理及冷季补饲，使母牦牛维持适当的膘情，是保证母牦牛正常发情的前提。此外，在进入冷季后，对老弱、生殖系统有病和两年以上未繁殖（包括连续流产）的母牦牛应清理淘汰，以节约补饲草料。对已妊娠带犊的母牦牛，要打破传统的不断奶的饲养习惯，使妊娠母牦牛在分娩前干奶（或断奶）。当年产犊的母牦牛中，对膘情差、犊牛发育弱、奶量少的不挤奶，抓膘复壮，使其能尽早发情；对4月份前产犊的母牦牛，一般不立即挤奶，待其采食青草后再挤奶。暖季采取"不拴系，早挤奶，早出牧，夜撒牛（放牧）"的措施，促其早复壮而发情配种。有条件的地区，还可从当地兽医站购药物催情或采取同期发情处理。

第五章 牦牛的饲养管理

依据牦牛生物学特性及生存的自然环境特征对其进行科学的饲养管理，以保证牛只健康并快速生长，提高饲养效率，降低饲养成本，增加牦牛养殖效益。

第一节 牦牛的营养需要

一、牦牛的生长发育

1.牦牛生长发育过程

牦牛的生长发育是从精卵结合形成受精卵开始，经过胚胎、幼年、成年、衰老、死亡的整个生命周期过程。但是，由于人们饲养牦牛主要着眼于那些有利于人类需要的性状，一旦充分发挥其有利于人类的效益后，就被淘汰或屠宰利用。因此，人们对牦牛生长发育的研究主要是在合理利用的最佳期以前，而很少对整个生命周期的全过程进行研究。

牦牛的生长是一个量变的过程，即牦牛经过机体同化作用进行物质积累，使细胞数量增多和组织器官增大，从而使牦牛整体的体重增长和体积增大的过程，牦牛的发育是一个质变的过程，即当某种细胞分裂到某个阶段或一定数量时，就出现质的变化，分化产生与原来细胞不同的细胞，并在此基础上形成新的组织和器官。牦牛的生长与发育既是相互联系，又是不可分割的两个过程。生长是发育的基础，而发育又反过来促进生长，并决定生长的发展方向。

以出生前后作为分界线，可将牦牛生长发育的全过程分为胚胎时期和生后时期两个大的时期。每个时期，又可根据其生理解剖特点和对生活空间的要求及生产的关系，分为若干个阶段。

胚胎时期是指从受精卵开始到胎儿出生为止的时期，是细胞分化最强烈的时期。在这个时期，受精卵经过急剧的生长发育过程，演变为复杂且具有完整

组织器官系统的有机体。由于胚胎是在母体的直接保护和影响下生长发育的，在很大程度上，可以排除外界环境的直接干预与不良影响。牦牛的平均出生重为13.2kg，胚胎时期的日增重为51.8g。

生后时期是指从出生到死亡的一段生长发育过程。在这一时期中，牦牛个体直接与自然环境条件接触，生长发育与胚胎时期大不相同，许多生命活动方式也随之有所变化。按生理机能特点，这一时期可划分为哺乳期、幼年期、青年期、成年期、老年期5个时期。哺乳期指从出生到断奶这段时间。牦牛从出生至暖季结束约6个月为哺乳期，这是牦牛犊对外界条件逐渐适应的时期。只要不发生疾病和不出现长时间的灾害性天气，牦牛哺乳期的生长非常迅速，特别是体重的增长，一直呈上升状态。幼年期指从断乳到性成熟这段时间，对牦牛来说在0.5~2岁。牦牛犊由依赖母乳过渡到食用饲草，食量不断增加，消化能力加强，消化器官、生殖器官、骨骼、肌肉等各组织器官生长发育强烈，逐渐接近于成年状态，性机能开始活动，绝对增重逐渐上升。但因受气候环境条件的影响，高寒草地的牧草生长呈现出季节性的变化，使幼年牦牛的生长发育，特别是体重的生长，出现随季节而消长的规律，即曲线生长的特性。青年期指由性成熟到生理成熟这段时间，牦牛为2~4.5岁。这时牦牛生长发育接近成熟，体尺、体重的增长趋于平稳，体型基本定型，能繁殖后代，绝对增重达到最高峰。但牦牛的体尺、体重仍出现季节性的消长规律。成年期是指从生理成熟到开始衰老这段时间。牦牛为4.5~8岁。成年期牦牛的各组织器官发育完善，生理机能成熟，代谢水平稳定，生产性能达最高峰，是利用牦牛的最佳期。老年期是指从机体代谢水平开始下降到死亡。牦牛各组织器官的机能逐渐衰退，饲草利用率和生产力随之下降。因此，除特殊需要的少数个体外，一般都不应饲养到这个时期。

2.影响牦牛生长发育的因素

影响牦牛生长发育的因素主要有两类：一是遗传因素，包括品种、性别、个体的差异；另一类是环境因素，包括母体大小、营养水平、生态因子的差异。

（1）遗传因素

牦牛的生长发育是在遗传和环境的共同作用下进行的，与其遗传基础有着密切的关系。不同品种的牦牛体型大小差异十分明显，且从出生到成年一直保持着这种差异。公、母牦牛间在体重和体尺上有较大差异，一般公牦牛生长快而大。

（2）母体大小

母体大小对牦牛犊胚胎时期和生后时期的生长发育均有显著影响。

（3）饲养因素

饲养因素是影响牦牛生长发育的重要原因之一。合理的饲养是牦牛正常生长发育和充分发挥其遗传潜力的保证。不同的营养水平和饲养方法会导致不同的生长发育结果。例如，牦牛哺乳期增重，因哺育方式不同而有明显的差异。如母牦牛不挤乳，全部乳汁供牦牛犊，以"全哺乳"的方式培育，那么牦牛犊的生长速度更快，增重更为显著。

（4）生态环境因素

环境因素中除饲草因素以外，其他如光照、温度、湿度、海拔、土壤等自然因素对牦牛的生长发育也有一定的作用，可使牦牛繁殖、生长、成活出现明显的变化。

上述各种因素对牦牛生长发育的影响是多方面的、综合性的，引起的变化也是多种多样的。

二、牦牛生长生产营养需要

1. 牦牛的消化特点

牦牛是反刍动物，饲料在消化道内经过物理的、化学的及微生物的作用，将大分子的有机物质分解为简单的小分子物质，被动物吸收利用。牦牛的胃分为瘤胃、网胃、瓣胃（三者合称前胃）和皱胃（真胃）4 个室，几乎占据腹腔的 3/4。牦牛的消化主要在于瘤胃，瘤胃庞大，为 95～130L，是一个微生物连续接种的高效活体发酵罐，在其中栖居着数量巨大、种类繁多的微生物，它们协助宿主消化各种饲料（粗饲料中 70%～85% 的干物质和 50% 的粗纤维），同时合成蛋白质、氨基酸、多糖和维生素，在供自身生长繁殖的同时，也将自己提供给宿主作为饲料。瘤胃中的微生物在牦牛的消化中起主导作用，每克瘤胃内容物中有细菌 150 亿～250 亿个，纤毛虫 60 万～180 万个。牦牛的瘤胃及其微生物、细菌、纤毛虫互相协调或制约，保持瘤胃内小生态的平衡，使瘤胃的消化过程顺利进行。待瘤胃内容物进入真胃或后段消化道时，微生物本身及其合成、分解的营养物质被牛消化吸收并利用，牛不能利用的成为粪尿等排出体外。所以，瘤胃微生物在牦牛饲料消化中起着重要作用，也是牦牛消化生理的主要特征。另外，牦牛不同于其他牛种的最大特点是消化粗纤维能力强。

2. 牦牛营养需要

和其他家畜一样，牦牛生产、生活需要摄入蛋白质、能量、碳水化合物、脂肪、矿物质、维生素和水等营养。蛋白质是家畜的肌肉、神经、结缔组织、皮肤、血管等的基本成分。牦牛瘤胃能充分利用碳水化合物中的粗纤维，碳水化合物在家畜体内形成体组织，是组织器官不可缺少的成分，主要为家畜提供热能。脂肪主要是构成体组织、提供热能、供给幼畜必需脂肪酸，还是脂溶性维生素的溶剂，也是畜产品的组成成分。能量主要来源于碳水化合物、脂肪和蛋白质转化，它是畜体生命和生产必不可少的营养成分。矿物质广泛参与体细胞的代谢过程，正确的家畜矿物质营养不仅要符合动物生理上的需要，而且要考虑其生产力的提高。家畜的必需矿物质元素按其在饲料中的浓度划分为常量元素（Ca、P、Na、K、Cl、S、Mg）和微量元素（Fe、Zn、Cu、Mn、I、Co、Se、Cr）。维生素和其他营养物质相比，机体需求量极微，但是机体维持正常生理维生素是必需的，牦牛饲养中要防止维生素缺乏症。水是家畜机体一切细胞和组织的必需构成成分，要保证家畜有充足、卫生的饮水。

第二节 牦牛常用饲料及其利用

一、精料补充料

1. 能量饲料

能量饲料干物质中粗纤维含量低于 18%，粗蛋白质含量少于 20%，无氮浸出物（糖类、脂肪）占 60%~70% 的饲料属能量精料，包括禾谷类籽实及其加工副产品和块根、块茎类饲料。能量精料在营养上的特点是淀粉含量高，粗纤维含量少，易于消化利用，蛋白质较少；Ca 少，P 多，B 族维生素多，维生素 A、维生素 D 较少。因此，用能量饲料喂牦牛最好搭配一些蛋白质饲料，同时适当补充 Ca 和维生素 A，以使日粮营养齐全。常用的能量精料有玉米、燕麦、青稞、小麦、大麦、碎米、谷粉、麸皮和马铃薯等。

（1）谷实类饲料

谷实类饲料干物质以无氮浸出物为主（主要是淀粉），占干物质的 70%~80%，粗纤维含量在 6% 以下，粗蛋白质含量为 10% 左右。这类饲料基本上属于禾本科植物成熟的种子，包括玉米、大麦、小麦、青稞、高粱、燕麦和稻米等。其营养特点是：①无氮浸出物含量高，一般占干物质的 72%~80%，其中主要是淀粉，占无氮浸出物的 82%~90%，淀粉是这类饲料中最有饲用价值的成分。②粗纤维含量低，平均为 2%~6%，因而谷实类籽实的消化利用率高达 90% 以上，可利用能量高，用于牛的肥育效果很好。③蛋白质含量低，且品质差，蛋白质含量平均在 10% 左右（7%~13%），谷类蛋白质中品质优良的清蛋白和球蛋白含量少，而品质较差的谷蛋白和醇溶蛋白的含量高（80%~90%），蛋白质的品质差，生物学价值仅为 50%~70%，第一限制性氨基酸几乎都是赖氨酸。④矿物质含量不平衡，缺钙（一般低于 0.1%），总磷含量高（0.3%~0.5%），但主要是植酸磷，可利用磷含量低，并可干扰其他矿物质元素的利用。⑤维生素含量不平衡，一般含维生素 B_1、烟酸、维生素 E 较丰富，而维生素 B_2、维生素 D 和维生素 A 较缺乏。不同谷物籽实对于牦牛的饲用价值不同。

1）玉米

玉米被称为"饲料之王"，是高能饲料，淀粉含量高，适口性好，易消化，在配合饲料中用的比例很大。其营养特性如下：①玉米的可利用能值是谷类籽实中最高的，玉米粗纤维含量少，仅为 2%；而无氮浸出物高达 72%，且主要是淀粉，消化率高；脂肪含量高达 4%~5%。②玉米中蛋白质含量低（8%~9%），品质较差，缺乏赖氨酸和色氨酸。③玉米含钙很低，仅为 0.02% 左右，含磷约 0.25%，其中植酸磷占 50%~60%。④黄玉米中含有丰富的维生素 A 原（β-胡萝卜素）和维生素 E，而缺乏维生素 K 和维生素 D。黄玉米磨成粗粉与其他饲料搭配在一起饲喂牦牛的效果很好。但玉米含有较多脂肪，而且其中不饱和脂肪酸含量较高，故磨碎后的玉米粉易酸败变质，不宜久存，特别是含水量高的玉米及高温高湿条件下。一般要求玉米的水分含量在 14% 以下。

2）大麦

大麦的营养价值与玉米差不多，但粗蛋白质、赖氨酸、蛋氨酸含量以及钙、磷含量均高于玉米，大麦是能量饲料中蛋白质品质较好的一种。大麦含粗纤维较高，而无氮浸出物与粗脂肪较玉米稍低，因而消化能含量略低。因大麦中含有单宁，其适口性和蛋白质消化利用率会受到影响。大麦应磨成粗粉后再饲喂，但不应磨得太细，以免影响牦牛的反刍和吞咽。

3）青稞

青稞是禾本科大麦属的一种禾谷类作物，因其内外颖壳分离，籽粒裸露，故又称裸大麦、元麦、米大麦，是大麦的变种。青稞生长在中国西北、西南青藏高原地区，平均含 64% 的淀粉、11% 的蛋白质、5% 的葡聚糖，其余的 20% 中包含水分、纤维和一些微量元素。青稞中含有 18 种氨基酸，含有铜、锌、锰、铁、钼、钾、钙、镁、磷等 12 种微量元素。青稞是牦牛的理想饲料，特别是饲养后期，可增加瘦肉率，提高胴体品质。

4）小麦

小麦中的营养物质易于消化。我国小麦的粗纤维含量和玉米相当，粗脂肪含量低于玉米，但蛋白质含量（11.0% ~ 16.2%）高于玉米，是谷类籽实中蛋白质含量较高者，小麦的能值较高，仅次于玉米。小麦种植面积虽广，但价格比玉米和大麦高，因此通常用其加工后的副产品麸皮做饲料，而小麦极少做饲料使用。

5）燕麦

燕麦的粗蛋白质含量为 10%，粗蛋白质的品质高于玉米，是牦牛很好的饲料。燕麦的无氮浸出物含量丰富，容易消化，但燕麦的秋壳含量为 20% ~ 35%，因此，粗纤维的含量较高，使用燕麦饲喂牦牛时要注意压扁或破碎。

6）高粱

高粱的养分含量与玉米非常相似，蛋白质含量略高于玉米，但蛋白质品质较差，缺乏赖氨酸、精氨酸、组氨酸和蛋氨酸。高粱的脂肪含量低于玉米。在日粮配比中，常用来代替部分玉米。高粱中含有单宁，是主要的抗营养因子。单宁对饲料适口性、养分消化利用率均有明显影响，且影响饲料蛋白质和氨基酸的利用。在饲粮中用量，褐色高粱一般不宜超过 10% ~ 20%，黄色高粱可加到 40% ~ 50%。高粱价值约为玉米的 95%，经过加工处理，如压片、浸水、蒸煮等后饲喂牦牛，利用率可提高 10% ~ 15%。

（2）糠麸类饲料

糠麸类饲料是谷实类饲料的加工副产品，包括麸皮、米糠等。糠麸类饲料的优点：第一，蛋白质含量（15%）比谷实类高5%。第二，B族维生素含量丰富。硫胺素、烟酸、胆碱和吡哆醇含量较高，维生素E含量也较高。第三，物理结构疏松，含有适量的粗纤维和硫酸盐类，有轻泻作用。第四，可作为载体、稀释剂和吸附剂。第五，可作为发酵饲料的原料。糠麸类饲料的缺点：含可利用能量低；含钙很少，含磷很高；有吸水性，容易发霉变质，尤其大米糠含脂肪多，更易酸败，难以贮存。

1）小麦麸

小麦麸是糠麸类饲料中最好的能量饲料之一，蛋白质含量高，可达12.5%~17%，但品质仍较差；微量元素铁、锰、锌含量较高，含磷量在谷类加工副产品中居首位，小麦籽实中大约80%的磷存于麸皮内，但主要是植酸磷；维生素含量丰富，富含B族维生素和维生素E。

小麦麸具有疏松、适口、轻泻的特点，在任何饲料中加小麦麸均适宜，尤其是在母牛分娩前后喂给含麸皮的混合精饲料效果更好，其最大比例可超过25%。麸皮的最大缺点是含钙量低（仅为含磷量的1/8），因此用它做饲料时，要特别注意补钙。牦牛可以大量饲喂小麦麸，特别是在临产前和泌乳期饲喂，具有保健作用。

2）米糠

米糠是糙米加工成白米时分离出的种皮、糊粉层与胚三种物质的混合物。与小麦麸情况相似，其营养价值因大米加工程度不同而异，加工大米越白，则胚乳中物质进入米糠中越多，其能量价值也越高。米糠的蛋白质含量高达13.8%，脂肪含量为13.7%，最高达22.4%，且大多属不饱和脂肪酸，油酸及亚油酸占79.2%，其中还含有2%~5%的维生素E。米糠不易贮藏，易霉败和酸败。另外，由于米糠含油脂较多，如饲喂过多，易导致腹泻。米糠的粗纤维含量不高，所以有效能值较高。米糠含钙偏低，而含磷高（主要是植酸磷），钙、磷比例严重失调，钙仅为磷的1/20。米糠富含B族维生素。

3）玉米皮

玉米皮是玉米加工时脱离的外壳，是北方农民群众常用来喂牛的高能量饲料之一。玉米皮营养价值高，无氮浸出物高达61.5%，粗蛋白质为9.9%，粗脂肪为3.6%，粗纤维含量较高，为9.5%~10%。贮存条件与玉米相似。

4）小米糠

小米糠中粗纤维含量约为8%，代谢能约为8.45MJ/kg，蛋白质为11%，含B族维生素较多，硫胺素和核黄素的含量较高，粗脂肪含量也较高。小米糠的饲用价值较高，但产量不高。

（3）糟渣类饲料

玉米、薯类、糖等加工副产品也是好饲料，如玉米粉渣，风干状态下含无氮浸出物高达49.9%、粗蛋白质16.5%，粗纤维28.2%，粗脂肪2.6%。马铃薯和红薯粉渣也是高能饲料，在风干状态下无氮浸出物含量高达81.8%，粗纤维9.8%、粗脂肪0.7%，粗蛋白质

2.8%。这类饲料适口性极好，但难以运输和贮存，且钙、磷含量很低，饲喂时应注意矿物质饲料的补充。啤酒糟中含 B 族维生素较多，含糖量较原粮少，粗纤维显著增多。酒糟类饲料是牦牛适口性很好的饲料，且在风干状态蛋白质含量可达 26.5%，但其含水量多、酸度大、易腐败，喂牦牛时应控制喂量。

1）酒糟和啤酒糟

属于酿酒工业的副产品，蛋白质含量相当丰富，一般占干物质的 22%～29%，且蛋白质的实用效价高。酒糟中含有维生素和未知生长因子，是牛育肥的好饲料。但因酒糟类的容重轻，有效能值低，并且含有一些残留的酒精，因此要限制其饲喂量。

2）甜菜渣

甜菜渣是制糖工业的副产品，适口性好。新鲜甜菜渣含水量高，营养价值低，含有大量游离的有机酸，喂量不能过大，否则易引起腹泻。

3）豆腐渣

豆腐渣是豆腐加工的副产品，适口性好。新鲜的豆腐渣含水量高达 80% 以上，粗蛋白质的含量约为 3.4%，容易酸败，饲喂过量会引起腹泻，因此要限制喂量。

（4）块根块茎类饲料

牦牛常用的块根块茎类能量饲料，主要包括胡萝卜、甘薯、马铃薯等。这类饲料的典型特征是水分含量高（75%～90%）。但就干物质而言，粗纤维含量较低，含无氮浸出物较高（67%～88%），且多是易于消化的糖分、淀粉或戊聚糖。故它们的消化能较高（每 kg 干物质 13.81～15.82MJ），但蛋白质含量较低。

1）胡萝卜

按干物质计，胡萝卜中含无氮浸出物 47.5%，可以列入能量饲料，但由于它的鲜样中水分含量大，容积大，因此在生产实践中并不依赖它来提供能量，主要是在冬季作为牦牛的多汁饲料并供给胡萝卜素。胡萝卜中含胡萝卜素很高（61～430mg/kg）。由于胡萝卜中含有一定量的蔗糖以及其多汁性，在冬季青饲料缺乏时，在喂干草或秸秆类饲料比例较大的日粮中添加一些胡萝卜，可以改善日粮的口味，调节牦牛的消化机能。

2）马铃薯

马铃薯按干物质计含无氮浸出物 82.7%，且绝大部分为淀粉（70%），故能量价值较高。此外，马铃薯还有一个特点是非蛋白氮约占粗蛋白质的 50%，其中有一种含氮物质名为龙葵素（茄素），是一种有毒物质，牦牛采食过多可引起胃肠炎。只有在贮藏期间经日光照射马铃薯变绿以后，龙葵素含量增加时，才有可能发生中毒现象，特别是发芽时更多，生饲应控制喂量。

3）甘薯

甘薯块根多汁，富含淀粉，是很好的能量饲料。鲜甘薯含水量约 70%，比胡萝卜低，而按干物质计无氮浸出物含量（约 63.5%）比胡萝卜高，故能量价值较高。甘薯粗蛋白质含量低，约为 4.5%。钙、磷含量不到 0.3%，因而在饲喂甘薯时要特别注意矿物质饲料和蛋白质饲料的补充。甘薯鲜喂时饲用价值接近于玉米。甘薯与豆饼或酵母混合作基础饲料时，其饲用价值相当于玉米的 87%。饲喂前还应切成小块或片，以免造成牦牛的食管阻塞。生的和熟的甘薯，其干物质和能量的消化率均相同，但熟甘薯蛋白质的消化率约为生甘薯的 2 倍。

4）甜菜

甜菜是秋、冬、春三季很有价值的多汁饲料，干物质含量为 12%，粗纤维含量低，易消化，甜菜叶柔嫩多汁，块根在冬季饲喂，有利于增进牛的健康，提高其生产性能。可切碎或粉碎，拌入糠麸饲喂或煮熟后搭配精饲料饲喂。

2. 植物性蛋白质饲料

对牦牛来说，蛋白质饲料范围较广，包括一般含蛋白质丰富的油料籽实及其加工副产品，以及适于瘤胃微生物利用的非蛋白质含氮物，如尿素和二缩脲等。常用的蛋白质精料以榨油副产品为主，如胡麻饼、大豆饼、菜籽饼、棉籽饼等，豆腐渣也属蛋白质精料。大豆、豌豆、蚕豆等豆类粮食价高、质量好，可直接用于饲料。

植物性饲料分为饼、粕类饲料，豆科籽实及一些粮食加工副产品等。该类饲料具有下列特点：蛋白质含量高达 20%～50%，蛋白质中氨基酸平衡，必需氨基酸含量高，蛋白质品质高于谷类蛋白，蛋白质利用率是谷类的 1～3 倍，蛋白质是此类饲料中最有饲用价值的部分，但植物性蛋白质的消化率一般仅有 80% 左右；粗脂肪含量变化大，该类饲料的能量价值各不相同；粗纤维含量一般不高，基本上与谷类籽实近似，饼、粕类要高些，故能值与中等能量饲料相似；钙少磷多，且主要是植酸磷；B 族维生素含量较丰富，而维生素A、维生素 D 较缺乏；大多数植物性蛋白质饲料均含有一些抗营养因子，从而影响其饲用价值。

（1）饼粕类饲料

饼粕类饲料是含油多的籽实提取油分后的产品。用压榨法提油后的残渣称为油饼；用溶剂浸提后的残渣为油粕。除蛋白质及脂肪外，饼粕类各种成分的含量均高于其原料。由于提油过程中残留的脂肪量不等（油饼为 6%～8%，油粕约 2%），故同类原料制得的油粕中所含蛋白质及各种营养成分（脂肪除外）均高于油饼。

1）大豆饼粕

豆饼粕均系大豆榨油后的副产品，豆饼内常残留 4% 以上的油脂，可利用能量高，但油脂易酸败，而豆粕中残油少（1% 左右），易于保存。粗蛋白质含量可达 42% 以上，且富含赖氨酸，不仅适口性好，而且其蛋白质具有轻泻性质。在日粮配比中，加入10%～15% 的大豆饼可提高整个日粮的利用率，豆饼、豆粕是牦牛良好的蛋白质来源，在犊牛断奶料中可用豆粕来代替部分乳脂粉。

2）菜籽饼粕

菜籽饼粕为油菜籽榨油后的副产品。蛋白质含量中等（36%左右），在饼粕类饲料中仅次于芝麻饼粕；但必需氨基酸较平衡，赖氨酸较少，蛋氨酸含量较高。菜籽饼粕中的粗纤维含量较高，影响其有效能值。菜籽饼粕含钙较高；磷高于钙，且大部分是植酸磷；铁含量丰富；含硒量是植物饲料中最高者。

菜籽饼粕中含有一些抗营养因子，如硫葡萄糖苷、芥子碱、植酸和单宁等。植酸对养分利用有一定影响，单宁和芥子碱会降低其适口性，硫葡萄糖苷本身无毒，但其四种降解产物均具有毒性，大量饲喂菜籽饼粕会使牛发生中毒。反刍动物对菜籽饼的毒性不很敏感，牦牛饲料中用5%~20%无不良影响。

3）花生饼粕

花生饼粕是去壳后榨油的副产品。花生饼粕的蛋白质含量为38%~47%，粗纤维为4%~5%；但氨基酸组成不佳，赖氨酸和蛋氨酸含量都很低，但其精氨酸含量是所有动、植物性饲料中的最高者。花生饼粕的代谢能水平很高，可达到12.6 MJ/kg，是饼粕类饲料中可利用能量水平最高的。花生饼粕的粗脂肪含量一般为4%~6%，有的高达11%~12%，脂肪融点低，脂肪酸以油酸为主（53%~78%），容易发生酸败。矿物质中钙少磷多，铁含量较高，而其他元素较少。花生饼粕极易感染黄曲霉菌，产生黄曲霉毒素，有严重的毒害作用。花生饼粕还具有轻泻作用，牦牛采食过多易引起腹泻。为避免黄曲霉的滋生，我国饲料原料规定花生饼粕的水分含量不得超过12%，并应控制其中黄曲霉毒素的含量。花生饼、花生粕宜新鲜饲喂。花生饼粕饲喂牦牛的效果不比大豆饼粕差，但不宜作为其唯一的蛋白质来源。

4）棉籽饼粕

棉籽饼粕是棉花籽经脱壳取油后的副产品，是一种重要的植物性蛋白质饲料资源，目前用作饲料的棉籽饼粕仅有40%左右。去壳的棉籽饼粕粗蛋白质含量可达41%，甚至44%，代谢能可达10.03 MJ/kg左右；未去壳的棉籽饼粕蛋白质和代谢能分别为22%和6.27 MJ/kg左右。其氨基酸组成特点是赖氨酸不足，仅为1.3%~1.4%，精氨酸高，高达3.5%~3.8%。适口性差，维生素和钙的含量低，含磷多，其中70%为植酸磷；B族维生素丰富。在牦牛饲养中，具有高的过瘤胃蛋白质值。

5）亚麻仁饼粕

亚麻仁饼粕的适口性不好，代谢能很低。其蛋白质含量为32%~37%，其蛋白质品质不及豆粕、棉仁粕，赖氨酸和蛋氨酸含量较低，但色氨酸和苏氨酸含量较高（0.5%和1.2%）。亚麻籽尤其是未成熟的种子含有亚麻苷配糖体，其本身无毒，但在适宜的温度（40~50℃）和pH（2~3）条件下，最容易使亚麻种子本身所含的亚麻酶分解，产生氢氰酸，大量饲喂对牦牛有毒害作用。亚麻仁饼粕是牦牛的高品质蛋白质饲料，用于牦牛饲料中，可提高育肥效果。亚麻饼吸水性强，在瘤胃内停留时间长，微生物作用充分，使养分利用率提高。亚麻饼能改善牛被毛光泽，提高泌乳量和预防便秘。亚麻籽饼价格较低，可与其他蛋白质饲料配合使用。

6）向日葵饼粕

其饲用价值，首先取决于脱壳程度如何。向日葵饼粕一般去壳不净，含粗纤维常在20%左右，可利用的能量不高；带壳很少的向日葵饼粕，纤维素含量为12%，代谢能为10.03 MJ/kg。向日葵饼粕粗蛋白质含量为28%～32%，赖氨酸为第一限制性氨基酸；蛋氨酸含量高于花生饼、棉仁饼和大豆饼。向日葵饼价格较低，可与其他蛋白质饲料搭配使用。牛对向日葵饼粕的适口性好，饲喂价值高，是牛的优良饲料，但含脂较高的向日葵籽饼喂量太多，也可导致乳脂和体脂变软。

（2）豆类籽实

豆类籽实主要是指大豆（黄豆）、黑豆、豌豆和蚕豆等，但大豆主要供人类食用或榨油，用其副产品（豆饼、粕）作饲料，黑豆、豌豆、蚕豆常直接用作饲料。其营养特点是蛋白质含量丰富，且品质较好，能值差别不大或略偏高，矿物质和维生素含量与谷实类相似。但应该注意的是豆类饲料在生产的状态下有一些有害物质，如抗胰蛋白酶、致甲状腺肿物质、皂素与血凝集素等，它们影响饲料的适口性和消化性。因此在饲喂前要进行适当的热处理，如焙炒、蒸煮或膨化。

未经加工处理的大豆可用于喂牛，宜占精料的50%以下，且需配合含胡萝卜素高的饲料使用；否则会降低维生素A的利用率。幼龄犊牛饲养中应避免使用生大豆。经榨油和浸提油过程中的热处理的大豆，基本破坏了原料中的抗营养因子，故大豆饼粕可安全地用于牛饲料。

3.矿物质饲料

矿物质饲料是牛生长、发育、繁殖必不可少的饲料。常用的矿物质饲料以补钙、磷、钠、氯等常量元素为主，常用的微量元素一般是以添加剂的形式补充。

（1）钙源饲料含钙的矿物质饲料

1）石粉

即石灰石粉，是天然的碳酸钙，是补充钙质营养最经济的矿物质饲料。石粉一般含钙38%左右，是补充钙最廉价的矿物质饲料。用作钙源的石灰石中铅、汞、砷、氟的含量必须不超过安全量。

2）贝壳粉

主要是蚌壳、牡蛎壳、蛤蛎壳、螺蛳壳等的外壳经加工粉碎而成的粉状或颗粒产品，主要成分为碳酸钙，优质的含碳酸钙在95%以上，还含有少量的蛋白质和磷。一般含钙量在33%以上。在生产中可等量替代石粉。

3）蛋壳粉

蛋壳粉由蛋品加工厂或大型孵化厂收集的蛋壳经干燥、灭菌粉碎而得的产品。一般含钙 34% 左右，另含有 4% 的蛋白质及 0.09% 的磷，为理想的钙源，利用率较高。

（2）磷源饲料

含磷的矿物质饲料主要有磷酸钙类、磷酸钠类、骨粉及磷矿石等。由于磷的来源相当复杂，利用率和价格差异也很大，为了选购经济有效的磷源，应注意以下事项：成分与标示量或结构式是否相等；不同来源、不同化学形态的磷源有不同的利用率；原料处理工艺影响利用率，一般粒度细的（0.3μm 以下）比粒度粗的（0.5μm 以上）磷利用率高；原料中的有害物质，如氟、砷、汞等的含量是否超标。

（3）食盐

食盐是配合饲料必不可少的矿物质饲料，牦牛以植物性饲料为主，摄入的钠和氯不能满足其营养需要，必须补充食盐。植物性饲料中大都含钠、氯较少，而含钾丰富，为了创造生理上的平衡，以植物性饲料为主的动物应补充食盐。食盐可改善口味，刺激唾液分泌，增进食欲。一般精制食盐含氯化钠 99%，粗盐含氯化钠 95%。纯净的食盐含钠 39%，含氯 60%。食盐用量不可过多，否则易发生食盐中毒。

二、青饲料

青饲料是指天然水分含量 60% 以上的青绿多汁的植物性饲料。青绿饲料来源广，产量高，所含营养成分全面，并且比例合适，消化率高，多汁柔软，适口性好，具有轻泻作用，是牦牛的重要饲料资源。

1. 青饲料的营养特点

青饲料鲜嫩多汁，纤维素少，容易消化吸收，牦牛特别爱吃。青饲料不仅营养丰富，而且加入到牦牛日粮中，会提高整个日粮的利用率。

（1）青饲料含有丰富的蛋白质

在一般禾本科和叶菜类中含 1.5%～3%（干物质中 13%～15%），豆科青饲料中含 3.2%～4.4%（干物质中 18%～24%）。青饲料叶片中的叶蛋白，其氨基酸组成接近酪蛋白，能很快转化为乳蛋白。更重要的是，青饲料中含有各种必需氨基酸，尤其是赖氨酸、色氨酸和精氨酸较多，所以营养价值很高。

（2）青饲料是牦牛多种维生素的主要来源

能为牦牛提供丰富的 B 族维生素和维生素 C、维生素 E、维生素 K、胡萝卜素。牦牛经常采食青饲料不会发生维生素缺乏症，甚至大大超过牦牛在这方面的营养需要量。但维生素 B6 很少，还缺乏维生素 D。

（3）青饲料含有矿物质

钙、磷丰富，比例适宜，尤其是豆科牧草含量较高。青饲料中的铁、锭、锌、铜等必需元素含量也较高。粗纤维含量低，而且木质素少，无氮浸出物较高。植物开花前或抽穗前利用则消化率高。牦牛对优质牧草的有机物消化率可达 75%～85%。

（4）青饲料的水分含量高

一般在75%～90%，这对牦牛来说，以青饲料作为日粮是不能满足能量需要的，必须配合其他饲料。在牦牛生长期可单一用优质青饲料饲喂（或放牧），在育肥后期加快育肥时一定要补充谷物、饼粕等能量饲料和蛋白饲料。青饲料是一种营养相对均衡的饲料，是一种理想的粗饲料。

2. 常用的青饲料

（1）天然牧草及杂草

天然牧草种类很多，主要包括禾本科、豆科、菊科和莎草科4大类。其中饲用价值高的是禾本科和豆科牧草，牛喜欢采食；菊科牧草有特殊的气味，适口性不好，牛不喜欢采食。不同天然牧草的营养价值差异很大。按干物质计，多数牧草的无氮浸出物含量在40%～50%；豆科、莎草科牧草的粗蛋白质含量分别为15%～20%和13%～20%，菊科和禾本科牧草为10%～15%，少数可达20%；禾本科牧草粗纤维素含量较高，约为30%，其他科的牧草为20%～25%，与利用的牧草生育阶段有关；钙含量一般高于磷。

（2）栽培牧草

栽培类牧草多种多样，包括一年生或多年生草类，主要有豆科牧草和禾本科牧草两类。

1）豆科牧草

多年豆科牧草有苜蓿、红豆草、三叶草，一年生或两年生的有草木樨、紫云英、箭筈豌豆、豌豆、蚕豆、大豆等。豆科牧草的粗蛋白质、钙、磷含量高。

苜蓿：有紫花苜蓿、黄花苜蓿和南苜蓿（金花草）等。紫花苜蓿的饲用价值最高，其在开花前期粗蛋白质含量最高，粗纤维含量低，水分多，适口性好，消化率高；开花后期粗蛋白质含量下降，粗纤维与木质素迅速增加，饲用价值降低。家畜采食青苜蓿过多易致臌胀病。

红豆草：粗蛋白质含量和营养价值接近苜蓿。青刈适口性很好；含单宁较高，青饲和放牧时，反刍动物不会发生臌胀病。

三叶草：栽培较普遍的是红三叶、白三叶、杂三叶和绛三叶等4种。红三叶营养价值高，但茎叶略带苦味，家畜不爱采食。白三叶是一种放牧性牧草，再生性好，耐践踏，适口性好，营养丰富。

草木樨：我国主要是二年生白花和黄花草木樨，其茎叶繁茂，营养丰富，百花草木樨的营养成分接近紫花苜蓿。草木樨含香豆素，因而含有特殊的气味与苦味，家畜习惯后采食良好。腐败是香豆素变成双香豆素，与维生素K有颉颃作用。家畜采食发霉的草木樨，遇有伤口或手术时，血液不易凝固，甚至会引起出血过多而死亡。

2）禾本科牧草

禾本科牧草主要有栽培牧草和谷物作物，包括玉米、粟、稗、麦类、苏丹草、象草、黑麦草、无芒雀麦草、披碱草等。禾本科牧草无氮浸出物含量高，其中糖类较多，略甜，适口性好；粗蛋白质含量较豆科牧草低，而粗纤维含量却相对较高。

苏丹草：适口性好，是一种高产优质的饲料，适于调制干草、青刈、青贮或放牧。适宜的刈割时期为抽穗期。作为青饲料应防止氰氢酸中毒。

黑麦草：黑麦草生长快、分蘖多、繁殖力强，其茎叶茂盛、幼嫩多汁、营养丰富、适口性好，各种家畜均喜食。黑麦草适于刈割青草和调制干草，亦可放牧利用。黑麦草一年可多次刈割，适宜的刈割期为抽穗期或抽穗到开花前期。

无芒麦草：无芒麦草叶多茎少，营养价值高，适口性好，各种家畜均喜食。该草具有地下茎，易形成草坪，耐践踏，再生力强也是很好的放牧性牧草。适宜的刈割期为抽穗期。

披碱草：披碱草幼嫩期青绿多汁，质地细嫩，可供牦牛放牧，还可调制干草和青贮料。目前主要用披碱草调制干草。

（3）青饲作物

青饲玉米：玉米适应地域广，产量高，富含水溶性碳水化合物，柔嫩多汁，适口性好，可作青饲用，也可用于调制青贮料，适宜的刈割时期为乳熟到蜡熟期。

青饲燕麦、大麦：燕麦是优良的青饲作物，叶多且柔嫩多汁，适口性强，消化率高，在抽穗期到乳熟期刈割。大麦在开花前刈割，适口性好，营养丰富，是早春和晚秋的优质青饲料。

3.青饲料的利用

青饲料的利用主要有放牧和青刈舍饲。放牧可以节省人力，牦牛不仅可自由采食 - 而且可充分获得光照和运动，有利于牛群健康。其缺点是由于牛的践踏及粪尿沾污使饲草不能充分利用，或因过度放牧而使草地退化。青刈舍饲费力，但有计划地适时刈割，草地单位面积可获得数量较多、营养价值较高的青绿饲料。青绿饲料的营养价值随其不同生长阶段而变化。幼嫩的青绿饲料粗纤维低、蛋白质含量高，而老化的青绿饲料粗纤维高、蛋白质含量降低。所以，青绿饲料利用应适时刈割。种植的牧草应在抽穗期和初花期收割，此时产量高、营养价值高。青草茎叶的营养价值上部优于下部、叶部优于茎部，收割和贮存应尽量减少叶部的损失。

青刈应现割现用，不宜过多刈割。若青刈堆贮，由于植物细胞的自呼吸及微生物的分解作用，青饲料中所含的硝酸盐还原成亚硝酸盐，会引起家畜中毒。牦牛饲喂青绿饲料不宜过量，应与各种干草或青干草搭配饲喂，以防发生瘤胃臌气而造成死亡。

三、粗饲料

粗饲料是指高纤维成分的植物茎叶部分，中性洗涤纤维含量大于30%。目前常用粗饲料有青干草、青贮饲料和秸秆饲料。粗饲料的一般特征是体积大，纤维含量高，蛋白质的含量差异大，钙、钾和微量元素含量高，但磷含量低于动物需求量。

1. 青干草

青干草是将牧草及饲料作物适时刈割，经自然或人工干燥调制而成的能够长期储存的青绿饲料，保持一定的青绿颜色。优质的青干草颜色青绿，叶量丰富，质地较柔软，适口性好，营养丰富。青干草的粗蛋白质含量为 10%~20%，粗纤维含量为 22%~23%，无氮浸出物含量为 40%~50%，并且含有较丰富的矿物质，是牛冬春季必不可少的饲料。

目前常用的豆科青干草有苜蓿、沙打旺、草木樨等干草，是牛的主要粗饲料，在成熟早期营养价值丰富，富含可消化粗蛋白质、钙和胡萝卜素。豆科干草的蛋白质主要存在于植物叶片中，蛋白质的含量变化为 8%~18%。豆科干草的纤维在瘤胃中发酵通常比其他牧草纤维快，因此牛摄入的豆科干草总是高于其他牧草。豆科牧草适宜的收割期为果实形成的中晚期。禾本科干草主要为羊草、披碱草、冰草、黑麦草、无芒雀麦、苏丹草等，数量大，适口性好，但干草间品质差异大。这类牧草的适宜收割期为孕穗晚期到出穗早期。禾谷类青干草有燕麦、大麦、黑麦等，属低质粗饲料，蛋白质和矿物质含量低，木质化纤维成分高。各种谷类作物中，可消化程度最高的是燕麦干草，其次是大麦干草，最差的是小麦干草。

2. 秸秆

农作物及牧草收获籽实后，残留下的茎叶等统称为秸秆，目前被用作饲料的秸秆主要有玉米秸秆、稻草秸秆、小麦秸秆、燕麦秸秆、高粱秸秆、大豆秸秆、豌豆秸秆和苜蓿秸秆等。秸秆营养价值低，主要是秸秆中的粗蛋白质含量低。豆科类秸秆的粗蛋白质含量为 5%~9%，禾木科秸秆的粗蛋白质含量为 3%~5%，低于反刍动物饲料要求的蛋白质最低含量（8%）。秸秆中的消化能低，牛对秸秆的消化能力为 7.8~10.5 MJ/kg（干物质），牛对秸秆的消化率一般低于 50%。秸秆中缺乏维生素，其中胡萝卜素含量仅为 2~5mg/kg，因此应将秸秆与胡萝卜、青贮料等混合使用。此外，秸秆的钙、磷等含量低，比例不适宜。但我国秸秆资源丰富，应予加工调制（如氨化、碱化等），提高其利用价值。

3. 青贮饲料

青贮饲料是以新鲜的全株玉米、青绿饲料等为原料，切碎后装入青贮窖，在厌氧条件下经过乳酸菌发酵调制保存的饲料。青贮饲料可长期保持青鲜状态，养分损失少，适口性和消化率高，可满足枯草期牦牛对青饲料的需求。同时调制青贮饲料受天气影响小，饲料来源广，便于大量贮存，还可消灭病虫害和杂草种子。

（1）青贮饲料的营养特点

青贮饲料的营养价值因原料种类的不同而不同，其共同的特点是富含水分、蛋白质、维生素、矿物质等营养成分。其中以全株玉米青贮营养价值最高，适口性好，易于消化。青贮饲料气味酸香，柔软多汁，非蛋白氮中以酰胺和氨基酸的比例高，大部分的淀粉和糖类分解为乳酸，粗纤维质地变软，因此易于消化。

（2）青贮饲料的种类及其利用

1）常规青贮

青贮饲料可极大限度地保存原料原有的营养价值，适口性好，青贮饲料的营养丰富。包括玉米秸秆青贮、全株玉米青贮、玉米籽实青贮。

全株玉米青贮：全株玉米青贮中籽实和叶片的营养价值高，含有大量粗蛋白质和可消化粗蛋白质，而叶片中含有胡萝卜素。粗蛋白质含量为8.4%，碳水化合物为12.7%。其青贮的营养价值是玉米籽实的1.5倍。

玉米秸秆青贮：营养价值是整株青贮营养价值的30%。用秸秆做青贮时必须测得很碎，且压实。收获玉米后，秸秆的含水量为48%以上。对密封性好的青贮窖，40%～45%的水分已足够。对于密封不严的青贮窖，水分含量要在48%～55%。如果不够，需加水。推荐每吨玉米秸秆青贮内加25kg玉米面或其他细粉谷物提供发酵所需碳水化合物。

玉米籽实青贮：干物质含量70%，占整株玉米营养价值的61%～70%。高粱秸秆在深秋时仍保持绿色，因此做青贮时不需加水。

2）低水分青贮

又叫半干青贮，是在无氧的条件下保持青贮的方法。低水分青贮是指青贮前饲料的水分含量为40%～60%。主要适用于气候太冷、玉米和高粱的生长期过短、不能制作正常青贮的地方。与正常青贮相比，低水分

青贮的蛋白质和胡萝卜素含量很高，能量和维生素D含量低，牦牛采食的干物质量多。

3）混合青贮

混合青贮是指将两种或两种以上的青贮原料进行混合制备青贮的方法，适合于青贮原料干物质含量低（如块根块茎类饲料）与秸秆或糠麸类混合青贮，或者含可发酵糖少的豆科牧草与禾本科牧草混合青贮等。

4）添加剂青贮

添加剂青贮就是在一般青贮的基础上加入适当添加剂的一种方法。主要分为3类。第一类青贮添加剂为发酵促进剂，主要是淀粉和糖类，作用是为细菌提供充足的养分，使发酵正常进行，有糖蜜、玉米粉、大麦粉、蔗糖、马铃薯、葡萄糖和纤维素酶等。第二类青贮添加剂为发酵抑制剂，主要包括强酸和盐类，作用是抑制微生物的生长，有甲酸、乙酸、苯甲酸、柠檬酸等。第三类青贮添加剂为营养性添加剂，主要用于改善青贮饲料营养价值，对青贮发酵一般不起有益作用，主要有尿素、氨、缩二脲、矿物质等。

5）拉伸膜青贮

拉伸膜青贮是指将收割好的新鲜牧草、玉米秸秆、稻草、甘蔗尾叶、甘薯藤、芦苇、苜蓿等各种青绿植物揉碎后，用捆包机高密度压实打捆，然后用青贮塑料拉伸膜包裹起

来，造成一个最佳的发酵环境，经这样打捆和裹包起来的草捆，处于密封状态，在厌氧条件下，经 3~6 周，最终完成乳酸型自然发酵的生物化学过程。经这样发酵的秸秆草料，气味芳香，蛋白质含量明显提高，消化率明显提高，适口性好，采食量高，可在野外堆放保存 1~2 年，是理想的反刍动物粗饲料。拉伸膜青贮有圆捆青贮和袋式青贮两种类型。包裹青贮和袋式青贮技术是目前世界上最先进的青贮技术。

（3）青贮窖青贮饲料的取用

青贮饲料装填密封后，至少经 40~60d 方可开窖取用。从圆形窖取用时，应揭去上面的覆盖物，清除腐烂部分，然后从上至下逐层取用；从长方形窖（壕）中取用时，应从一端开始，分段取用；先揭除覆盖物和腐烂物，而后从上至下取用青贮料。每日 1 次取用厚度应不少于 10cm；取用应均匀，禁止挖坑掏洞；取用后，应用塑料布或篷布覆盖，以防二次发酵或雨水浸入。

四、饲料添加剂

饲料添加剂是配合饲料中添加物质的重要组成部分，是配合饲料的核心，具有完善日粮营养的全价性、提高饲料利用率、促进牛的生长发育、防治疫病、减少饲料储存期间的物质损失、改善牛产品品质等作用。在日粮中添加适量的饲料添加剂，可显著降低生产成本，提高生产效益。饲料添加剂按作用可分为营养性添加剂和非营养性添加剂两类。

1. 营养性添加剂

营养性添加剂主要作用是平衡日粮的营养，改善产品的质量，保持动物机体各种组织细胞的生长和发育。营养性添加剂主要包括维生素添加剂、微量元素添加剂、氨基酸添加剂、非蛋白氮添加剂等。

（1）维生素添加剂

作为牦牛维生素添加剂有维生素 A、维生素 D、维生素 E 和 B 族维生素、胆碱等。它们以单一或复合形式直接加入或与其他添加剂一起加到饲粮中。

维生素 A：多用维生素 A 乙酸酯和维生素 A 棕榈酸酯制成。我国主要生产维生素 A 乙酸酯。从德国进口的有维生素 A 棕榈酸酯。常用的维生素 A 单体中每克含维生素 A 50 万 IU。

维生素 D：作为添加剂产品的有维生素 D_3 微粒和维生素 A/D 微粒添加剂。维生素 D 添加剂是用胆钙化醇酯为原料制成的，为米黄色或黄棕色微粒。通常使用的维生素 D 单体中，每克含维生素 D 350 万 IU。对舍饲牦牛要补充维生素 D，如果牦牛晒太阳时间在 6h 以上，不需在日粮中另加维生素 D。缺乏维生素 D 时牦牛易患佝偻病和软骨病。

维生素 E：有维生素 E 粉和维生素 E 乙酸酯。常用的 DL-α-生育酚单体中有效成分含量为 50%。植物的叶、谷物均含有较多的维生素 E，一般牦牛饲粮中不需添加，但对应激、运输和免疫力差的牦牛，应补充维生素 E。

B 族维生素：主要包括维生素 B_1、维生素 B_2、维生素 B_6、维生素 B_{12}。维生素 B_1 使用盐酸硫胺素或硝酸硫胺素，前者为白色结晶粉末，后者为白色或微黄色结晶粉末。盐酸硫胺素添加剂中的有效成分含量为 98.5%～100%。维生素 R 用人工合成的核黄素，含量为 96% 以上。维生素 B6 常见的商业制品为吡哆醇盐酸盐，含量为 98.5% 以上。维生素 B_2 为深红色粉末，其添加量很少，通常是以维生素 32 为原料，加入玉米淀粉或碳酸钙载体稀释成常用规格 1%。8 周龄前的犊牛要补充 B 族维生素。8 周龄后瘤胃微生物能合成足够的 B 族维生素，不需再补加。夏季大量饲喂青绿饲料时，考虑少添加或不添加维生素添加剂。

胆碱：常用的商品添加剂为 70% 的氯化胆碱水溶液，或以此水溶液为原料加入脱脂米糠或玉米芯粉等制成的 50% 的氯化胆碱粉末。氯化胆碱对其他维生素有破坏，尤其是存在金属元素时，对维生素 A、维生素 D、维生素 E 等均有破坏作用，但可直接加入浓缩料或全价料中。

（2）微量元素添加剂

微量元素通常是指占动物体重 0.01% 以下的矿物质元素。在饲料添加剂中需添加的微量元素包括铁、铜、锌、硒、碘和钴。

理论上，微量元素的添加量应为饲养标准规定的需要量与饲料中可利用量之差。但饲料中微量元素受土壤、气候等因素的影响，变化幅度很大。在实际确定添加量时，通常不计算饲料中微量元素的可利用量，而是根据牦牛生产性能和饲养实践，参照饲养标准的推荐量，酌情加以调整。

（3）氨基酸添加剂

目前在饲料中经常使用的氨基酸添加剂主要有赖氨酸和蛋氨酸。氨基酸添加剂用于犊牛的代乳品或开食料中，用于成年牛或育肥牛的氨基酸添加剂必须用保护剂处理。

（4）非蛋白氮添加剂

非蛋白氮是指非蛋白质的其他含氮化合物，可部分代替饲料中的天然蛋白质，缓解蛋白质饲料资源不足的问题。反刍动物利用瘤胃微生物把非蛋白氮转化成菌体蛋白质，最后被消化吸收转化为肉、乳等。按其物理和化学性状，一般分为三大类：①氨及其水溶物，如液氮、氨水；②尿素及其衍生物类，如尿素、缩二脲、缩三脲、羟甲基尿素、磷酸尿素等；③无机铵盐类，如硫酸铵、碳酸氢铵、磷酸铵等。在反刍动物生产中应用最多的是尿素及其衍生物类。非蛋白氮添加利用方式有以下几种：

1）配制成尿素混合料或尿素高蛋白质饲料

饲喂牦牛和育成牛时，多将尿素掺入商品混合饲料中。尿素占混合料的 1%～2%，达到 3% 则适口性不良。常将尿素与谷物或淀粉类饲料搭配，替代大豆饼等蛋白质饲料。若将尿素均匀地掺入混合料并压制成颗粒料，食入量与植物性蛋白质混合料同样多。将尿素掺入高蛋白质饲料中制成高蛋白质补料，其粗蛋白质含量可高达 100%，饲喂少量可满足牛对蛋白质的需要。如喂体重 350kg 的牛，每天可给予 0.3 ~ 0.5kg，与其他精料混合饲喂。

2）在青贮料和干草中添加尿素

在青贮过程中添加 0.5% ~ 0.6% 的尿素，可使青贮料的含氮量达到 10% ~ 12%，饲喂牦牛的效果较佳。一般将尿素溶液均匀地喷洒到青贮原料中，以利于尿素的混合及避免混合不匀引起氮中毒。青贮乳蜡熟或乳熟期玉米时，尿素添加量不宜超过 0.5%。青贮原料含水量高时，尿素用量亦应减少；含水量低时应多加，但添加量应不影响青贮保存过程中所需的酸度。豆科草和禾本科—豆科混合草中粗蛋白质含量若达 10%，青贮时不宜再添加尿素。

3）制成尿素食盐舔砖（块）

将尿素、食盐、微量元素、糖蜜及其他饲料组分混合，制成舔砖（块）供牛舔食，对舍饲半舍饲和放牧条件均适用。在正常饲养管理条件下，牦牛可根据自身需要随时舔食，能有效利用尿素氮。

4）制作氨化秸秆

氨化秸秆是用氨水、液态氮、尿素溶液处理秸秆，既能通过碱化作用提高秸秆粗纤维素和有机物质消化率（干物质消化率由 59% 提高到 64%），又可提高秸秆的含氮量（可从未氨化小麦秸秆的 0.7% 提高到 1.5%）。

2. 非营养性添加剂

非营养性添加剂主要包括保健剂与生长促进剂、瘤胃调节剂、饲料存储添加剂等。非营养性添加剂对牦牛没有营养作用，但可通过减少饲料储藏期间饲料损失、提高粗饲料的品质、防治疫病、促进消化吸收等作用来促进牛的生长，提高饲料报酬，降低饲料成本。

（1）保健剂与生长促进剂

这类添加剂的作用是牛只保健与促进牛只生长，改善饲料利用率，提高其生产性能。保健剂有抗生素、抗菌药物等，生长促进剂有微生物制剂、酶制剂、催肥剂等。在牦牛日粮中，添加促生长剂可提高日增重和育肥牛的饲料利用率，达到降低饲养成本、增加效益的目的。

（2）瘤胃调节剂

包括脲酶抑制剂和缓冲剂。脲酶抑制剂能特异性抑制脲酶活性，减缓氨氮的释放速度，提高瘤胃微生物对氨氮的利用率，增加蛋白质的合成，提高牛的生产力。目前使用的脲酶抑制剂有磷酸钠、四硼酸钠、乙酰氧肟酸等，与尿素一起均匀拌入精料补充料中使用。缓冲剂能调节瘤胃酸碱度，使瘤胃维持恒定的 pH，有利于瘤胃内有益微生物的繁殖及菌体蛋白质合成。在牛饲养中由于饲喂大量精料和糟类饲料，易造成瘤胃产酸过多，pH 降低，正常的微生物区系受到破坏，严重的甚至引起酸中毒。因此，在精料中添加一定量的缓冲剂，可减少或避免这种现象发生。国内常用于牛的缓冲剂有碳酸氢钠、氧化镁、碳酸氢钠 - 氧化镁复合缓冲剂、破酸氢钠 - 磷酸二氢钾复合缓冲剂等。

（3）饲料存储添加剂

包括抗氧化剂、防霉剂、饲料风味剂。

（4）抗热应激添加剂

在热应激情况下，日粮中添加某些酶制剂、瘤胃素、酵母培养物等，可以缓解热应激，增强牛的体质，减少肠道疾病的发生。

第三节　牦牛的饲养管理

一、牦牛牧场的划分

放牧场的季节划分是按季节条件或牧草、气候等生态条件来划分的，并不意味着按日历的四季划分或在某一季节只放牧利用 1 次。由于各地气候和牧场条件等的不同，牦牛产区有的为三季牧场（春季 5~6 月份，夏秋季为 7~9 月份，冬季为 10 月份至翌年 4 月份）。大多数只分为冷、暖两季牧场。冷季一般为 11 月份至翌年 5 月份，暖季为 6~10 月份。

1. 冷季牧场

冷季牧场也叫冬春季牧场。冷季长达 8 个月之久。牧场应选留距定居点或棚圈较近、避风或南向的低洼地、牧草生长好的山谷、丘陵南坡或平坦地段，即小气候好，干燥而不易积雪；有条件的地区，还可在冷季牧场附近留一些高草地或灌木区，以备大雪将其他牧场覆盖时急用。到翌年 5~6 月份，天气变化大，风雪频繁而大风雪多，牦牛处于一年中最乏弱的时期，应在山谷坡地、丘陵地或朝风方向有高地可以挡风的平坦地放牧。一般要求小气候或生态条件较为优越，避风向阳，化雪及牧草萌发较早，牛群出、归牧方便的区域。如果年景差或冷季贮草不足，还应增加 10%~25% 的面积作为后备牧场。

2. 暖季牧场

暖季牧场也叫夏秋季牧场。暖季是草原的黄金季节。牧草逐渐丰盛，是牦牛恢复体力、增产畜产品、超量采食和增重、为冷季打好基础的季节，也是牧民希望畜产品丰收的季节。暖季牧场要选择当地地势较高、通风凉爽、蚊虻较少、牧草和水源充足的地方。一般将当地因地势较高、远离居民点、降雪时间来临较早、气温低而且变化剧烈、只有暖季才能利用的边远地段作为暖季牧场。要充分利用暖季牧场，尽量推迟进入冷季牧场，以节省冷季牧场的牧草和冷季补饲的草料。

二、牦牛的放牧

1. 牦牛放牧技术

实施牦牛草原放牧技术关键是制订良好的放牧制度。放牧制度是草地在用于放牧时的基本利用体系，规定了牦牛对放牧地利用的时间和空间上的通盘安排。按放牧方式，可分为自由放牧和划区轮牧。

（1）自由放牧

自由放牧也叫无系统放牧或无计划放牧，放牧人员可以随意驱赶牛群，在较大范围内任意放牧。主要放牧方式有：

连续放牧：在整个放牧季节内，甚至全年在同一放牧地上连续不断地放牧。优点：便于生产管理。缺点：草地容易遭受严重破坏。

季节放牧地放牧：将草地划分为若干季节放牧地，各季节放牧地分别在一定的时期放牧，如冬春放牧地在冬春季节放牧，夏季来临时，牛群转移到夏秋放牧地放牧，冬季来临时再转回冬春放牧地。优点：利于减轻草地压力。缺点：没有计划利用的因素。

羁绊放牧：用绳将牛腿两脚或三脚相绊，或几头牦牛以粗绳互相牵连，使牛不便走远，在放牧地上缓慢行动。对于挤奶管理或驯化调教的牦牛易采取羁绊放牧。

抓膘放牧：夏末秋初，放牧人员专拣最好的草地放牧，使牦牛在短时间内育肥，以备出栏屠宰。优点：快速提高牦牛产肉性能。缺点：造成牧草浪费，且破坏草地，降低草地生产能力。

就地宿营放牧：根据生产生活需要，就地放牧。优点：牛粪散布均匀，对草地有利，可减轻螨病和腐蹄病的感染，可提高畜产品产量。

（2）划区轮牧

划区轮牧是有计划地放牧。把草原分成若干季节放牧地，再在每一季节放牧地内分成若干轮牧分区，按照一定次序逐区采食，轮回利用的一种放牧制度。主要放牧方式有：

一般的划区轮牧：把一个季节放牧地或全年放牧地划分成若干轮牧分区，每一分区内放牧若干天，几个到几十个轮牧分区为一个单元，由一个牛群利用，逐区采食，轮回利用。

不同畜群的更替放牧：在划区轮牧中，采取不同种类的畜群，依次利用。如牛群放牧后的剩余牧草，可为羊群利用。优点：可提高载畜量。

混合畜群的划区轮牧：在一般划区轮牧的基础上，把牛羊混合组成一个畜群，可以收到均匀采食、充分利用牧草的效果。

暖季宿营放牧：当放牧地与圈舍的距离较远时，从早春到晚秋以放牧为主的牛群，每天经受出牧、归牧、补饲、喂水等往返辛劳，可能降低畜产品数量。这时应在放牧地附近设置畜群宿营设备，就地宿营放牧。

永久畜圈放牧：当牛群所利用的各轮牧分区在圈舍附近（0.5～2km）时，没有超区放牧的缺点，管理方便，即可利用常年永久圈舍。

2. 放牧牦牛的管理

牦牛的气质属强健不平衡型，表现粗暴、性野、胆怯、易惊，但合群性强，经训练建立的条件反射不易消失，较能听从指挥。因而大群牦牛放牧，一般只需一个放牧员，不易发生丢失。根据牦牛易惊的特性，牦牛群进入放牧地后，放牧员不宜紧跟牦牛群，以免牦牛到处游走而不安静采食。为防止牛只越界和被狼偷袭，放牧员可选择一处与牦牛群有一定距离，能顾及全群的高地进行守护、瞭望。

控制牦牛群使其听从指挥的方法是，放牧员用特定的呼唤、口令声，伴以甩出小石块。用小石块投击离群的牦牛，一般多采用徒手投掷，投掷距离远及数十米。距离较远时也可用放牧鞭投掷。石块的落地，以及它在空中飞行的"嗖嗖"声，和放牧鞭的抽鞭声，都是给牦牛的警告和信号。牦牛会根据石块落地点和声响的来源，判断应该前去的方向。放牧员利用放牧鞭驱使牦牛前进，集合或分散。走远离群的牦牛，听见鞭和飞石的声音，以及落石点，会很快地合群。

牦牛群的放牧日程，因牦牛群类型和季节不同而有区别。总的原则是：夏秋季早出晚归，冬春季迟出早归。以利于采食、抓膘和提供产品。

（1）夏秋季放牧牦牛的管理

主要任务是提高牦牛生产性能，增加畜产品产量。

经历了漫长的冬春季节，夏季是草原的黄金季节，牧草逐渐丰盛，是牦牛恢复体力、提高生产力、增加畜产品的季节，也是牦牛超量采食和增重，为下一个冬季打好基础的季节。将牦牛的妊娠、产犊和育肥调节到夏季，有利于充分利用夏季牧草的生长优势，提高牧草-畜产品的转化率，增加畜产品的收获量。

夏秋季要早出牧、晚归牧，延长放牧时间，让牦牛多采食。天气炎热时，中午让牦牛在凉爽的地方反刍和卧息。出牧后由低逐渐向通风凉爽的高山放牧；由牧草质量差或适口性差的牧场，逐渐向牧草质量好的牧场放牧。在牧草质量较好的牧地上放牧时，要控制好牛群，使牦牛成横队采食，保证每头牛能充分采食，避免乱跑践踏牧草或采食不均而造成浪费。夏秋季放牧根据安排的牧场或轮牧计划，要及时更换牧场和搬迁，使牛粪均匀地散布在牧场上，同时减轻对牧场，特别是圈地周围牧场的践踏，并有利于提高牧草产量，减少寄生虫病的感染。

当定居点距牧场 2km 以上时就应搬迁，以减少每天出牧、归牧赶路的时间及牦牛体力的消耗。带犊泌乳的牦牛，10d 左右搬迁一次，3～5d 更换一次牧地。应按牧场的放牧计划放牧，而不应该赶放好草地或抢放好草地，以免每天驱赶牛群为抢好草而奔跑，造成对牦牛健康和牧场的不利影响。

（2）冬春季放牧牦牛的管理

主要任务是保膘和保胎。

冬季天然草原处于一年的"亏供"状态，牦牛处于亏食状态，是牛群死亡率最高的季节，因此冬季饲养牦牛要在培育和合理利用草原、提高草原牧草的产草量等措施的基础上，通过调节畜群结构使牛群数量保持最低水平，尽量保持草畜相对平衡。

冬春季放牧要晚出牧，早归牧，充分利用中午暖和时间放牧和饮水。晴天放较远的山坡和阴山；风雪天近牧，放避风的洼地或山湾。放牧牛群朝顺风方向行进。妊娠母牦牛避免在冰滩地放牧，也不宜在早晨及空腹时饮水。刚进入冬春季牧场的牦牛，一般体壮膘肥，应尽量选择未积雪的边远牧地、高山及坡地放牧，推迟进定居点附近的冬春季牧地放牧的时间。冬春季风雪多，应注意气象预报，及时归牧。

在牧草不均匀或质量差的牧地上放牧时，要采取散牧的方式，让牛只在牧地上相对分散、自由采食，以便牛只在较大的面积内 - 使每头牛都能采食较多的牧草。同时，在冬春季应采取补饲、暖棚培育等措施。冬春季是牦牛一年中最乏弱的时间，除跟群放牧外，有条件的地区还应加强补饲。特别是大风雪天，剧烈降温，寒冷对乏弱牛只造成的危害严重，一般应停止放牧，在棚圈内补饲，使牛只安全越冬过春。

三、放牧牛群的组织管理

1. 畜群结构

家畜的种类不同，其生活条件、牧食习性各有差异。为了减少经营上的困难，只有在分别成群之后，才能管理妥善，即使同种家畜，由于年龄、强弱、性别的不同，在采食及管理中，也有其不同的特点，为了使家畜营养均匀，每头家畜都能吃好，使畜群安静，同种家畜也应分群。

畜群组织的原则，应该根据放牧地具体条件，把不同种类、不同品种，以及在年龄、性别、健康状况、生产性能（经济价值）等方面有一定差异的家畜分别成群。一般情况下，牧民按"大小分群""强弱分群""公母分群"。

牦牛合理的畜群结构为：母牛占85%，其中1岁母牛10%、2岁母牛10%、3岁母牛10%、成年母牛55%；公驮牛占15%，其中公牛5%、驮牛10%。年龄金字塔式结构能满足生产所需的递补需要，周转合理。

2. 作息时间

一般包括放牧、挤奶、饮水、补饲和休息等内容。完全放牧不给补饲的牛群，放牧时间一般不少于10h，如果放牧16h仍不能吃饱，则应设法补饲，不能无限延长放牧时间，防止家畜体力过分消耗。暖季应给牦牛补饲食盐，每头月补饲量1~1,5kg，可在圈地、牧地设盐槽，供牛舔食，盐槽要防雨淋。还可以制作食盐舔砖，放置于离水源较远、不被雨淋的牧地或挂在圈舍中让牛舔食。根据牦牛特点规定饮水次数，给牦牛饮水，冷季要定时，每天 2 次，暖季放牧时要有意识放牧到有水源的地方，让牛群自由饮水。全天放牧时间应分 2～3 段，每吃饱为一段，段与段之间是休息、饮水或补饲。应避开酷暑与严霜期放牧。

3. 补饲

（1）干草补饲

在春节出圈转场时，应尽可能加喂些干草或其他补充饲料，使牦牛吃到七八成饱，然后再到放牧地上放牧。以后逐渐减少补饲数量。增加放牧时间，使牦牛放牧地饲料逐渐改变。

（2）食盐

泌乳期牦牛需盐较多，牧草水分多时也需盐较多，可制成盐砖为牦牛舔食。

（3）矿物质饲料

矿物质饲料可促进犊牛生长发育，防止妊娠母牛、泌乳母牛的钙、磷缺失。牦牛每天补饲 100～200g，可与其他添加剂饲料混合饲喂。

（4）微量元素

微量元素种类很多，但因缺乏，需补饲的主要有铜、硒、钴等。①铜：牧草中通常应含有不低于 5mg/kg 的铜。一般缺铜的情况很少发生，但当钳的含量高时，限制了铜的利用，发生牦牛缺铜症。主要症状是牦牛出现腹泻、贫血、骨骼畸形。②硒：牧草中硒的含量应不少于 0.1mg/kg，缺硒可导致维生素 E 缺乏症，白肌症或肌肉营养不良。防治硒缺乏症可口服或皮下注射硒酸钠。③钴：牧草应含有不少于 0.1mg/kg 的钴。缺钴将使维生素 Bm 的形成受阻。导致牦牛食欲不振、萎靡和消瘦。

4. 放牧卫生

（1）驱虫与防疫

驱虫对保膘具有重要作用。通常在出圈和转入舍饲之前，或在出入冬季放牧地前，应分别进行两次药物驱虫，预防寄生虫病的传播。

（2）称重

为了检查放牧的效果或因选育工作的需要，应当定期检查测定牦牛体重。称重次数不可过多，防止过分干扰牦牛，影响健康。

（3）疾病防治

以豆科牧草为主的草地，或多汁的青绿植物以及早晚牧草附着露水或雨水较多时，牦牛大量采食后，易引起瘤胃食物发酵而患膨胀症。严重时 30min 内即可导致牦牛虚脱死亡。发现膨胀症后，可采用插入胃管排气，同时灌服甲醛溶液或松节油，严重时请兽医诊治。

5. 牦牛越冬措施

牦牛因其生活环境的特殊性，即高山草地生态环境的制约，全年营养摄入存在季节性不平衡，全年 70% 的时间牧草的"供"小于牦牛的"求"，也就是漫长的草原冷季，为了保证牦牛安全过冬，应采取相应的越冬措施。

（1）贮备供冷季补饲的草料

做好草料贮备，利用划区轮牧的办法留出冷季牧场，收贮足量青干草，有条件的利用青贮饲料。因地制宜地安排一些饲草生产地，或从农区收购补饲的草料。

（2）修建暖棚牛舍

要通盘考虑、合理布局，把棚圈建设同产业化生产相结合。修建暖棚牛舍，做好冬季疫病防治和饲养管理。对原有棚圈要注意维修。冷季牛只进棚圈之前，要清扫和消毒，搞好防疫卫生。

（3）合理补饲

做好前一个暖季的放牧抓膘工作，高山草原约有 3 个月的牧草暖季生长期，此时牧草的贮草量大于牦牛的需求量，此时，做好放牧工作，使牦牛在提供畜产品的同时迅速增加体重。在贮备的补饲草料较丰富的情况下，补饲越早牛只减重（或掉膘）越迟。采取对体弱的牛只多补饲，冷天多补饲、暴风雪天日夜补饲的原则，及早地合理补饲。在冷季虽有补饲草料，也要坚持以放牧为主、补饲为辅的原则，重视放牧工作。

（4）调整畜群结构

冬季来临前要调整畜群结构，及时淘汰弱残牛，出栏育肥牛，保持最低数量的畜群，减少草料压力。

四、牦牛的组群

为了放牧管理和合理利用草场，提高牦牛生产性能，对牦牛应根据性别、年龄、生理状况进行分群，避免混群放牧，使牛群相对安静，采食及营养状况相对均匀，减少放牧的困难。牦牛群的组织和划分，以及群体的大小并不是绝对的，各地区应根据地形、草场面积、管理水平、牦牛数量的多少，以提高牦牛生产的经济效益为目的，因地制宜地合理组群和放牧。

1. 泌乳牛群

泌乳牛群是指由正在泌乳的牦牛组成的牛群。每群 100 头左右。对泌乳牦牛群，应分配给最好的牧场，有条件的地区还可适当补饲，使其多产乳，及早发情配种。在泌乳牦牛群中，有相当一部分是当年未产犊仍继续挤乳的母牦牛，数量多时可单独组群。

2. 干乳牛群

干乳牛群是指由未带犊牛而干乳的母牦牛，以及已经达到初次配种年龄的母牦牛组成的牛群，每群 150~200 头。

3. 犊牛群

犊牛群是指由断奶至周岁以内的牛只组成的牛群。幼龄牦牛性情比较活泼，合群性差，与成年牛混群放牧相互干扰很大。因此，一般单独组群，且群体较小，以50头左右为宜。

4. 青年牛群

青年牛群是指由周岁以上至初次配种年龄前的牛只组成的牛群。每群150～200头。这个年龄阶段的牛已具备繁殖能力，因此，除去势小公牛外，公、母牛最好分别组群，隔离放牧，防止早配。

5. 育肥牛群

育肥牛群是指由将在当年秋末淘汰的各类牛只组成，育肥后供肉用的牛群。每群150～200头，在牛只数量少时，种公牛也可并入此群。对于这部分牦牛，可在较边远的牧场放牧，使其安静，少走动，快上膘。有条件的地区还可适当补饲，加快育肥速度。

五、组群牦牛的管理

1. 公牦牛

公牦牛放牧管理的好坏，不仅直接影响当年配种和来年任务，也影响后代质量，公牦牛选择对整个牦牛群的改良利用方面有着重要的作用。优良公牦牛优异性状的遗传和有效利用率，只有在良好的放牧管理条件下才能充分显示出来，因此必须加强公牦牛的饲养管理。

（1）配种季节的放牧管理

牦牛配种季节一般在6～11月。在配种季节，公牦牛容易乱跑，整日寻找和跟寻发情母牛，消耗体力大，采食时间减少，因而无法获取足够的营养物质来补充消耗的能量。因此，在配种季节应执行1日或几日补喂一次谷物，豆科粉料或碎料加曲拉（干酪）、食盐、骨粉、尿素、脱脂乳等蛋白质丰富的混合饲料。开始补喂时可能不采食，应采取留栏补饲或将料撒在石板上，青草多的草地上诱其采食，待形成条件反射就习以为常了。总之，应尽量采取一些补饲及放牧措施，减少种公牦牛在配种季节体重下降量及下降速度，使其保持较好的繁殖力和精液品质。在自然交配情况下，公、母比例为1:（15～25），最佳比例为1:（15～20）。

（2）非配种季节放牧管理

为了使种公牛具有良好的繁殖力，在非配种季节应和母牦牛分群放牧，与育肥牛群、阉牦牛组群，在远离母牦牛群的放牧场上放牧，有条件的仍应少量补饲，在配种季节到来时达到种用体况。

2. 母牦牛

（1）参配母牦牛

参配母牦牛的组群时间，可据当地生态条件，在母牦牛发情前一个月内完成，并从母牛群中隔离其他公牦牛。选好参配母牦牛是提高受配、受胎牦牛的关键。选择体格较大、体质健壮、无生殖器官疾病的"干巴"（牛犊断奶的母牛）和"牙儿玛"（产肉高的母牛）作为参配牛。参配牛群集中放牧，及早抓膘，促进发情配种和提高受胎率，也便于管理。参配牛应选择有经验、认真负责的放牧员放牧。准确观察和牵拉发情母牦牛，是放牧员、配种员实行承包责任制，做到责任明确，分工合作。

冷冻精液人工授精时间不宜拖得过长，一般约 70d 即可。抓好当地母牦牛发情时期的配种工作，在此期间严格防止公牦牛混入参配牛群中配种。人工授精结束后放入公牦牛补配零星发情的母牦牛，这样可大大降低人力、物力的消耗，提高经济效益。

（2）妊娠母牦牛

妊娠母牦牛的饲养管理十分重要，营养需要从妊娠初期到妊娠后期随胎儿的生长发育呈逐渐增加趋势。一般来说，在妊娠 5 个月后胎儿营养的积聚逐渐加快，同时，妊娠期母牛自身也有相当的增重，所以要加强妊娠母牛营养的补充，防止营养不全或缺失造成的死胎或胎儿发育不正常。放牧时要注意避免妊娠母牛剧烈运动、拥挤及其他易造成流产的事件发生。

3. 犊牛

牦牛犊出生后，经 5～10min 母牦牛舔干体表胎液后就能站立，吮食母乳并随母牦牛活动，说明牦牛犊生活力旺盛。牦牛犊在 2 周龄后即可采食牧草，3 月龄可大量采食牧草，随月龄增长和哺乳量减少，母乳越来越不能满足其需要时，促使犊牛加强采食牧草。同成年牛比较，牦牛犊每日采食时间较短（占 20.9%），卧息时间长（占 53.1%），其余时间游走、站立。采食时间短及一昼夜一半以上时间卧息的这一特点，在牦牛犊放牧中应给予重视，除分配好的牧场外，应保证所需的休息时间，应减少挤乳量，以满足牦牛犊迅速生长发育对营养物质的需要。

（1）哺乳

充分利用幼龄牛的生长优势，从出生到半岁的 6 个月中，犊牛如果在全哺乳或母牛日挤乳一次并随母放牧的条件下，日增重可达 450～500g，断奶时体重可达 90～130kg，这是牦牛终生生长最快的阶段，利用幼龄牦牛进行放牧育肥十分经济，所以在牦牛哺乳期，为了缓解人与犊牛争乳矛盾，一般日挤乳 1 次为好，坚决杜绝日挤乳 2～3 次。尽量减少因挤乳母牛系留时间延长，采食时间缩短，母畜哺乳兼挤乳，得不到充足的营养补给，体况较差，其连产率和繁活率都会受到较大的影响。

（2）犊牛必须全部吮食初乳

初乳即母牛在产犊后的最初几天所分泌的乳，营养成分比正常乳高 1 倍以上。犊牛吮食足初乳，可将其胚胎期粪排尽，如吮食初乳不够，引起生后10d左右患肠道便秘、梗塞、发炎等肠胃病和生长发育不良后果。更重要的是初乳中含有大量免疫球蛋白、乳铁蛋白、微量元素和溶菌酶等物质，对防止一些犊牛感染，如大肠杆菌、肺炎双球菌、布鲁氏菌和病毒等起很大作用。

（3）适时补饲

选是手段，育是目的。如果只选不育是不会收到预期效果的，为了加快牦牛选育的进度，早日收到预期效果，当犊牛会采食牧草以后（出生后2周左右），可补饲饲料粉、骨粉配制的简易混合料或采用简单的补喂食盐的方法增加食欲和对牧草的转化率。此补饲方法如果不可能实行每日补饲，应采取每隔3～5d补喂一次。

（4）改进诱导泌乳、减少牛犊意外伤害

牦牛一般均需诱导条件反射才能泌乳，诱导条件反射为犊牛吮食和犊牛在母牛身边两种，是原始牛种反射泌乳的规律。所以强行拉走刺激母牛反射泌乳的犊牛，要注意以免使牛奶呛入牛犊肺内、器官内引起咳嗽，甚至患异物性肺炎，轻者生长发育不良，重者导致死亡。应改为一手拉脖绳，另一手托犊牛股部引导拉开。

（5）及时断乳

犊牛哺乳至6月龄（即进入冬季）后，一般应断乳并分群饲养。如果一直随母牦牛哺乳，幼牦牛恋乳，母牦牛带犊，均不能很好地采食。在这种情况下，母牦牛除冬季乏弱自然干乳外，妊娠母牛就无法获得干乳期的生理未催，不仅影响到母、幼牦牛的安全越冬过春，而且使母牛、胎儿的生长发育受到影响，如此恶性循环，很难获得健壮的犊牛及提高牦牛的生产性能。为此而对哺乳满6个月的牦牛犊分群断奶，对初生迟、哺乳不足6月龄而母牦牛当年未孕者，可适当延长哺乳期后再断乳，但一定要争取对妊娠母牛在冬季进行补饲。

第四节　牦牛的生产管理

一、牦牛的系留管理

牦牛归牧后将其系留于圈地内，使牛只在夜间安静休息，不相互追逐和随意游走，减少体力的消耗，不仅有利于提高生产性能，而且便于挤乳、补饲及开展其他畜牧兽医技术工作。

1. 系留圈地的选择

系留圈地随牧场利用计划或季节而搬迁。一般选择有水源、向阳干燥、略有坡度或有利于排水的牧地，或牧草生长差的河床沙地等。暖季气温高的月份，圈地应设于通风凉爽的高山或河滩干燥地区，有利于放牧或抓膘。

2. 系留圈地的布局

系留圈地上要布以拴系绳，即用结实较粗的皮绳、毛绳或铁丝组成，一般每头牛平均需 2m。在拴系绳上按不同牛的间隔距离系上小拴系绳（母扣），其长度母牦牛和幼牦牛为 40~50cm，驮牛和犏牛为 50~60cm。一般多用毛绳。拴系绳在圈地上的布局多采取正方环形系留圈，也有长方并列系留圈。拴系绳之间的距离为 5m。

牦牛在拴系圈地上的拴系位置，是按不同年龄、性别及行为等确定的。在远离帐篷的一边，拴系体大、力强的驮牛及暴躁、机警的初胎牛，加上不拴系的种公牦牛，均在外圈担当护群任务，兽害不易进入牛群。母牦牛及其犊牛在相对邻的位置上拴系，以便于挤奶时放开犊牛吸吮和减少恋母、恋犊而卧息不安的现象。牛只的拴系位置确定后，不论迁圈与否，每次拴系时不要任意打乱。

3. 拴系方法

在牦牛颈上拴系有带小木杠的颈拴系绳，小木杠用坚质木料削成，长约 10cm。当牛只站立或迁入其拴系位置后，将颈拴系绳上的小木杠套结于母扣上，即拴系妥当。

二、牦牛的棚圈

棚圈是牧区基本设施之一，是牦牛安全越冬的重要条件。放牧牦牛的草地上，除棚圈及一些简易的配种架、供预防接种的巷道圈外，一般很少有牧地设施。因此，要首先建设好冷季放牧地的过冬棚圈。牦牛的棚圈只建于冬春牧地，仅供牛群夜间使用。多数是就地取材，有永久性、半永久性和临时性几种类型。

1. 泥圈

泥圈是一种比较永久性的牧地设施，一般应建在定居点或离定居点不远的冬春季牧场上。一户一圈或一户多圈。主要供泌乳牛群、犊牛群使用。泥圈墙高 1~1.2m，大小以 200~600m² 为宜，在圈的一边可用木板或柳条编织后上压黏土方式搭建棚架，棚背风向阳。泥圈可以单独建一圈，也可以二三个或四五个圈相连。圈与圈之间用土墙或木栏相隔，有栏内相通。在末端的一个圈中，可建一个巷道，供预防接种、灌药检查等用。

2. 粪圈

粪圈是利用牛粪堆砌而成的临时性牧地设施。当牦牛群进入冬春冷季牧场时，在牧地的四周开始堆砌。方法是每天用新鲜牛粪堆积 15~20cm 高的一层，过一昼夜，牛粪冻结而坚固，第 2 天再往上堆一层，连续几天即成圈。粪圈有两种：一是无顶圈，四面围墙成圈，关栏成年牦牛，面积较大，可防风雪。另一种是有顶圈，关栏犊牦牛，其形状如倒扣的瓦缸，基础如马蹄，直径约 1m，层层上堆逐渐缩小，直至结顶，高约 1m，正好可关 1

头犊牛。圈的开口处与主风向相反，外钉一木桩，牦牛犊拴系在桩上，可自由出入圈门。圈内可垫一些干草保暖。

3. 草皮圈

草皮圈是一种半永久性的，经修补后第 2 年仍可利用的牧地设施。在冬春季牧场上选择避风向阳处，划定范围，利用范围内的草皮堆集而成的圈。草皮堆高 60～100cm，供关栏公牦牛和驮牛。

4. 木栏圈

木栏圈是用原木取材后的边角余料围成圈，上面可盖顶棚，用于关栏牦牛犊。木栏圈可建在泥圈的一角，形成圈中圈，即选取泥圈的一角，围以小木栏，开一低矮小门。圈内铺以垫草，让牦牛犊自由出入。夜间将犊牛关栏其中，同母牦牛隔离，母牦牛露营夜牧，以便第 2 天早上挤乳。

三、牦牛的剪毛

牦牛一般在 6 月中旬左右剪毛，因气候、牛只膘情、劳力等因素的影响可稍提前或推迟。牦牛群的剪毛顺序是先剪驮牛（包括阉牛）、成年公牦牛和育成牛群，后剪干奶牦牛及带犊母牦牛群。患皮肤病（如疥癣等）的牛（或群）留在最后剪毛。临产母牦牛及有病的牛应在产后两周或恢复健康后再剪毛。

牦牛剪毛是季节性的集中劳动，要及时安排人力和准备用具。根据劳力的状况，可组织捉牛、剪毛（包括抓绒）、牛毛整理装运的作业小组，分工负责和相互协作，有条不紊地连续作业。所剪的毛（包括抓的绒），应按色泽、种类或类型（如绒、粗毛、尾毛）分别整理和打包装运。

当天要剪毛的牦牛群，造成不出牧也不补饲。剪毛时要轻捉轻放倒，防止剧烈追捕、拥挤和放倒时致伤牛只。牛只放倒保定后，要迅速剪毛。1 头牛的剪毛时间最好不要超过 30min，为此可两人同时剪。兽医师可利用剪毛的时机对牛只进行检查、防疫注射等，并对发现的病牛、剪伤及时治疗。

牦牛尾毛两年剪 1 次，并要留 1 股用以摔打蚊、虻。驮牛为防止鞍伤，不宜剪鬐甲或背部的被毛。母牦牛乳房周围的留茬要高或留少量不剪，以防乳房受风寒龟裂和蚊蝇骚扰。乏弱牦牛仅剪体躯的长毛（群毛）及尾毛，其余留作御寒，以防止天气突变而冻死。

四、牦牛的去势

牦牛性成熟晚，去势年龄比普通牛要退，一般在 2～3 岁，不宜过早，否则影响生长发育。有围栏草场或管理条件好时，公牦牛可不去势育肥。牦牛的去势一般在 5～6 月份进行，此时气候温暖、蚊蝇少，有利于伤口的愈合，并为暖季放牧育肥打好基础。去势手术要迅速，牛只放倒保定时间不宜过长。术后要缓慢出牧，1 周内就近放牧，不宜剧烈驱赶，并每天检查伤口，发现出血、感染化脓时请兽医师及时处理。

1. 钳压精索法

助手站于牦牛的后方，用右手抓住牦牛的右侧睾丸向下后方牵引，使其右侧精索紧张，用左手食指和拇指在阴囊颈部将右侧精索紧贴于阴囊颈右侧皮肤处。术者站在助手右侧，将无血去势钳嘴张开，在睾丸上方 2~3cm 处轻轻夹住精索，猛力下压钳柄，即可听到精索被挫断的音响（类似腱切断清脆的"咯吧"声），但皮肤保持完好。稍停 1min 左右，轻轻松开无血去势钳。为了保证操作可靠，一般在钳夹处上或下方 1.5~2cm 处再钳压 1 次。用同样方法钳压另侧精索。术后皮肤局部涂以碘酊。

2. 手术摘除睾丸法

术者以左手握住阴囊颈部，将睾丸挤向阴囊底，使囊壁紧张，局部洗净、消毒。右手持刀，在阴囊底部做一与阴囊缝际相垂直的切口，一次切开两侧阴囊皮肤和总鞘膜（适于小公牛）；或在阴囊底部距阴囊缝际 1~2cm 处与缝际平行地切开皮肤及总鞘膜（适于成牛公牛），左手随即用力挤出睾丸，分离与睾丸相联系的韧带，露出精索。贯穿结扎精索，于结扎处下方 1cm 处割断精索，除去睾丸及附睾。术后阴囊皮肤切口开放，局部涂以碘酊消毒。

3. 阴囊颈部结扎术

术者两手将精索握住向下撸搓，进行消毒后。将睾丸挤压到阴囊底部，助手将消毒好的双股缝合线或橡皮筋牢牢扎在精索下 1/3 处数圈，把橡皮筋捆扎于阴囊基部。1 周后睾丸自行脱落。

4. 勒断精索法

勒断器由 60cm 长一根麻绳和 30cm 长的脚踏板以及手提棒三部分组成。将牛倒卧保定后，把勒断器的绳索在阴囊颈部绕一周，术者两脚踏板，两手紧握提棒，一松一紧反复向上拉动提棒，持续 10min 左右，以精索被勒断为度，术后皮肤局部涂以碘酊。

5. 精索穿刺术

用消毒好的弯曲缝合针穿上双股 10 号缝合线，刺入精索处外皮内，顺精索外围沿精索环绕到针眼处出针，两线牢固打结，将线结消毒后送入阴囊皮肤内，术后 2~3d 睾丸实质变软，逐渐萎缩、坏死而自然脱落。

6. 化学去势法

将要去势的公牦牛保定，将睾丸推到阴囊的端部，用注射器抽取 6ml 10% 福尔马林溶液，在阴囊上滴两滴，进行注射部位的消毒。之后用针头插入一只睾丸内，旋转针头，分 2~3 个点注射，每点注射 2ml 10% 福尔马林溶液，再以同样的方法对另一只睾丸进行注射；或每个睾丸注射 10~20ml 化学去势药液（10g 氯化钠溶于 100ml 蒸馏水中，再加上 1 ml 甲醛），一般处理 3 周后公牛便失去性能力。

第六章 牦牛的疾病防治

牦牛原产于青藏高原高寒牧区，适应性、抗逆性强，相对肉牛、奶牛疾病较少。近年来，随着牦牛集约化养殖程度的提高和牦牛流动性的增强，以及现代养殖技术的推广与应用，牦牛疾病时有发生。因此，做好牦牛疾病预防和应急处理，不仅是牦牛健康养殖的关键，更是提高牦牛生产效率的重中之重。

第一节 消毒技术

一、化学消毒剂

定期消毒棚圈、设备及用具等，特别是棚圈空出后的消毒，能消灭散布在棚圈内的微生物（或称病原体），切断传染途径，使环境保持清洁，预防疾病的发生，以保证牛群的安全。

1.10%～20% 石灰乳（氢氧化钙）

生石灰 5kg，加水 5kg，化为糊状后再加入 40～45kg 水即成。常用于消毒牛舍、车辆、棚圈、地面或粪尿沟、刷墙等，消毒作用很强，能杀死细菌，但不能杀灭芽孢。现用现配，搅拌均匀。用 1%～2% 的火碱与石灰乳混合，效果更好。

2. 石灰粉（氧化钙）

生石灰块 5kg，加水 2.5~3.5kg，使其为粉状。常用于舍内地面及运动场的消毒。将未加水的石灰粉撒在干燥的地面上，不产生消毒作用。

3.2% 的火碱（氢氧化钠）

火碱 1kg，加水 49kg，溶解后即为 2% 的火碱水。用以消毒被口蹄疫、巴氏杆菌等污染的棚圈、牛舍、地面和用具。加入 5%～10% 食盐，杀菌效果更佳。可用于炭疽杆菌的消毒。对皮肤和黏膜有刺激性，消毒时要将牛放出去，隔半天后用清水冲洗饲槽、地面，再放进牛只。

4. 漂白粉（次氯酸钙）

漂白粉 2.5～10.0kg，加水 40~47.5kg，充分搅匀，即为 5%～20% 的漂白粉混悬液，在短时间内杀死常见传染病的病原微生物。20%的混悬液可杀死炭疽芽孢，也可用作饮水畜禽圈舍、用具、地面、粪便及所有排泄物、污水等的消毒，配制成的漂白粉要装在密闭的容器内。因其有强烈的腐蚀性，不能作金属制品及工作服的消毒，用时注意人畜的安全，混悬液配制后，48h内要用完，喷雾器用后马上清洗干净。

5. 百毒杀

有50%（百毒杀）和10%（百毒杀-S）两种浓度。百毒杀-S按1：600倍的比例稀释，可平时预防性地带动物喷雾消毒，也可用于农舍环境、器具消毒；疫情敏感或发病时期的带动物喷雾消毒按1：400倍稀释使用；疫病感染消毒时百毒按杀-S按1：200倍稀释使用。口蹄疫、皮肤病消毒时百毒杀-S按1：100倍稀释使用。

6. 过氧乙酸

配成0.2%～0.5%的过氧乙酸。可杀灭虫卵以外的病原，价格低廉，无公害，对畜禽圈舍、活动物等均可喷雾，用具可浸泡。除金属制品外可用于各种对象。

7. 福尔马林（甲醛）

制成5%～10%的福尔马林消毒液，可用喷雾的方法对车船、用具、畜禽、圈舍等进行消毒。空气消毒时可用福尔马林熏蒸法，每立方米空间用40%福尔马林15ml，加6g高锰酸钾和20ml水在瓷器内，室内密闭，消毒至少，1h后彻底通风。

8. 来苏儿

1%～2%溶液用于手消毒（也可用于处理染菌桌面），3%～5%溶液用于器械物品消毒，5%～10%溶液用于环境、排泄物的消毒。对一般致病菌包括抗酸菌杀菌效果，对芽孢则需高浓度长时间才有杀菌作用。

9. 新洁尔灭（苯扎溴铵）

创面消毒用0.01%溶液，皮肤及黏膜消毒用0.1%溶液，手术前洗手用0.05%～0.1%溶液浸泡5min；手术器械消毒用0.1%溶液（内加0.5%亚硝酸钠以防生锈）煮沸15min，再浸泡30min。

二、消毒方法

1. 彻底清洁

消毒前，应清除粪便、饲料、垫料、灰尘、污物，因为灰尘、污物等有机物残留在牛舍的地面和墙壁，病毒、细菌及球虫卵混在其中，消毒药物的杀菌效果会受到影响。

2. 选用合适的消毒药物

在使用消毒药物时，应根据不同环境特点，选择与其相适应的消毒药物。如饮水消毒常可选用漂白粉、百毒杀等；烧碱和生石灰常用于地面和环境的消毒；高锰酸钾与40%甲醛溶液配合使用可用于清洁空舍的熏蒸消毒等。

3. 正确使用消毒药物

选择可有效杀灭病原微生物的最低浓度。疫病期的消毒浓度应提高 2~10 倍。消毒药物的用量要按规定执行，不可减少用量，但用量过高也会对牛只机体产生毒害作用。消毒过程中要尽可能使药物长时间与病原微生物接触，一般消毒时间不能少于 30min。消毒药物应现用现配，防止久置受氧化或日照分解而失效，在露天场所需长期使用的消毒药物应定期更换，以保证有足够的活性物质。

4. 交替或配合使用消毒药物

对各种病毒、细菌、真菌、原虫等只用一种消毒药物是无法将所有病原体消灭干净的，而且长期使用一种消毒药物会使病原微生物产生抗药性。根据不同消毒药物的消毒特性和原理，可选用多种消毒药物交替使用或配合使用，以提高消毒效果，但应注意药物间的配伍禁忌，防止配合后反应引起减效或失效。

第二节　疫苗使用技术

定期进行防疫注射，接种各种免疫制剂（疫苗、类毒素及免疫血清），可以提高牦牛对相应疾病的抵抗力。注射何种疫苗，由畜牧兽医部门依当地疫病的种类、发生季节和规律、流行情况等决定，牦牛场及合作社、养殖大户应积极配合当地畜牧兽医部门定期进行防疫注射。

一、疫苗的选择

选用正规生物制品厂生产的疫苗。采购及使用前应注意检察疫苗，有无标签、标签字迹是否清晰、标签上的各种注意事项是否符合国家兽药（生物药品）的有关规定（如批准文号、生产日期、批号、有效期、贮存方法或温度），疫苗的形态、颜色及疫苗的外包装。

二、疫苗的使用

在使用前认真细致地阅读疫苗的使用说明。应严格按照使用说明正确地使用疫苗，尤其注意疫苗的免疫注射剂量及疫苗的保存方法。对于同一批疫苗，可以先进行小范围免疫接种，确定安全后，再进行大规模的免疫注射。不要任意把不同毒力、不同种类，相互有颉放作用的疫苗在同一时间对同一牛体进行免疫注射。

三、免疫时间

保证在非疫区内选择机体免疫效果最佳时间。一般患病牛、瘦弱牛，临产前两个月妊娠牛，吃奶的犊牛，不足月龄的早产牛，以及经过长途运输的牛不予注射，带病牛康复、母牛产后或犊牛断奶后方可注射疫苗。妊娠母牛必须进行免疫时，为减轻免疫不良反应，可将疫苗多点多次免疫，并避免动物剧烈活动。

由于疫苗常常发生应激反应，因此在具体的免疫注射工作中，应选择利于观察牛免疫注射后的各种生理现象及行为姿态的时间，即最好是白天进行免疫注射，避免黄昏后免疫注射，以免造成不必要的事故。

四、器械的灭菌与注射部位的消毒

建议使用一次性注射器或针头进行免疫注射，若要重复利用，必须做好灭菌消毒工作。灭菌后的器械只能当天使用，隔天使用需要重新消毒灭菌，切忌将注射过的器械用酒精等消毒药来进行消毒。按常规消毒注射部位。

五、预防接种造成的应激反应

实际工作中，如牛口蹄疫疫苗注射后有3%左右的牛产生明显的应激反应（或称过敏），严重时抢救不及时造成死亡。常见的应激反应有皮肤发痒、瘤胃臌胀、气喘、肌肉震颤、食欲下降等，常发生在注射后20min~24h内。若有上述应激反应，应注射肾上腺素进行治疗。治疗时，先皮下注射抢救剂量的50%，剩余肾上腺素进行肌内注射。

六、紧急接种免疫

疫苗免疫分为预防免疫和紧急免疫。预防免疫是在平时为了预防某些传染病的发生和流行，有组织、有计划地按免疫程序给健康牛群进行的免疫接种。紧急免疫是指在发生传染病时，为了迅速控制和扑灭疫病的流行，而对疫区和受威胁区尚未发病的假定健康动物进行的应急性免疫接种。应用疫苗进行紧急接种时，必须先对牦牛群逐头地进行详细的临床检查，只能对无任何临床症状的假定健康牦牛进行紧急接种，对患病牦牛和处于潜伏期的牦牛，不能接种疫苗，应立即隔离治疗或捕杀。

牦牛免疫接种程序应视当地疫病流行情况而定，疫苗的具体使用方法以生产厂家的使用说明书为准。

第三节　牦牛常见传染病防治

一、牦牛口蹄疫

牦牛口蹄疫是由口蹄疫病毒感染引起的一种急性、热性、高度接触性传染病。临床主要以口腔黏膜、蹄部和乳房皮肤发生水疱和溃烂为特征，俗称"口疮""蹄癀"。本病在黄牛、奶牛、牦牛等偶蹄动物中迅速传播，一旦暴发往往造成大流行，不易控制和消灭，幼龄动物多因心肌炎而死亡，成年牦牛产奶产肉量下降，肉产品出口受限而导致巨大经济损失。

1. 病原及流行病学

口蹄疫病毒属于微 RNA 病毒科、口蹄疫病毒属，是 RNA 病毒中最小的一个。病毒具有多型性、易变异的特点。根据血清学特性分为。型、A 型、C 型、SAT（南非）1 型、SAT2 型、SAT3 型和 Asia（亚洲）I 型 7 个血清型以及 80 多个亚型，各血清型间无交叉免疫现象。在 FMDV7 个血清型中，O 型分布最广，呈全球性分布。A 型在非洲、南亚、中东和南美地区广泛发生。C 型仅局限于印度次大陆。同 O、A、C 型相比，Asia I 型毒株变异较小，Asia I 通常只发生于中东和亚洲。SAT1、SAT2、SAT3 型见于非洲亚撒哈拉地区。我国主要是 A 型、O 型和亚洲 I 型。口蹄疫病毒对外界环境的抵抗力很强，耐干燥。在自然条件下，在污染的饲料、牧草、皮毛以及土壤中保持传染性数周甚至数月之久。紫外线和高温对病毒有很好的灭活作用，对酸、碱和热较敏感，pH 3.0 和 pH 9.0 以上的缓冲液中，病毒的感染性消失，5% 氨水、2%～4% 氢氧化钠、3%～5% 福尔马林、0.2%～0.5% 过氧乙酸或 5% 次氯酸钠等均为口蹄疫病毒良好的消毒剂。

自然条件下口蹄疫病毒可感染多种动物，偶蹄目动物易感性最高，易感性的高低顺序依次为黄牛、奶牛、牦牛等。患病牦牛及带毒的动物是本病的主要传染源，发病初期的患病动物是最危险的传染源。本病可经多途径传播，在牧区当患病的牦牛和健康动物牧群相处时，病毒常借助直接接触传播；但更多的是间接传播。患病动物的分泌物、排泄物、脏器、血液、和各种动物产品广泛污染环境。空气是一种重要的传播媒介，病毒能随风引起远距离的跳跃式传播。病毒常通过消化道和呼吸道以及损伤的皮肤、黏膜而感染。口蹄疫是一种传染性极强的传染病，一经发生往往呈流行性，在牧区，多呈现大流行，疫情一旦发生，可随动物的流动迅速蔓延。口蹄疫可从一个地区、一个国家传到另一个地区或国家，多系输入带毒产品和动物所致。口蹄疫传播迅速，流行猛烈，发病率高，死亡率低，一年四季均可发生，潜伏期短，几乎可感染所有的偶蹄动物。患病牦牛是最危险的传染源。在症状出现前，从病畜体开始排出大量病毒，发病期排毒量最多。在病的恢复期排毒量逐步减少。病毒随分泌物和排泄物同时排出。水疱液、水疱皮、奶、尿、唾液及粪便含毒量最多，毒力也最强，具有传染性。

2. 临床症状

口蹄疫潜伏期为 36h 至 7d。病初体温升至 40～41℃，精神沉郁，食欲减退，闭口，流涎，黏膜潮红，口腔出现水疱，水疱破裂后常发生融合，形成弥漫性溃疡灶。蹄部的蹄冠、蹄踵和趾间出现水疱，破裂后形成糜烂面，有浆液化脓性渗出物，患牛常站立不稳，跛行，蹄匣脱落、变形而卧地不起。乳头皮肤有时也出现水疱，很快破裂形成烂斑。牦牛犊水疱症状不明显，主要表现为出血性肠炎和心肌麻痹而突然死亡。

3. 病理变化

患病动物口腔、蹄部、乳房、咽喉、气管、支气管和胃黏膜可见到水疱、烂斑和溃疡，上面覆盖有黑棕色的痂块。患牛真胃和大小肠黏膜可见出血性炎症。心包膜有弥漫性及点状出血，心肌有灰白色或淡黄色的斑点或条纹，称为"虎斑心"。心肌松软似煮过的肉。由于心肌纤维的变性、坏死、溶解释放出有毒分解产物而使动物死亡。病理组织学检查可见心肌细胞变性、坏死、溶解。

4. 诊断

根据口蹄疫的流行病学、临床诊断症状和病理剖检特点可做出初步诊断，确诊需要进行口蹄疫病毒分离与鉴定、血清学诊断等实验室诊断。

5. 防制

（1）预防措施

一般措施：加强饲养管理，保持畜舍卫生，经常进行消毒，对购进的动物及其产品、饲料、生物制品等进行严格检疫，平时减少机体的应激反应。

预防接种：在疫区最好用当地流行的相同血清型、亚型的灭活苗或亚单位苗进行免疫接种。对疫区或受威胁区内的动物进行免疫接种，在受威胁区周围建立免疫带以防疫情扩散。康复血清或高免血液用于疫区和受威胁区动物，可控制疫情和保护幼年动物。可用牛口蹄疫疫苗〇型、亚洲Ⅰ型、A型三价灭活苗，口蹄疫疫苗〇型、亚洲Ⅰ型二价灭活苗、口蹄疫 O 型灭活疫苗、口蹄疫 A 型灭活疫苗进行免疫。

消毒：粪便进行堆积发酵处理或用 5% 氨水消毒；畜舍、场地和用具以 2%~4% 烧碱、10% 石灰乳、0.2%~0.5% 过氧乙酸或 1%~2% 福尔马林喷洒消毒；毛、皮张用环氧乙烷、溴化甲烷或甲醛气体消毒；肉品以 2% 乳酸或自然熟化产酸处理。

（2）治疗措施

牦牛等动物一旦发生口蹄疫，一般不允许治疗，而应采取扑杀措施。

（3）扑灭措施

无口蹄疫国家一旦暴发本病应采取屠宰患病动物、消灭疫源的扑灭措施；已消灭了本病的国家通常采取禁止从有口蹄疫国家输入活动物或动物产品，杜绝疫源传入；有本病的地区，采取以检疫诊断为中心的综合防控措施，一旦发现疫情，应按"早、快、严、小"的原则，立即实现封锁、隔离、检疫、消毒等措施，迅速通报疫情，查源灭源，并对易感畜群进行预防接种，以及时拔除疫点。在疫点内最后一头患病动物痊愈或屠宰后 14d，未再出现新的病例，经全面消毒后可解除封锁。

6. 公共卫生

人对口蹄疫病毒仅有轻度的易感性。感染主要是由于饮食病牛乳汁或通过挤奶、处理患病动物而接触感染，创伤也可感染。在牧区，预防人口蹄疫，主要依靠个人自身防护，不吃生乳，接触患病动物后立即洗手消毒，防止患病动物的分泌物和排泄物落入口、鼻和眼结膜，污染的衣物及时做卫生处理等。

二、牦牛布鲁氏菌病

牦牛布鲁氏菌病是由牛流产布鲁氏菌引起的一种人畜共患的急性或慢性传染病。主要侵害牦牛生殖器官，引起胎膜发炎、流产、不育、睾丸炎及各种组织的局部病灶。

1. 病原及流行病学

本病病原为布鲁氏菌属牛流产布鲁氏菌，为革兰氏阴性小球杆菌，大小为（0.6～1.5）μm×（0.5～0.7）无芽泡及鞭毛，在条件不利时有形成荚膜的能力，姬姆萨染色呈紫色。在自然环境中对干燥、寒冷具有较高抵抗力，对热敏感，煮沸立即灭活，在肉、乳类食品中能存活 2 个月左右，对一般消毒剂敏感。新洁尔灭 5min 内即可杀死本菌。1%～3% 石炭酸、2%～3% 煤酚皂液、2% 来苏儿、0.1% 升汞、2% 苛性钠溶液等可于 1h 内使其灭活。

本病的传染源是患病牦牛及带菌者（包括野生动物），成年牦牛对牛流产布鲁氏菌敏感。一般经消化道、生殖道、皮肤和黏膜等感染，也可通过吸血昆虫传播。病牛不定期地经乳汁、精液、脓汁等排出大量的布鲁氏菌，更多是经流产胎儿、胎衣、羊水、阴道分泌物等向外排菌。养殖场技术管理人员如果缺乏消毒和防护，在接产或护理病牛中易被感染。被污染的饲料、草场、用具等是传播媒介。病牛的肉、脏器、皮张等都大量带菌，所以，从事肉食品加工、皮毛加工时，要特别注意防护。本病四季均发，产犊季节较多发，牧区发病明显高于农区。畜牧兽医人员、屠宰人员等患病率明显高于一般人群。

2. 症状

该病潜伏期 14～180d。母牦牛最显著的症状是流产，流产发生在妊娠的任何时期。流产前数日除表现分娩预兆，如阴唇、乳房肿大，荐部及肋部下陷，乳汁呈初乳性质外，阴道黏膜发生粟粒大红色结节，流出灰白色或灰色黏性分泌液。常并发胎衣不下和子宫内膜炎。早期流产的胎儿，通常在产前已经死亡。公牦牛感染后，睾丸及附睾出现炎症，伴有明显的疼痛。同时，食欲不振、体温升高。患病后 3 个月，睾丸有硬化倾向，严重的坏死，影响配种效力。有的可见公牛阴茎有红肿症状，个别出现小结节。

3. 病理变化

胎衣呈黄色胶冻样浸润，有些部位覆有纤维蛋白絮片和脓液，有的增厚，有出血点。绒毛叶部分或全部贫血呈苍黄色，或覆有灰色或黄绿色纤维蛋白或脓液絮片或覆有脂肪状渗出物。胎儿真胃内有淡黄色或白色黏液絮状物 - 肠胃和膀胱的浆膜下可能见有点状或线状出血。浆膜腔有微红色液体，腔壁上可能覆有纤维蛋白凝块。皮下呈出血性浆液性浸润、肥厚。胎儿和新生犊牛可能有肺炎病灶。公牦牛生殖器官精囊内可能有出血点和坏死灶，睾丸和附睾可能有炎性坏死和化脓灶。

4. 诊断

根据流行病学、临床症状和病理变化可作出初步诊断，确诊需做实验室检查。血清学诊断（虎红平板凝集试验、全乳环状试验、补体结合试验、ELISA）是检测牛布鲁氏菌病的常用方法，也可用分子生物学方法检测该病。

5. 防制

本病主要以预防为主，采取以定期检疫、淘汰病畜、培养健康畜群、加强消毒为主导环节的综合性措施。在未感染牦牛群中，控制本病传入的最好方法是自繁自养。必须引进种畜或补充畜群时，要严格执行检疫，即将牲畜隔离饲养 2 个月，同时进行布鲁氏菌检查，全群两次免疫生物学检查阴性者，才可与原有牲畜接触。清洁牦牛群，定期检疫（至少每年 1 次），一经发现带菌者，即应淘汰。畜牧生产过程中，要做好消毒工作，以切断传播途径。国际上多采用活疫苗，如牛流产布鲁菌 19 号苗、牛流产布鲁菌 45/20 苗等灭活苗。我国主要使用牛布鲁氏菌弱毒菌苗。但需注意，各种弱毒苗对人仍有一定毒力，因此有关人员需做好自我防护。

6. 公共卫生

本病是《中华人民共和国传染病防治法》规定的乙类传染病，该病已涉及 160 多个国家和地区。患病的牛、羊、猪、犬等是人布鲁氏菌病的主要传染源，消化道或皮肤、黏膜伤口是传染的主要途径。因此，要特别注意畜牧兽医工作者职业性感染。凡在动物养殖场、屠宰场、动物产品加工厂的工作者及兽医、实验室工作人员，必须严守防护制度，尤其在仔畜大批生产季节，更要特别注意；患病动物乳肉食品必须灭菌后食用；必要时可用布鲁氏菌疫苗接种。

三、牦牛结核病

牦牛结核病（yak tuberculosis）是由牛结核分支杆菌（M，bavis）引起的一种人畜共患的慢性传染病，其临床特征是病牛贫血、消瘦、虚弱无力，精神欠佳，生产能力下降。多种组织器官形成结核结节和干酪样坏死和钙化结节病理变化。

1. 病原及流行病学

本病的病原是分支杆菌属牛结核分支杆菌，呈稍短粗，着色不均匀，不产生芽弛和荚膜的革兰氏阳性菌。用一般染色法较难着色，常用的方法为 Ziehl-Neelsen 氏抗酸染色法。本菌对外界环境的抵抗力强，对干燥和湿冷的抵抗力很强。在干痰中存活 10 个月，在粪便、土壤中可存活 6 ~ 7 个月，在病变组织和尘埃中能存活 2 ~ 7 个月。对热抵抗力差，60℃下 30min 或煮沸即可死亡；在直射阳光下经数小时死亡。常用消毒剂经 4h 可将其杀死，在 70% 酒精和 10% 漂白粉中很快死亡。

本病呈世界性分布，在发达国家基本上根除了牛结核病。亚洲和非洲是本病的高发区。本病的主要传染源是患病动物，黄牛、牦牛、水牛等均易感，主要经呼吸道、消化道感染，病菌随咳嗽、喷嚏排出体外，存在于空气飞沫中，健康的人、动物吸入后即可感染；多呈散发或地方性流行，无明显的季节性和地区性。饲养管理不当与本病的传播有密切的关系，畜舍通风不良、拥挤、潮湿、阳光不足、缺乏运动，最易患病。

2. 症状

牦牛结核病的潜伏期长短不一，短者 10d 左右，长者数年，通常呈慢性经过，初期症状不明显，日渐消瘦，体温高。主要的症状类型有：

（1）肺结核

以长期顽固性干咳为特点，清晨最为明显。严重时为痛性湿咳，日渐消瘦，呼吸困难。听诊有干性或湿性啰音，胸膜摩擦音，叩诊有浊音。

（2）乳房结核

病初腹股沟浅淋巴结肿大，继而后方乳腺区发生局限或弥散性硬结，硬结无热无痛，表面凹凸不平。

（3）肠结核

犊牛多见，主要表现为消瘦，顽固性下痢与便秘交替出现，粪便常带血或脓汁。肠结核多见于肠黏膜面形成溃疡状或喷火口样结核病灶。

3. 病理变化

肉眼所见病灶，在肺脏或其他器官常见有很多突起的白色结节，切面为干酪化坏死，有的见有钙化，切开时有砂砾感。有的坏死组织溶解和软化，排出后形成空洞。胸膜和腹膜发生密集结核结节，呈粟粒大至豌豆大的半透明灰白色坚硬的结节，形似珍珠状，即所谓的"珍珠病"。胃肠黏膜可能有大小不等的结核结节或溃疡。乳房结核多发生于进行性病例，剖开可见有大小不等的病灶，内含有干酪样物质，还可见到急性渗出性乳房炎的病变。子宫病变多为弥漫干酪化，多出现在黏膜上，黏膜下组织或肌层组织内也有的发生结节、溃疡或瘢痕化。子宫腔含有油样脓液，卵巢肿大，输卵管变硬。

4. 诊断

在牦牛群中有发生进行性消瘦、咳嗽、慢性乳房炎、顽固性下痢、体表淋巴结慢性肿胀等临诊症状时，可作为初步诊断的依据。但在不同的情况下，须结合流行病学、临诊症状、病理变化、结核菌素试验，以及细菌学试验和血清学试验等综合诊断较为切实可靠。

（1）细菌学诊断

本法对开放性结核病的诊断具有实际意义。采取病畜的病灶、痰、尿粪及其他分泌物，作抹片检查（直接涂片镜检或集菌处理后涂片镜检，可用抗酸性染色法），分离培养和动物接种试验。采用免疫荧光抗体技术检查病料，具有快速、准确、检出率高等优点。

（2）结核菌素试验

是目前诊断结核病最有现实意义的好方法。结核菌素试验主要包括提纯结核菌素（PPD）诊断方法和老结核菌素（OT）诊断方法。

提纯结核菌素诊断法：诊断牛结核病时，将牛分支杆菌提纯菌素用蒸個水稀释成100 000IU/ml，颈侧中部上 1/3 处皮内注射 0.1ml。对其他动物的结核菌素试验一般多采用皮内注射法。

老结核菌素诊断法：我国现行乳牛结核病检疫规程规定，应以结核菌素皮内注射法和点眼法同时进行。每次检疫各做两回，两种方法中的任何一种是阳性反应者，即判定为结核菌素阳性反应牛。

5. 防制

主要采取综合性防疫措施，防止疾病传入，净化污染牦牛群，培育健康牦牛群。牦牛结核病一般不予治疗，而是采取加强检疫、隔离、淘汰，防止疾病传入，净化污染群等综合防疫措施。防制人结核病的主要措施是早期发现，严格隔离，彻底治疗。牛乳应煮沸后饮用；婴儿普遍注射卡介苗；与病人、病畜禽接触时应注意个人防护。治疗人结核病有多种有效药物，以异烟肼、链霉素和对氨基水杨酸钠等最为常用。在一般情况下，联合用药可延缓产生耐药性，增强疗效。

对健康牦牛群（无结核病畜群），平时加强防疫、检疫和消毒措施。每年春秋两季定期进行结核病检疫，主要用结核菌素，结合临诊等检查。结核菌素反应阳性牛群，应定期进行临诊检查，必要时进行细菌学检查，发现开放性病牛立即淘汰。病牦牛所产犊牛出生后只吃 3~5d 初乳，以后则由检疫无病的母牛供养或喂消毒乳。犊牛应在出生后 1 月龄、3~4 月龄、6 月龄进行 3 次检疫，凡呈阳性者必须淘汰处理。如果 3 次检疫都呈阴性反应，且无任何可疑临诊症状，可放入假定健康牛群中培育。假定健康牛群为向健康牛群过渡的畜群，应在第一年每隔 3 个月进行一次检疫，直到没有一头阳性牛出现为止。然后再在一年至一年半的时间内连续进行 3 次检疫。如果 3 次均为阴性反应即可称为健康牦牛群。

加强消毒工作，每年进行 2~4 次预防性消毒，每当畜群出现阳性病牛后，都要进行一次大消毒。常用消毒药为 5% 来苏儿或克辽林、10% 漂白粉、3% 福尔马林或 3% 苛性钠溶液。

6. 公共卫生

牛分支杆菌也可引起人的结核病，因此需注意，牦牛乳应煮沸后饮用；婴儿普遍注射卡介苗；与病人、病牦牛等接触时应注意个人防护。

四、牦牛炭疽

牦牛炭疽是由炭疽杆菌引起的一种人畜共患的急性、热性、败血性传染病。其病变的特点是脾脏显著肿大，皮下及浆膜下结缔组织出血性浸润，血液凝固不良，呈煤焦油样。

1. 病原及流行病学

本病病原为芽泡杆菌属的炭疽杆菌，革兰氏染色阳性，大小为（1.0~1.5）×（3~5）μm，菌体两端平直，呈竹节状，无鞭毛；在病料检样中多散在或呈2~3个短链排列，有荚膜，在培养基中则形成较长的链条，一般不形成荚膜；本菌在病畜体内和未剖开的尸体中不形成芽孢，但暴露于充足氧气和适当温度下能在菌体中央处形成芽泡。炭疽杆菌为兼性需氧菌，对培养基要求不严，在普通琼脂平板上生长成灰白色、表面粗糙的菌落，放大观察菌落有花纹，呈卷发状，中央暗褐色，边缘有菌丝射出。炭疽杆菌菌体对外界理化因素的抵抗力不强，但芽泡则有坚强的抵抗力，在干燥的状态下可存活32~50年，150℃干热60min方可杀死。现场消毒常用20%的漂白粉、0.1%升汞、0.5%过氧乙酸。来苏儿、石炭酸和酒精的杀灭作用较差。

本病的主要传染源是患畜，当患畜处于菌血症时，可通过粪、尿、唾液及天然孔出血等方式排菌，尤其是形成芽泡，可能成为长久疫源地。本病主要通过采食污染的饲料、饲草和饮水经消化道感染，但经呼吸道和吸血昆虫叮咬而感染的可能性也存在。自然条件下，草食兽最易感，以绵羊、山羊、马、牦牛易感性最强。本病常呈地方性流行，干旱或多雨、洪水涝积、吸血昆虫等都是促进炭疽暴发的因素，例如，干旱季节地面草短，放牧时牲畜易于接近受炭疽芽孢污染的土壤；河水干枯，牲畜饮用污染的河底浊水或大雨后洪水泛滥，易使沉积在土壤中的炭疽芽泡泛起，并随水流扩大污染范围。此外，从疫区输入病畜产品，如骨粉、皮革、羊毛等也常引起本病暴发。

2. 症状

本病潜伏期一般为1~5d，最长的可达14d。发病急，牦牛体温升高到42℃，全身战栗。站立不稳，呼吸困难，可视黏膜呈蓝紫色。粪尿带血。病牛卧地不起，精神沉郁，食欲废绝，体温升高。心跳加快，呼吸困难，瘤胃膨胀。尸体腹部严重膨胀、尸僵不全，天然孔出血，血液凝固不良。

3. 诊断

依据临诊症状、流行病学特征可作出初步诊断，对疑似病死畜又禁止解剖，最后诊断一般要依靠微生物学及血清学方法。

（1）病料采集

可采取病牦牛的末梢静脉血或切下一块耳朵，必要时切下一小块脾脏，病料须放入密封的容器中。

（2）镜检

取末梢血液或其他材料制成涂片后，用瑞氏或姬姆萨（或碱性美蓝）染色，发现有多量单在、成对或 2 ~ 4 个菌体相连的短链排列、竹节状有荚膜的粗大杆菌，即可确诊。

（3）培养

新鲜病料可直接于普通琼脂或肉汤中培养，污染或陈旧的病料应先制成悬液，70℃加热 30min，杀死非芽泡菌后再接种培养，对分离的可疑菌株可作噬菌体裂解试验、荚膜形成试验及串珠试验。这几种方法中以串珠试验简易快速且敏感特异性较高。

（4）动物接种

用培养物或病料悬液注射 0.5ml 于小鼠腹腔，经 1 ~ 3d 后接种小鼠因败血症死亡，其血液或脾脏中可检出有荚膜的炭疽菌。

（5）Ascoli 反应

是诊断炭疽简便而快速的方法，其优点是培养失效时，仍可用于诊断，因而适宜于腐败病料及动物皮张、风干、腌浸过肉品的检验，但先决条件是被检材料中必须含有足够检出的抗原量。肝、脾、血液等制成抗原于 1 ~ 5min 内两种液接触面出现清晰的白色沉淀环，而生皮病料抗原于 15min 内出现白色沉淀环。此外，还可用琼脂扩散试验和荧光抗体染色试验。

（6）聚合酶链反应（PCR）

应用 PCR 技术检测炭疽杆菌 - 具有高度特异性。对腐败病料和血液中的炭疽杆菌有较好的敏感性，但对炭疽芽泡的检测不够灵敏，其最低检出量为 2 000 个芽抱。

4. 防制

（1）预防措施

在疫区或常发地区，每年对易感动物进行预防注射，常用的疫苗是无毒炭疽芽泡苗，接种 14d 后产生免疫力，免疫期为一年。另外，要加强检疫和大力宣传有关本病的危害性及防治办法，特别是告诫广大牧民不可食用死于本病动物的肉品。

（2）扑灭措施

发生本病时，应尽快上报疫情，划定疫点、疫区，采取隔离封锁等措施，对病畜要隔离治疗，禁止病畜的流动，对发病畜群要逐一测温，凡体温升高的可疑患畜可用青霉素等抗生素或抗炭疽血清注射，或两者同时注射效果更佳，对发病牦牛群可全群预防性给药，受威胁区及假定健康动物作紧急预防接种，逐日观察至 2 周。

（3）消毒

天然孔及切开处，用浸泡过消毒液的棉花或纱布堵塞，连同粪便、垫草一起焚烧，尸体可就地深埋，病死牦牛躺过的地面应除去表土 15 ~ 20cm，并与 20% 漂白粉混合后深埋。畜舍及用具场地均应彻底消毒。

（4）封锁

禁止疫区内牲畜交易和输出畜产品及草料。禁止动物及动物产品出入疫区。禁止食用病畜乳、肉。

5. 公共卫生

人感染炭疽有3种类型，即皮肤型炭疽、肺炭疽和肠炭疽，无论哪种类型，都预后不良。人炭疽的预防应着重于与家畜及其畜产品频繁接触的人员，凡在近2~3年内有炭疽发生的疫区人群、畜牧兽医人员，应在每年的4~5月前接种人用皮上划痕炭疽减毒活菌苗，连续接种3年。发生疫情时，病人应住院隔离治疗，病人的分泌物、排泄物及污染的用具、物品及被子衣服均要严格消毒，与病人或病死畜接触者要进行医学观察，皮肤有损伤者同时用青霉素预防，局部用2%碘酊消毒。在抗菌消炎的同时，还要注意对症治疗，如强心、止吐、补液等。所有炭疽的病人均应尽早注射抗炭疽血清。

五、牦牛巴氏杆菌病

牦牛巴氏杆菌病又称牦牛出血性败血症，是由多杀性巴氏杆菌引起的一种急性传染病。主要表现为急性败血症变化，以肺炎、急性胃肠炎及内脏器官广泛出血等为主要特征；慢性表现为皮下组织、关节、各器官的局灶性坏死性炎症，多与其他传染病混合感染或继发感染。

1. 病原及流行病学

本病病原为巴氏杆菌科、巴氏杆菌属的多杀性巴氏杆菌，呈球杆状或短杆状，无鞭毛，不能运动；不形成芽孢；革兰氏染色阴性，多呈单个或成对存在。涂片瑞氏染色或美蓝染色菌体两极着色，有荚膜。本菌对外界抵抗力不强。在直射阳光和干燥条件下10min可被杀灭，对热敏感，常用消毒液可在5min内将其杀死。

本病为世界性分布。感染途径主要是消化道和呼吸道，也可以通过吸血昆虫和损伤的皮肤、黏膜感染。患病动物和带菌动物均为本病的主要传染源。本病的发生无明显的季节性，多呈散发，有时可呈地方性流行。环境和气候的改变或环境拥挤等诱因，可致使机体抵抗力下降的情况下，常导致内源性感染，并形成传播。

2. 症状

本病潜伏期1~6d。败血型病例，最急性病牦牛，突然抽搐-全身肌肉震颤，发抖，口流涎，呻吟，吼叫，于10~20min内死亡；急性病例，体温可达41~42℃，精神沉郁，食欲废绝，反刍停止，鼻镜干燥，结膜潮红，咳嗽；有时鼻中流出带泡沫的鼻液，口流涎，呻吟，腹式呼吸，肌肉震颤，发抖，粪便初期为褐色粥样，后期为水样含有黏液、气泡和血液并有恶臭味，病程为12~24h。水肿型以头、颈、咽喉及胸前皮下水肿为特征。舌及咽喉的高度肿胀致使牦牛流涎、流泪和呼吸困难，黏膜发绀，最后窒息死亡，病程

12～36h。肺炎型（纤维素性胸膜肺炎）主要表现为干咳、流泡沫样或脓性鼻液，胸部听诊有湿啰音或胸膜摩擦音，叩诊有浊音。

3. 病理变化

败血型剖检呈一般败血症变化，以黏膜和脏器广泛性出血、瘀血为特征。脾脏无变化，或有小出血点。肝脏和肾脏实质变性。淋巴结显著水肿。胸腹腔内有大量渗出液。肺炎型者，主要表现胸膜炎和格鲁布性肺炎。胸腔中有大量浆液性纤维素性渗出液。整个肺有不同肝变期的变化，小叶间淋巴管增大变宽，肺切面呈大理石状。有些病例由于病程发展迅速，在较多的小叶里能同时发生相同阶段的变化；肺泡里有大量红细胞，使肺病变呈弥漫性出血现象。病程进一步发展，可出现坏死灶，呈污灰色或暗褐色，通常无光泽。有时有纤维素性心包炎和腹膜炎，心包与胸膜粘连，内含有干酪样坏死物。

4. 诊断

根据病理变化、临诊症状和流行病学材料，结合对病牦牛的治疗效果，可对本病做出诊断，确诊有赖于细菌学检查。败血症病例可从心、肝、脾或体腔渗出物等，其他病型主要从病变部位、渗出物、脓汁等取材，如涂片镜检见到两极染色的卵圆形杆菌，接种培养基分离到该菌，可以得到正确诊断，必要时可用小鼠进行试验感染。在牦牛，本病的败血型与浮肿型应与炭疽、气肿疽和恶性水肿相区别，而肺炎型则应与牦牛肺疫区别。

5. 防制

根据本病传播的特点，首先应增强牦牛机体的抗病力。平时应注意饲养管理，消除可能降低机体抗病力的各种应激因素。其次应尽可能避免病原侵入，并对圈舍、围栏、饲槽、饮水器具进行定期消毒。同时，定期进行预防接种，增强机体对该病的特异性免疫力。我国目前有牛多杀性巴氏杆菌病疫苗。由于多杀性巴氏杆菌有多种血清型，各血清型之间多数无交叉免疫原性，所以应选用与当地常见的血清型相同的血清型菌株制成的疫苗进行预防接种。

发生本病时，应将病牦牛隔离，及早确诊，及时治疗。病死动物应深埋或加工工业用，并严格消毒牦牛舍和用具。对同群假定健康牦牛，可用高免血清、磺胺类药物或抗生素做紧急预防，隔离观察1周后，如无新病例出现，再注射疫苗。如无高免血清，也可用疫苗进行紧急预防接种，但应做好潜伏期病牦牛发病的紧急抢救准备。

对发病牦牛防制措施。①将病牦牛与健牛隔离饲养。②药物治疗。方案一：皮下注射头孢哌嗪5g，链霉素1000pg，2次/d，3d为1个疗程。硫酸庆大霉素20ml、利巴韦林15ml与500ml生理盐水进行输液治疗，1次/d，3d为1个疗程。维生素C、三磷酸腺苷、辅酶A与5%葡萄糖输液治疗，2次/d，3d为1个疗程。对于呼吸困难的牦牛除上述治疗外，用20ml氨茶碱与10%葡萄糖2次/d，3d为1个疗程。将磺胺二甲嘧噻与饲料拌匀，撒在平洁光滑的地面处，让患病的牦牛，自由采食，3d为1个疗程。方案二：复方庆大霉素针剂，肌内注射，每日2次，3d为一疗程。③10%石灰乳消毒圈舍，每日2次。①如将抗生素和高免血清联用，则疗效更佳。⑤注射牛出败疫苗。

6. 公共卫生

人发生本病后，有两种类型，即伤口感染型和非伤口感染型。应用磺胺类药和抗生素（青霉素、链霉素、四环素族等）联合应用，有良好疗效。平时应注意防止被动物咬伤和抓伤，伤后要及时进行消毒处理。处理患病动物时，要戴口罩或防护面具，在通风不良的牦牛圈舍尤其要注意，以防通过呼吸道感染本病。巴氏杆菌在体外对一些抗菌药物（头泡噻呋、庆大霉素、青霉素、红霉素和恩诺沙星）敏感，在理论上效果较好，但是本病发病急剧，所以只有在较早期治疗才可治愈。

六、牦牛传染性胸膜肺炎

牦牛传染性胸膜肺炎又称牦牛肺疫，是由丝状支原体引起的一种高度传染性肺炎。该病以肺间质淋巴管、结缔组织和肺泡组织的渗出性炎症以及浆液纤维素性胸膜炎为主要特征。

1. 病原与流行病学

病原为丝状支原体丝状亚种，是支原体科支原体属的微生物。支原体没有细胞壁，细胞呈多形性，可呈球菌样、弯曲的丝状、螺旋形与颗粒状，革兰氏染色阴性。多存在于病牦牛的肺组织、胸腔渗出液和气管分泌物中。日光、干燥和热均不利于本菌的生存；对苯胺染料和青霉素具有抵抗力。1%来苏儿、5%漂白粉、1%~2%氢氧化钠或0.2%升汞均能迅速将其杀死。0.01%的硫柳汞或每毫升含2万~10万IU的链霉素均能抑制本菌。

该病在自然条件下主要侵害牛类，包括黄牛、牦牛、犏牛、奶牛等，其中3~7岁牛多发，犊牛少见，本病在我国西北地区、内蒙古和西藏部分地区曾有流行，造成很大损失；目前在亚洲、非洲和拉丁美洲仍有流行。病牦牛和带菌牛是本病的主要传染源。本病主要通过呼吸道感染，也可经消化道或生殖道感染。多呈散发性流行，常年可发生，以冬春两季多发。非疫区常因引进带菌牛而呈暴发性流行；老疫区因牛对本病具有不同程度的抵抗力，发病缓慢，通常呈亚急性或慢性经过，往往呈散发性。

2. 临床症状

潜伏期一般为2~4周，最长可达4个月。按病情不同分为急性型、亚急性型和慢性型。急性型体温升高至40~42℃，呈稽留热，呼吸困难呈腹式呼吸。病牦牛不愿卧下，呈腹式呼吸，常有疼痛短咳，有时流出浆液性或脓性鼻液，可视黏膜发绀。肺部听诊肺泡音减弱或消失，代之以支气管呼吸音和胸膜摩擦音。病畜反刍减少，瘤胃弛缓，泌乳量下降，结膜发绀。亚急性型症状比急性型稍轻。慢性型病牛消瘦，消化功能紊乱，咳嗽疼痛，使役和泌乳下降，最后窒息而发生死亡。

3. 病理变化

特征性病理变化主要在胸腔。典型病例是大理石样肺和浆液纤维素性胸膜肺炎。肺和胸膜的变化，初期以肺炎灶充血、水肿，呈鲜红色或紫红色的小叶性支气管肺炎为主要特征；中期呈浆液性纤维素性胸膜肺炎，肺切面犹如多色的大理石，肺间质水肿变宽，呈灰白色，肺门和纵隔淋巴结肿大，出血；胸膜增厚，表面有纤维素性附着物，多数病例胸腔内积有淡黄色透明或浑浊的液体，内杂有纤维素凝块或凝片；胸膜常有出血，肥厚，并与肺病部粘连，肺脏表面有纤维素附着物；心包膜也有同样变化，心包内有积液，心肌脂肪变性。后期，肺部病灶坏死，被结缔组织包围，有的坏死组织崩解，形成脓腔或空洞，有的病灶完全瘢痕化；此外还可见腹膜炎、浆液性纤维性关节炎等。

4. 诊断

依据流行病学资料、临诊症状及病理变化综合判断可做出初步诊断，确诊有赖于血清学试验和细菌学检查。

（1）病原的分离和鉴定

取活牦牛鼻腔拭子、支气管肺泡冲洗物或胸腔穿刺液以及肺脏病理变化组织、肺门淋巴结、胸腔液等病料，接种于支原体固体培养基，37℃培养 1~2 周后可见菲薄透明的露滴状圆形菌落，中央有乳头状突起，即可判定。涂片或触片，经革兰氏染色，可见到革兰氏阴性，着色不佳；但用姬姆萨或瑞氏染色较好，在高倍镜下菌体呈多形型。再通过凝集试验、荧光抗体试验、琼脂扩散试验以及 PCR 等方法鉴定。

（2）血清学试验

应用补体结合试验，凝集试验及 ELISA 试验进行辅助诊断。

（3）病理诊断

本病初期不易诊断。若引进种牦牛在数周内出现高热持续不退，同时兼有浆液性纤维素胸膜肺炎症状，结合病理变化，可作出初步诊断。病理诊断要点为：①肺呈多色泽的大理石样变；②肺间质明显增宽、水肿，肺组织坏死；③浆液性纤维素性胸膜肺炎。

5. 防制

（1）预防

可采用药物预防和免疫接种的方式预防。全场封闭，隔离病牛，彻底消毒，用 1：200 倍稀释百毒杀对牦牛消毒，2 次 /d，连续消毒 3d 后，再用 1：300 倍稀释液消毒，1 次 /d，连续消毒 3d。非疫区勿从疫区引牦牛。老疫区宜定期用牛肺疫兔化绵羊化弱毒冻干菌免疫注射；发现病牛应隔离、封锁，必要时宰杀淘汰；污染的牦牛舍、屠宰场应用 3% 来苏儿或 20% 石灰乳消毒。

（2）治疗

本病治疗可用新胂凡纳明静脉注射，配合用四环素、土霉素、泰乐菌素、环丙沙星等抗生素进行治疗。

抗生素治疗措施如下：四环素或土霉素 2～3g，静脉注射，1 次 /d，连用 5～7d；链霉素 3～6g，1 次 /d，连用 5～7d。辅以强心、健胃等对症治疗。敏感药物有大环内酯类（如红霉素、泰乐菌素等）、泰妙菌素、哇诺酮类、四环素类（如土霉素等），可用上述药物配合解热消炎药、止咳平喘药进行治疗。其他疗法 30% 安乃近 5ml 或柴胡注射液，2 次 /d；50 万 IU 土霉素注射液 5ml，2 次 /d；10% 磺胺嘧啶钠 5ml，5% 泰乐菌素注射液 5ml，2 次 /d。

七、牦牛沙门氏菌病

牦牛沙门氏菌病又称牦牛副伤寒，是由沙门氏菌属细菌引起的疾病总称。主要表现为败血症和肠炎，也可使妊娠的母牦牛流产。

1. 病原及流行病学

沙门氏菌为肠杆菌科、沙门氏菌属成员，革兰氏染色阴性杆菌，不产生芽孢，也无荚膜。大小为（0.7～1.5）μm×（2.0～5.0）μm，在普通培养基上生长良好，需氧及兼性厌氧，培养适宜温度为 37℃。对干燥、腐败和日光具有一定的抵抗力，在外界环境中可存活数周或数月，熏腌处理不能将其杀死。对化学消毒剂敏感，常用的化学消毒剂都可以使其灭活。

沙门氏菌是自然界中分布极为广泛的病原菌。该菌寄居在人和动物肠道内。主要经消化道传染。以出生 30～40d 犊牛最易感，成年牦牛多发于夏季放牧时期。本病多呈散发或地方性流行，一年四季均可发病。环境污秽、潮湿，棚舍拥挤，粪便堆挤通风不良，温度过低或过高，饲料和饮水供应不良；长途运输中气候恶劣、疲劳和饥饿、内寄生虫和病毒感染；分娩、手术；母畜缺奶；新引进动物未实行检疫等可促进本病的发生。沙门氏菌能产生和释放大量内毒素，直接或间接地造成宿主细胞组织的损害与破坏，出现中毒症状。

2. 症状

犊牦牛多于出生 10～14d 后发病，体温 40～41℃，呼吸困难，食欲废绝，腹泻，粪便恶臭并混有黏液和血液，脱水，结膜潮红、黄染。多于 1 周后死亡。病程长者腕关节和跗关节肿大。成年牛体温升高，精神沉郁，食欲废绝，呼吸困难。排恶臭稀便，混有血液和纤维素絮片及坏死组织。病牛迅速脱水、消瘦，多于 1～5d 内死亡。孕牛多流产，流产胎儿可发现病原菌。急性死亡病例缺乏典型的临床病变。病程稍长死亡病例剖检可见病变主要在各肠段，肠系膜淋巴结水肿，肠黏膜潮红出血，大肠黏膜脱落，有坏死灶，并伴有其他实质器官的充血、出血和水肿。

3. 病理变化

成年牦牛主要呈急性出血性肠炎，肠黏膜潮红，常伴有出血，大肠黏膜脱落，有局限性坏死区。肠系膜淋巴结呈不同程度的水肿、出血。肝色泽变淡呈脂肪变性，胆汁混浊，黄褐色。病程长的病例肺有肺炎区，脾充血并肿大 1～2 倍。犊牦牛急性病例在心壁、腹膜以及腺胃、小肠和膀胱黏膜有小点出血，脾充血肿胀，肠系膜淋巴结水肿，有时出血。病程长的病例肺常有肺炎区。肝、脾、肾有时发现坏死灶。关节损害时，腱鞘和关节腔内积有胶样液体。

4. 诊断

根据流行病学临床症状和病理变化可作出初步诊断，确诊需进行实验室检查。可采用病原分离培养、血清学诊断（间接血凝试验、直接免疫荧光抗体试验、酶联免疫吸附试验）、分子生物学方法（PCR 检测、DNA 探针）。

5. 防制

预防本病应加强饲养管理，消除诱因，保持饲料和饮水清洁、卫生。采用牛副伤寒疫苗和药物进行预防本病的发生。采用添加抗生素的饲料添加剂，不仅有预防作用，还可促进动物生长发育，但应注意地区抗药性菌株的出现。治疗时首先将病牛及可疑牛隔离饲养，治疗原则是消除炎症，抑制病原菌的生长，防止败血症和机体自身中毒。抗菌消炎可使用广谱抗生素，结合对症治疗为治疗原则。可选用药敏试验有效的抗生素。

6. 公共卫生

为了防止本病从动物传染给人，患病牦牛应严格执行无害化处理，加强屠宰检验，特别是急宰患病动物的检疫和处理。牦牛肉一定要充分煮熟，家庭和食堂保存的食物注意鼠类窃食，以免被其排泄物污染。饲养员、兽医、屠宰人员以及其他经营动物及其产品的人员，应注意卫生消毒工作。

八、牦牛犊大肠杆菌病

牦牛犊大肠杆菌病是由致病性大肠杆菌引起的一种急性传染病。牦牛犊大肠杆菌病可分为肠型、败血性和肠毒血型。

1. 病原及流行病学

本病病原为肠杆菌科埃希菌属致病性大肠杆菌，为革兰氏染色阴性无芽泡的直杆菌，大小为（0.4～0.7）μm×（2～3）两端钝圆，散在或成对。大肠杆菌对外界不利因素的抵抗力不强。对高温抵抗力较弱，一般加热到 60℃ 15min 即可被杀灭，在干燥环境下也容易死亡，但对低温有一定的耐受力。对一般的化学消毒剂都比较敏感，如 5%～10% 的漂白粉、3% 来苏儿、5% 石炭酸等均能迅速杀死大肠杆菌；对氯、强酸、强碱很敏感。临诊上频繁使用某些抗生素或药物，是导致大肠杆菌耐药性产生的直接原因。

幼龄的牦牛犊对本病最易感，2 周龄内的新生牦牛犊多发。患病牦牛和带菌者是本病的主要传染源，通过粪便排出的病菌，散布于外界，污染水源、饲料、空气以及母畜的乳头和皮肤，当牦牛犊吮乳、舔舐或饮食时经消化道感染。本病一年四季均可发生，但牦牛犊多发于冬春舍饲期间。牦牛犊未及时吸吮初乳，饥饿或过饱，饲料霉变、配比不当或突然改变，气候剧变等易诱发本病。另外，养殖密度过大、通风换气不良、饲管用具及环境消毒不彻底是加速本病流行的因素。

2. 症状及病理变化

潜伏期很短，仅几个小时。根据临诊症状和病理发生可分为3型。肠型：由肠致病性菌株在小肠内繁殖，产生肠毒素。病犊病初体温高达40℃，数小时后降至正常。泻粪初如粥状，淡黄色，后呈水样，灰白色，混有血丝、泡沫及未消化的凝乳块。病的后期，肛门失禁，腹痛。严重者出现脱水，有的虚脱而死亡。及时治疗，一般可治愈。败血型：病犊表现发热，精神不振，间有腹泻，常于临诊症状出现后数小时至1d内急性死亡。有的未见腹泻即死亡。肠毒血型：该型较少见，常出现腹泻症状后突然死亡。若病程长，可见到典型的中毒性神经临诊症状，先是兴奋、不安，后沉郁、昏迷，以至死亡；死前多有腹泻症状。该型主要由特异血清型的大肠杆菌产生的肠毒素引起，没有菌血症。

3. 诊断

根据流行病学、临诊症状和病理变化可做出初步诊断，确诊需进行细菌学检查。菌检的取材部位，败血型为血液、内脏组织；肠毒血型为小肠前部黏膜；肠型为发炎的肠黏膜。对分离的大肠杆菌进行生化反应和血清学鉴定，再通过致病性试验确定分离株的致病性，才有诊断意义。

4. 防制

控制本病重在预防。妊娠母牦牛应加强产前产后的饲养和护理，特别对新生犊牦牛加强消毒管理，尤其是断脐时要做好消毒。落实好哺乳期管理，做到早吃乳、吃好乳，严格控制哺乳量，做到用量适中，避免过饥或过饱。注意圈舍清洁卫生，严格消毒管理，冬季注意保暖 - 夏季注意防暑。舍内粪便及时清扫，集中堆积处理，遏制致病菌滋生蔓延，预防大肠杆菌病的发生。饲料配比适当，断乳期间饲料不要突然改变。对密闭关养的动物，要防止各种应激因素的不良影响。用针对本地流行的优势血清型的大肠杆菌制备的灭活苗接种妊娠动物，可使仔畜获得被动免疫。

对败血型和肠毒血症感染病例，多数来不及治疗，即可死亡。肠型病例可考虑选择抑菌性药物，经及时诊治，辅助对症疗法，基本可康复。可选用土霉素：每kg体重0.05 ~ 0.11g，一次内服，3次/d；硫酸小檗碱：2 ~ 4ml/次，肌内注射，间隔6h注射1次，2d为一个疗程。联合用药，磺胺脒（3g/次）、甲氧氨苯嘧啶（0.6g/次）、碳酸氢钠（1.5g/次）、胃蛋白酶（1.5g/次），适量用量，一次内服，2次/d，连用2d。也可选用其他抑菌类药物、痢菌净等；微生态制剂"促菌生""调痢生"等。中药疗法，处方：甘草、葛根各15g，黄连、黄柏、秦皮各20g，白头翁30g。上述药物混合水煎，2次/d。对症治疗要根据病犊发病情况，腹泻止泻、脱水补液。同时，注意调整肠胃机能，达到辅助治疗的效果。

5. 公共卫生

人大肠杆菌病最有效的预防措施是搞好饮食卫生。人大肠杆菌病发病急，主要临诊症状是腹泻，常为水样稀便，不含黏液和脓血，每天数次至10多次，伴有恶心、呕吐、腹痛、里急后重、畏寒发热、咳嗽、咽痛和周身乏力等表现。一般成人症状较轻，多数仅有腹泻；少数病情严重者，可呈霍乱样腹泻而导致虚脱或表现为菌痢型肠炎。婴幼儿和年老体弱者多发，并可引起死亡。

九、牦牛传染性角膜结膜炎

牦牛传染性角膜结膜炎，又名红眼病，是由多种微生物引起的危害牦牛的一种急性传染病，其特征为患病牦牛眼结膜和角膜发生明显的炎症变化，眼睛流出大量分泌物，发生角膜浑浊或呈乳白色、溃疡，甚至失明。

1. 病原及流行病学

本病是一种多病原的疾病。已经报道的病原有：牛摩勒氏杆菌又名牛嗜血杆菌、立克次体、支原体、衣原体和某些病毒。牛摩勒氏杆菌是牦牛传染性角膜结膜炎的主要病原，但需在强烈的太阳紫外光照射下才产生典型的症状。有人认为，牛传染性鼻气管炎病毒可加强牛摩勒氏杆菌的致病作用。

牦牛、绵羊、山羊、骆驼、鹿等，不分性别和年龄，均对本病易感，但幼年动物发病较多。自然传播的途径还不十分明确，同种动物可以通过直接或密切接触而传染，蝇类或某种飞蛾可机械地传递本病。引进病牦牛或带菌牦牛，是牦牛群暴发本病的一个常见原因。据观察，牛和羊之间一般不能交互感染。本病主要发生于天气炎热和湿度较高的夏秋季节，其他季节发病率较低。一旦发病，传播迅速，多呈地方流行性或流行性。青年牦牛群的发病率可高达60%～90%。刮风、尘土等因素有利于病的传播。

2. 症状

该病潜伏期一般为3～7d，病畜初期患眼羞明、流泪、眼睑肿胀、疼痛，其后角膜凸起，角膜周围血管充血、舒张，结膜和瞬膜红肿，或在角膜上发生白色或灰色小点。严重者角膜增厚，并发生溃疡，形成角膜瘢痕及角膜翳。有时发生眼前房积脓或角膜破裂，晶状体可能脱落。多数病例起初一侧眼患病，后为双眼感染。病程一般为20～30d。多数可自然痊愈，但往往招致角膜云翳、角膜白斑和失明。在放牧牦牛群，病牦牛可因双目失明而觅食困难，行动不便，曾见有滚坡摔死者。

3. 诊断

根据眼的临床症状、传播迅速和发病的季节性，不难对本病作出诊断。必要时可作微生物学检查或应用沉淀反应试验、凝集反应试验、间接血凝反应试验、补体结合反应试验及荧光抗体技术等进行确诊。

4. 防制

由于本病具有传染性，发现病畜立即隔离，并对病畜群和圈舍用3%来苏儿进行消毒，防止易感畜流动，发现病例及早治疗。在牧区流行时，应划定疫区，禁止牦牛、羊等牲畜出入流动。在夏秋季尚需注意灭蝇。避免强烈阳光刺激。

对症治疗2%~4%硼酸清洗患眼，再用0.9%盐水冲洗患眼2次后，用青霉素钠80万IU、链霉素粉100万IU撒布于患眼，1次/d；发生角膜混浊或角膜翳的在上述用药的基础上，用八宝退云散点眼或涂1%~2%黄降汞软膏。对严重病例采取自家血疗法、水乌钙疗法，药量根据牛只大小酌情增减。

加强饲养管理，跟群放牧，发现病畜及早隔离和治疗，对视力下降患畜舍饲喂养，倒喂青干草，并给予充足饮水。

对本病常发区，应做好牦牛及牛羊圈舍环境的灭虫。对新引进的动物在合群饲养前经局部或全身给予抗生素，可减少本病的发生。

十、牦牛嗜皮菌病

牦牛嗜皮菌病由刚果嗜皮菌引起的一种呈急性或慢性感染的疾病，以在皮肤表层发生渗出性皮炎并形成痂块为特征的人兽共患病。

1. 病原及流行病学

本病的病原为嗜皮菌属刚果嗜皮菌，本菌能产生菌丝，宽2~5μm，呈直角分枝，菌丝有中隔，顶端断裂呈球状体。球状体游离后多成团，似八联球菌。本菌为需氧及兼性厌氧，在含有血液或血清的营养琼脂上，36℃培养，生长良好，长出的菌落形态多样，色灰白。本菌的孢子耐热，对干燥也有较强的抵抗力，在干痂中可存活42个月。对青霉素、链霉素、土霉素、螺旋霉素等敏感。

本病的传染源为患刚果嗜皮菌病动物，牦牛嗜皮菌病属于皮肤接触性传染病，通过接触或吸血昆虫传播，主要感染牦牛、黄牛、绵羊和马，也感染山羊，许多野生哺乳动物以及蜥蜴和海龟，偶尔也感染人、犬、猫和猪。牦牛生长的各个年龄阶段具有易感性，犊牛易感性最高。此病常见于炎热、多雨季节，多呈地方性流行。幼龄动物、营养不良或患其他疾病时，也发生本病。

2. 症状

成年牦牛潜伏期大约为1个月，各个年龄段的牦牛均有发生，发病率高达30%以上。病初在皮肤上出现小丘疹，波及几个毛囊和邻近表皮，分泌浆液性渗出物，与被毛凝结在一起，呈"油漆刷子"状。被毛和细胞碎屑凝结在一起，形成痂块，呈灰色或黄褐色，高出皮肤，呈圆形，大小不等。皮肤损害通常从背部开始，由臀部蔓延至中间肋骨外部，有的可波及颈、前躯、胸下和乳房后部；有的则在腋部、肉垂、腹股沟部及阴囊处发病，有的可能在四肢弯曲部发病。犊牦牛的皮肤损害常从鼻镜开始，再蔓延至头颈部。其大小像噬菌斑样，造成被毛脱落，皮肤潮红。严重者可因衰竭而死亡。

3. 诊断

根据皮肤出现渗出性皮炎和痂块，体温无变化，结合流行特点可做出初步诊断。确诊要依靠病原体检查，以痂皮或刮屑涂片、革兰氏染色，检出阳性的分枝的菌丝及成行排列的球菌状孢子时，可做出确诊。必要时可进行病原培养鉴定，或用免疫荧光抗体技术及酶联免疫吸附试验等进行诊断。

4. 防制

牦牛嗜皮菌病预防的关键在于搞好养殖舍环境卫生、加强管理工作。牛舍定期清扫杂物，合理组织消毒工作；定期对牦牛群进行疾病检疫工作，避免各种外伤感染，一旦有外伤发生，及时参照外科手术治疗处理。做好各种消灭吸血昆虫准备，防止牛群被淋雨或被吸血昆虫叮咬。

防制牦牛嗜皮菌病的主要措施为严格隔离患病动物。全面消毒牛舍、圈栏及使用用具，被病患畜污染过的垫草、残留的粪便、废弃物等等要进行严格的无公害化处理。尽可能防止患病动物淋雨或被吸血昆虫叮咬；加强对集市贸易检疫和患病动物运输检疫；人与患病动物接触时应注意个人防护，防止发生创伤，避免人畜感染。

要本着早诊断、早治疗原则，对患病动物采用局部和全身处理相结合的方法进行治疗。局部处理：首先，对皮肤痂皮使用温肥皂水进行湿润，除去皮肤所有痂皮及周边渗出物；其次，选择药用浓度为 1% 的龙胆紫溶液或水杨酸溶液进行涂擦。全身治疗常用药物有青霉素、链霉素、土霉素、螺旋霉素等。剂量参照青霉素和链霉素混合治疗，每 kg 体重青霉素 1 万 IU、链霉素 10mg，两者混合，肌内注射，2 次 /d，5d 为一个疗程；土霉素，每 kg 体重 5～10mg，肌内注射，2 次 /d；螺旋霉素，每 kg 体重 4～20mg，肌内注射，2 次 /d。

十一、牦牛牛瘟

牦牛牛瘟又称"烂肠瘟"，是由牛瘟病毒引起的一种急性、热性、高度传染性致死性疾病，以消化道的坏死性炎症为特征，临诊伴有严重腹泻。本病严重危害反刍动物尤其是牛，其死亡率很高，是养牛业中一种毁灭性疫病。

1. 病原及流行病学

本病的病原是副黏病毒科麻疹病毒属牛瘟病毒，为单链负股无节段 RNA 病毒。牛对本病最易感。不同品种和年龄的牛易感性有所不同，牦牛的易感性最大，犏牛和黄牛次之。其他野生反刍动物也多呈隐性经过。我国于 1956 年已消灭该病，但目前仍有少数国家和地区（特别是非洲和亚洲的部分地区）有本病的发生。本病在老疫区为地方性流行，但若在新疫区则呈暴发式流行，发病率可高达 100%，病死率在 90% 以上，流行无明显季节性。病畜和带毒者是本病的主要传染源，可经消化道、呼吸道、眼结膜、子宫感染传播，也可通过吸血昆虫以及接触病牛的人员等传播。

2. 症状

本病潜伏期为 3~9d，多为 4~6d，病程一般 7~10d，病重的 4~7d，甚至 2~3d 死亡。体温高达 41~42℃，持续 3~5d。病牛委顿、厌食、便秘，呼吸和脉搏增快。流泪，眼睑肿胀，鼻黏膜充血，有黏性鼻汁。口腔黏膜充血，流涎。唇、齿龈、软硬腭、舌、咽喉等部位形成假膜或烂斑。由于肠道黏膜出现炎性变化，继软便之后而下痢，混有血液、黏液、黏膜片、假膜等，带有恶臭。尿少，色黄或暗红。孕牛常流产。病牛迅速消瘦，两眼深陷，卧地不起，因衰竭而死。

3. 病理变化

消化道黏膜都有炎症和坏死变化，特别是真胃幽门部附近最明显，可见到灰白色上皮坏死斑、假膜、烂斑等。小肠，特别是十二指肠黏膜充血、潮红、肿胀、点状出血，有烂斑，盲肠和直肠黏膜严重出血、糜烂，生成假膜。呼吸道黏膜潮红、肿胀、出血，鼻腔、喉头和气管黏膜覆有假膜，其下有烂斑，或覆以黏脓性渗出物。

4. 诊断

本病可根据临诊症状、剖检变化和流行病学材料做出初步诊断，但在非疫区还必须进行病毒分离或血清学试验才能确诊。常用的血清学诊断有补体结合反应、琼脂扩散试验、中和试验、间接血凝试验、荧光抗体法及 ELISA 等，以中和试验的准确性最高。

5. 防制

预防本病必须严格执行兽医检疫措施，严格按照。IE 规定，不从有牛瘟的国家和地区引进反刍动物和鲜肉。在进境牦牛毛中发现牛瘟病原时，应通报输出国，并对货物作退货或销毁处理。虽然我国已于 1956 年消灭了长期流行于我国的牛瘟，但周边国家仍有流行。为防止本病传入我国，应保持高度警惕。目前尚无治疗牛瘟的有效药物，当发现牦牛牛瘟时，应立刻封锁疫区，扑杀病畜，并做无害化处理，对污染的环境彻底消毒。同时，在疫区和邻近受威胁区用疫苗进行预防接种，建立免疫保护带。

十二、牦牛病毒性腹泻 – 黏膜病

牦牛病毒性腹泻 - 黏膜病是由牛病毒性腹泻 - 黏膜病病毒引起的一种急性、热性传染病，其临诊特征为黏膜发炎、糜烂、坏死和腹泻。

1. 病原及流行病学

牛病毒性腹泻—黏膜病病毒属于黄病毒科瘟病毒属，是单股 RNA、有囊膜的病毒，直径 50 ~ 80nm，有囊膜。本病毒对乙醚、氯仿、胰酶等敏感，pH 为 3 以下易被破坏；50℃氯化镁中不稳定；56℃很快被灭活；血液和组织中的病毒在 -70℃可存活多年。本病毒与猪瘟病毒、边界病毒为同属病毒，有密切的抗原关系。

本病可感染牦牛、黄牛、水牛、绵羊、山羊等动物。患病动物和带毒动物是本病的主要传染源。病畜的分泌物和排泄物中含有病毒。康复牛可带毒 6 个月。直接或间接接触均可传染本病，主要通过消化道和呼吸道而感染，也可通过胎盘感染。本病呈地方性流行，常年均可发生，但多见于冬末和春季。新疫区急性病例多，不论放牧或舍饲，大小牦牛均可感染发病，发病率通常不高，约为 5%，其病死率为 90% ~ 100%；老疫区则急性病例很少，发病率和病死率很低，而隐性感染率在 50% 以上。

2. 症状

潜伏期 7 ~ 14d，人工感染时为 2 ~ 3d。临诊表现有急性型和慢性型两种类型。

（1）急性型

突然发病，体温升至 40 ~ 42℃，持续 4 ~ 7d，有的可发生第二次升高。病畜精神沉郁，厌食，鼻眼有浆液性分泌物，2 ~ 3d 内可能有鼻镜及口腔黏膜表面糜烂，舌面上皮坏死，流涎增多，呼气恶臭。通常在口内损害之后常发生严重腹泻，开始水泻，以后带有黏液和血。有些病牛常有蹄叶炎及趾间皮肤糜烂坏死，从而导致跛行。急性病例恢复的少见，通常多死于发病后 1 ~ 2 周，少数病例病程可拖延至 1 个月。

（2）慢性型

病牛很少有明显的发热症状，但体温可能高于正常的波动。最引人注意的临诊症状是鼻镜上的糜烂，此种糜烂可在全鼻镜上连成一片。眼常有浆液分泌物。在口腔内很少有糜烂，但门齿齿龈通常发红。由于蹄叶炎及趾间皮肤糜烂坏死而致的跛行是最明显的临诊症状。通常皮肤呈皮屑状，在鬐甲、颈部及耳后最明显。淋巴结不肿大。大多数患牛均死于 2 ~ 6 个月内。母牦牛在妊娠期感染本病时常发生流产，或产下有先天性缺陷的犊牛。最常见的缺陷是小脑发育不全。患犊可能只呈现轻度共济失调或完全缺乏协调和站立的能力，有的可能盲目。

3. 病理变化

本病主要病变在消化道和淋巴组织。鼻镜、鼻孔黏膜、齿龈、上腭、舌面两侧及颊部黏膜有糜烂及浅溃疡。严重病例在喉头黏膜有溃疡及弥散性坏死。特征性损害是食道黏膜糜烂，呈大小不等的形状与直线排列。瘤胃黏膜偶见出血和糜烂，真胃炎性水肿和糜烂。肠壁因水肿增厚，肠淋巴结肿大，小肠急性卡他性炎症，空肠、回肠较为严重，盲肠、结肠、直肠有卡他性、出血性、溃疡性以及坏死性等不同程度的炎症。在流产胎儿的口腔、食管、真胃及气管内可能有出血斑及溃疡。运动失调的新生牛，有严重的小脑发育不全及两侧脑室积水。蹄部的损害是在趾间皮肤及全蹄冠有急性糜烂性炎症，以致发展为溃疡及坏死。

4. 诊断

在本病严重暴发流行时，可根据其发病史、临诊症状及病理变化初步诊断，最后确诊须依赖病毒的分离鉴定及血清学检查。

病毒分离应于病牦牛急性发热期间采取血液、尿、鼻液或眼分泌物，剖检时采取脾、骨髓、肠系膜淋巴结等病料，人工感染易感犊牛或用乳兔来分离病毒；也可用牛胎肾、牛睾丸细胞分离病毒。血清学试验目前应用最广的是血清中和试验，试验时采取双份血清（间隔3~4周），滴度升高4倍以上者为阳性，本法可用来定性，也可用来定量。此外，还可应用补体结合试验、免疫荧光抗体技术、琼脂扩散试验以及聚合酶链反应（PCR）等方法来诊断本病。

5. 防制

本病在目前尚无有效疗法。应用抗病毒、抗菌、止血、调节肠胃功能、纠正酸碱平衡，补充体液、补充维生素和微量元素的原则，进行综合治疗。平时预防要加强口岸检疫，从国外引进种牛、种羊、种猪时必须进行血清学检查，防止引入带毒牛、羊和猪。国内在进行牛只调拨或交易时，要加强检疫，防止本病的扩大或蔓延。一旦牦牛发生本病，对病牛要隔离治疗或急宰。目前可应用弱毒疫苗或灭活疫苗来预防和控制本病。

十三、牦牛肉毒梭菌毒素中毒症

牦牛肉毒梭菌毒素中毒症是由于肉毒梭菌毒素进入机体后引起的一种以运动神经麻痹为特征的中毒性疾病。

1. 病原及流行病学

肉毒梭菌为梭菌属的成员，是两端钝圆的大杆菌，革兰氏染色阳性，周身有鞭毛，无荚膜，为腐物寄生性专型厌氧菌。在适宜条件下

可产生一种蛋白神经毒素—肉毒梭菌毒素，它是迄今所知毒力最强的细菌毒素。肉毒梭菌毒素对胃酸和消化酶具有很强的抵抗力，在消化道内不会破坏，能耐pH 3.6~8.5，对高温也有抵抗力（经100℃ 15~30min才能被破坏），在动物尸骨、骨头、腐烂植物、青贮饲料和发霉饲料及发霉的青干草中，毒素能保存数月。牦牛自然发病主要是由于摄食了含有毒素的食物和饲料引起，患病动物一般不能将疾病传给健康动物。在温带地区，肉毒梭菌多发于温暖季节，在22~37℃范围内，饲料中的肉毒梭菌才能大量地产生毒素。在缺磷、钙的草场放牧的牦牛有舔啃尸骨的异食癖，更易于发生中毒。饲料中毒时，食欲良好的牦牛发生本病较多。在夏秋季多发，在我国主要集中发生在6~10月。

2. 症状

本病表现为神经麻痹，由头部开始，迅速向后发展，直至四肢，也主要表现肌肉软弱和麻痹，不能咀嚼和吞咽，垂舌，流涎，下颌下垂，眼半闭，瞳孔散大，对外界刺激物反应。波及四肢时，则共济失调，以至卧地不起，头部如产后轻瘫弯于一侧。便秘，有腹痛临诊症状，呼吸极度困难，直至呼吸麻痹而死。严重的数小时死亡，病死率达70%～100%，轻者尚可逐渐康复。

3. 诊断

根据临床症状，结合发病原因进行分析，可做出初步诊断；确诊需进行实验室诊断。

4. 防制

预防的主要措施在于不使动物吃到腐败的动物尸骨和腐烂草料。禁喂腐烂的草料、青菜等，调制饲料要防止腐败，缺磷地区应多补钙和磷。严禁乱倒屠宰畜的胃内容物等废弃物，如胃内容物、血液、肉渣等。发病时，应查明和清除毒素来源，发病动物的粪便内含有多量肉毒梭菌及其毒素，要及时清除。在经常发生本病的地区，可用同型类毒素或明矾菌苗进行预防接种。

治疗本病在早期可注射多价抗毒素血清，毒型确定后可用同型抗毒素，在摄入毒素后12h内均有中和毒素的作用。内服大量盐类泄剂或用5%NaHCO$_3$或0.1%高锰酸钾洗胃灌肠，可促进毒素的排出。同时采用兴奋呼吸、强心补液，调节酸碱平衡；注射清热解毒针剂，降温及防止肺炎发生等综合性治疗措施。

十四、牦牛蓝舌病

牦牛蓝舌病是由蓝舌病病毒引起的、以昆虫为传播媒介的一种非接触性传染病。该病主要发生于绵羊、牛，牦牛也可感染。其临诊特征主要为发热、消瘦，口、鼻和胃黏膜的溃疡性炎性变化。

1. 病原及流行病学

本病病原为蓝舌病病毒，属于呼肠孤病毒科环状病毒属，为一种双股RNA病毒，无囊膜，目前已有27个血清型，不同血清型间无交互免疫力。本病易感动物主要是各种反刍动物，其中绵羊最易感，牛和山羊易感性较低；牦牛也可感染，野生动物中鹿和羚羊易感，其中鹿的易感性较高。患病动物和隐性感染的带毒牦牛等为主要传染源，其中病愈的绵羊血液能带毒达4个月之久。主要通过库螺传递，库螺经吸吮带毒血液后，使病毒在其体内增殖，当再次叮咬其他健康动物时，即可引发传染；公牛精液带毒可通过交配和人工授精传染给母牛；病毒也可通过胎盘感染胎儿。本病的发生与流行具有严格的季节性，多发生于湿热的夏季和早秋。该特点与传播媒介库螺的分布、习性和生活史密切相关。

2. 症状

本病潜伏期为 3 ~ 10d。病初体温升高可达 40.5 ~ 41.5℃，稽留 5 ~ 6d；表现厌食，精神委顿，流涎，口唇水肿严重，可蔓延到面部及耳部，甚至颈部和腹部；口腔黏膜充血、发绀，呈青紫色，严重者口腔连同唇、齿龈、颊和舌黏膜糜烂，吞咽困难；随病情发展，口腔溃疡部位渗出血液，唾液呈红色，口腔发臭；鼻腔流出炎性、黏性分泌物，鼻孔周围结痂，能引起呼吸困难和鼾声；有时蹄叶发生炎症，呈不同程度跛行，甚至膝行或卧地不动。

本病牛多呈隐性感染，约有 5% 病例可显示轻微的临诊症状，主要临诊表现为运动不灵，跛行，其原因是肌纤维发生透明样变性。

3. 病理变化

本病病变主要见于口腔、瘤胃、心脏、肌肉、皮肤和蹄部；口腔出现糜烂和深红色区，舌、齿龈、硬腭、颊黏膜和唇水肿，有的舌发绀，故有蓝舌病之称；瘤胃有暗红色区，表面有空泡变性和坏死；皮肤真皮充血、出血和水肿；心脏肌肉、心内外膜均有小点出血；肌肉出血、肌纤维呈弥散性浑浊或呈云雾状，严重者呈灰色；蹄部有时有蹄叶炎变化；肺动脉基部有时可见明显出血，出血斑直径 2 ~ 15μm。

4. 诊断

根据流行病学、典型症状和病理变化可以作初步诊断，为了确诊可采取病料进行实验室诊断。采取早期病畜血液，接种易感动物绵羊、接种鸡胚和接种敏感细胞如 BHK-21、Vero 等分离病毒。琼脂扩散试验、补体结合反应、免疫荧光技术可用于本病的定性试验；而病毒中和试验（常用微量血清中和试验）具有型特异性，可用来鉴定蓝舌病病毒的血清型。同时采用 DNA 探针技术来鉴定病毒的血清型和血清型基因差异，RT-PCR 可对蓝舌病病毒做分群鉴定。

5. 防制

目前尚无治疗本病的有效方法。对患病牦牛应加强营养，精心护理，严格避免烈日风雨，给以易消化的饲料，进行对症治疗，每天用温和的消毒液冲洗口腔和蹄部。预防继发感染可用磺胺药或抗生素。在疫区，病畜或分离出病毒的阳性带毒畜应予以扑杀，应防止吸血昆虫叮咬，提倡在高地放牧和驱赶畜群回圈舍过夜，血清学阳性动物，要定期复检，限制其流动，就地饲养使用，不能留作种用。

为防止本病传入，严禁从有本病的国家或地区引进牛羊或冻精。加强国内疫情监测，切实做好冷冻精液的管理工作，严防用带毒精液进行人工授精。夏季宜选择高地放牧，以减少感染的机会，夜间不在野外湿地过夜。定期进行药浴、驱虫，控制和消灭媒介昆虫（库蠓），做好牧场排水工作。

在流行地区可在每年发病季节前 1 个月接种疫苗，在新发地区可用疫苗进行紧急接种。值得注意的是，本病病原具有多型性，型与型之间无交互免疫力，因此在接种前清楚了解当地该病流行毒株的主要血清型，并选用相对应血清型的疫苗，对本病的免疫预防效果至关重要。目前所用疫苗有弱毒疫苗、灭活疫苗和亚单位疫苗等，其中以弱毒疫苗最为常用。

十五、牦牛传染性鼻气管炎

牦牛传染性鼻气管炎又称红鼻病，是由牛传染性鼻气管炎病毒引起牛的一种接触性传染病，临诊表现为上呼吸道及气管黏膜发炎、呼吸困难、流鼻液等，还可引起生殖道感染、结膜炎、脑膜炎、流产、乳房炎等多种病症。

1. 病原及流行病学

本病病原为牛传染性鼻气管炎病毒，是疱疹病毒科水痘病毒属的双股 DNA 病毒，有囊膜，直径 130~180nm。在 pH 7.0 的溶液中很稳定，对乙醚和酸敏感。主要感染牛、牦牛，尤以肉牛较为多见，其次是奶牛。肉用牛群发病率可高达 75%，其中，20~60 日龄犊牛最易感，病死率较高。病牛和带毒牛为主要传染源，常通过空气、飞沫、精液和接触传播，病毒也可通过胎盘侵入胎儿引起流产。本病毒可导致持续性感染，隐性带毒牛往往是最危险的传染源。

2. 症状

潜伏期一般为 4~6d，有时可达 20d 以上。本病可表现为以下多种类型，主要有：

（1）呼吸道型

常见于较冷季节，病情轻重不等。病初高热达 39.5-42℃，沉郁，拒食，有多量黏脓性鼻漏，鼻黏膜高度充血，有浅溃疡，鼻窦及鼻镜因组织高度发炎而称为"红鼻子"。呼吸困难，呼气中常有臭味。呼吸加快，咳嗽。有结膜炎及流泪。有时可见带血腹泻。乳牛产乳量减少。多数病程达 10d 以上。流行严重时，发病率可达 75% 以上，病死率 10% 以下。

（2）生殖道感染型

病初发热，沉郁，无食欲，尿频，有痛感。阴道发炎充血，有黏稠无臭的黏液性分泌物，黏膜出现白色病灶、脓疱或灰色坏死膜。公牦牛感染后生殖道黏膜充血，严重的病例发热，包皮肿胀及水肿，阴茎上发生脓疱，病程 10~14d。精液带毒。

（3）脑膜脑炎型

主要发生于犊牦牛，体温 40℃以上，共济失调，沉郁，随后兴奋、惊厥，口吐白沫，角弓反张，磨牙，四肢划动，病程短促，多归于死亡。主要特征性病理变化是非化脓性感觉神经节炎和脑脊髓炎。

（4）眼炎型

一般无明显全身反应，有时也可伴随呼吸型一同出现。主要临诊症状是结膜角膜炎，表现结膜充血、水肿或坏死。角膜轻度浑浊，眼、鼻流浆液脓性分泌物，很少引起死亡。

（5）流产型

一般认为是病毒经呼吸道感染后，从血液循环进入胎膜、胎儿所致。胎儿感染为急性过程，后 7~10d 死亡，再经 24~48h 排出体外。

3. 病理变化

呼吸型的病牛呼吸道黏膜高度发炎，有浅溃疡，其上被覆腐臭黏脓性渗出物，涉及咽喉、气管及大支气管黏膜，可能有成片的化脓性肺炎。呼吸道上皮细胞中有核内包含体，于病程中期出现。真胃黏膜常有发炎及溃疡，大小肠可有卡他性肠炎。脑膜脑炎病灶呈非化脓性脑炎变化。流产胎儿肝、脾有局部坏死，有时皮肤有水肿。

4. 诊断

根据病史及临诊症状，可初步诊断。确诊本病要作病毒分离，可采取感染发热期病畜鼻腔洗涤物，流产胎儿可取其胸腔液，或用胎盘子叶。可用牛肾细胞培养分离，再用中和试验及荧光抗体来鉴定病毒。PCR 技术也可以用于检测病毒。间接血凝试验或 ELISA 可用于本病诊断或血清流行病学调查。

5. 防制

由于牛传染性鼻气管炎病毒可导致持续性感染，防制本病最重要的措施是严格检疫，防止引入传染源和带入病毒。抗体阳性牛实际上就是本病的带毒者，因此具有抗本病病毒抗体的任何动物都应视为危险的传染源，应采取措施对其严格管理。欧洲有的国家（如丹麦和瑞士）对抗体阳性牛采取扑杀政策，防制效果显著。发生本病时，应采取隔离、封锁、消毒等综合性措施，最好予以扑杀或根据具体情况逐渐将其淘汰。目前使用的疫苗有灭活疫苗和弱毒疫苗，但疫苗免疫不能阻止野毒感染，也不能阻止潜伏病毒的持续性感染，只能起到防御临诊发病的效果。因此，采用敏感的检测方法（如 PCR 技术）检出阳性牛并扑杀应该是目前根除本病的有效途径。

十六、牦牛气肿疽

牦牛气肿疽又称黑腿病或鸣疽，是由气肿疽梭菌引起的一种急性、发热性传染病。其特征为肌肉丰满部位（如股部、臀部、腰部、肩部、颈部及胸部）发生炎性气性肿胀，按压有捻发音，并常有跛行。

1. 病原及流行病学

气肿疽梭菌属于梭状芽泡杆菌属，为圆端杆菌，有周身鞭毛，能运动，在体内外均可形成中立或近端芽抱，呈纺锤状，专性厌氧，幼龄培养物呈革兰氏染色阳性。在接种豚鼠腹腔渗出物中，单个存在或呈 3~5 个菌体形成的短链，这是与能形成长链的腐败梭菌形态上主要区别之一。在自然情况下，气肿疽主要侵害黄牛，而水牛、绵羊患病者少见，牦牛也可感染。

本病传染源为病畜，但并不是由病畜直接传给健康家畜，主要传递因素是土壤。芽抱随着泥土通过产犊（羔）、断尾、剪毛、去势等创伤进入组织而感染。草场或放牧地，被气肿疽梭菌污染，此病将会年复一年在易感动物中有规律地重新出现。6个月至3岁的牛容易感染，但幼犊或更大年龄者也有发病的。肥壮牛似比瘦弱牛更易罹患。本病多发生在潮湿的山谷牧场及低湿的沼泽地区。较多病例见于天气炎热的多雨季节以及洪水泛滥时。夏季昆虫活动猖獗时，也易发生。舍饲牲畜则因饲喂了疫区的饲料而发病。

2. 症状

本病潜伏期3~5d，人工感染4~8h即有体温反应及明显局部炎性肿胀。一般病程1~3d，发病多为急性经过，体温升高，早期即出现跛行。相继出现特征性症状，即在多肌肉部位发生肿胀，初期热而痛-后中央变冷、无痛。患部皮肤干硬呈暗红色或黑色，有时形成坏疽。触诊有捻发音，叩诊有明显鼓音。切开患部，从切口流出污红色带泡沫酸臭液体。肿胀多发生在腿上部、臀部、腰部、荐部、颈部及胸部。食欲反刍停止，呼吸困难，脉搏快而弱，最后体温下降或再稍回升，随即死亡。

3. 病理变化

由鼻孔流出血样泡沫，肛门与阴道口也有血样液体流出。患部皮肤或正常或表现部分坏死。皮下组织呈红色或金黄色胶样浸润，有的部位杂有出血或小气泡。肿胀部的肌肉潮湿或特殊干燥，呈海绵状有刺激性酪酸样气体，触之有捻发音，切面呈一致污棕色，或有灰红色、淡黄色和黑色条纹，肌纤维束为小气泡胀裂。如病程较长，患部肌肉组织坏死性病变明显。胸腹腔有暗红色浆液，心包液暗红而增多。心脏内外膜有出血斑，心肌变性，色淡而脆。肺小叶间水肿，淋巴结急性肿胀和出血性浆性浸润。肝切面有大小不等棕色干燥病灶，这种病灶，死后仍继续扩大，由于产气结果，形成多孔的海绵状态。

4. 诊断

根据流行病学资料、临诊症状和病理变化，可做出初步诊断。进一步确诊需采取肿胀部位的肌肉、肝、脾及水肿液，作细菌分离培养和动物试验。动物试验时可用厌气肉肝汤中生长的纯培养物肌肉接种豚鼠，豚鼠在6~60h内死亡。

气肿疽易于与恶性水肿混淆，也与炭疽、巴氏杆菌病有相似之处，应注意鉴别。恶性水肿多因创伤引起，病畜无年龄区别，气肿不显著，发生部位不定，肌肉无海绵状病变，肝表面触片染色镜检，可见到特征的长丝状的腐败梭菌。炭疽可使各种动物感染，局部肿胀为水肿性，没有捻发音，脾高度肿大，取末梢血涂片镜检，可见到有荚膜竹节状的炭疽杆菌，炭疽沉淀试验阳性。巴氏杆菌病的肿胀部位主要见于咽喉部和颈部，为炎性水肿，硬固热痛，但不产气，无捻发音，常伴有急性纤维素性胸膜肺炎的症状与病变，血液或实质脏器涂片染色镜检，可见到两极着色的巴氏杆菌。

5. 防制

本病的发生有明显的地区性。采取土地耕种或植树造林等措施，可使气肿疽梭菌污染的草场变为无害。气肿疽、巴氏杆菌病二联疫苗及气肿疽疫苗预防接种是控制本病的有效措施。一旦发病，对病畜应立即隔离治疗，死畜严禁剥皮吃肉，应深埋或焚烧，以减少病原的散播。病畜圈栏，用具以及被污染的环境用 3% 福尔马林或 0.2% 升汞液消毒。粪便、污染的饲料和垫草等均应焚烧销毁。

治疗早期可用抗气肿疽血清静脉或腹腔注射，同时应用青霉素和四环素，效果较好。局部治疗，可用加有 80 万 ~ 100 万 IU 青霉素的 0.25% ~ 0.5% 普鲁卡因溶液 10 ~ 20ml 于肿胀部周围分点注射。

十七、牦牛副结核病

牦牛副结核病是由副结核分支杆菌引起的一种慢性传染病。患病动物的临诊特征是慢性卡他性肠炎、顽固性腹泻和逐渐消瘦；剖检可见肠黏膜增厚并形成皱襞。

1. 病原及流行病学

本病的病原为分支杆菌属副结核分支杆菌大小为（0.5 ~ 1.5）×（0.3 ~ 0.5）的革兰氏阳性小杆菌，具抗酸染色的特性，与结核分支杆菌相似。在组织和粪便中多排列成团或成丛。初次分离培养比较困难，所需时间也较长；培养基中加入一定量的甘油和非致病性抗酸菌的浸出液，有助于其生长。本菌对热和消毒药的抵抗力与结核分支杆菌相似。

副结核分支杆菌主要引起牛（尤其是乳牛）发病，幼年牛最易感。在病畜体内，副结核杆菌主要位于肠黏膜和肠系膜淋巴结。患病家畜，包括没有明显症状的患畜，从粪便排出大量病原菌，病原菌对外界环境的抵抗力较强，因此可以存活很长时间（数月）。经过消化道传播，犊牛吸乳感染或子宫内感染本病。本病的散播比较缓慢，各个病例的出现往往间隔较长的时间，因此从表面上似呈散发性，实际上它是一种地方流行性疾病。虽然幼年牛对本病最为易感，但是在母牛开始妊娠、分娩以及泌乳时，才出现临床症状。因此在同样条件下，此病在公牛和阉牛比母牛少见得多；高产牛的症状较低产牛为严重。饲料中缺乏无机盐，可能促进本病的发展。

2. 症状

本病的潜伏期很长，可达 6 ~ 12 个月，甚至更长。有的幼年牛感染，直到 2 ~ 5 岁才表现临诊症状。因此 - 在病的早期，临诊症状不明显，后逐渐变得明显。主要表现为间断性腹泻，后变为经常性顽固拉稀。排泄物稀薄，恶臭，带有气泡、黏液和血液凝块。食欲起初正常，后逐渐减退，消瘦，眼窝下陷，经常躺卧。泌乳逐渐减少，最后完全停止。皮肤粗糙，被毛粗乱，下颌及垂皮可见水肿。体温常无变化。腹泻有时可暂时停止，排泄物恢复常态，体重有所增加，然后再度发生腹泻。给予多汁青饲料可加剧腹泻症状。如腹泻不止，一般经 3 ~ 4 个月因衰竭而死。

3. 病理变化

病畜的尸体消瘦。主要病变在消化道和肠系膜淋巴结。消化道的损害常限于空肠、回肠和结肠前段，特别是回肠，其浆膜和肠系膜都有显著水肿，肠黏膜常增厚 3～20 倍，并发生硬而弯曲的皱褶，黏膜呈黄色或灰黄色。皱褶突起处常呈充血状态，黏膜上面紧附有黏稠而混浊的黏液，但无结节和坏死，也无溃疡。有时肠外表无大变化，但肠壁常增厚。浆膜下淋巴管和肠系膜淋巴管常肿大，呈索状，淋巴结肿大变软，切面湿润，上有黄白色病灶，但一般无干酪样变。肠腔内容物甚少。

4. 诊断

根据症状和病理变化，一般可作出初步诊断。但顽固性腹泻和消瘦现象也可见于其他疾病，如冬痢、沙门氏菌病、内寄生虫病、创伤性网胃炎、铅中毒、营养不良等。因此，应进行细菌分离鉴定、副结核菌素变态反应试验、酶联免疫吸附试验（ELISA）及 DNA 技术等试验诊断以便区别。

5. 防制

由于病牛往往在感染后期才出现临床症状，因此药物治疗常无效。预防本病重在加强饲养管理，特别是对幼年牛更应注意给以足够的营养，以增强其抗病力。不要从疫区引进牛只，如已引进，则必须进行检查，确证健康时，方可混群。

曾经检出过病牛的假定健康牛群，在随时做观察和定期进行临床检查的基础上，对所有牛只，用副结核菌素作变态反应进行检疫，每年要做 4 次（间隔 3 个月）。变态反应阴性牛方准调群或出场。连续 3 次检疫不再出现阳性反应牛，可视为健康牛群。

对应用各种检查方法检出的病牛，要及时扑杀处理，但对妊娠后期的母牛，可在严格隔离不散菌的情况下，待产犊后 3d 扑杀处理；对变态反应阳性牛，要集中隔离，分淘汰，在隔离期间加强临床检查，有条件时采取直肠刮下物、粪便内的血液或黏液作细菌学检查；对变态反应疑似牛，隔 15～30d 检疫一次，连续 3 次呈疑似反应的牛，应酌情处理；变态反应阳性母牛所生的犊牛，以及有明显临床症状或菌检阳性母牛所生的犊牛，立即和母牛分开，人工喂母牛初乳 3d 后单独组群，人工喂以健康牛乳，长至 1、3、6 个月龄时各做变态反应检查一次，如均为阴性，可按健康牛处理。

被病牛污染过的牛舍、栏杆、饲槽、用具、绳索和运动场等，要用生石灰、来苏儿、苛性钠、漂白粉、石炭酸等消毒液进行喷雾、浸泡或冲洗。粪便应堆积高温发酵后作肥料用。关于本病的人工免疫，尚未获得满意的解决方法。

十八、牦牛衣原体病

牦牛衣原体病是一种由衣原体所引起的传染病，以流产、肺炎、肠炎、结膜炎、多发性关节炎、脑炎等多种临诊症状为特征。

1. 病原及流行病学

衣原体是衣原体科衣原体属的微生物。感染牦牛的衣原体有 3 种：反刍动物衣原体、鹦鹉热衣原体和流产嗜性衣原体。衣原体属的微生物细小，呈球状，有细胞壁，含有 DNA 和 RNA。在脊椎动物细胞的胞质内可簇集成包含体，易被嗜碱性染料着染，革兰氏染色阴性，用姬姆萨、马夏维洛、卡斯坦蔡达等法染色着色良好。衣原体系专性细胞内寄生物，能在鸡胚和易感的脊椎动物细胞内生长繁殖。衣原体对高温的抵抗力不强，而在低温下则可存活较长时间，如 4℃ 可存活 5d，0℃ 存活数周。0.1% 福尔马林、0.5% 石炭酸在 24h 内，70% 酒精数分钟、3% 过氧化氢片刻，均能将其灭活。

病牦牛和带菌者是本病的主要传染源。它们可由粪便、尿、乳汁以及流产的胎儿、胎衣和羊水排出病原菌、污染水源和饲料等，经消化道感染健康牦牛，亦可由污染的尘埃和散布于空气中的液滴，经呼吸道或眼结膜感染。病畜与健康畜交配或用病公畜的精液人工授精可发生感染，子宫内感染也有可能。近年研究表明，印度和中国青海、甘肃等地区牦牛衣原体感染情况较为严重。

2. 症状

感染衣原体的牦牛主要表现为流产和生殖障碍性疾病，临诊症状表现为精神抑郁、腹泻，体温升高，鼻流浆黏性分泌物，流泪，以后出现咳嗽和支气管肺炎。肌肉运动僵硬，并有疼痛，一肢甚至四肢跛行。眼结膜充血、水肿，大量流泪，妊娠牦牛流产、死产。

3. 病理变化

常伴有急性和亚急性卡他性胃肠炎；肠系膜和纵隔淋巴结肿胀充血；肺有灰红色病灶，经常见到膨胀不全，有时见有胸膜炎；肝、肾和心肌营养不良；心内外膜下出血，肾包膜下常出血，大脑血管充血；有时可见纤维素性腹膜炎，肝与横膈膜、大肠、小肠与腹膜发生纤维素粘连；脾常增大，竞关节、膝关节和附关节浆性发炎。关节囊扩张，内有大量琥珀色液体，滑膜附有疏松的纤维素性絮片，角膜水肿、糜烂和溃疡 G 流产牦牛胎膜常水肿，胎儿苍白、贫血，皮肤和黏膜有小点出血，皮下水肿，肝有时肿胀。

4. 诊断

根据流行特点、临诊症状和病理变化仅能怀疑为本病，确诊需进行病原体的分离培养、血清学试验及应用 DNA 探针（包括 rDNA 基因探针和 ompA 探针）和聚合酶链反应（PCR）技术来进行衣原体种的鉴定。

5. 防制

衣原体的宿主十分广泛，因此防制本病必须认真采取综合性的措施。防止动物暴露于被衣原体污染的环境，在规模化养殖场，应确实建立密闭的饲养系统，杜绝其他动物携带病原体侵入；建立疫情监测制度；在本病流行区，应制订疫苗免疫计划，定期进行预防接种。发生本病时，可用红霉素、四环素或青霉素进行治疗，也可将其混于饲料中，连用 1～2 周。

第四节　常见寄生虫病防治

一、牦牛肝片吸虫病

肝片吸虫病也叫肝蛭病，是由肝片吸虫或大片吸虫寄生于牛的肝脏和胆管，引起的急性或慢性肝炎和胆管炎的寄生虫病。在沼泽地带，水草多的地方呈地方流行。病牛表现为营养不良，有时甚至引起死亡。

1.病原及生活史

肝片吸虫大小为（21~41）μm×（9~14）μm，雌雄同体，呈扁平片状，外观树叶状，新鲜时为灰红褐色，固定后变为红褐色。虫体的角质皮上生有许多小刺。在虫体前端有一呈三角形的锥状突，两边宽平的部分称为肩，口吸盘位于头锥顶端，腹吸盘位于口吸盘之后肩的水平线上。在两吸盘之间，有一较小生殖孔。大片吸虫与肝片吸虫在形态上很相似。虫体呈长叶状，大小为（25~75）μm×（5~12）μm，虫体长与宽之比约为5:1。虫体两侧缘较平行，后端钝圆，"肩"部不明显。

肝片吸虫卵呈长卵圆形，黄色或黄褐色，前端较窄，后端较钝，卵盖明显。卵内充满卵黄细胞和一个胚细胞，大小为（115~150）μm×（70~82）大片吸虫的虫卵较大，呈长卵圆形、黄褐色，大小为（150~190）μm×（75~90）μm。

片形吸虫的发育需要淡水螺作为它的中间宿主，肝片吸虫的主要中间宿主为小土窝螺，还有斯氏萝卜螺；大片吸虫主要的中间宿主是耳萝卜螺，小土窝螺也可作为其中间宿主。

成虫在终末宿主的胆管内排出大量虫卵，卵随胆汁进入消化道，随粪便排出体外，在适宜的条件下孵出毛呦，进入水中，遇中间宿主则钻入其体内。经无性繁殖发育为胞蚴、雷蚴和尾蚴。尾蚴自螺体逸出，附着在水生植物上形成囊蚴。家畜在吃草或饮水时吞食囊蚴，即可被感染。囊蚴至宿主胃肠中，其包膜被消化液溶解，幼虫逸出到寄生部位，经2~4个月，逐渐发育为成虫。

本病呈地方性流行，多发生于低洼、沼泽及有河流和湖泊的放牧地区。因春末夏秋季节气候适合肝片吸虫卵的发育，而且此季节椎实螺繁殖极多，散布甚广，故流行感染多在每年春末夏秋季节，以6~9月高发。肝片吸虫的中间宿主有20多种椎实螺科的淡水螺聊，但主要为小土窝螺和萝卜螺。牦牛吃了附着有囊蚴（虫卵—毛蚴—钻入椎实螺体内—胞蚴—雷蚴—尾蚴—囊蚴从螺体逸出）的水草而感染，水草丰盛、低洼沼泽区域，感染率高于其他区域。我国牦牛主要养殖区域都有过感染的报道。

2. 临床症状

轻度感染往往不表现症状，感染数量多时（牛约为250条成虫）则表现症状，其临床表现因感染强度和家畜机体的抵抗力、年龄、饲养管理条件等不同而有差异。长期侵害可导致牛体质衰弱，皮毛粗乱、易脱落、无光泽。感染严重时，食欲减退，消化紊乱，黏膜苍白，贫血，黄疸。后期牛体下部出现水肿，最后极度衰弱而死亡。犊牛即使轻度感染也有临床表现，不但影响其生长发育，而且有导致死亡的危险。病牛死后可见肝脏、胆管扩张，胆管壁增厚，其中可见大量寄生的肝片吸虫。

3. 诊断

根据临床症状，粪便虫卵检查，病理剖检及流行病学资料进行综合判定。粪便虫卵检查可用沉淀法和锦纶筛集卵法，只见少数虫卵而无症状出现，只能视为"带虫现象"。死后剖检，急性病例可在腹腔和肝实质中发现幼虫；慢性病例可在胆管内检获成虫，从而可进行确诊。

4. 防治

治疗肝片吸虫病时，不仅要进行驱虫，而且应注意对症治疗，尤其对体弱的重症患畜。驱除肝片吸虫的药物，常用的有下列几种：肝蛭净（三氯苯哩），剂量为每kg体重10~12mg。一次口服，对成虫、童虫均有效；丙硫咪唑（阿苯达哩），剂量为每kg体重20~30mg，经第三胃投给，一次口服，对成虫和童虫均有效。硝氯酚（粉剂），剂量为每kg体重4~5mg，一次口服；硝氯酚（针剂），剂量为每kg体重0.5~1mg，深部肌内注射，适用于慢性病例，对童虫无效。硫双二氯酚，每kg体重40~60mg，一次口服，本药对绦虫也有效。五氯柳胺，每kg体重10mg，一次口服，对成虫有效。

预防要注意定期驱虫、消灭中间宿主和加强饲养卫生管理。肝片吸虫的主要传播源是病牛和带虫者，因此驱虫不仅是治疗病牛，也是积极的预防措施。

每年的4~5月和10~11月，进行定期2次驱虫，病牦牛粪便和尸体做无害化处理。应选择干燥的草场进行放牧，少去或不去低洼的沼泽地放牧；不饮死水，尽量饮流动的河水，以避免食入囊蚴。消灭中间宿主可用2×10^{-4}的硫酸铜溶液在低湿草地或沼泽地进行喷洒，或用2.5×10^{-6}浓度泼洒或按$2g/m^2$对沼泽地进行喷雾。

二、牦牛囊虫病

牛囊虫病又称牛囊尾蚴病，是由寄生于人体内的无钩绦虫—牛带吻绦虫（亦称肥胖带吻绦虫）的幼虫（牛囊虫）寄生在牛的肌肉组织内引起的，是一种重要的人兽共患寄生虫病。牦牛囊虫病在牧民集中、交通便利牧区较为流行。

1. 病原及生活史

牛囊虫为灰白色半透明的小囊泡，直径约1cm，囊内充满液体，囊壁一端有一内陷的粟粒大的头节，直径为 $1.5\sim2.0\,\mu m$，上有 4 个小吸盘，无顶突和小钩。

牛带绦虫为乳白色，带状，节片长而肥厚，长 $5\sim10m$，最长可达 25m 以上。头节上有 4 个吸盘，无顶突和小钩，因此又称无钩绦虫。颈节短细。颈部下为链体，由 1 000～2 000 个节片组成。成节近似方形，每节片内有一套生殖系统，雌雄同体。睾丸 800～1 200 个。卵巢分两叶。孕节内有发达的子宫，

其侧枝为 15～30 对，其内含有大量虫卵。虫卵呈球形，黄褐色，内含六钩蚴，大小为（30～40）$\mu m\times$（20～30）μm。

牛带吻绦虫寄生于终末宿主——人的小肠内。成熟的孕节脱落后，可自动蠕行至人的肛门外或随人的粪便排到外界，破裂后释出虫卵，污染环境。孕节和虫卵污染牧地和饮水，被牛食入后，在小肠内逸出六钩蚴，经牛肠壁钻入血管，随血流进入全身肌肉中，尤以舌肌、咬肌、腰肌和其他运动性较强的肌肉为多。在肌肉中经 3～6 个月发育为囊尾蚴。人吃了生的或未煮熟的含牛囊虫的牛肉而感染，在小肠中经 2.5～3 个月发育为成虫。成虫寿命可达 20～30 年或更长。

牛囊虫病呈世界性分布，其发生和流行与牛的饲养管理方式、人的粪便管理、人是否有喜食生牛肉的习惯有密切关系。牦牛囊虫病感染与人员居住地区密切相关，牧民居住较为集中，人员流动频繁，无固定厕所，患病人员随地大便，这些地区感染率要高于交通不便、人员居住分散的区域。牛带绦虫卵对外界环境抵抗力较强，在干草堆中可存活 22d，在牧地上可存活 159d，-30℃存活 16～19d，-4℃存活 168d。人是牛带绦虫唯一的终末宿主，牛科动物是其主要中间宿主。

2. 临床症状

牛中度感染时，很少表现出症状。只在高度感染时的感染初期症状显著，最初几天病牛体温可升高到 40～41℃，表现虚弱、腹泻、食欲不振，甚至反刍停止，长时间躺卧，以后可见前胃弛缓，嚼肌、背肌和腹疼痛，肩前和股前淋巴结肿大，呼吸和心跳加快，全身肌肉震颤，在臀部、肩胛部等处按压有明显痛感，有的表现为跛行、躁动不安，严重时可引起死亡。但由于囊尾蚴病生前诊断困难，通常误认为是其他疾病所致而不被引起注意。经过最初 8～10d，幼虫到达肌肉后症状即告消失。

解剖可见心肌、股部内侧肌肉、肩胛外侧肌、腰肌，其次舌肌、嚼肌等肌肉组织中感染和寄生。

3. 诊断

牦牛囊虫病的生前诊断比较困难，可采用间接血凝试验、酶联免疫吸附试验和胶乳凝集试验等血清学方法作出诊断。尸体剖检时发现牛囊尾蚴即可确诊，牛囊尾蚴最常寄生部位为舌肌、咬肌、肋间肌、心肌、颈肌和四肢肌。

4. 防治

治疗牦牛囊虫病可试用吡喹酮和甲苯咪哩。近年来，也有用丙硫咪唑和巴龙霉素驱虫的，疗效良好。吡喹酮，剂量为每 kg 体重 30~100mg，一次肌内注射；丙硫咪唑，剂量为每 kg 体重 15~50mg，一次口服。

切断无钩绦虫的生活史即可防止本病的流行，可以通过以下几方面来实现：加强宣传教育，呼吁人们不吃生牛肉或未煮熟的牛肉；加强屠宰检验工作，查出有囊尾蚴的牛肉，按国家现行规定处理，不准上市销售。对感染无钩绦虫的病人，应及时用吡喹酮、丙硫咪唑等药物驱虫；牧民集中的地区，建立固定厕所，人的粪便须经过堆肥发酵处理后再使用，防止污染环境。

三、牦牛棘球蚴病

棘球蚴病又称包虫病，由带科棘球属绦虫的中绦期幼虫—棘球蚴寄生于牛的肝、肺及其他器官中所引起，是一类重要的人兽共患寄生虫病。棘球绦虫种类较多，我国主要是细粒棘球绦虫，此外还有多房棘球绦虫。此病在高原牧区牦牛的感染率达 60%。

1. 病原及生活史

棘球蚴一般近球形，呈包囊状，直径一般 5~10cm，小的仅黄豆粒大，最大的直径可达 50cm，囊内充满无色或微量的透明液体。囊壁较厚不透明，外表为乳白色的角质层，内层为胚层，头节和生发囊部分附着在囊壁上，部分脱落在囊液中，眼观呈细砂状，故称"棘球砂"。

成虫即细粒棘球绦虫或多房棘球绦虫，寄生在犬、狼和狐狸等肉食动物的小肠，虫体很小，仅 2~7μm 长，由一个头节和 3~4 个节片组成。其孕节和虫卵随粪便排至体外，污染草、饲料和饮水。当牦牛通过吃草、饮水吞下虫卵后，卵膜因胃酸作用被破坏，六钩蚴逸出并钻入肠壁血管中，随血流到肝、肺组织中寄生（90% 以上在肝脏），经 6~12 个月的生长，成为具有感染性的细粒棘球蚴。犬和其他食肉动物因吞食了含细粒棘球蚴的脏器而受感染，经 40~50d 发育为棘球绦虫的成虫。

本病可长年传播流行，由于犬体内寄生成虫数量极多，其虫卵对外界抵抗力较强，因此在有犬和其他家畜共同饲养的农牧区，该病有广泛散播的机会。对死亡的牦牛和屠宰过程中患畜的脏器处理不严，将感染脏器随意喂犬，再加上野犬、狼等动物的增多，对家养犬没有驱虫，造成牧区牦牛棘球蚴病广泛流行。最常见的寄生部位是肝脏和肺脏。

2. 临床症状

棘球蚴病的临床症状随虫体的寄生部位和感染强度的不同而差异明显，轻度感染或感染初期症状均不明显。棘球蚴主要寄生在牛的肝脏和肺脏。当肺部严重感染时，病牦牛表现呼吸困难、咳嗽，听诊病灶部肺泡音微弱或消失。如果棘球蚴破裂，代谢产物被吸收后，则全身症状迅速恶化，体力极度虚弱，通常窒息死亡。当肝脏严重感染时，常导致右侧腹部膨大，消化失调，出现黄疸，眼结膜黄染，叩诊肝浊音区扩大，肝区压痛明显。

3. 诊断

本病生前诊断比较困难，可采用 X 线、超声波等进行诊断。也可采用变态反应、间接血凝或酶联免疫吸附试验诊断；死亡后剖检发现虫体即可确诊。

4. 防治

目前尚无特效治疗方法。治疗可施行手术摘除，但动物实用性不大，可试用丙硫咪唑治疗，剂量为每 kg 体重 90mg，连服两次，对原尾蚴的杀虫率可达 82% 以上；也可用吡喹酮，剂量为每 kg 体重 25~30mg，其疗效果较好，且无不良作用。

棘球蚴病的防治必须采用综合性防治措施，大力宣传棘球蚴病的防治知识，开展群众性的预防治疗活动，才能起到良好的效果。严格执行检疫制度，严禁用患畜的脏器喂犬及任意抛弃，应销毁或深埋处理，以防被犬或其他肉食兽食入。对牧场上的犬、野犬进行监控，限制家养犬，扑杀野犬，对家养犬每 kg 体重用吡喹酮 5mg、丙硫咪唑 15mg 定期驱虫。并将所排出的粪便及垫草等全部烧毁或作深埋等无害化处理，杀灭其中的虫卵，以免散布病原。做好饲料、饮水及圈舍的清洁卫生工作，防止被犬粪污染；驱除犬的绦虫，要求每个季度进行 1 次。注意个人卫生，养成良好的卫生习惯，避免病犬传染给人。

四、牦牛弓形虫病

弓形虫病又称弓浆虫病，是由真球虫目、弓形虫科、弓形虫属的龚地弓形虫引起的一种分布很广的人畜共患寄生虫病。可引起牦牛的发热、呼吸困难、咳嗽及神经症状，严重者甚至导致死亡，孕牛可发生流产。

1. 病原及生活史

弓形虫在不同发育阶段，有不同形态的虫体。速殖子和假囊及包囊出现在中间宿主体；卵囊出现在终末宿主体。

（1）速殖子和假囊

单个速殖子主要见于急性病例的胸腹水及血液中。典型的速殖子呈新月形或弓形，一端较钝，另一端较锐，大小为（4~7）μm×（2~4）中央稍偏钝端处有一核。用姬姆萨液染色，胞浆呈蓝色，核呈紫红色。

在宿主细胞内多是繁殖中的虫体。速殖子在宿主细胞内无性繁殖时，被寄生的细胞内可含有数个至数十个虫体，形成虫体集落，称作假囊，因为这种速殖子群的周围并无真正的囊壁，其内的虫体形态多样（圆形、椭圆形、弓形等），宿主细胞遭破坏后，虫体可散布于细胞外。

（2）包囊

见于慢性病例的脑、眼、骨骼肌与心肌组织中，是虫体在宿主体内的休眠阶段，大小不等。最大直径可达 100ptm，囊膜较厚，通常呈球形或其他形状。囊内含数个至数千个慢殖子。包囊可在宿主体寄生很长时间。

（3）卵囊

类圆形或椭圆形，大小约 $10\mu m \times 12\mu m$，囊壁两层，表面光滑，无微孔和极粒。每个卵囊内有两个孢子囊，每个孢子囊内含有 4 个长形、微弯的子孢子，大小约 $8\mu m \times 2\mu m$。

整个发育过程需两个宿主。在中间宿主体进行肠外期发育；在终末宿主体进行肠内期发育。牦牛是中间宿主之一，终末宿主是猫科动物，但猫也可作为中间宿主。

当猫吞食了速殖子、假囊、包囊或孢子化卵囊后，速殖子、慢殖子或子孢子侵入其小肠上皮细胞内，进行类似球虫发育过程的裂体增殖和配子生殖。最后产生卵囊，随粪排出体外。在外界，经 $2\sim4d$，泡子化为感染性卵囊。

中间宿主如牦牛接触到感染性卵囊、速殖子（包括假囊）、包囊，即可遭受感染。子孢子、速殖子、慢殖子可随血液、淋巴循环，到达全身各种组织有核细胞内，反复进行无性繁殖引起发病。如此一定时间后，则转入神经和肌肉组织，繁殖减慢，变为慢殖子，并在其外形成一层囊壁，即包囊。开始时寄生于细胞内，以后转为寄生于细胞间。

感染来源主要是病畜和带虫动物，蝇类和蟑螂常起机械性搬运作用。已经证明宿主的分泌物、排泄物、组织以及急性病例的血液都可能含有速殖子、假囊、包囊或卵囊。感染途径较多，可以经口、眼、鼻、呼吸道、胎盘及损伤的皮肤、黏膜等途径感染。其中经口感染是最重要的途径。速殖子抵抗力弱，包囊抵抗力强，4℃时可存活 70d 左右。

从血清学调查来看，我国牦牛主要养殖地区都有感染弓形虫的报道，如青海大通牛场感染率是 2.34%；青海互助县的感染率 13.33%；湟源县的感染率为 14.17%；甘肃天祝县部分乡镇和新疆阿克苏的感染率高达 25%。

2. 临床症状

病牛体温升高至 $40\sim41.5$℃，稽留热。呼吸困难，咳嗽，摇头，流鼻液，口吐白沫，眼内出现浆液性或脓性分泌物，肌肉震颤；有磨牙、不自主运动、精神沉郁或兴奋、共济失调等神经症状。有时还会有腹泻，粪便带血液和黏液。孕畜发生流产。

剖检可见肺表现为间质性肺炎，肺脏膨大、水肿、切面间质增宽，有时有灰白色小病灶，肝脏不同程度肿大，质地脆软，常见有针头大的淡黄色或灰白色小病灶，淋巴结肿大，呈灰白色；肠黏膜上有出血斑点及溃疡坏死。

3. 诊断

临床上确诊较难，必须在实验室诊断中查出病原体或特异性抗体方可得出结论。主要有以下几种方法：①检查病原，采取病畜的血液、胸腹水或脏器进行涂片、抹片、压片成切片检查，染色后，观察有无速殖子、假囊、包囊等虫体。②免疫学诊断，可用间接血凝试验、色素试验、间接荧光抗体法等，根据具体情况和实际条件进行。③分子生物学诊断，如 PCR 技术等。

4. 防治

对本病的治疗主要是采用磺胺类药物，一般认为磺胺类药物和抗菌增效剂或乙胺嘧啶联合应用效果较好。注意发病后，要尽早给予治疗；首次剂量可以加倍，治疗必须持续一段时间，以免影响治疗效果。其他药物，如乙胺嘧啶、螺旋霉素等都有报道对弓形虫病有效。

预防弓形虫病，应对流产的胎儿和屠宰废弃物严格处理，防止牦牛或其他动物误食，如屠宰废弃物用作饲料时可煮熟后利用；牦牛舍等定期清洁消毒，防止饲料、饮水被猫粪污染；人接触病畜时，须注意消毒防护，肉食品要充分煮熟后食用。定期对牛只进行弓形虫病监测，发现病畜，及时隔离、治疗或淘汰。

五、牦牛隐孢子虫病

隐孢子虫病是一种世界性的人兽共患病，能引起哺乳动物（特别是犊牛和羔羊）的严重腹泻，也能引起人的严重腹泻，特别是免疫功能低下者。本病是一种严重的公共卫生问题，同时也可给畜牧生产造成巨大的经济损失。本病在牦犊牛上发病率较高。

1. 病原及生活史

隐孢子虫在分类上属于真球虫目、隐弛科的隐孢属。目前，已知的隐孢子虫有效种达 18 个，40 多个基因型。牦牛感染的是牛隐孢子虫。牛隐孢子虫属于小隐孢子虫。小隐孢子虫较为常见，寄生于小肠黏膜上皮细胞上，卵囊呈圆形或卵圆形，较小，大小为 $4.5\mu m \times 4.5\mu m$。隐孢子虫卵囊壁光滑，囊壁上有裂缝。无微孔、极粒和孢子囊，内含有 4 个香蕉形的子孢子及一团残体，子孢子在卵囊中并行排列。未经染色的卵囊很难识别，经用改良抗酸法染色后，在被染成蓝绿色背景的标本中，虫体被染成玫瑰色。

隐孢子虫的生活史与球虫相似，整个发育过程无需转换宿主。繁殖方式包括无性生殖（裂殖生殖和孢子生殖）及有性生殖（配子生殖）两种。宿主的小肠上皮细胞胞质间形成的纳虫空泡内完成。卵囊随宿主粪便排出体外，此时已经具有感染性，经口进入人和易感动物体内，在消化液的作用下，囊内的 4 个子孢子逸出，先附着于肠上皮细胞，再侵入体细胞，进行多次裂殖生殖直至形成内含 4 个裂殖子的 U 型裂殖体，其中的裂殖子释放出后发育为雌、雄配子，二者结合后形成合子，随即开始孢子生殖阶段。合子发育成卵囊，成熟的卵囊含 4 个裸露的子孢子。卵囊有薄壁型（约占 20%）和厚壁型（约占 80%）两种，均已在体内孢子化，薄壁型卵囊可自行脱囊，使宿主自体重复感染；厚壁型卵囊随宿主粪便排出体外，重新感染宿主。整个生活史的完成需 5~11d。

该种虫体的整个生活史只需一个宿主参与即可完成，卵囊对外界抵抗力强，宿主范围广泛，主要通过消化道传播。该病呈世界性分布，发病率高。发病季节不尽相同，以夏秋季节发病较多。1周岁以内的牦牛可感染。1~2月龄阳性率最高，3~4月龄的感染率为38.1%，5~6月龄的感染率为30.4%，7~8月龄的为23.8%，9月龄以上的犊牛未发现，以后随年龄增大逐渐下降，11月龄以上未发现阳性例数。

2.临床症状

表现的主要症状是精神沉郁，厌食、腹泻，粪便中带有大量的纤维素，有时含有血液，脱水。患畜生长发育停滞，消瘦，有时体温升高。犊牛死亡率高。

3.诊断

隐孢子虫病诊断主要依据流行病学史、临床表现，确诊则需要粪便或其他标本中发现隐孢子虫的各期虫体。免疫学及血清学检查有助于诊断。

4.防治

目前尚无治疗本病的特效药物，国内使用大蒜素治疗，有一定疗效，国外报道口服巴龙霉素2周后，卵囊排出量减少，但长期疗效仍不确定。

六、牦牛肉孢子虫病

肉孢子虫病是由多种肉孢子虫引起的一种人兽共患的原虫病，牛羊感染肉泡子虫后，通常不表现临床症状，其特征是在横纹肌或心肌组织形成肉泡子虫包囊。

1.病原及生活史

肉孢子虫属于肉泡子虫科、肉孢子虫属。寄生在中间宿主体肌纤维内的肉孢子虫包囊也叫米氏囊，其形状有纺锤形、卵圆形、圆柱形或线形等。颜色为灰白或乳白色，大的长达5cm，小的仅有几毫米或在显微镜下才可看到。其大小与虫种、宿主种类、寄生部位及虫龄有关。常见的寄生部位为食管壁、膈肌、舌肌、心肌等肌肉内。

肉泡子虫包囊壁分为两层。外层随虫种和包囊成熟的程度不同，有的光滑，有的则厚且具有横纹或绒毛状构造。内层常向囊腔内延伸，形成许多中隔，将囊腔分成若干小室，小室内充满各种形态的慢殖子（滋养体、南雷小体）。一般靠近包囊壁的多为球形或卵圆形；中心的则比较成熟，呈香蕉形或镰刀形，一端稍尖，一端钝圆，核位于中央稍偏钝端侧。

肉孢子虫属专性双宿主型寄生虫，其中间宿主是牛、牦牛、羊、猪、马、骆驼等家畜，也有鼠类、爬虫类、鱼类、鸟类等；终末宿主是犬、猫、人等，人既是肉孢子虫的中间宿主，又是终末宿主。

寄生于中间宿主肌肉内的肉跑子虫包囊被终末宿主吞食后，包囊内的慢殖子开始进行配子生殖（有性生殖阶段），产生卵囊。卵囊在宿主肠壁进行泡子化，囊内形成2个孢子囊，每个砲子囊内形成4个子孢子，薄而脆弱的卵囊壁常在肠道内自行破裂，泡子囊随粪排出外界。再被中间宿主食入后，子泡子经血液循环到达各脏器，在血管内皮细胞中进行裂体增殖，经过一代或几代裂体增殖，产生的裂殖子再次侵入肌纤维内，形成肉孢子虫包囊。

牦牛肉孢子虫病一年出现两个感染高峰，分别是夏季和冬季。青海省牦牛肉泡子虫感染率在 23.3%～53.3%，平均感染率为 36.92%。在新疆、甘肃部分牦牛养殖地区，也有肉泡子虫感染的报道。

2. 临床症状

一般认为肉孢子虫并不引起被感染动物肌肉及脏器严重病变和出现临床症状。但近来研究指出：家畜经口感染相应种类肉孢子虫孢子囊后，可出现一定临床症状，如病牛表现贫血、淋巴结肿胀、流涎、流产、尾尖毛脱落，以及厌食、发热、消瘦和恶病质等。另外，肉泡子虫包囊内有一种肉孢子虫毒素，其中以牛、猪肉孢子虫毒素毒性最强。

3. 诊断

生前诊断比较困难，可进行肌肉穿刺检查，但检出率较低。也可用免疫学方法、生化试验检查；死后诊断较容易，在肌肉组织中发现包囊就可确诊，主要检查心肌、食管肌、膈肌和腹外斜肌，其中食管肌和膈肌的检出率最高，其次是心肌和腹外斜肌。

4. 防治

目前尚无特效药物用于治疗本病，可选用下列药物：氨丙嘛，每 kg 体重 100mg，口服，1 次 /d，连用 30d。莫能菌素，每 kg 体重 1mg，拌料饲喂，连用 33d。

预防本病必须切断其流行环节。应防止家畜的饲料和饮水被犬、猫粪便污染；不用生肉喂犬猫，做好肉泡子虫的卫生检验，严重感染且受害组织病变明显者（消瘦、血液稀薄、色淡、钙化）用于工业；肉尸应在 -20℃下冷冻 3d 或 -27℃冷冻 24h，以使肉品无害化；肉品干腌或煮 2h 也可使虫体死亡。

七、牦牛脑包虫病

脑包虫病又称脑多头蚴病或脑共尾呦，是由寄生于犬、狼等肉食兽小肠中多头带绦虫的幼虫（脑多头蚴）寄生于牛的脑部及脊髓内所引起的一种绦虫蚴病。牦牛发病后常发生转圈运动，因此民间又称此病叫"转场风"或"转圈病"，牧民叫做"杂洛"（藏话）。

1. 病原及生活史

脑多头蚴为乳白色半透明的囊胞，呈圆形或卵圆形，大小从大豆到皮球不等，囊内充满透明的液体。囊壁由两层膜组成，外膜为角质层，内膜为生发层，其上有十几到上百个分布不均匀的原头蚴（头节）。在显微镜下观察这些头节，可见有吸盘和小钩。

多头绦虫成虫体长 40～100cm，呈扁平带状，由 200～250 个节片组成。头节上有 4 个吸盘，顶突上有两圈角质小钩（22～32 个）；成熟节片呈方形，孕卵节片内含有充满虫卵的子宫，子宫两侧各有 18～26 个侧支，虫卵的直径为 29～37pim，内含六钩蚴。

寄生在犬等肉食兽小肠内的多头绦虫的孕卵节片随终末宿主的粪便排出体外，其中的虫卵逸出，污染草料和饮水。当牦牛吞食了虫卵以后，六钩蚴钻入肠壁血管，随血流到达脑和脊髓中，经 2～3 个月发育为脑多头蚴。犬、狼等食肉动物吞食了含多头蚴的脑脊髓而受感染，原头蚴附着于小肠壁上发育，经 45～75d 虫体成熟。成虫在犬体内可存活 6～8 个月。

本病呈世界性分布，在中国的西北、东北及内蒙古等地多呈地方性流行，主要传染源是犬。在牦牛养殖区均有感染脑包虫的报道。

2. 临床症状

本病多发于 2 岁以内的牦牛。本病的一般表现为发热、精神沉郁、食欲减退。牦牛在放牧过程中时而离群，有的向前冲撞、摇头、转圈、头顶物不动等神经症状。

急性型表现为发热、食欲下降、呼吸和脉搏数增加。出现强烈兴奋，做前冲、后退或圆圈运动。有的精神沉郁、颈弯向一侧、磨牙、躺卧、离群，多在几日内因患有急性脑炎而死亡。部分耐过的牦牛可转为慢性型。

在慢性型患病牦牛中，当有少数囊泡寄生于脑部组织，囊泡没在脑组织的四周产生压迫时，往往不出现症状。囊泡较多且逐渐增大时，压迫脑和脊髓严重，出现神经症状，其症状由多头蚴的寄生部位决定，如直线奔走、抵住障碍物不动、转圈、后退运动、角弓反张姿势、站立或运动都失去平衡、行走时步伐蹒跚、麻痹等。

神经症状表现的运动和姿势，其症状取决于虫体的寄生部位。寄生于大脑正前部时，头下垂，向前直线运动或常把头抵在障碍物上呆立不动；寄生于大脑半球时，常向患侧做转圈运动，所以又称回旋病，多数病例对侧视力减弱或全部消失；寄生于大脑后部时，头高举，后退，可能倒地不起 - 颈部肌肉强直性痉挛或角弓反张；寄生于小脑时，表现知觉过敏，容易惊恐，行走急促或步样蹒跚，平衡失调；寄生于腰部脊髓时，引起渐进性后躯及盆腔脏器麻痹；严重病例最后因贫血、高度消瘦或神经中枢受损害而死亡。如果有多个虫体寄生而又位于不同部位时，则出现综合性症状。

3. 诊断

根据特殊的临床症状、病史可作出初步诊断。寄生在大脑表层时，头部触诊（患部皮肤隆起，头骨变薄变软，甚至穿孔）可以判定虫体所在部位。有些病例需在剖检时才能确诊。

4. 防治

牛患本病的初期尚无有效疗法，只能对症治疗。在后期多头蚴发育增大神经症状明显时，可对在脑表层寄生的囊体施行手术摘除；在脑深部寄生者则难以去除，可试用吡喹酮、丙硫咪唑和甲苯咪唑口服或注射治疗。吡喹酮，每 kg 体重 75mg，1 次 /d，口服，连用 3d。丙硫咪唑，每 kg 体重 20mg，一次口服，每隔 2d 一次，共 3 次。

手术治疗方法介绍。将病畜侧卧保定后，用手指摸到颅骨软化的部位处剪毛，用 2% 碘酊棉球涂擦消毒，然后用 75% 酒精脱碘。术者左手绷紧术部的皮肤，右手持刀沿着手术部位上缘，骨质软化处切开 3cm，以 + 字形切开皮肤，牵引皮瓣并固定，暴露骨膜。用镊子轻轻夹起一点脑膜（青灰色），要避免夹破包囊和脑实质，仅把脑膜切破。用手堵住病牛的口和鼻孔数秒钟（10s），使呼吸暂停，保定者将病畜的后身抬高 30°，并拳击臀部数次，以增加脑压力，包囊膨出后将其摘除。包囊处均匀撒上 4 万 IU 的青霉素粉剂或消炎粉 2g，滴入 0.1% 肾上腺素注射液 0.2~0.5ml，起收缩血管和止血作用。然后拆掉皮肤固定线，复原皮瓣。皮肤切口做 16 针结节缝合，切口上撒消炎粉或涂上红霉素软膏。

预防本病应注意消灭野犬和狼等终末宿主，对家犬进行定期驱虫，可选用硫双二氯酚按每 kg 体重 0.1g 拌食喂给；左旋咪唑或丙硫苯咪唑，按每 kg 体重 10~20mg 的剂量拌食喂给；或用氢溴酸槟榔碱进行 1 次驱虫。排出的犬粪和虫体应深埋或烧毁。对病畜或其尸体等进行妥善处理，不让犬吃到带有脑多头蚴患畜的脑和脊髓。

八、牦牛球虫病

牦牛球虫病是由艾美耳属的几种球虫寄生于牛的肠道上皮细胞引起的以急性肠炎、血痢等为特征的一种原虫病，2 岁以内的犊牦牛发病率较高，死亡率一般为 20%~40%，而成年牛感染后常呈隐性感染。

1. 病原及生活史

有 10 种球虫可对牦牛具有致病作用，其中以邱氏艾美耳球虫、牛艾美耳球虫致病力最强，椭圆艾美耳球虫有中等致病力，奥博艾美耳球虫也有一定致病力。

球虫的卵囊呈圆形、椭圆形或卵圆形，囊壁光滑，无色或黄褐色，大小为（11.1~42.5）×（10.5~29.8）μm。各种球虫首先在牦牛的肠管上皮细胞内反复进行无性裂殖生殖 - 继而进行有性配子生殖（内生性发育）。当卵囊形成后随粪便排出体外，在适宜条件下，经 2~3d 的孢子生殖过程，卵囊逐渐发育成熟（外生性发育）。如牦牛吞食了孢子化的卵囊后，球虫即重复上述发育。各种球虫外生性发育和内生性发育所需的条件相同，但自发育所需的时间不一致。

球虫病以 2 岁以内的犊牛发病率较高。犊牦牛通过被污染的饲草饲料或饮水经口感染球虫。病情严重程度主要取决于吃进的卵囊量，吃进卵囊数量少则不显示症状，少量卵囊的重复感染还可使宿主产生免疫力，严重的则可引起死亡。

球虫卵囊的发育需要适宜的温度和湿度。球虫病一般多发于 5~9 月，通常为季节性散发。低凹潮湿、多沼泽草场上放牧的牛群最易发病。冬季舍饲期间亦可发病，牛群拥挤和圈舍卫生条件差时会增加发病机会。不同地区、不同牛群的球虫感染率及发病率不同。自然条件下，牦牛感染单种球虫的情况较少，一般都为混合感染。

2. 临床症状

发病多为急性型。食欲异常，瘤胃蠕动和反刍出现障碍；营养不良、消瘦；腹泻、下（血）痢、贫血、脱水；生产性能降低，饲料转化率下降；恶病质、高度衰竭而亡。如果不及时治疗，严重者 1~2d 后死亡，病程一般为 10~15d。慢性病例，则表现为长期下痢、贫血，最终因极度消瘦而死亡。

3. 诊断

诊断时，必须从流行病学、临床症状等方面作综合分析，并用显微镜检查粪便和直肠刮取物，若发现卵囊，即可确诊。但应注意与大肠杆菌病、副结核病、沙门氏菌病、轮状病毒病和肠炎等病相鉴别。

4. 防治

治疗和预防牛球虫病的药物有两类，一类是化学合成的抗球虫药，如盐酸氯苯弧、盐酸氨丙嘧、磺胺类等；另一类是聚醚类离子载体抗生素，如莫能菌素、盐霉素、拉沙里菌素等。磺胺二甲基用于治疗、预防球虫，每 kg 体重 140mg，每天 2 次，连用 3d；磺胺噻哩，用于治疗、预防球虫，每 kg 体重 30mg，每天 3 次，连用 2~3d；邻苯二甲酰磺胺嗜陇，用于治疗、预防球虫，每 kg 体重 30mg，每天 3 次，连用 2~3d；磺胺昧，用于治疗、预防球虫，每 kg 体重 0.1g，每天 2 次，连用 3d；氨丙嘧，抗球虫和生长促进剂，每 kg 体重 20~50mg，每天 1 次，连用 5~6d；莫能菌素，抗球虫和生长促进剂，按每吨饲料 16~33g 饲喂。

为了保持抗球虫药的效能或推迟球虫耐药性的产生，应采取轮换用药（一种药物连续用几个月后改用另一种药物）和穿梭用药（在不同的生长阶段使用化学特性不同的药物）方案。抗球虫药的使用是一个很复杂的问题，应根据养殖场的具体情况，听取兽药生产厂家、兽药专家和寄生虫病专家的建议。此外，在治疗牦牛球虫病的过程中，要积极进行对症治疗。

九、牦牛新孢子虫病

牦牛新孢子虫病是由犬新孢子虫寄生于牦牛的细胞内引起的一种原虫病。该病可引起孕畜的流产或产死胎、弱胎、木乃伊胎，以及新生胎儿的运动障碍和神经系统的疾病。

1. 病原及生活史

速殖子呈卵圆形、新月形或小球形，大小因分裂阶段不同而异，一般为（3~7）μm×（1~5）μm。通过内出芽生殖方式繁殖，主要存在于胎盘、流产胎儿的脑组织和脊髓组织中，也可寄生于胎儿的肝脏、肾脏等部位。包囊也叫组织囊，呈圆形至卵圆形，长 107gn，仅见于中枢神经系统。卵囊可见于犬的类便中，呈椭圆形，直径为 10~11μm。

犬既是犬新孢子虫的中间宿主又是其终末宿主。感染犬新孢子虫的犬从粪便排出新孢

子虫卵囊 - 在外界环境中经过24h发育为感染性卵囊（即孢子化卵囊），具有感染家畜的能力。孢子化卵囊进入中间宿主体内，随血流到达全身的神经细胞、巨噬细胞、成纤维细胞、血管内皮细胞、肌细胞、肾小管皮细胞和肝细胞等多种有核细胞内寄生，发育成速殖子。速殖子可通过胎盘传给胎儿，主要在胎盘、胎儿的脑组织、脊髓中寄生，发育到包囊阶段。

犬是新孢子虫唯一的终末宿主，当犬食入含有犬新孢子虫组织包囊的牛组织（胎盘、胎衣、死胎儿等）后，在胃蛋白酶消化作用下，虫体包囊游离出来进入犬的小肠，在小肠内包囊内的缓殖子从囊内释放出来，进行球虫型的发育。最终以卵囊形式随粪便排出体外，完成整个生活史。

在牛体内垂直传播是其主要传播方式。据资料报道，奶牛流产中有12%～42%是因为犬新砲子虫感染所致。在青海、四川西部和新疆天山牦牛新孢子虫血清学流行病学调查显示感染率为2%～20%。本病一年四季均可发生。

2.临床症状

患牛发生流产 - 任何年龄阶段的牛从妊娠3个月到足孕均可出现流产，以妊娠至5～6个月时为多。胎儿在子宫内多已死亡，娩出时可见有吸收、木乃伊化、自溶现象。即使产下活犊，也多呈慢性感染或带有临床症状。

3.诊断

新孢子虫病的诊断需要对临床症状观察、免疫学诊断以及血清学诊断等多方面综合分析，进而做出判断。

4.防治

目前所知，尚无治疗新孢子虫病的特效药物，现有研究认为复方新诺明、羟基乙磺胺戊烷脒、四环素类、磷酸克林霉素，以及用于防治鸡球虫病的离子载体抗生素类等可能对新孢子虫病有一定的疗效，可试用于临床上对该病的治疗。

预防此病，应对局部地区和草原牧场进行该病的流行病学调查，并加以综合控制。淘汰阳性牛以达到净化畜群的目的，也是目前唯一的预防从母牛传给犊牛的措施；在引进牛只时，应加强检疫，确定无新孢子虫感染方可并群饲养；管理好牛场及其周围的犬，防止犬进入牛栏污染饲料和饮水；禁止用流产胎儿、胎膜或死犊牛喂犬。

十、牛毛牛巴贝斯虫病

牛巴贝斯虫病是由巴贝斯科巴贝斯属的梨形虫引起，虫体寄生于家畜的红细胞内。在我国，牛巴贝斯虫病主要由双芽巴贝斯虫、牛巴贝斯虫和卵形巴贝斯虫引起。临床上出现血红蛋白尿，故又称红尿病，也称得克萨斯热、蜱热。该病对牛的危害很大。

1. 病原及生活史

双芽巴贝斯虫：大型虫体，长度大于红细胞半径；多形性，典型虫体是成双的梨籽形虫体以其尖端相连成锐角，每个虫体内有一团染色质。牛巴贝斯虫小型虫体，长度小于红细胞半径；多形性，型虫体是成双的梨籽形虫体以其尖端相连成钝角。卵形巴贝斯虫大型虫体，长度大于红细胞半径；多形性，典型特征为虫体中央不着色，形成空泡，双梨籽形虫体较宽大，位于红细胞中央，两尖端成锐角相连或不相连。

2. 流行特点

巴贝斯虫皆通过硬蜱进行传播。当蜱在患畜体上吸血时，把含有虫体的红细胞吸入体内，虫体在蜱体内发育、繁殖一段时间后，经蜱卵传递或经期间传递（即在幼蜱或弱蜱时因吸血吸进病原体，到发育至若蜱和成蜱才能传播），将虫体延续到蜱的下一个世代或下一个发育阶段，再叮咬健康易感动物时，即造成感染。

我国已查明微小牛蜱为双芽巴贝斯虫和牛巴贝斯虫的传播媒介，两种虫体常混合感染。在新疆巴音布鲁克地区和甘肃肃南地区牦牛患有双芽巴贝斯虫病的报道，青海海晏县有检测到牛巴贝斯虫病的报道。

3. 临床症状

体温升高到 40~42℃，呈稽留热型，脉搏 110~130 次 /min，呼吸 50~80 次 /min，精神沉郁，反刍停止，迅速消瘦、贫血、黏膜苍白和黄染。肩前淋巴结肿大，触摸有疼痛，多数病牛出现血红蛋白尿，尿的颜色由淡红色变为棕红色乃至黑红色。

剖解可见尸体消瘦，尸僵明显；出现贫血样病变，可视黏膜苍白、血液稀薄，凝血不全。皮下组织、肌间、结缔组织和脂肪充血、黄染，水肿。脾脏肿大，软化，脾髓呈暗红色，由剖面上可以看出小梁突出呈颗粒状。肝脏肿大，黄棕色。胆囊扩张，胆汁浓稠，色暗。胃、肠黏膜充血、有出血点。膀胱肿大，黏膜出血，内有红色尿液。

4. 诊断

根据流行病学调查（注意发病季节、感染来源和传播者蜱的种类和活动情况等）、临床症状可做出初步诊断。如要确诊需要涂血片检查虫体，一般在发病初期、体温升高时进行，镜检时注意虫体特征；另外还可用间接荧光抗体试验和酶联免疫吸附试验诊断染虫率较低的带虫牛或进行疫区的流行病学调查。

5. 防治

针对本病，应尽可能地早确诊、早治疗。在应用特效药物杀虫体的同时，应根据病畜机体状况，配合以对症疗法并加强护理。

三氮脒，剂量为每 kg 体重 3~6mg，用蒸馏水配成 5% 溶液肌内注射。可根据情况，连用 3 次，每次间隔 24h。病重牛可将药物静脉滴注。进行辅助治疗，用 10% 葡萄糖液、维生素 C、碳酸氢钠等药物治疗，呼吸困难者加用氨茶碱，反刍停止者加用维生素 B_2、比赛可林注射液，黄染严重者加用药菌陈散、清热龙胆散等药物治疗。

预防的关键在于消灭动物体上及周围环境中的蜱。从外地调入家畜时，应加强检疫，隔离观察，并选择无蜱活动季节进行调动。在发病季节，可进行药物预防注射。

十一、牦牛泰勒虫病

牛泰勒梨形虫病由泰勒科泰勒属的环形泰勒虫或瑟氏泰勒虫寄生于牛红细胞和单核巨噬系统细胞内所引起。临床上以高热、贫血、出血、消瘦和体表淋巴结肿胀为特征，发病率高，病死率高。

1. 病原及生活史

在我国，牛泰勒虫病病原主要有环形泰勒虫、瑟氏泰勒虫和中华泰勒虫 3 种。牦牛泰勒虫病以环形泰勒虫为主。在甘肃、新疆和青海等地均有发病的报道。

虫体发育需经过裂殖生殖、配子生殖和孢子生殖 3 个阶段，即感染泰勒虫的硬蜱在牛体吸血时，子孢子随蜱的唾液进入牛体，主要在脾、淋巴结等组织的单核巨噬系统细胞内反复进行裂体增殖。然后一部分小裂殖进入宿主红细胞内，变为配子体。幼蜱或若蜱在病牛体吸血时，将带有配子体的红细胞吸入胃内，配子体由红细胞逸出并变为大、小配子，二者结合形成合子，进入蜱的肠管及体腔各部。当蜱完成蜕化时，再进入蜱的唾液腺细胞内开始孢子增殖，分裂产生子孢子，当若蜱或成蜱在牛体吸血时即造成对易感动物的感染。

青海天峻地区 1 岁龄以下牦牛泰勒虫感染阳性率为 10.08%，1~2 岁龄牦牛阳性率为 18.45%。2~3 岁龄牦牛阳性率为 29.86%，3~4 岁龄牦牛阳性率为 21.39%，4 岁龄以上牦牛阳性率为 13.52%。表明 2~3 岁牦牛最易感染泰勒虫。

环形泰勒虫病在我国的传播者主要是璃眼蜱，1~3 岁龄的牛易发病。瑟氏泰勒虫病在我国的传播者主要是长角血蜱和青海血蜱。

2. 临床症状

初期体温升高可达 40~42℃，以稽留热为主。少数病牛呈弛张热或间歇热，病牛随体温升高而表现精神沉郁、行走无力、好离群，个别病牛表现昏迷，卧地不起，脉弱而快，呼吸增加。眼结膜初期充血肿胀，以后贫血，黄染，布满绿豆大血斑。中后期食欲减退，爱啃土或其他异物，反刍次数减少，以后停止，常磨牙，流涎，排少量干而黑的粪便，常带有黏液或血斑。病牛往往出现前胃弛缓。本病特征为体表淋巴结肿胀，大多数病牛一侧肩前或腹股沟浅淋巴结肿大如鸭蛋，初为硬肿，疼痛，后渐变软，常不易推动。濒死期体温下降，最终衰弱而死。

全身淋巴结肿大，切面多汁并见点状出血。全身皮下、肌间、黏膜和浆膜上均有大量出血点和出血斑。胸、腹腔积水，心包积水，呈红黄色。心内、外膜及冠状沟周围呈片状出血，个别为点状出血。肺气肿或水肿，肺门淋巴结肿大。脾、肝和肾脏肿大，被膜下有绿豆大小点状出血。膀胱积尿，黏膜弥散性点状出血。瓣胃秘结。皱胃黏膜可见点状或块状出血及溃疡斑。小肠黏膜出血，尤以空肠明显。血液稀薄，血凝时间延长，凝固性差。

3. 诊断

根据流行病学资料（当地有无本病、传播者蜱的有无及活动情况等）、临床症状（高热、贫血及体表淋巴结肿大）、病理变化（全身性出血、淋巴结肿大及皱胃黏膜溃疡斑），考虑是否为泰勒虫病。血液涂片检出虫体可确诊本病的主要依据。此外，环形泰勒虫病勒虫病淋巴结穿刺较难检出石榴体。

4. 防治

治疗时将病牛隔离饲养，选用贝尼尔（三氮脒）治疗，剂量为每 kg 体重 3~6mg，用蒸馏水配成 5% 溶液肌内注射，1 次 /d，连用 3d。如红细胞染虫率不下降，还可继续治疗 2 次。为了促进临床症状缓解，还应根据症状配合给予强心、补液、止血、健胃、缓泻及抗生素类药物并加强护理。

预防的关键在于灭蜱，可根据流行地区蜱的活动规律，实施有组织、有计划的灭蜱措施。12 月至第二年 1 月用杀虫剂消灭在牛体上越冬的若蜱，4~5 月用泥土堵塞牛圈墙缝，以闷死在其中蜕皮的饱血若蜱，8~9 月可再用堵塞墙的办法消灭在其中产卵的雌蜱与新孵出的幼蜱；或在流行季节，采取避开传播者—蜱的措施。发病季节也可给牛定期注射伊维菌素或阿维菌素进行预防。

十二、牦牛皮蝇蛆病

牦牛皮蝇蛆病由皮蝇科皮蝇属的纹皮蝇和牛皮蝇的幼虫寄生于牦牛背部皮下组织所引起。在青藏高原地区，皮蝇蛆病是长期制约牦牛饲养业的主要疫病之一，在未防治的牦牛群中皮蝇幼虫的感染率在 50.4%~93.3%，平均感染率为 64.78%，严重地区高达 100%。皮蝇幼虫感染后引起乳牛减产、菜牛减重和皮革损伤，感染严重时还可引起幼龄牛和体弱牛死亡，造成的经济损失巨大。

1. 病原及生活史

牦牛皮蝇蛆病的病原虫种有中华皮蝇、纹皮蝇、牛皮蝇等 3 种，隶属于节肢动物门昆虫纲、双翅目、皮蝇科、皮蝇属。仅对青海省 17 个县采集到的 5 640 三期幼虫鉴定，在皮蝇种群中，中华皮蝇占 80.67%，牛皮蝇占 12.87%，纹皮蝇占 6.46%。调查结果表明，在青藏高原东北部，中华皮蝇分布广，种群密度大，是引起牦牛皮蝇蛆病的优势虫种。

中华皮蝇、纹皮蝇和牛皮蝇外观很相似。体表被有长绒毛，心足 3 对及翅 1 对，外形似蜂；复眼不大，有 3 个单眼；触角芒简单，不分支；口器退化。中华皮蝇的成虫和第一期幼虫与纹皮蝇的有明显差别，但第三期幼虫的第七腹节腹面纹皮蝇仅后缘有刺，中华皮蝇前后缘均有刺；中华皮蝇第二期幼虫体节背面棘刺区刺的分布与纹皮蝇的明显不同，纹皮绳前缘刺仅分布于胸节 2. 少数延至胸节 3. 或全光秃，后缘则全部光秃，中华皮蝇前缘刺分布于胸节 2、3 和腹节 1（部分 1、2. 少数光秃），后缘刺分布于胸节 2、3（少数 2 或 3）和腹节 1~4（部分 1~3. 少数 1、2）。第三期幼虫体粗壮，色泽随虫体成熟度由淡黄、黄褐色变为棕褐色，长可达 28mm。皮蝇生活史基本相似，属于完全变态，整个发育过程须经卵、幼虫、蛹和成虫四个阶段，成蝇系野居，营自由生活，不采食，也不叮咬动物，只是飞翔、交配、产卵。一般多在夏季晴朗无风的白天侵袭牛只。自然环境中的成蝇 5 月中旬到 8 月中旬侵袭牛体。纹皮蝇成蝇活动在 5 月上旬开始出现，牛皮蝇于 6 月中旬开始出现，6~7 月是活动旺期，也是产卵盛期，8 月逐渐下降至基本停止。中华皮蝇成蝇 6 月中旬前后开始飞翔侵袭牛，7 月至 8 月上旬是侵袭盛期。

牛皮蝇虫卵长圆形，一端有柄，每根牛毛上只黏附一枚虫卵。纹皮蝇虫卵与牛皮蝇相似，但每根牛毛上可见一列羽状虫卵。纹皮蝇在牛体的后肢球节附近和前胸及前腿部产卵。牛皮蝇在牛体的四肢上部、腹部、乳房和体侧产卵。卵经 4~7d 孵出第一期幼虫，幼虫由毛囊钻入皮下。纹皮蝇的幼虫钻入皮下后，沿疏松结缔组织走向胸、腹腔后到达咽、食管、瘤胃周围结缔组织中，在食进黏膜下停留约 5 个月，然后移行到背部、肩部和臀部皮下。皮蝇幼虫到达背部皮下后，皮肤表面呈现瘤状隆起，随后隆起处出现直径 0.1-0.2μm 的小孔，并逐渐增大，第三期幼虫在其中逐步长大成熟，第 2 年春天，则由皮孔蹦出，离开牛体，进入土中化蛹，蛹期 1~2 个月，之后羽化为成蝇。整个发育期为 1 年。

2. 临床症状

成蝇产卵时引起牛恐惧，为躲避成蝇而到处跑跳，影响牛的休息和采食。当皮蝇的幼虫初钻入皮肤，引起牛皮肤痛痒，精神不安。在体内移行时造成移行部位组织损伤。特别是第三期幼虫在背部皮下时，引起局部结缔组织增生和皮下蜂窝组织炎，有时细菌继发感染可化脓形成瘘管。牛背部皮肤在幼虫寄生以后，留有瘢痕，影响皮革价值。幼虫生活过程中分泌毒素，对血液和血管壁有损害作用，可引起贫血。严重感染时，患畜表现消瘦，生长缓慢，肉质降低，泌乳量下降。

3. 诊断

当幼虫出现于背部皮下时易于诊断。可触诊到隆起，上有小孔，内含幼虫，用力挤压，可挤出虫体，即可确诊。此外 - 流行病学资料，包括当地流行情况和病畜来源等，对本病的诊断有很重要的参考价值。

4. 防治

消灭寄生于牛体内的幼虫，对防治牛皮蝇蛆病具有极其重要的作用，既可减少幼虫的危害，又可防止幼虫发育为成虫。消灭幼虫可以用机械或药物治疗的方法。

在牛数不多和虫体寄生量少的情况下，可用机械法，即用手指压迫皮孔周围将幼虫挤出，并将其杀死。治疗可用伊维菌素或阿维菌素类药物皮下注射，剂量为每 kg 体重

0.2mg；有机磷类杀虫药，如倍硫磷乳剂等，给牛注射或浇注，也可取得较好的防治效果。在该病流行地区，每逢皮蝇活动季节，可用 1%～2% 敌百虫对牛体进行喷洒，每隔 10d 喷洒一次；或用每 kg 体重 1 000～1 500mg 拟除虫菊酯类药物喷洒，每 30d 喷洒一次，可杀死产卵的雌蝇或由卵孵出的幼虫。

十三、牦牛蜱病

蜱是家畜体表一种重要的吸血性外寄生虫，俗称草爬子、狗豆子、壁虱。

1. 病原及生活史

蜱的种类很多，其中最常见的种类多属于硬蜱科，在兽医学上具有重要意义的有 6 个属，即硬蜱属、扇头蜱属、牛蜱属、血蜱属、革蜱属和璃眼蜱属。硬蜱呈红褐色或灰褐色，长椭圆形，小米粒至大豆大，背腹扁平，腹面有 4 对肢。分假头和躯体两部分。假头由假头基和口器组成，口器由一对须肢、一对螯肢和一个口下板组成。假头基形状随蜱属不同而异。雌蜱假头基背面有一对呈椭圆形、卵圆形或圆形的锅底形凹陷区域，称为多孔区。

躯体背面有一块硬的盾板，雄蜱的盾板几乎覆盖整个背面，雌虫和若虫的盾板仅覆盖背面的前部。盾板上有各种沟、窝、隆起、短刚毛等，有些属的蜱盾板上，有银白色花纹，有些属躯体后缘具有方块形的缘垛；有的体后端突出，形成尾突。躯体腹面前部正中有一生殖孔，其两侧向后延伸有生殖沟；肛门位于后部正中，纵裂的半球形隆起；除个别属外，通常有肛沟围绕在肛门的前方或后方，其形状随种类和性别不同而异。有些属的硬蜱腹面还有若干硬的几丁质板块构造。

足由 6 节组成，由基部向外依次为基节、转节、股节、胫节、后跗节和跗节，足末端有一对爪；第一对足跗节末端背缘有哈氏器，为蜱的嗅觉器官。卵小，呈卵圆形，黄褐色。

大多数硬蜱发育过程中的幼虫期和若虫期寄生在小型哺乳动物（兔、刺猬、野鼠等），成虫期寄生在家畜体表；有的硬蜱发育过程中需要换宿主，根据更换宿主的次数，可将硬蜱分为三种类型：即一宿主蜱（不更换宿主，幼虫、若虫、成虫在一个宿主体上发育）；二宿主蜱（幼虫、若虫在一个宿主体上发育，成虫在另一个宿主体上发育）；三宿主蜱（幼虫、若虫、成虫分别在三个宿主体上发育）。

雌雄交配后，雌蜱落地产卵，产卵量可达数千至上万个。在适宜的条件下，经一段时间，卵中孵出幼虫，爬到宿主体上吸血，之后根据所需更换宿主次数的不同，逐渐发育成若虫、成虫。雌蜱产完卵后 1～2 周内死亡。雄蜱一般能存活 1 个月左右。从卵发育至成蜱的时间，依种类和气温而异，可为 3～12 个月，甚至 1 年以上。

硬蜱的活动有明显的季节性，大多数在春季开始活动，也有些种类到夏季才有成虫出现。硬蜱的活动一般在白天，但活动规律又因种类而不同。硬蜱的越冬场所因种类而异。

一般在自然界或在宿主体内过冬。蜱的分布与气候、地势、土壤、植被及动物区等有关。各种蜱均有一定的地理分布区。

2. 临床症状

硬蜱吸食大量宿主血液，幼虫期和若虫期的吸血时间一般较短，而成虫期较长。吸血后虫体可胀大许多，雌蜱最为显著。寄生数量大时可引起病畜贫血、消瘦、发育不良和皮毛质量降低等。由于蜱的叮咬，可使宿主皮肤产生水肿、出血。蜱的唾液腺能分泌毒素，使牦牛产生厌食、体重减轻和代谢障碍。某些种的雄蜱唾液中含有一种神经毒素，能引起急性上行性的肌萎缩性麻痹，称为"蜱瘫痪"。

此外，蜱是许多种病毒、细菌、螺旋体、立克次体、支原体、衣原体、原虫和线虫的传播媒介或贮存宿主，又是家畜各种梨形虫病的终末宿主和传播媒介。

3. 诊断

少量蜱的寄生并不表现临床症状。当发生急性暴发病时，应根据疾病的特点和种类，怀疑硬蜱作为虫媒，可能引起焦虫病。多为急性发病，病牛首先表现为发热，体温高达 40～41.5℃，呈稽留热型。精神沉郁，喜卧，食欲减退或消失，肠蠕动及反刍迟缓，常有便秘现象，病牛迅速消瘦、贫血、黄疸，排恶臭的褐色粪便及特征性的血红蛋白尿。

4. 防治

防治蜱病，应在充分了解当地蜱的活动规律及滋生场所的基础上，根据具体情况采取综合性措施才能取得较好效果。

治疗时常用的灭蜱药物有：溴氰菊酯（倍特），每 kg 水 50～80mg；0.5% 精制敌百虫；0.2% 杀虫脉，逐头喷雾和涂擦，间隔 10d 左右再用一次药。灭蜱常用的药物可根据使用季节和应用对象，选用喷涂、药浴或粉剂涂撒等不同的用药方法；还应随蜱种不同，优选合适的药液浓度和使用间隔时间；各种药应交替使用，以避免抗药性的产生，增强杀蜱作用。

消灭圈舍的蜱，对圈舍内蜱的防治尤为重要。可用水泥、石灰、泥土拌上药物堵塞圈舍的所有缝隙和孔洞；定期用药物喷洒圈舍；有条件的情况下，在蜱活动期间停止使用有蜱的圈舍。

消灭自然界的蜱，可深翻牧地；清除杂草灌木；对蜱滋生场所进行药物喷洒等。

十四、牦牛螨病

由痒螨科或疥螨科的螨类寄生于牦牛的体表或表皮内所引起的慢性皮肤病又叫疥癣、疥虫病、疥疮，俗称癞病。不同种的螨类可引起不同的螨病，以接触感染、患病动物剧痒及各种类型的皮肤炎症为主要特征，具有高度传染性，发病后往往蔓延至全群，危害十分严重。

1. 病原及生活史

疥螨体型很小，肉眼不易见，体近圆形，背面隆起，腹面扁平，呈灰白色或略带黄色。背面有细横纹、锥突、圆锥形鳞片和刚毛，腹面有 4 对粗短的足，呈圆锥形，两对向前，两对向后，后两对足不伸出体缘之外，雄虫体后部无生殖吸盘和尾突。雌螨比雄螨大。痒螨虫体较前者大，呈长圆形，足呈细长圆锥形，后两对足伸出体缘之外，雄虫后部有生殖吸盘和尾突。

螨虫生活史为不完全变态，即在发育过程中经过虫卵、幼虫、若虫和成虫四个不同的阶段，全部发育过程都在宿主体内完成。其中雄购有一个若虫期，雌螨有两个若虫期。

牦牛疥螨主要在牦牛皮薄且软的部位寄生，并以表皮深层的细胞液及淋巴液为食物，终生在牦牛皮肤内度过。在适宜的条件下，牦牛疥螨的一个生活周期是：雄虫为 8~14d，雌虫为 14~22d。当雌虫发育为若虫（第 2 期若虫）时，雄虫已发育成熟，雌雄交配在这时发生。交配后雄虫死去，雌虫则向皮内挖掘隧道并在其内发育成熟、产卵。每个雌虫产卵 40~50 枚。

牦牛痒螨多在牦牛毛较密而长且温度、湿度比较稳定的皮肤表面生活、繁殖，以皮屑、细胞及体液、淋巴液、渗出液为食。其发育过程和疥螨大致相似，但不挖掘隧道，终生营养寄生生活。

螨病主要发生于春初、秋末、冬季。一般在秋末开始，冬季出现流行高峰期，次年春末进入夏天，阳光充足、家畜换毛、皮温升高、水草充足时开始逐渐好转，有些出现临床自愈；犊牛、成年体弱母牛的发病率较高于其他牛，有时可遍及全身。临床"自愈"的牦牛往往成为带虫的传染源；营养充足、体质健壮的，也可能感染但没有临床症状，也还是极为重要的传染源；还有就是厩舍、放牧地、饮水处、套绳、鞍具以及牧民的衣服和手、犬和其他野生动物等间接传播。虫体常隐藏在牦牛躯干毛长或不见阳光的皮皱处，如耳壳、尾根、蹄间、眼窝、裙毛以内。一旦环境条件发生变化，开始出现临床症状并传染给其他牦牛。发病开始于颈部、角根及尾根等处。

2. 临床症状

病变多始于耳壳、面部、尾根、阴囊、角根、四肢内侧，患部脱屑脱毛后形成大小不同的灰白色秃斑、皮肤增厚、痂皮形成、消瘦等，在夜间和天气冷时痒感加剧。虫体寄生部位首先出现小疙瘩或丘疹，而后变为小水疱或脓疱，由于病变部位奇痒，病牛表现为骚动不安，摇动耳朵，不停地舔舐患部或在周围的墙角、树桩上进行磨蹭患部，使表皮破损，皮下渗出黄色体液，形成痂块，被毛脱落，病变逐渐向四周蔓延扩散，严重时可波及全身，出现皮肤损伤、流出血液或渗出液，使皮肤增厚，甚至皱褶或龟裂。致使病牛食欲减退、营养不良、体格消瘦、贫血、行动不便，最后导致死亡。

3. 诊断

对有明显症状的螨病患畜，根据发病季节、剧痒、患病皮肤病变等，诊断并不困难。对症状不明显的病例，可刮取健康部位与病患部位交界处的皮肤，深度以稍刮出血时为止，然后将刮下物放于黑纸上，用白炽灯照射，待螨爬出后，在镜下进行确诊。

4. 防治

口服、注射伊维菌素或阿维菌素类药物治疗或预防，剂量为每 kg 体重 0.2mg，严重病畜间隔 7～10d 重复用药一次。国内生产的类似药物商品名很多，有粉剂、片剂（口服）和针剂（皮下注射），也有其他一些剂型等。1%～2% 石炭酸或克辽林溶液涂擦或喷淋；2%～4% 的烟叶浸汁涂擦患部。

由于大多数治螨药物对螨卵的杀灭作用差，因此需间隔一定时间后重复用药，以杀死新孵出的幼虫。在治疗病畜的同时，应用杀螨药物彻底消毒畜舍和用具，治疗后的病畜应置于消毒过的畜舍内饲养。隔离治疗过程中，饲养管理人员应注意经常消毒，避免通过手、衣服和用具散播病原。

在流行地区，控制本病除定期有计划地进行药物预防外，还要加强饲养管理，勤换垫草，保持圈舍干燥清洁；对圈舍定期消毒（10%～20% 石灰乳）；出现患病动物后，立即隔离并进行治疗；新引进动物要隔离观察一段时间后合群。

第五节　常见普通病防治

一、口炎

口炎是口腔黏膜的炎症。根据其性质可分为卡他性、水疱性及化脓性口炎；根据病因可分为原发性和继发性口炎。主要发生于牦牛犊，成年牦牛发病少。脓疱型口炎常在秋季与羊口疮一起流行。

1. 病因

采食粗硬、有芒刺或刚毛的饲料，如尖锐的麦芒；采食过热、冰冻、霉败饲料或有毒植物后，亦可发生。也见于患有口蹄疫、传染性鼻气管炎、脓疱性口炎病毒和病毒性腹泻 - 黏膜病。

2. 症状

病牛流涎、采食和咀嚼障碍，口腔黏膜潮红、增温、肿胀和疼痛。有的病牛口腔黏膜可见水疱、溃疡、脓疱或坏死等病变，有些病例伴有发热等全身症状。脓疱型口炎患病牦牛犊口腔外周集聚见有多量黄豆大小的疣状结节，尤以鼻镜上方和下唇皮肤上最多。

3. 治疗

查明病因，采取相应的处理方法，加强护理，给予柔软饲料和清洁饮水。消毒和收敛用1%～3%鱼石脂、3%硼酸、0.1%高锰酸钾水。溃疡面涂布碘酊甘油、冰硼散或磺胺甘油混悬液。必要时用抑菌消炎药进行全身疗法。

二、前胃弛缓

前胃弛缓是指前胃神经兴奋性降低，平滑肌自主运动性减弱，瘤胃内容物运转缓慢，微生物区系失调，产生大量发酵和腐败的物质，引起消化障碍，食欲、反刍减退，乃至全身机能紊乱的一种综合征。本病随着牦牛舍饲育肥技术的不断推广和应用，该病在育肥牛群中成为多发病。临床上以食欲废绝、反刍减弱或停止、前胃蠕动衰退为特征。

1. 病因

饲养管理不当是引发该病的主要原因。高原地区牦牛大多以自然草场放牧为主，耐寒，耐粗饲，而突然转入育肥圈舍，饲养方式及其所处的饲养环境发生改变，牦牛易过食和运动量减少，易诱发该病。其次，育肥牦牛增重速度快，多喂优质牧草，而且精料饲喂量大，导致前胃机能紊乱，兴奋性减低，前胃微生物菌群区系被破坏，引发前胃弛缓。给牦牛长期大量服用抗生素可引起本病。继发性前胃弛缓常见于患有其他前胃病、口炎、肝片吸虫和生殖疾病过程中。

2. 症状

患牛精神沉郁，全身衰弱无力，被毛粗乱无光，鼻镜和皮肤干燥，饮食欲减退，个别出现异嗜，反刍减弱甚至停止，粪干、色深并覆有黏液，拱背，磨牙。有的腹痛明显，呻吟，或将下腹紧贴地面，回头顾腹，慢性腹胀，瘤胃松软，蠕动减弱，表现为浅而慢的蠕动，蠕动波在15s以内，甚至蠕动停止。口臭，苔白，口温低，唾液黏稠，气味难闻，若治疗不及时，患牛因衰竭而死亡。

3. 诊断

根据病史、临床症状可建立诊断，关键是要区分是原发性前胃弛缓或继发性前胃弛缓。

4. 治疗

治疗原则是除去病因，加强护理，清理胃肠，增强前胃机能，改善瘤胃内环境，恢复正常微生物区系，防止脱水和自体中毒。

清理胃肠：硫酸钠（或硫酸镁）300～500g，鱼石脂20g，酒精50ml，温水6000～10000ml，一次内服。或用液体石蜡1000～3000ml、苦味酊20～30ml，一次内服。重症病例，采取洗胃的方法，排除瘤胃内容物。

增强前胃机能可用促反刍液，5%葡萄糖生理盐水500～1000ml，10%氯化钠

100~200ml，5% 氯化钙 200~300ml，安纳咖注射液 10ml，并配合维生素 B_1，静脉注射。

改善瘤胃内环境，恢复正常微生物区系。当瘤胃内容物 pH 降低时，宜用氢氧化镁 200~300g，碳酸氢钠 50g，常水适量，一次内服；当瘤胃内容物 pH 升高时，宜用稀醋酸 30~100ml 或常醋 300~1000ml，加常水适量，一次内服，或在洗胃基础上，给病牛投服健康牛瘤胃液 4~8L，进行接种。

中药治疗。脾虚慢草病牛证见慢草、日渐消瘦、粪便稀软，舌色淡白，脉象迟细。治疗宜用四君子汤、加味四君子汤、苍苓白术散和椿皮散。胃热型证见精神不振、口渴喜饮、粪干尿短、唇舌鲜红或带暗紫，脉相洪实。以清泻胃火为治则，可用黄连解毒汤、白虎汤、加味大承气汤和大戟散。胃寒型证见耳鼻俱冷、鼻镜湿润而汗不成珠、流涎、粪便正常或稀薄，舌色青白或稍带黄，脉沉迟无力。以暖胃温中散寒为治疗原则，用温脾散、天麻散、桂心散治疗。

三、瘤胃积食

瘤胃积食是由于瘤胃内集聚了大量干涸内容物所致。以瘤胃内容物积滞，瘤胃增大，触压坚实和疼痛为特征。

1. 病因

食入过量的小麦、燕麦和玉米饲料，尤其研磨较细、压碎颗粒较小时，更易引起该病。或牦牛误入谷仓，食入大量的谷物饲料。或者更换饲喂助手，管理人员不知晓牦牛饲养习惯，食入过量的饲料，同样可引起瘤胃积食。育肥期牦牛，易过食导致发病。发霉饲料、前胃弛缓、瓣胃阻塞等都可引起瘤胃积食。

2. 症状

发病的牦牛鼻镜干燥，甚至会龟裂，食欲废绝、反刍停止、虚嚼、磨牙、时而努责，常有呻吟、流涎、暖气，有时作呕或呕吐。严重病例会出现腹痛现象，摇尾弓背，粪便干硬。瘤胃胀满，触之坚硬，按压留痕，有的病例触之有振水音。瘤胃、肠蠕动声音减弱，便秘，粪便干硬，色暗；间或发生腹泻。病情严重者黏膜发绀，呼吸困难，全身战栗，眼窝凹陷。

3. 诊断

根据病史和临床症状可以确诊。但须与前胃弛缓、急性瘤胃臌胀、皱胃阻塞等疾病进行鉴别。

4. 治疗

治疗原则：增强瘤胃蠕动机能，促进瘤胃内容物排出，调整与改善瘤胃内微生物环境，防止脱水与自体中毒。

先灌服酵母粉 250g，再按摩瘤胃。清肠消导用硫酸镁 300g、液体石蜡 500ml、鱼石脂

15g、酒精50ml、常水3L，一次内服。兴奋瘤胃时皮下注射毛果芸香碱或新斯的明。过食谷物时，用碳酸氢钠30g，常水适量，内服，每日1~2次，并静脉注射复方氯化钠注射液1000ml。

对病程长的病例，除反复洗胃外，宜用5%葡萄糖生理盐水注射液2000~3000ml、20%安钠咖注射液10~20ml，5%维生素C注射液10~20ml，静脉注射，每日2次，达到强心补液、维护肝脏功能、促进新陈代谢、防止脱水的目的。

中兽医将牛瘤胃积食可分为过食伤胃、胃热和脾虚食积。用和胃消食汤或用加减大承气汤。

四、瘤胃臌气

瘤胃臌气是因牦牛采食了容易发酵的饲料，在瘤胃内微生物的作用下，异常发酵，产生大量的气体，引起瘤胃和网胃急剧膨胀，膈与胸腔脏器受到压迫，呼吸与血液循环障碍，严重时发生窒息现象的一种疾病。临床上以突然发病，反刍、暖气障碍，腹围急剧增大，呼吸极度困难等症状为特征。

1. 病因

原发性瘤胃臌气主要由于采食大量易发酵的饲草料，造成产气与排气不平衡，导致急性瘤胃臌气。特别是由舍饲转为放牧的牛群，开始在繁茂草地上放牧的1~3d内较为多见。如初春的嫩草、带露水的青绿饲草、开花前的苜蓿、青贮饲料、菜叶以及块根饲料；或过食大量难消化而易于膨胀的饲料，如豆饼、豌豆；或饲喂了已经发酵、霉败变质的饲料，以及误食有毒植物，如曼陀罗、万年青、夹竹桃、二茬高粱苗、玉米苗等。

继发性瘤臌气，通常由于瘤胃内生理性或病理性产生的气体，向外排出受阻而引起，常继发于前胃弛缓、迷走神经性消化不良、创伤性网胃炎、瓣胃阻塞、食管阻塞等疾病。

2. 症状

急性瘤胃臌气，通常在采食不久或在采食过程中发病。腹部迅速膨大，左欣窝明显凸起，严重者高过背中线。反刍和暖气停止，食欲废绝，发出吭声，表现不安，回头顾腹。腹壁紧张而有弹性，叩诊呈鼓音；瘤胃蠕动音初期增强，常伴发金属音，后减弱或消失。呼吸急促，严重者头颈伸展，张口呼吸，脉率增快。

当发生非泡沫性臌气时，胃管检查可排出大量酸臭的气体，臌胀明显减轻；而发生泡沫性臌气时，仅排出少量泡沫，而臌胀不消失。

慢性瘤胃臌气，多为继发性瘤胃臌气，间歇性反复发作。

3. 治疗

治疗原则是及时排除气体，理气消胀，健胃消导，强心补液，恢复瘤胃蠕动，适时急救。

病情轻的病例，使病畜立于斜坡上，保持前高后低姿势，不断牵引其舌或在木棒上涂煤油或松节油后给病畜衔在口内，同时按摩瘤胃，促进气体排出。若通过上述处理，效果不显著时，可用松节油 20～30ml、鱼石脂 10～20g、酒精 30～50ml，温水适量，牛一次内服。

严重病例，当有窒息危险时，首先应进行胃管放气或用套管针穿刺放气（间歇性放气），防止窒息。术后，通过套管针注入鱼石脂 15～25g，酒精 100ml，常水 1L。若放气不畅，先注入二甲基硅油 2～4g，或食用油 100ml，按摩瘤胃，待气体放完后再注入鱼石脂酒精合剂。

中兽医称瘤胃臌气为气胀病或肚胀，治以行气消胀、通便止痛为主。用消胀散：炒莱眼子 15g，枳实、木香、青皮、小茴香各 35g，玉片 17g，二丑 27g，共为末，加清油 300ml，大蒜 60g（捣碎），水冲服。

五、瓣胃阻塞

瓣胃阻塞是瓣胃内容物干涸，阻塞不通的疾病，中兽医称之为百叶干。

1. 病因

放牧牦牛发病较少，舍饲育肥牦牛发病较多。多因长期大量饲喂兴奋刺激性小或缺乏刺激性的细粉状饲料，如谷糠、数皮等，以致瓣胃的兴奋性和收缩力逐渐减弱；反之，长期过多地饲喂粗硬难消化的饲料，使瓣胃排空缓慢，水分逐渐被吸收，以致内容物干涸积滞，尤其是饮水不足时，更易促使本病发生。此外，草料内混有大量沙土、过劳和运动不足等，均可促进本病发生。冬春季节，饲草单一、质量差，饮水减少，也是促成发病的原因。

继发性瓣胃阻塞，常继发于前胃弛缓、瘤胃积食、瓣胃炎、皱胃变位、皱胃阻塞以及某些急性热性病经过中。

2. 症状

病初呈精神沉郁，食欲减退，鼻镜干燥，嗳气减少，反刍缓慢或停止，瘤胃蠕动音减弱，瘤胃内容物柔软，有时出现轻度膨胀，左侧腹围稍膨大。轻度腹痛，回顾右腹部、努责、摇尾、左侧横卧等。瓣胃蠕动音减弱，很快消失，触压右侧第 7～10 肋间肩关节水平线上下，有时表现疼痛不安，躲避检查。初期粪便干少，色暗成球，算盘珠样，表面附有黏液，粪内含有多量未消化的饲料和粗长的纤维。后期排粪停止，鼻镜龟裂，眼球下陷，结膜黄染。

3. 诊断

主要依据食欲不振或废绝，瘤胃蠕动音低沉或消失，触诊瓣胃敏感性高，排粪迟滞甚至停止等，可做出初步诊断，必要时进行剖腹探查。

4. 防治

本病的治疗原则，主要是增强瓣胃蠕动机能，促进瓣胃内容物排出。

轻症病例内服泻剂和促进前胃蠕动的药物。如硫酸镁或硫酸钠 500～800g，常水 1～2L。或石蜡油或植物油 500～1000ml，一次内服。

重症病例可实施瓣胃内注射。用硫酸镁 400g、普鲁卡因 2g、咪喃西林 3g、甘油 200ml、常水 3000ml，溶解后一次注入。次日或隔一日可再注射一次。并适当配合补碱、补液等治疗措施。

中兽医学称瓣胃阻塞为"百叶干"，用猪膏散加减：大黄 60g，芒硝（后入）120g，当归、白术、二丑、大戟、滑石各 30g，甘草 10g。共研细末，加猪油 500g，开水冲服。加减：口色燥红甚者，胃火炽盛，加石膏、知母等；肚胀者，加枳实、厚朴。

六、肺炎

肺炎是牦牛细支气管及肺泡发生的急性或慢性炎症。临床特征为咳嗽、流鼻液、体温高和呼吸困难。常见于寒冷季节或气温突变时。犊牛肺炎可能是巴氏杆菌和葡萄球菌感染引起的。

1. 病因

常见于寒冷季节或气温突变时。由于天气骤变，寒冷、潮湿，诱发感冒，导致机体抵抗力降低后，一方面病毒、细菌直接感染；另一方面呼吸道寄生菌（如肺炎球菌、巴氏杆菌、链球菌、葡萄球菌、化脓杆菌、霉菌孢子、副伤寒杆菌等）或外源性非特异性病原菌乘虚而入，呈现致病作用。带犊母牦牛营养不良，乳量少或哺乳不足，犊牛体弱或感冒而诱发本病的发生。也有因灌药等引起发生异物性肺炎。

2. 症状

主要的症状是咳嗽、流鼻液、体温高，犊牛可达到 40～41.5℃。病初表现干、短和疼痛咳嗽，随着炎性渗出物的增多，变为湿长的咳嗽。鼻孔流出浆液性、黏液性或黏液脓性的鼻液。可出现干啰音和湿啰音。转化为大叶性肺炎时流铁锈色或黄红色的鼻液，病牦牛高度呼吸困难，呈稽留热。

3. 治疗

祛痰镇咳可用氯化铵、吐酒石、复方樟脑酊和复方甘草合剂等。抑菌消炎可选用抗生素或磺胺类药物。制止渗出可静脉注射 10% 氯化钙。体温过高用复方氨基比林或安痛定注射液。

七、腹泻

1.病因

饲喂劣质饲料、牦牛体况差、饲养密度过大、牛舍卫生条件较差、牛舍消毒不严格、季节交替、天气忽冷忽热等因素，导致牦牛抵抗力下降，出现肠道菌群失调的现象，再加上细菌和病毒感染，极易引发腹泻。此外，隐孢子虫、线虫、蛔虫等也可引起牦牛腹泻。对新生犊牛未进行定量、定温及定质饲养，从而导致牛犊腹泻。

2.症状

病牛精神沉郁，食欲降低，排灰白色的粪便，严重情况下可能排水样粪便，粪便中还可能夹杂着未完全消化的草料等，有强烈的腥臭味。消化不良性腹泻病牦牛体温无明显变化。感染性腹泻，粪便则呈墨绿色，体温高，精神沉郁。急性感染性腹泻牦牛体温高达42℃左右，流泪，浆液性鼻液，食欲废绝，口腔溃烂，排血便；而慢性腹泻的症状一般不明显，体温浮动较小，但是鼻子出现溃烂，牙龈红肿，不定期出现腹泻。

3.防治

做好接生工作，做好犊牛的消毒和保温工作。做好饲料防霉，饲喂做到定时、定量，补饲骨粉、食盐和微量元素，适当给予铁、锌和维生素E。对牛舍及喂养器具进行定期消毒。按时为牦牛接种疫苗。

对腹泻牦牛，采用抗生素结合补液疗法。肌内注射或静脉注射庆大霉素、氟哌酸等抗生素进行注射静脉注射。在治疗过程中需对牦牛进行补液，静脉滴注高渗盐水及葡萄糖溶液。

中药治疗，白头翁50g，红皮蒜50g，百草霜30g，将白头翁及大蒜水煎后与百草霜相混合服用，每天1剂，连续治疗3d即可好转。

八、牦牛犊消化不良

牦牛犊消化不良是引犊牛腹泻的主要病因之一。临床特征是长期顽固性腹泻，消瘦，发育迟缓，多数由于营养不良而导致死亡。多发生在出生后12~15日龄。

1.病因

主要是吃初乳不足，母牛挤奶过多；犊牛饥饱不均，天气突变，在潮湿冰冷的田地上停留或卧息过久、受凉等，胎粪滞留也可引起该病。

2.症状

病情较轻，精神尚可，仍有食欲，体温正常，排出灰白色或黄色、绿色、褐色粥样粪，有的呈水样，一般无异常恶臭。当病情加重时，有时会出现轻度腹胀，排出水样酸臭粪便，其中混有消化不全的凝乳块，排便次数增多，此时犊牛精神不好，两眼无光，常卧地，不吃乳，有腹痛症状，如不及时治疗，很快会出现脱水和酸中毒，并因脱水、水盐代谢失调和心功能衰竭而死亡。

3. 治疗

应着重除去病因，改善母牦牛的饲养管理，从而改善乳汁的质量。恢复胃肠功能，可给予帮助消化的药物，如胃蛋酶 8g、乳酶生 8g、葡萄糖粉 30g 混合，加水适量投服，每天 3 次。腹泻严重病例肌内注射硫酸庆大霉素，静脉注射葡萄糖生理盐水和 5% 碳酸氢钠，或用 0.2% 亚硒酸钠、维生素 A、乳酸菌素，可取得良好效果。

九、牦牛子宫脱出症

牦牛子宫脱出是子宫外翻完全或不完全脱出于阴门之外，是兽医临床的常发病。子宫脱出在牦牛自繁分娩时发病较少，但在牦牛种间杂交中此病相对较多，如果发病后治疗不及时或治疗不当则会造成牦牛的不孕甚至死亡。

1. 病因

常见于胎儿过大。牦牛与其他品种的、个体较大的牛杂交后形成的胎儿个体大且羊水多，这造成腹部压力增大，子宫阔韧带过度松弛，此类母牛分娩时子宫易随胎衣脱出。

其次常见于牛难产时，努责时间长，破水时间长，产道干燥，此时易发生子宫外脱。而难产助产时牵拉胎儿过猛、速度过快，造成母牛产道损伤，引起母牦牛子宫过度伸张、频繁努责时，可导致子宫内翻脱出。牛胎衣不下时，在胎衣上系重物或强行牵引胎衣也易造成子宫脱出。

妊娠母牛饲养管理不当、营养不良、运动不足，加之气候寒冷、缺草、缺料，使子宫弛缓引发子宫脱出。

2. 症状

根据临床表现分为子宫套叠和子宫完全脱出。

子宫套叠仅从体表不易发现。母畜产后出现不安、努责、举尾、尿频和疝痛等症状时，检查阴道常可发现子宫角套叠于子宫颈或阴道内。若子宫套叠不能复原，则易发生浆膜粘连和子宫内膜炎。

子宫完全脱出临床主要表现为子宫脱出于阴门外（脱出的子宫一般呈圆形或梨形），有时其可下垂到附关节，脱出的子宫呈鲜红色，有光泽。由于患牛体质虚弱，卧多立少，其子宫黏膜往往附有粪便、杂草、泥沙等脏物。随着脱出时间的延长，脱出的子宫会出现瘀血、水肿，黏膜干裂等现象，继而还可能出现大出血，最后母牛会因疼痛、衰竭而亡。

3. 治疗

主要用手术整复治疗。及早发现，及早手术。

子宫套叠治疗时，术者手部消毒，涂润滑油。将手伸入患牛阴道及子宫内，微微向前推压套叠部分，必要时手指并拢，伸入套叠的凹陷内，左右摇动向前推动。有时用生理盐水灌注子宫，借水的压力可使子宫还原。

子宫完全脱出治疗时，在清洗消毒前先要清出患牛直肠内的宿便。气温较低时，一般应用 38～40℃、0.1% 的高锰酸钾液冲洗脱出子宫的表面，并剥离还未脱落的子叶和胎衣。若子宫瘀血和水肿严重，2% 普鲁卡因后海穴麻醉。可用 38～40℃、3%～5% 的明矾溶液浸泡子宫 5min。先辨认子宫角和子宫体，使子宫角充分内翻并连同子宫体完全推入腹中，然后用手轻轻抚摩子宫黏膜，促进子宫收缩，以使之尽量复位。同时向子宫内投入刺激性小的抗生素，视全身情况给予对症治疗。

十、食盐中毒

食盐中毒是在牦牛饮水不足的情况下，因摄入过量的食盐饲料引起的以消化紊乱和神经症状为特征的中毒性疾病。

1. 病因

牦牛在进行集中育肥饲养，在饲料中加入过多食盐或搅拌不均匀，牦牛采食后饮水不足而发生中毒。

2. 症状

病牛不食草，精神萎靡，鼻镜干燥，头壹耳低，眼窝下陷，结膜弥漫性潮红，瞳孔散大，无光泽。肌肉震颤，口腔干燥充血，渴欲增加，呈现腹痛、腹泻、排血便。

空口咀嚼，口吐白沫，脉搏 80～11。次 /min，体温 37.8～38.9℃，呼吸 30～41 次 /min。多数牦牛卧地不起，强制扶起后，病牛行步失调，站立后不久便倒地，有时呈犬坐姿势。尿少呈褐色。瘤胃蠕动减弱，蠕动次数乃至停止，心动过速，呼吸困难。

病理剖检可见血液黏稠，皮下组织干燥；胃肠黏膜水肿、出血；肝肿大、质脆；肠系膜淋巴结充血、出血；心内膜有小出血点。

3. 诊断

根据发病牦牛群有过量食用食盐的病史、临床表现及病理剖检，即可诊断为食盐中毒。必要时可测定血清及脑脊液中钠离子的浓度和食物中氯化钠的含量。尿液中氯的含量大于 1% 为中毒，血液中氯化钠达到 9.0mg/ml 时为中毒。

4. 治疗

主要以颉頏钠离子、强心、补液、利尿、解痉、整肠和健胃为治疗原则。

立即停止饲喂自配饲料，少量多次饮水。耳尖、尾尖、四蹄放血。

强心可用 20% 安钠咖 20ml，肌内注射，每日 1 次。

补液利尿采用 5% 葡萄糖 1000ml、速尿 20ml，一次静脉注射，每日 1 次。

解痉采用 25% 硫酸镁 40ml，一次肌内注射，每日 1 次。也可以用安溴注射液 100ml，10% 葡萄糖注射液 500ml，混合静脉注射。30% 安乃近注射液 40ml，肌内注射。

利尿排钠用 10% 葡萄糖注射液 1000ml，氨溴注射液 60ml，25% 葡萄糖注射液 100ml，10% 葡萄糖酸钙 100ml，速尿 10ml，混合静脉注射。

注射过程中病牛出现排尿现象，尿色浓而黄，后逐渐变淡。经上述治疗，病牛痊愈，可以自行采食，各项生理现象恢复正常。

甘草加绿豆煎制服汤，一天数次。连用数天，有较好疗效，除有 2 头体质较差的牦牛死亡外，其余病牛全部痊愈。文献报道一起食盐中毒病例，是由于牦牛在自然的放牧环境下，突然集中饲养，投给大量食盐造成牦牛过量食用。这次食盐中毒事故中，体格强壮，采食好的牦牛最为严重，这可能是牦牛食入过多而造成的。改善饲养管理，饲养过程中控制好食盐用量。

每天饲喂定量食盐，充分搅拌均匀，保证饮水充足，避免误食。

若发现牦牛减食或不食，争取做到早发现、早治疗，以减少不必要的损失。

十一、牦牛瘤胃酸中毒

瘤胃酸中毒是反刍动物采食大量的谷类或其他富含碳水化合物的饲料后，导致瘤胃内产生大量乳酸而引起的一种急性代谢性酸中毒。其特征为消化障碍、瘤胃运动停滞、脱水、酸血症、运动失调、衰弱，常导致死亡。

1. 病因

随着市场对牦牛肉的需求增加和价格的不断上涨，以及舍饲示范园区的建立，为了提高育肥速度，盲目大量补饲以玉米和青稞为主的精料补充料。采食后 6h 内，瘤胃中的微生物群系就开始改变，牛链球菌数量显著增多。碳水化合物饲料被分解为挥发性脂肪酸（VFA）、D- 乳酸和 L- 乳酸。瘤胃内容物 pH 下降。当 PHT 降至 4.5~5 时，瘤胃中除牛链球菌外，纤毛虫和分解纤维素的微生物及利用乳酸的微生物受到抑制，甚至大量死亡。最终引起机体脱水和瘤胃炎。同时瘤胃内组胺和内毒素也随之生成，加剧了瘤胃酸中毒的过程。

2. 症状

轻微瘤胃酸中毒的病例，病畜表现神情恐惧，食欲减退，反刍减少，瘤胃蠕动减弱，瘤胃胀满；呈轻度腹痛（间或后肢踢腹）；粪便松软或腹泻。若病情稳定，勿需任何治疗，3 ~ 4d 后能自动恢复进食。

中等度瘤胃酸中毒的病例，病畜精神沉郁，鼻镜干燥，食欲废绝，反刍停止，空口虚嚼，流涎，磨牙，粪便稀软或呈水样，有酸臭味。体温正常或偏低。瘤胃蠕动音减弱或消失，瘤胃内容物坚实或呈面团感。而吞食少量粗饲料的病畜，瘤胃并不胀满。

重剧性瘤胃酸中毒的病例，蹒跚而行，共济失调，或卧地不起；眼反射减弱或消失，瞳孔对光反射迟钝；头回视腹部，对任何刺激的反应都明显下降；有的病畜兴奋不安，视觉障碍，以角抵墙，无法控制。随病情发展，后肢麻痹、瘫痪、卧地不起；最后角弓反张，昏迷而死。

3. 病理变化

发病后死亡的急性病例，其瘤胃和网胃中充满酸臭的内容物，黏膜呈糊状，容易随胃内容物脱落，露出暗色斑块，底部出血；血液浓稠，呈暗红色。

4. 诊断

根据临床症状和过食谷物类精饲料的病史，以及瘤胃液 pH 下降至 5.0 以下，容易确诊。

5. 治疗

治疗原则：加强护理，清除瘤胃内容物，纠正酸中毒，补充体液，恢复瘤胃蠕动。

（1）纠正酸中毒和脱水

纠正酸中毒，静脉注射 5% 碳酸氢钠注射液，每 100kg 体重 1000ml。补充体液，5%葡萄糖氯化钠注射液 3 000～5000ml、20% 安钠咖注射液 10～20ml、40% 乌洛托品注射液 40ml，静脉注射。

（2）瘤胃冲洗

使用大口径胃管以 1%～3% 碳酸氢钠液或 5% 氧化镁液，通常需要 30～80L 的量分数次洗涤，排液应充分，以保证效果。

（3）对症治疗

为防止继发瘤胃炎、急性腹膜炎或蹄叶炎，消除过敏反应，可静脉注射扑敏宁，肌内注射盐酸异丙嗪或苯海拉明等药物。出现休克症状时，用地塞米松。

第七章 藏羊概述

第一节 发展藏羊的意义

藏羊是在青藏高原地区经过长期自然选择和人工选育形成的古老绵羊品种，是其产区的景观羊种和主要畜种资源，是产区人民重要的生产和生活资料，对产区的经济发展具有极其重要的作用。藏羊终年放牧于天然牧场，所产羊肉是纯天然无污染的绿色食品，目前，以营养、安全而日益显示出市场竞争力。发展藏羊产业对提高牧户收益，加快牧区建设，维护青藏高原地区社会稳定、促进民族经济繁荣和保持生态平衡具有极其重要的意义。

第二节 藏羊品种的形成

一、特殊的自然生态条件

青藏高原位于亚洲大陆中部，西起帕米尔高原、东迄横断山脉，北界昆仑山、祁连山，南抵喜马拉雅山，地域辽阔，山川险峻，自然资源丰富，是地球上一个独特的生态环境区域，素有"世界屋脊"之誉，也是长江、黄河、澜沧江、怒江及雅鲁藏布江的发源地。区域的范围包括西藏自治区（以下称西藏）和青海省全部以及云南西北部、四川西部、甘肃西南部和新疆维吾尔自治区（以下称新疆）南部，共6个省（自治区）的38个地区（市、自治州），共211个县（市、自治县）的全部或部分。

青藏高原面积约250×104km²，约占中国陆地的1/4，平均海拔都在4000m以上。地质、地貌特征为：总体地势呈西北高，东南低。高原周边切割强烈，造成巨大的地形反差，喜马拉雅山与南侧恒河平原高差可达6 000m。昆仑山与塔里木盆地间高差也达4000m以上。不仅如此，在高原上还耸立着许多巨大的山系和群峰。

高原内部总体地势较为平坦，由高原面、盆地面、湖盆谷、河流阶地、低山丘陵区和山顶面等地貌单元组成，高原内部中高山系包括冈底斯山、念青唐古拉山、唐古拉山、西亚尔岗山、祖肯拉山、可可西里山与巴颜喀拉山等山脉，山顶面高出高原面 800~2000m；高原内部盆地面主要分布于断陷带与湖区，略低于高原面平均海拔高程，与高原面呈渐变过渡关系。在青藏高原北部，发育大量火山岩台地，表现为中新世纪晚期—广上新世碱性玄武岩呈面状覆盖于高原剥离面之上；受不同方向断裂所控制的火山机构，常构成线状展布、高度不同的锥状或柱状山体。高原面、盆地面与高原内部山脉之间常呈断裂接触，发育线状展布的断层崖与断层三角面。

地形的组成主要有：①平原地区：面积占总面积的 5.64%，主要分布在柴达木盆地，藏北羌塘高原地区也有零星分布的小型宽谷平原或盆地区，如可可西里高原、长江黄河源区、若尔盖地区分布的中小型盆地。②缓起伏丘陵：缓起伏丘陵地带与青藏高原分布的平原或小型盆地区分布大致相同，主要分布在柴达木盆地边缘及羌塘高原地区，面积占 6.51%。③缓起伏高地：占总面积的 23.51%，分布在羌塘高原地区、长江黄河源区和若尔盖地区，藏南河谷地区和横断山河谷地带也有零星分布。④小起伏山地：为最广泛分布的地貌类型，面积占 26.67%，分布在藏南地区和长江上游地区。⑤中、大起伏山地：主要分布在雅鲁藏布江中下游地区和四川西部地区，面积约占总面积的 28%。⑥极大起伏山地区：面积占 9.34%，其分布与青藏高原主要山脉分布走向相同，集中分布地区的藏东南及雅鲁藏布江大拐弯，横断山地区和高原西北部昆仑山脉。

青藏高原特殊的地形、地貌特征使其经历了由低海拔的热带、亚热带森林转为高寒草甸、干旱草原与荒漠的不同类型生态环境的变迁，并且在近期高原仍在继续隆升，新构造运动强烈影响下，生态环境处于动荡不定之中，特别是断裂模型较大、密度较高的青藏高原内部各单元的交接地带，各种自然地理过程仍较年轻而不稳定。

青藏高原河流众多，周边水系以外流水系为主，东部水系大部分向东汇入黄河与长江，南部与西部水系汇入雅鲁藏布江和印度河。高原腹地水系以内流水系为主，自高处流向低处，自四周汇聚于高原湖泊。除藏东、藏东南河流为常年性河流居多外，多数地区地表径流匮乏，特别是干旱区流域的五级支流，多为季节性河流或间歇性河流。

青藏高原是我国湖泊主要分布地区，有数百个大小不等的湖泊，藏北湖泊大部分为咸水湖或盐湖，藏南很多湖泊为淡水湖。多数湖泊规模较小。规模较大的湖泊仅有青海湖、纳木措、色林措、当诺雍措、扎日南木措、羊卓雍湖、多格措仁、多格措仁强措、可可西里湖、乌兰乌拉湖、鄂陵湖与扎陵湖等湖泊。大湖泊的特点是：除了鄂陵湖、扎陵湖外，全部是内流湖，且都是咸湖，湖水深度大，水域面积大，海拔特别高。结合青藏高原湖泊特点，分为构造湖、河成湖、堰塞湖、火山湖、人工湖和风成湖等。大型的构造湖泊，湖盆较深，水域面积较大，对径流水量调节、周边生态环境"小气候"影响的作用越大，而一些小型的季节性湖泊、冰川湖泊，容易受到降水、冰雪融水的影响，对周边生态环境的影响和调节作用相比大型湖泊要小得多。

冰川是青藏高原冰冻圈的重要元素，它是在低温和丰富的固态降水条件下，以及一定的海拔高度和地形条件下逐年积累演变形成的。地球表面约有11%的面积被冰川和永久性积雪所覆盖，4/5的淡水储存在冰川上，据统计，青藏高原分布着面积达19 161.9km²的冰川，约占全国冰川面积58 651.08km²的84%，是全球山岳冰川面积的26%，占亚洲冰川面积的1/2，冰储量约为1105.6km³。高原冰川是高原腹地内陆水系和高原边缘外流水系的重要补给源泉，也是滋润高原上万物生灵、保持生态环境平衡的重要淡水资源。

沼泽是地表水体的组成成分之一。沼泽是地表过湿或有薄层积水，主要生长着沼生植物，并有泥炭积累或有机物质开始泥炭化的地段。青藏高原是我国第二大沼泽集中分布区。青藏高原沼泽主要分布在高原的东部和藏南谷地。虽然面积大，但沼泽类型较少，均属富营养沼泽，其中，分布面积最大的是蒿草、苔草沼泽，是青藏高原特有的沼泽类型。

青藏高原大部分地区气候具有太阳辐射强，日照时间长，高寒缺氧，干燥多风等特点。青藏高原光照丰富，高原主体年日照时数在2 500～3 600h，是我国日照时数最多的地区之一。其地理分布的特点是，高原西部、北部日照时数多，东南部少，呈西北一东南向逐减之势。

青藏高原总辐射量居全国之首。年总量在5 000～8 000兆焦耳/m²较同纬度内地大2 000～3 000兆焦耳/m²，年总辐射量的分布也是高原东部小，西部大。低值区在高原东南和东部地均较小，多数年份6月的总辐射量小于5月和7月，总辐射强度很大。

青藏高原有我国降水量最少的地区，如柴达木盆地西北部的冷湖年平均降水量仅17.6mm，比塔克拉玛干大沙漠边缘还少，但在青藏高原南部雅鲁藏布江下游，也有居我国第二位的多雨中心。从平均降水量分布来看，总的趋势是自东南向西北减少。藏东南一般都在600～800mm，藏西北与新疆交界处，其年平均降水量约在50mm以下。

青藏高原近地气压场和平原地面气压场近似，夏季是一个热低压，而冬季是一个冷高压，但地面气压的年变化却与平原地面相反，即夏季气压高，冬季气压低。青藏高原地面气压日变化的振幅比平原大。

青藏高原气候的主要特征是年平均气温比较低。与同纬度相比，高原地面年平均气温比四周要低10～14℃，特别是夏季，藏北平均比我国东部平原同纬度日平均温度低20℃，高原气温年较差比平原要小，而日较差比平原大，前者与海洋相近，而后者则表现一种强内陆山地气候特征。

高原上空气干燥，全年平均绝对湿度只相当于同纬度平原的1/3，藏北比中西伯利亚也要小50%。年平均相对湿度40%～50%，比同纬度平原（60%～80%）要低20%。但冬季低40%～60%，而夏季除藏西相对湿度较小外，90吋以东则几乎和同纬度平原相当，比中印半岛西北部（低于60%）和伊朗高原都要大。青藏高原也是多冰雹、大风和雷暴区。

青藏高原的独特的地质构造、地貌类型、气候条件十分复杂，深刻影响着高原的生态多样性。孕育出青藏高原独特的生态系统。青藏高原上广泛分布着由适低温的中生多年生草本植物组成的高寒草甸，蒿草草甸分布最广，以蒿草属植物占优势。高寒草原是高海拔地区适应寒冷半干旱气候的植被类型，它在青藏高原腹地占据优势，它以耐寒旱生的多年生丛生禾草，根茎苔草和小半灌木为建群种，具有草丛低矮、层次简单、草群稀疏，覆盖度小，伴生着适应高寒生境的垫状植物层片以及生长季节短、生物产量较低等特点。

独特的气候条件和优良的天然牧场为藏羊的正常繁衍提供了特殊的生长环境。

二、劳动人民长期的精心选择

藏系绵羊是我国的三大粗毛绵羊品种之一，在我国青藏高原及与其毗邻的川、滇、甘等高寒地区均有分布。据传说藏羊是元朝时期野生盘羊（大头弯羊）与本地藏羊交配的后代，是经过长期自然选择和广大牧民群众的辛勤培育而形成的能适应当地高寒牧区开阔的高山、亚高山草甸和灌丛草甸草原生态环境的特有畜种之一，也是我国青藏高原特有的畜种资源和宝贵的基因库，是当地畜牧业经济活动的主体羊种，是其产区人民重要的生产和生活资料。在长期的生产实践中，产区人民积累了极其丰富的选育和繁殖羊只的经验。这是藏羊品质形成的社会条件和技术条件。

三、社会需求加速了藏羊品种的形成和发展

在青藏高原独特的生态条件下，畜牧业和动物生产几乎是当地唯一的生产模式和生活资料来源。在漫长的冷季，肉食品成为人们的首选，养羊既能将天然牧草转化为人类所需产品，又能持续发展，在众多的青藏高原藏羊类群中，经过劳动人民的长期选择，在当地特定的生产条件下，藏羊分化成为藏羊的优秀品种之一。它既具有独特的专用生产方向，又具备生产多种产品的能力，能满足人们的生产生活需要。其品质的形成，是产区人民改造生物的成果。藏羊品种的形成是在各种生态，包括社会生态条件及其内在遗传因素的相互矛盾和统一过程中，在长期的系统发育中，通过自然选择和人工选择而形成的。这些复杂的条件和因素，构成了一个非常完整的系统，直接和间接、有形和无形地影响着该品种的形成。从而使它具备了与其他品种不同的空间特征、数量特征、形态特征、遗传特征和经济特征。产品方向多方面满足人类需要，并随着人类需求的改变而定向改变，加速了该品种的形成和发展。

第三节　我国藏羊发展所面临的形势

一、主要问题和挑战

从 21 世纪发展目标看，我国藏羊面临着结构转型、体制转轨、经济开放三大趋势，

这决定了今后我国藏羊生存与发展的主题。

首先是结构转型的工业化趋势。随着改革步伐的加快，国家的经济逐步进入工业化的中期阶段，正向工业化中期成熟阶段迈进。根据先行工业化国家的经验，这一时期一方面社会对畜产品的需求压力大，同时，养殖业的发展受到的制约因素众多，政策因素、市场因素、自然因素都直接或间接地左右着养殖业。目前，我国的藏羊也面临着产业结构不合理的状况，如我国藏羊产品以羊肉为主，产品单一，没有将羊皮、羊毛及其他产品进行综合开发利用。其次是体制转轨的市场化趋势。近几年来，我国的改革不断深入，国家的经济体制正在改变，传统农业的经营方式已经不适应现代化农业的需要，社会主义市场经济已替换了旧的经济模式，但牧区尚缺乏驾驭市场能力。由于牧区经济体制的改革，牧区养羊基本上实行千家万户分散饲养。饲养管理和经营比较粗放，不少地区至今仍未摆脱"靠天养畜"的局面。农牧民科技文化素质低，信息不灵通，市场观念差，先进实用科学技术普及推广困难等，仍然是当前制约藏羊迅速发展提高的障碍。再次是经济开放的国际形势。近年来，一些发达国家和地区开始把畜产品销售目光转向国际市场。但藏羊生产仍沿袭传统生产方式，仅仅停留在初级生产状态，因此，产品难以进入国际市场销售和竞争，影响了优质产品的出口创汇。

二、藏羊发展的任务

改革开放以来，我国经济取得了迅速发展，人们的物质文化生活水平有了很大提高，人们对畜产品的需求越来越广，追求健康、长寿的欲望越来越迫切，对衣、食、住要求越来越高。特别是近几年来高原藏羊肉以营养丰富、胆固醇含量低、肉质细嫩、无膻腥味、味道鲜美、熟肉率高、天然无污染而受到区内外和国内外食客青睐。国内市场潜力巨大，我们要积极开发藏羊资源，发展藏羊生产，生产出适合国内乃至国际市场销售的产品，满足人们的需要。

随着科学技术的发展和进步，21世纪将是科学技术高速发展的时代，生物技术、信息技术的迅猛发展将会出现一次新的农业科技革命，其特点和内涵是在深入揭示生物生命奥秘的基础上，通过农业科学与信息科学、生命科学的交融，从深度和广度上大大推进生物科学的更新与发展。先进的计算机技术的出现和应用使养殖业中非常复杂的大量信息处理和产品网上销售成为可能。这些新技术的应用都会把藏羊生产和发展乃至产品加工和销售提高到一个新的水平。

第四节　藏羊生产、选育、发展和研究的方向

21 世纪藏羊生产面临的挑战，正是藏羊发展的任务。完成这些任务，根本出路在于实现藏羊养殖的两个根本性转变。实现藏羊生产产业化，才能实现现代化、科学化，要实行生产—加工—销售（市场）—体化经营管理。今后发展方向应综合考虑、综合发展、综合利用，皮、肉、毛一起抓，使藏羊产品逐步向"多元化"、"优质化"、"品牌化"和"礼品化"方向发展，使藏羊生产的产品适应国内外市场需求的变化；同时，还要以市场为导向，依靠市场需求拉动藏羊的发展。要依靠科技兴藏羊，将来要加大藏羊产品的精、深、细加工研究投入，藏羊的选育要从过去单纯的表型选择发展为表型选择加基因选择，要采取"以优获奖，以奖促选，以选提质，以质增效"的选育措施。综合开发利用藏羊产品的种类，实施名、优、新、特产品开发战略。

第八章　藏羊的主要产品

第一节　藏羊的产肉性能

一、产肉性能指标

羊的产肉性能的好坏由多种因素决定。因此，评估的技术指标也多种多样，但最常用的一般指标如下。

（1）宰前活重。绝食 24h 后临宰前用地磅测定的实际体重。

（2）胴体重。是指肉羊宰杀后，立即去掉头、毛皮、血、内脏和蹄后，静止 30min 后的躯体重量。

（3）净肉重。指用温胴体精细剔除骨头后余下的净肉重量。要求在剔肉后的骨头上附着的肉量及耗损的肉屑量不能超过 300g。

（4）屠宰率。胴体重与屠宰前活重（宰前空腹 24h）之比，用百分率表示。

（5）胴体净肉率。胴体净肉重占胴体重的百分比。

（6）净肉率。是指胴体净肉重占宰前活重的百分比。

（7）骨肉比。是指胴体精剔净肉后（允许骨上带不超过 300g 肉），称其实际的全部骨骼重与肉重之比。

（8）眼肌面积。测量倒数第一与第二肋骨之间脊椎上眼肌（背最长肌）的横切面积，因为它与产肉量呈高度正相关。测量方法：一般用硫酸绘图纸描绘出眼肌横切面的轮廓，再用求积仪计算出面积。如无求积仪，可用下面公式估测：

$$眼肌面积（cm^2）=眼肌高度 \times 眼肌宽度 \times 0.7$$

（9）GR 值。指在第十二与第十三肋骨之间，距背脊中线 11cm 处的组织厚度，作为代表胴体脂肪含量的标志。

二、藏羊的产肉性能

张长英等对甘南藏羊生产性能测定结果为：宰前活重为 38.2kg，胴体重为 18.13kg，净肉重为 12.72kg；眼肌面积为 19.33cm²，屠宰率为 47.51%。

毛学荣对青海欧拉型藏羊进行屠宰试验，其结果为：宰前活重为 38.1kg，胴体重为 15.97kg，净肉重为 11.96kg；眼肌面积为 12.88cm^2，屠宰率为 47.51%。

第二节　羊肉

肉是指屠宰后的畜禽，除去血、皮、毛、内脏、头、蹄的胴体，包括肌肉、脂肪、骨骼或软骨、腱、筋膜、血管、淋巴、神经、腺体等；胴体指畜禽屠宰后除去毛、皮、头、蹄、内脏（猪保留板油和肾脏，牛、羊等毛皮动物还要除去皮）后的部分称为胴体。从狭义上讲，原料肉是指胴体中的可食部分，除去骨的胴体，又称其为净肉。

一、肉的形态学组成

从食品加工的角度，将动物体可利用部位粗略划分为肌肉组织、脂肪组织、结缔组织、骨骼组织。其中，肌肉组织所占胴体比例为 50%~60%，脂肪组织 20%~30%，结缔组织 9%~14%，骨骼组织 16%~22%。

1. 肌肉组织

肌肉组织是构成肉的主要组成部分，是决定肉质的重要成分。

肌肉组织可分为横纹肌、心肌、平滑肌 3 种。胴体上的肌肉组织是横纹肌，也称为骨骼肌，俗称"瘦肉"或"精肉"。骨骼肌占胴体 50%~60%，具有较高的食用价值和商品价值，是构成肉的主要组成部分。

（1）肌肉组织的宏观结构

肌肉是由许多肌纤维和少量结缔组织、脂肪组织、腱、血管、神经、淋巴等组成。从组织学看，肌肉组织是由丝状的肌纤维集合而成，每 50~150 根肌纤维由一层薄膜所包围形成初级肌束。再由数十个初级肌束集结并被稍厚的膜所包围，形成次级肌束。由数个次级肌束集结，外表包着较厚膜，构成了肌肉。

（2）肌肉组织的微观结构

构成肌肉的基本单位是肌纤维，也叫肌纤维细胞，是属于细长多核的纤维细胞，长度由数毫米到 20cm，直径只有 10~100μm。在显微镜下可以看到肌纤维细胞沿细胞纵轴平行的、有规则排列的明暗条纹，所以，称横纹肌，其肌纤维是由肌原纤维、肌浆、细胞核和肌鞘构成。肌原纤维是构成肌纤维的主要组成部分，直径为 0.5 肌肉的收缩和伸长就是由肌原纤维的收缩和伸长所致。肌原纤维具有和肌纤维相同的横纹，横纹的结构是按一定周期重复，周期的一个单位叫肌节。

肌节是肌肉收缩和舒张的最基本的功能单位，静止时的肌节长度约为 2.3μm。肌节两端是细线状的暗线称为 Z 线，中间宽约 1.5μm 的暗带或称 A 带，A 带和 Z 线之间是宽约为 0.4μm 的明带或称 I 带。在 A 带中央还有宽约 0.4μm 的稍明的 H 区。形成了肌原纤维上的明暗相间的现象。肌浆是充满于肌原纤维之间的胶体溶液，呈红色，含有大量的肌溶蛋白质和参与糖代谢的多种酶类。此外，尚含有肌红蛋白。由于肌肉的功能不同，在肌浆中肌红蛋白的数量不同，这就使不同部位的肌肉颜色深浅不一。

（3）肌肉的外观分类

肌肉按外观分为红肌和白肌两种。红肌色暗，肌纤维细，收缩慢，持续时间长，肌肉中含肌红蛋白和肌浆丰富；白肌色泽较淡，收缩快，持续时间短，肌肉中肌红蛋白和肌浆少，肌原纤维粗而多，收缩性小，肌肉中 ATP 酶活性强，ATP 的供给方式主要以糖元的无氧酵解补充。

2. 脂肪组织

脂肪组织是疏松状结缔组织的变形，是羊胴体中仅次于肌肉组织的第二个重要组成部分，对改善肉质、提高风味有重要作用。脂肪的构造单位是脂肪细胞，脂肪细胞单个或成群地借助于疏松结缔组织联在一起。脂肪是肉风味的前体物质之一；减小结缔组织的韧性，使肌肉易于咀嚼；防止水分蒸发，使肉质柔嫩。

（1）脂肪组织构成

脂肪细胞个体大（与动物肥瘦有关），充满着中性脂肪。原生质和细胞核很小。动物脂肪细胞直径 30～120μm，最大可达 250μm。

（2）脂肪组织分布

脂肪主要分布在皮下、肠系膜、网膜、肾周围、坐骨结节等部位。羊脂多蓄积在尾根、肋间。脂肪蓄积在肌束间使肉呈大理石状，肉质较好。

（3）脂肪组织组

脂肪组织中脂肪占 87%～92%，水分占 6%～10%，蛋白质 1.3%～1.8%。另外，还有少量的酶、色素及维生素等。

（4）脂肪组织的影响因素

种类、年龄、性别、去势与不去势、饲料等影响着脂肪的沉积部位、性质、化学成分和肉质的关系。

3. 结缔组织

结缔组织是将动物体内各部分联结和固定在一起的组织。结缔组织是构成肌腱、筋膜、韧带及肌肉内外膜、血管、淋巴结的主要成分，分布于体内各部，起到支持和连接器官组织的作用，使肉保持一定硬度且具有弹性。肉中的腱、韧带、肌束间纤维膜、血管、淋巴、神经及毛皮等均属于结缔组织。结缔组织在动物体内的含量与动物的品种、部位、年龄、肥育等因素有关。

（1）结缔组织的分类

结缔组织主要有疏松状结缔组织、致密状结缔组织和胶原纤维状结缔组织 3 种。疏松状结缔组织含基质多，纤维少，结构疏松，分布在皮下，肌膜及肌束之间；而致密状结缔组织含基质少，纤维多，结构紧密，如皮肤的真皮层；胶原纤维状结缔组织主要成分为胶原纤维。如腱和腱膜。

（2）构成

结缔组织是由细胞、纤维和无定形基质组成，一般占肌肉组织的 9.0% ~ 13.0%，其含量和肉的嫩度有密切的关系。

细胞为成纤维细胞，呈梭状、星状，释放物质，合成胶原蛋白和弹性蛋白，存在于纤维中间；间充质细胞梭形，可发展为成纤维细胞和成脂肪细胞；纤维分为胶原纤维、弹力纤维和网状纤维。胶原纤维是结缔组织的主要成分，韧性强，弹性小，成分为胶原蛋白；弹性纤维弹性大，韧性小，成分为弹性蛋白；网状纤维由网状蛋白构成。结缔组织基质主要为蛋白多糖、轴蛋白、氨基葡聚糖。

（3）结缔组织与肉质的关系

主要为胶原蛋白的力学和热学特性。

力学特性：来自纤维分子间的交联，由于胶原蛋白分子的特定结构和纤维分子间的共价化学键形成的。交联程度不同，使肌肉呈现不同的韧度。

热学特性：40 ~ 70℃，肉的切割力硬度增加；＞ 70℃，切割力下降。

结缔组织与肉质的关系：交联程度越大，肉质越硬；适当的加热，可使肉的硬度下降，有利于改善肉质。胶原蛋白虽然只是肉中的一个微量成分，但它是决定肉质地的主要因素。肌纤维提供质地的感觉，但它的表达取决于胶原蛋白的质量。

总之，结缔组织属于硬性非全价蛋白质，营养价值低。结缔组织含量的多少直接影响肉的质量和商品价格。

4.骨组织

（1）骨组织构成

骨由骨膜、骨质及骨髓构成。骨组织是肉的次要成分，食用价值和商品价值较低。胴体因带骨又称为带骨肉，剔骨后的肉称其为净肉。成年动物骨骼的含量比较稳定，变动幅度较小，羊占 8% ~ 17%。

（2）化学成分

骨中水分占 40% ~ 50%，胶原占 20% ~ 30%，脂肪占 5% ~ 27%，无机质占 20%。

将骨骼粉碎可以制成骨粉，作为饲料添加剂。此外，还可熬出骨油和骨胶。利用超微粒粉碎机制成骨泥，是肉制品的良好添加剂，也可用作其他食品钙和磷的强化。

二、藏羊肉的化学组成及营养价值

藏羊肉与其他食品一样，是由许多不同的化学物质所组成，这些化学物质大多是人体所必需的营养成分，特别是肉中的蛋白质，更是人们饮食中高质量蛋白质的主要来源。联合国粮农组织（FAO）所列食物成分表中各种肉类的一般组成。

1.常规营养成分

藏羊蛋白质含量高达21%，脂肪含量为3.15%，胆固醇含量为0.365mg/g，挥发性盐基氮0.1126mg/g，矿物质总量6 785mg/kg。与高原型藏羊相比，各组肉样的水分、灰分含量基本相同；粗蛋白质含量藏羊比高原型藏羊相对高6.33%；9种矿物质总量藏羊高出高原型藏羊130mg/kg。

水分与肉质的嫩度有很大关系，水分高则嫩度大。肌肉中的蛋白质含量、脂肪含量、矿物质元素等在很大程度上影响着羊肉的品质，蛋白质与矿物质元素高说明肉质更有营养，脂肪中包含着大部分的风味物，藏羊肉中脂肪含量较低，这可能与藏羊所处的高原生态环境、终年放牧、肌肉活动剧烈或能量消耗多有关。

2.矿物元素

藏羊肉中铁元素含量很高，可能是由于藏羊常年生活在高海拔、少氧环境中，其肌肉中肌红蛋白和血红蛋白含量较为丰富，尤其是血红蛋白更为丰富，而肌红蛋白和血红蛋白都是以二价铁作为氧结合部位的，含有大量铁元素，所以，肉中铁元素含量相对较高。

3.氨基酸

藏羊氨基酸总量224.835mg/g，其中，限制性氨基酸（亮、蛋氨酸之和）含量为27.23mg/g，必需氨基酸（异亮、亮、赖、蛋、胱、苏、缬、苯丙、酪氨酸之和）含量为103.515mg/g，与肉品香味有关氨基酸（天门冬、谷、苯丙、缬、丝、组、蛋、异亮氨酸之和）含量为120.25mg/g。研究表明，藏羊肉与高原型藏羊肉相比，具有高能量、高蛋白质、高矿物质、低脂肪、低胆固醇的特点，且氨基酸含量更为丰富。

藏羊肉中的苯丙氨酸＋酪氨酸（Phe+Tyr）、赖氨酸（Lys）含量分别超过值24.3%和14.0%，异亮氨酸（lie）、亮氨酸（Leu）、色氨酸（Tip）含量均达到理想值的90%以上，苏氨酸（Thr）、缬氨酸（Vai）接近理想值，蛋氨酸＋胱氨酸（Met+Cys）仅达到理想值的46.6%，为限制性氨基酸。总体看，藏羊肉是一种优质蛋白质。

4.维生素

由于维生素类物质的化学稳定性较低，食品的加工和储藏处理可能对其保存率造成重要影响，因而一些容易受破坏的维生素在食品的保存率是食品加工质量的重要衡量标准。此外，某些维生素对食品的品质也有其他的影响，例如，它们可以作为还原剂、自由基捕获剂、褐变反应中的反应物、风味物质的前体等。比如V_A具有维持正常生长、生殖、视觉和抗感染等许多生理功能，V_E是良好的食品抗氧化剂，数据表明藏羊维生素含量高于蒙古羊，营养价值较高。

三、藏羊肉的食用品质

藏羊肉的食用品质包括肉的色、香、味、嫩、汁等几个方面的特性及其影响因素；肉的颜色、肉的风味、肌内脂肪含量、肉的嫩度、肉的多汁性、pH 值（包括宰后 45-60min 的 pH 值 1 和宰后 24h 的 pH 值 24）、系水力（失水率、滴水损失、贮存损失、熟肉率）、大理石花纹、肌纤维的粗细及密度等。这些性状在贮藏及加工中直接影响肉品的质量。

1. 肉色

肌肉颜色是重要的食用品质之一，肉色主要与肌红蛋白含量有关，其次为血红蛋白。肉的色泽主要依据肌肉与脂肪组织的颜色来决定，肉的色泽会因藏羊的性别、年龄、肥度、宰前状态等不同而有所差异。通常新鲜羊肉呈深红色；公羊肉色较母羊的肉色深；年龄大的羊比年龄小的羊肉色深，日粮的组成也会对肉色产生一定的影响。

肉的色泽对肉的营养价值并无多大影响，但在某种程度上影响食欲和商品价值。如果是疾病或微生物引起的色泽变化则影响肉的卫生质量。

（1）色泽的构成

肉的颜色本质上是由肌红蛋白（Mb）和血红蛋白（Hb）产生的。肌红蛋白为肉品自身的色素蛋白，肉色的深浅与其含量多少有关。血红蛋白存在于血液中，对肉品颜色的影响视放血程度而定。在肉中血液残留多则血红蛋白含量亦多，肉色深。放血充分肉色正常，放血不充分或不放血（冷宰）的肉色深且暗。肌红蛋白本身为紫红色，与氧结合可生成氧合肌红蛋白，为鲜红色，是新鲜肉的象征；肌红蛋白和氧合肌红蛋白均可被氧化生成高铁肌红蛋白，呈褐色，使肉色变暗；肌红蛋白与亚硝酸盐反应可生成亚硝基肌红蛋白，呈亮红色，是腌肉加热后的典型色泽。

（2）色泽的变化

影响肌肉色泽变化的因素除肌红蛋白含量外，还与环境中的氧含量、湿度、温度、pH 值、微生物有关。

1）氧含量：环境中氧的含量决定了肌红蛋白是形成氧合肌红蛋白还是高铁肌红蛋白，从而直接影响到肉的颜色。

2）湿度：环境中湿度大则氧化得慢，因在肉表面有水汽层，影响氧的扩散。如果湿度低且空气流速快，则加速高铁肌红蛋白的形成，使肉色变褐快。

3）温度：环境温度高促进氧化，温度低则氧化缓慢。因此，为了防止肉变褐氧化，尽可能在低温下贮藏。

藏羊在宰前糖原消耗过多，尸僵后肉的极限 pH 值高，易出现生理异常肉。

微生物：肉品贮藏时受微生物污染后，因微生物分解蛋白质使肉色污浊；被真菌污染的肉表面形成白色、红色、绿色、黑色等色斑或发出荧光。

（3）色泽异常肉的特征

色泽异常肉的出现主要是病理因素（如黄疸、白肌病）、腐败变质、冻结、色素代谢障碍等因素造成。

（4）肉色测定方法

目前，肉色测定普遍采用的方法是比色法，也有其他的方法，如波长测定仪、白度仪、色差计和色度仪等也已开始用于肉色评定。

藏羊的肉色呈深红色，这主要由于藏羊生长在高海拔、空气稀薄地区，使得决定肉色的肌红蛋白、血红蛋白、红血球含量明显较高，从而引起色泽较深。

2. 大理石纹

大理石纹就是脂肪在肌肉内的沉积分布情况，通常肌内脂肪沉积适量、均匀度比较好。脂肪蓄积在肌束内最为理想，这样的肉呈大理石样，肉质较好。

肉的大理石纹可通过比色板评定。由于大理石纹实际是肌内脂肪含量和分布情况的一个客观表现，所以也可以运用测定肌内脂肪的含量来评定。目前德国采用了比较先进的测定方法，利用短红外线投射技术测定肌内脂肪含量，特点是样品处理简单、测定时间短，约20s，准确性高、系统误差小。

利用大理石纹评分表进行对比评分，藏羊的大理石纹评分都在1.5左右，可见藏羊的大理石纹分布不佳，这会影响到肉的口感及风味，这可能与其所处的生态环境、终年放牧、肌肉活动剧烈或能量消耗多有关。

3. pH 值

pH值是测定肉品质时重要的指标之一。经证明pH值与肉的许多质量性状都有关系，如肉的嫩度、肉的系水力、肉色等。肌肉pH值是反映藏羊屠宰后肌糖酵解速率的重要指标，也是鉴定正常肉质或异常肉质（PSE或DFD）的依据。刚屠宰后肉的pH值在6~7。约经1h后开始下降，而后随贮藏时间的延长开始慢慢地上升。宰后45min测定为pH1，宰后24h为pH24。pH值参考标准：pH1≥6.0为优，肉质好的肉；5.6小于等于pH1＜6.0为良，较满意；pH1≤5.6为差，肉质有缺陷的肉（PSE）。其中，pH24＞6.0的为DFD（Dark Firm Dry）肉。

目前，对于肌肉的pH值的测定主要有两种方法，一是将所测肉样取少量切碎，置于小烧杯中加等量水混合均匀静止10min，再用pH计测定；另一种是直接用pH计测定肉样的新鲜切口数值。

4. 保水性

（1）保水性概念

所谓保水性，是指肌肉在一系列加工处理过程中（例如，压榨、加热、切碎、斩拌）能保持自身或所加入水分的能力。肉的保水性是一项重要的肉质性状，这种特性与肉的嫩度、多汁性和加热时的液汁渗出等有关，对肉品加工的质量和产品的数量都有很大影响。

肌肉的水分含量为 70% ~ 80%，大部分是游离状态。保水性实质上是肌肉蛋白质形成的网状结构、单位空间及物理状态捕获水分的能力。捕获水量越多，保水性越大。度量肌肉的保水性主要指存在于细胞内、肌原纤维及膜之间的不易流动水，它取决于肌原纤维蛋白质的网状结构及蛋白质所带的静电荷的多少。蛋白质处于膨胀胶体状态时，网状空间大，保水性就高；反之处于紧缩状态时，网状空间小，保水性就低。

保水性可以用下列数值来表示：

$$保水性（\%）=（含水量 - 游离水量）/ 含水量 \times 100$$

（2）影响保水性的因素

动物因素：畜禽种类、年龄、性别、饲养条件、肌肉部位及屠宰前后处理等，对肉保水性都有影响。兔肉的保水性最佳，依次为牛肉、羊肉、猪肉、鸡肉、马肉。

就羊的年龄和性别而论，羔羊＞去势羊＞成年羊＞母羊＞老龄羊，成年羊随体重增加而保水性降低。

肌肉成熟度：处于尸僵期的肉，当 pH 值降至 5.4 ~ 5.5. 达到了肌原纤维的主要蛋白质肌球蛋白的等电点，即使没有蛋白质的变性，其保水性也会降低。此外，由于 ATP 的丧失和肌动球蛋白的形成，使肌球蛋白和肌动蛋白间有效空隙大为减少，使其保水性也大为降低。肌浆蛋白质在高温、低 pH 值的作用下沉淀到肌原纤维蛋白质之上，进一步影响了后者的保水性。处于成熟期的肉，僵直逐渐解除，肉的水合性徐徐升高。一种原因是由于蛋白质分子分解成较小的单位，从而引起肌肉纤维渗透压增高所致；另一种原因可能是引起蛋白质净电荷（实效电荷）增加及主要价键分裂的结果。使蛋白质结构疏松，并有助于蛋白质水合离子的形成，因而肉的保水性增加。

pH 值：pH 值对保水性的影响实质是蛋白质分子的静电荷效应。对肉来讲，净电荷如果增加，保水性就得以提高；净电荷减少，则保水性降低。当 pH 值在 5.0 左右时，保水性最低。保水性最低时的 pH 值几乎与肌动球蛋白的等电点一致。如果稍稍改变 pH 值，就可引起保水性的很大变化。当 pH 值＞等电点，可提高系水力；当 pH 值〈等电点时，使系水力下降。任何影响肉 pH 值变化的因素或处理方法均可影响肉的保水性，尤以猪肉为甚。在肉制品加工中常用添加磷酸盐的方法来调节 pH 值至 5.8 以上，以提高肉的保水性。

无机盐：一定浓度食盐具有增加肉保水能力的作用。这主要是因为食盐能使肌原纤维发生膨胀。肌原纤维在一定浓度食盐存在下，大量氯离子被束缚在肌原纤维间，增加了负电荷引起的静电斥力，导致肌原纤维膨胀，使保水力增强。另外，食盐腌肉使肉的离子强度增高，肌纤维蛋白质数量增多。在这些纤维状肌肉蛋白质加热变性的情况下，将水分和脂肪包裹起来凝固，使肉的保水性提高。磷酸盐能结合肌肉蛋白质中的 Ca^{2+}、Mg^{2+} 使蛋白质的羧基被解离出来，由于羧基间负电荷的相互排斥作用使蛋白质结构松弛，提高了肉的保水性。

加热：肉加热时保水能力明显降低，加热程度越高保水力下降越明显。这是由于蛋白质的热变性作用，使肌原纤维紧缩，空间变小，不易流动水被挤出。肌球蛋白是决定肉的保水性的重要成分，但肌球蛋白对热不稳定，其凝固温度为 42～51℃，在盐溶液中 30℃ 就开始变性。肌球蛋白过早变性会使其保水能力降低。聚磷酸盐对肌球蛋白变性有一定的抑制作用，可使肌肉蛋白质的保水能力稳定。

（3）保水性的测定

加压力称重法：通过施加一定的压力测定被压出水分的重量。一般使用 35kg 力测定肌肉失水率，失水率愈高系水力愈低，反之则高。

加压滤纸法：测定一定压力下被滤纸吸收的水分。

离心法：将肉样离心，部分水分在离心力的作用下脱离肉样，计量离心前后肉样的重量，可测出失水率。

除以上方法外，还可通过测定肉样的滴水损失、熟肉率来反映烹调过程中水分的损失。

5. 肌肉嫩度

肉的嫩度是肉的主要食用品质之一，它是消费者评定肉质优劣的最常用的指标。决定了肉的品质，是反映肉质地的指标。

（1）嫩度的概念

肉的嫩度是指肉在食用时口感的老嫩程度，是对肌肉各种蛋白质结构特性的总体概括。肉的嫩度总结起来包括以下四方面的含义。

1）肉对舌或颊的柔软性：即当舌头与颊接触肉时产生的触觉反应。肉的柔软性变动很大，从软乎乎的感觉到木质化的结实程度。

2）肉对牙齿压力的抵抗性：即牙齿插入肉中所需的力。有些肉硬的难以咬动，而有的柔软的几乎对牙齿无抵抗性。

3）咬断肌纤维的难易程度：指牙齿切断肌纤维的能力，首先要咬破肌外膜和肌束。因此，这与结缔组织的含量和性质密切有关。

4）嚼碎程度：用咀嚼后肉渣剩余的多少以及咀嚼后到下咽时所需的时间来衡量。

（2）影响肌肉嫩度的因素

影响肌肉嫩度的实质主要是结缔组织的含量与性质及肌原纤维蛋白的化学结构状态。它们受一系列的因素影响而变化，从而导致肉嫩度的变化。影响肌肉嫩度的宰前因素也很多。

（3）嫩度的评定

对肉嫩度的主观评定主要根据其柔软性、易碎性和可咽性来判定。柔软性即舌头和颊接触肉时产生触觉，嫩肉感觉软糊而老肉则有木质化感觉；易碎性，指牙齿咬断肌纤维的难易程度，嫩度很好的肉对牙齿无多大抵抗力，很容易被嚼碎；可咽性可用咀嚼后肉渣剩余的多少及吞咽的容易程度来衡量。

对肉嫩度的客观评定是借助于仪器来衡量切断力、穿透力、咬力、剁碎力、压缩力、弹力和拉力等指标，而最通用的是切断力，又称剪切力。即用一定钝度的刀切断一定粗细的肉所需的力量，以 kg 为单位。一般来说如剪切力值大于 4kg 的肉就比较老了，难以被消费者接受。剪切力值越大肉就越老，反之则越嫩。

6. 熟肉率

熟肉率主要是用来衡量肌肉在蒸煮过程中的损失情况的指标。肉品加热熟制过程中所发生的收缩和重量减轻的程度会直接影响到肉质的多汁性和口感，这种收缩和同时伴有的重量的减轻，既有水分的损失，也有脂肪和可溶性蛋白质的损失。水分的损失与肉品的系水力有关，系水力高的肉，水分损失较少，所以，影响系水力的因素也影响到肉品的加热水分损失，从而影响肉品的多汁性；脂肪和可溶性蛋白质的损失量则与可溶性蛋白质的含量以及加热的方法、温度和时间等外部因素有关。

一般来说，肉的熟肉率越高，烹调损失愈少，则肉的品质较好，这也是关系到胴体经济效果的指标。

藏羊肌肉的色泽评分为 4.1. 大理石纹评分 1.5；pH1 为 6.266，pH24 为 5.554；肉失水率 27.494%，肉系水力和熟肉率分别为 59.826% 和 63.760%；肌纤维直径为 18.6μm，嫩度剪切值为 6.401 kg/cm²。

四、藏羊肉风味与脂肪酸

1. 藏羊肉的脂肪酸

藏羊背最长肌的脂肪酸组成以 C15∶0、C18∶0、C18∶1、C18∶2 为主体，占总脂肪比例的 92.20%，C18∶0 是反刍家畜体脂饱和性脂肪酸的重要组成成分。Warriss 认为 P∶S 为 0.45 左右为佳，n-6∶n-3 的比率理想为 1.0 或 2.0。

2. 藏羊肉中的风味物质

羊肉中的风味前体物质主要为低分子的水溶性物质（还原糖、肽类、含硫氨基酸、肌酸酐）和脂肪组织的氧化产物（烷烃、醛、酮、醇、和内酯）。通过加热，产生出具有一定挥发性和味觉特征的风味物质，赋予羊肉特殊的风味。

藏羊肉中挥发性风味物质，初步检出了 93 种挥发性风味物质，其中醇类占 36.76%，醛类占 11.41%，酯类占 4.64%，酮类占 3.74%，烯类占 3.07%，酸类占 2.19%，其他占 38.19%。其中，对藏羊肉风味起主要作用的物质有 57 种，比当地半舍饲肉羊多出 10 种风味物，分别是：乙酸 -2- 丙烯酯（肉香）、2- 丁酮（果香）、2- 羟基 - 乙氧基甘氨酸（肉汤香味）、2- 己烯醇（脂香）、辛醛（肉汤香味）、2- 丁基辛醇（小麦香）、2，10，13- 三甲基十四醇（清香）、2-乙基十二醇（清香）、2-烯基辛醇（清香）、2-十三烯（焦肉香）。藏羊肉的不愉快风味物质为2-葵烯醇（潮湿味）、4-甲基辛酸（淡膻味）、4-甲基壬酸（淡膻味）。

3. 羊肉的膻味成分、脱膻方法及脱膻机理

（1）膻味成分

羊肉的膻气，主要产生于羊脂肪中。这种膻味的产生是因为有一种挥发性脂肪酸所致，主要存在于羊尾脂肪、皮下脂肪、羊皮脂腺分泌物中和肌肉间隙的脂肪中。其中，绵羊比山羊膻味小，羯羊比公羊膻味小。

鲁红军和孟宪敏利用气相色谱分析仪，对羊肉中的致膻成分进行定性定量分析，确定羊肉致膻成分的主要化学成分为 C6、C8、C10 低级挥发性脂肪酸，其中，C10 成分对羊肉膻味起主要影响作用，其含量与膻味的强度呈一定规律性的变化，且 C6、C8、C10 之间比例为 0.5：1：9.并在一定条件下结合成稳定的络合物或缔合物时，膻味才明显。

马俪珍、蒋福虎等进一步证明 C10 组分对羊肉膻味起主要决定作用，为致膻的主要成分之一，且必须有 C6、C8 脂肪酸存在时才能呈现典型的膻味。对羊胴体不同部位肉中的 C10 组分测定结果表明，羊前腿肉＞后腿肉＞羊肩肉＞腹部肉。一般羊在其椅角基部和尾部分泌一种具有强烈气味的物质，使羊体和肉具特殊气味，这种特殊气味和 C10 组分混合后，将会导致羊膻味更浓厚。

藏羊肉特有的膻味物质 4-甲基辛酸相对含量为 1.35%，4-甲基壬酸相对含量为 1.25%，4-甲基葵酸相对含量为 1.33%。说明藏羊肉质鲜美，而膻味低，即使不爱膻味的人也比较容易接受。

（2）脱膻机理

羊肉致膻成分的主要化学成分为 C6、C8、C10 低级挥发性脂肪酸，其中，C10 成分对羊肉膻味起主要影响作用。利用生物脱膻剂进行羊肉制品的脱膻原理在于微生物在代谢过程中可以合成多种酶类，利用这些不同的酶类来改变致膻物质的存在形式或破坏膻味成分的特殊构型，以达到去除膻味的目的。利用乳酸菌代谢过程中合成的脂酶和酯酶以及蛋白酶的协同作用，来分解致膻成分或改变其存在的特殊构型，做到既能脱除羊肉制品中的膻味，又不破坏羊肉制品的营养成分和风味。

Ketler 和 Wegiller 通过许多实验证明羊奶膻味是羊奶中某些游离脂肪酸结合成一种稳定络合物或缔合物形成的复合气味。周良彦研究出一种环醛型脱膻剂，加入羊奶中能与低级脂肪酸发生酯化反应，使原具有膻味的游离脂肪酸变为有香味的酯类化合物，这样就除掉了膻味。

（3）脱膻方法

1）传统脱膻方法

对于羊肉脱膻的方法，民间采用的方法很多，特归纳如下。

米醋去膻法：将羊肉切块放入水中，加点米醋，待煮沸后捞出羊肉，再继续烹调也可去除膻味；

绿豆去膻法：煮羊肉时，若放入少许绿豆，亦可去除或减轻羊肉膻味；

咖喱去膻法：烧羊肉时，加入适量咖喱粉，一般以1000g羊肉放半包咖喱粉为宜，煮熟煮透后即为没有膻味的咖喱羊肉；

萝卜去膻法：将白萝卜戳上几个洞，放入冷水中和羊肉同煮，滚开后将羊肉捞出，再单独烹调即可去除膻味；

浸泡除膻法：将羊肉用冷水浸泡2～3d，每天换水2次，使羊肉肌浆蛋白中的氨类物质浸出，也可减少羊肉膻味；

橘皮去膻法：炖羊肉时，在锅里放入几个干橘皮，煮沸一段时间后捞出弃之，再放入几个干橘皮继续烹煮，也可去除羊肉膻味；

核桃去膻法：选上几个质好的核桃，将其打破，放入锅中与羊肉同煮，也可去膻；

山楂去膻法：用山楂与羊肉同煮，去除羊肉膻味的效果甚佳。

此外，羊肉与萝卜或红枣加水共煮后，弃去萝卜和水，再行烹调，即可达到减轻膻味的目的；或将羊肉与大蒜、辣椒、醋等同煮，也有解膻效果；板栗也可脱去羊肉膻味。

2）中草药脱膻法

烧煮羊肉时，用纱布包好碾碎的丁香、砂仁、豆蔻、紫苏等同煮，不但可以去膻，还可使羊肉具有独特的风味。

3）物理、化学脱膻方法

用蒸气直接喷射进行超高温杀菌，同时，结合真空急骤蒸发的原理进行脱膻。

4）微生物脱膻法

山西农业大学脱膻研究课题组采用植物乳杆菌和乳脂链球菌制成混合发酵剂，接种于调制好的肉馅中，搅拌均匀后迅速灌入肠衣，漂洗后晾挂发酵3周，即可获得无膻味而具有良好滋味的脱膻羊肉香肠。还可将成熟适度的结球甘蓝清理、洗净、晾干后，加入配制好的质量分数为1%的$CaCl_2$和2.25%的NaCl溶液，压实密闭后，在10～13℃条件下腌制发酵10d左右，将此腌渍液接种于羊肉馅，也可达到同样的效果。经该处理后的羊肉香肠致膻成分脱除率达30%，人的生理感官已经辨识不出膻味的存在，效果比较理想，适用于工业化生产。

五、肉的其他物理性质

1. 肉的比热

肉的比热为1kg肉升降1Y所需的热量。它受肉的含水量和脂肪含量的影响，含水量多比热大，其冻结或溶化潜热增高，肉中脂肪含量多则相反。

2. 肉的冰点

肉的冰点是指肉中水分开始结冰的温度，也叫冻结点。它取决于肉中盐类的浓度，浓度愈高，冰点愈低。纯水的冰点为 0℃，肉中含水分 70%-80%，并且有各种盐类，因此，冰点低于水。一般猪肉、牛肉的冻结点为 -1.2 ~ -0.6℃。

3. 肉的热导率

肉的热导率是指肉在一定温度下，每小时每米传导的热量，以千焦计。热导率受肉的组织结构、部位及冻结状态等因素影响，很难准确地测定。肉的热导率大小决定肉冷却、冻结及解冻时温度升降的快慢。肉的热导率随温度下降而增大。由于冰的热导率比水大 4 倍。因此，冻肉比鲜肉更易导热。

六、羊肉的功效

1. 羊肉的称谓

古时称羊肉为段肉、羝肉、羯肉。

2. 羊肉的特性

（1）性味：甘、温、无毒；

（2）归经：入脾、肾。

（3）含有蛋白质、脂肪、糖类、无机盐、硫胺纱、核黄素、尼克酸、胆街醇、维生素 A、维生素 C、烟酸等成分。

3. 羊肉功效

羊肉具有补虚劳，祛寒冷，温补气血；益肾气，补形衰，开胃健力；补益产妇，通乳治带，助元阳，益精血；补气滋阴、生肌腱力、养肝明目的作用。

《日用本草》指出，羊肉能治"腰膝羸弱、壮筋骨、厚肠胃"。

俗话说，"冬吃羊肉赛人参，春夏秋食亦强身"。据《本草纲目》载，羊肉"暖中补虚，补中益气，开胃健力，益肾气"，是助元阳、补精血、益劳损之佳品。常吃羊肉对提高人的身体素质及抗病能力十分有益。

元时著名医家李杲说："羊肉，甘热，能补血之虚，有形之物也，能补有形肌肉之气。风味与羊肉同者，皆可补之，故曰补可去弱，人参、羊肉之属也。"

根据中医的说法，对照现代人的生活习惯，如果没有高血压、爱熬夜、发烧感染、体质偏热等问题，就可以享受羊肉。

寒冬腊月里是吃羊肉的最佳季节。在冬季，人体的阳气潜藏于体内，所以身体容易出现手足冰冷，气血循环不良的情况。按中医的说法，羊肉味甘而不腻，性温而不燥，具有补肾壮阳、暖中祛寒、温补气血、开胃健脾的功效，所以冬天吃羊肉，既能抵御风寒，又可滋补身体，实在是一举两得的美事。

羊肝性味甘苦寒，能养血、补肝、明目。凡血虚目暗、视物不清、夜盲翳障者可常食之。

羊胆苦寒，能解毒洁肤，可治疗风热目疾、疮疡肿毒等症。

羊髓性味甘温，能补肾健脑，可治疗毛发枯槁、须发早白、失眠健忘、皮肤粗糙等症。

羊肾（即羊腰子）性味甘温，能补肾气、益精髓，可治疗肾虚所致的耳聋耳鸣、须发早白。

4. 羊肉主治

羊肉鲜嫩，营养价值高，凡肾阳不足、腰膝酸软、腹中冷痛、虚劳不足者皆可用它作食疗品。羊肉既能御风寒，又可补身体，对一般风寒咳嗽、慢性气管炎、虚寒哮喘、肾亏阳痿、腹部冷痛、体虚怕冷、腰膝酸软、面黄肌瘦、气血两亏、病后或产后身体虚亏等一切虚状均有治疗和补益效果，最适宜于冬季食用，故被称为冬令补品，深受人们欢迎。主治肾虚腰疼，阳痿精衰，形瘦怕冷，病后虚寒，产妇产后大虚或腹痛，产后出血，产后无乳或带下。

5. 羊肉禁忌

暑热天或发热病人慎食之；水肿、骨蒸、疟疾、外感、牙痛及一切热性病症者禁食。

第三节　羊毛和羊皮

一、产毛量

藏羊每年剪毛一次，6月下旬开始，7月结束。平均剪毛量成年公羊 0.81kg±0.38kg，成年母羊 0.57kg±0.32kg。1.5 岁公羊 0.59kg±0.30kg，1.5 岁母羊 0.57kg±0.35kg。0.5 岁公、母羊剪毛均为 0.4kg。

二、羊毛品质

藏羊毛纤维类型，无论重量和数量百分比，粗毛含量较低，干死毛比例高，尤以公羊为主。被毛长 4~16cm，覆盖度差，无正常有髓毛，品质低下。羊毛类型：细毛 52.69%，两型毛 17.89%，粗毛 16.85%，干死毛 12.57%；羊毛细度（47.17±31.72）μm，变异系数（CV）67.2%；羊毛长度（114.99±51.80）mm，CV45.04%；羊毛含脂率（1.51±1.42）%，CV94%；净毛率（84.1±7.9）%，CV9.4%；羊毛强度（13.22±5.6）g，CV14.4%；羊毛伸度（46.75±2.29）%，CV4.09%。藏羊毛的细度和长度差异大，粗毛和干死毛含量高，净毛率与含脂率成反比关系，强度差异大，伸度不明显。

三、羊皮品质

藏羊皮不仅是轻工业重要原料，而且还是牧民群众不可缺少的生活资料。产区群众无宰羔取皮的习惯，羔皮均系死亡后剥取。出生 10d 以内的羔皮，毛长 2~5cm，面积约 25cm x 35cm，毛短而细，毛穗卷曲美观，保暖性差。出 25~35d 的羔皮，毛长 8~10cm，面积约 40cm×50cm，皮板较厚，毛穗弯曲较大，绒：毛比例适度，是羔羊中最佳。出生 1.5~2 个月以上的羔羊皮，毛长 10~13cm，面积约 50cm×70cm，近似大羊皮，保暖性较强。藏羊生皮面积等级为：一等 10~13 平方尺，二等 8~9 平方尺，三等 7~8 平方尺，等外 5 平方尺以下。而按照中华人民共和国供销总社编的《畜产品收购规格》中的绵羊板皮收购等级标准（一等 5 平方尺，二等 4 平方尺，三等 3 平方尺）衡量，藏羊皮全是一等皮。宰皮（生皮）最厚处 3~4mm，最薄处肷部 2mm。经刮油糅制加工后达 0.8~1.2mm。高等级皮延展度大，低等级皮伸展度小。一般都能延展 10%~12%，经生揉制熟后，白而柔软，花纹纵横，缝成皮袄，美观耐穿，为群众放牧牲畜、露宿雪野必不可少的防寒衣物。

羔皮和二毛皮多系生后一个月以内或两个月的死羔皮，以春季所产品质较佳。羔皮毛较短，毛根硬，绒毛少，有明显核桃花穗，多用于做背心或卡衣、大衣；二毛皮毛较长，绒毛较多，花穗松散，皮板厚实均匀，是做藏衣的上等原料；老羊皮有死皮、宰皮两种，以秋季的最轻，老羊皮的毛缯长，绒毛多，皮板厚，保暖耐穿，是制作农牧民皮袄的常用原料。

第四节 副产品

一、羊肠衣

羊肠衣是指羊的大、小肠经过刮制而成的坚韧半透明的薄膜。肠衣是羊的主要副产品之一，其特点是：不仅口径大小适宜，两端粗细均匀，颜色纯洁透明，而且肠壁坚韧，富有弹性，经高温熏、蒸、煮都不会破裂，用它制成的高级灌肠可以保持长时间不变质，不走味，在国际市场上深受欢迎。

仅小肠供作肠衣的原料。小肠位于皱胃的幽门至盲肠之间，包括十二指肠，空肠和回肠 3 部分。肠衣在加工过程中分为原肠、半成品肠衣和成品肠衣 3 种。羊屠宰后，将肠子取出，经过倒粪、尿，灌水清洗等工序处理后，即为原肠。原肠的肠壁从里到外由黏膜层、黏膜下层、肌肉层和浆膜层 4 层组成。加工羊的盐肠衣时，仅留黏膜下层，剥取其他

3层；加工羊干肠衣时，除黏膜下层外还保留部分黏膜。黏膜层为肠壁的最内一层，由上皮组织和疏松结缔组织构成，在加工肠衣时被除掉。肌肉层由内环外纵的平滑肌组成，加工时被除掉。浆膜层是肠壁结构的最外层，在加工时被除掉。黏膜下层由蜂窝结缔组织组成，内含神经、淋巴、血管等，在刮制原肠时保留下来，即为肠衣。

肠衣不但适于灌制各种香肠、腊肠、灌肠，而且由于它弹性大、坚韧、拉力强、耐磨，还适于制作外科手术缝合线、各种弓弦、网球和羽毛球的拍弦及琴弦。

二、羊骨

1. 羊骨的成分

骨因部位、年龄等不同，其化学组成亦有差异。其中，变动最大的是水分与脂类。骨质中含有大量的无机物，其中一半以上是磷酸钙，此外又含有少量的碳酸钙、磷酸镁和微量的氟、氯、钠、钾、铁、铝等。骨的有机物有骨胶原、骨类黏蛋白、弹性硬蛋白样物质，中性脂肪、磷脂和少量的糖原等。

2. 骨的营养价值

骨资源是一种宝贵的营养源，应以重视和充分利用。羊骨营养丰富，蛋白质、脂肪的含量与等量的鲜肉相似，各种矿物元素的含量更是鲜肉的数倍。羊骨的蛋白是可溶性蛋白质，生物学效价很高；骨髓中含有丰富的磷脂质、胆碱、磷蛋白以及有延缓衰老作用的骨胶原、酸性黏多糖、维生素等，这些营养成分非常有利于成长中的儿童和中老年人补的需要，尤其对高血压、骨质疏松、糖尿病、贫血等患者的治疗和康复有一定的辅助作用。骨食品是以骨为主要原料，经加工、提取所获得的物质，或将其添加到其他食品原料中，再加工而形成食品。目前，随着酶工程技术、生物发酵技术、高真空技术、高压技术等高新技术应于骨食品加工领域，提高了骨食品的营养功效、质地、生物学效价、保健功能及口感。在进行产品的加工过程中，对骨汤、骨渣等产物也要采取适当的方法加以利用。骨的利用形式有全利用和提取物利用两种。全骨利用就是较为全面的"整骨"利用，能较多地利用骨中的蛋白、各种矿物元素等营养素。全骨利用的产品形式有骨泥、骨粉，可作为肉类替代品或添加到他食品中，制成骨泥肉饼干、骨泥面条等系列食品。提取物利用就是对骨中的各种营养素采分别利用形式，可生产出骨油、明胶、水解动物蛋白及钙磷制剂等产品。

3. 羊血

（1）羊血的成分

羊血的主要成分为水（约80%）和多种蛋白质。此外，尚含有少量脂类（包括磷脂和胆螯醇）、葡萄糖及无机盐等。蛋白质主要是血红蛋白，其次是血清蛋白、血清球蛋白和少量纤维蛋白。

（2）营养价值

动物的血液是重要的蛋白质来源，因此，对于动物血液的收集及其在食品加工中利用的兴趣也越来越浓。血液的基本营养组成十分丰富，故把血液称为"液态肉"。血是一种营养价值很高的食品，血液中含有丰富的蛋白质及 8 种必需氨基酸。血浆蛋白被胃酶分解后产生一种吸毒润肠的物质，与进入体内的粉尘及有害金属微粒发生作用，被排出体外。血中所含的脂肪以磷脂居多，可抑制血液中高胆固醇的有害作用，有助于避免发生动脉粥样硬化。血中含有丰富的矿物质，尤其是铁元素含量很高，血色素易被机体吸收。由于屠宰过程中，血液极易受到污染而难于保存，羊血腥味较重，口感不好。另外，消费者对羊血的营养价值了解不够，这些在一定程度上限制了羊血产品的开发利用。

羊屠宰后可获得活体重 3%～6% 的血液，羊血是重要的蛋白来源，其含量为 16.4%，羊血是饲料工业中的重要原料，随着脱色新技术和血蛋白分解方法的进步，羊血可用来加工血粉、食品添加剂、黏合剂、复合杀虫剂等产品。

血粉可用全血生产，也可用分离后的血细胞生产。血粉是生产多种氨基酸、水解蛋白注射液和高蛋白饲料的原料。血浆可代替蛋清，加工成各种营养食品。由于血浆具有高效乳化剂的作用，加热后能形成凝胶体，可滞留脂肪和水分。因此，添加血浆制成的各种食品营养价值高，保水性能好，更富有弹性。血浆的成本仅为鸡蛋的 1/4～1/3. 代替蛋清能降低营养食品的生产成本。

4. 软组织、下水和胆汁

软组织包括带骨或未带骨的软组织和废弃物，通过提炼工艺可加工成肉粉或提取羊油。废弃物可分为危害小的和危害大的两类，前者可用于提取羊油，后者应进行焚化或深埋。提炼羊油的加工系统分为湿、干两种，目前，有待于研制开发一种小型的湿提炼设备，以适用于农村地区。肉粉富含蛋白质、脂肪、矿物质和维生素（如维生素已 2、尼克酸和胆碱等），可广泛地用于畜禽饲料。

下水主要包括气管、肺、心、胃、肠、肝和脾等，既可供人食用，也可用于生产肉粉作畜禽饲料原料。

羊的胆汁是医药工业的重要原料。当胆汁含 75% 左右的干物质时，可较长期保存。在实际生产中，人们常将羊胆丢弃，实在可惜。因此，提倡将羊胆收集起来，经风干处理后交收购加工部门。

5. 药用脏器

（1）脑垂体

可以制取多种激素。垂体前叶含有生长激素，促性腺素（促卵胞成熟素，促间质细胞素），促甲状腺素，促肾上腺皮质素（ACTH），促副甲状腺素，催乳素等。垂体中叶含有刺激色素细胞的色素形成素。垂体后叶含有升血压素、催产素和抗利尿素。这些激素以促肾上腺皮质激素最为重要，它在脑垂体中的含量因动物种类而有所不同，猪脑垂体中含量最多，其次是羊和牛。

（2）甲状腺

可以制取甲状腺素，主要功用是调节机体的蛋白质代谢。甲状腺激素含量较稳定，采摘和保藏对其活性影响较小。

（3）胰腺

含有调节机体糖代谢的胰岛素。胰岛素能溶于酸性和碱性酒精溶液，不溶于纯酒精和乙 ®L 胰岛素浸出物的等电点为 pH 值 5.30～5.35。由于胰液中含有胰酶，动物死后胰酶具有破坏胰岛素的作用。因此，胰腺必须在屠宰后迅速采摘和加工处理。

（4）肾上腺

肾上腺由皮质和髓质两层构成，其各层分泌激素的化学成分和对机体的生理影响也有所不同。肾上腺髓质可制取肾上腺素，调节机体中的糖代谢，促进血压升高。采摘肾上腺时应避免阳光直射。

（5）性腺

性腺可制取性激素。卵巢能分泌雌性酮和雌性醇，睾丸能分泌睾酮、雄性酮。性腺制剂能治疗卵巢和睾丸机能减退。

（6）胃黏膜

胃黏膜是制取胃蛋白酶的原料。胃蛋白酶是蛋白分解酶，它能使蛋白质在酸性介质中分解为多肽。胃蛋白酶的作用特点取决于介质的 pH 值。消化作用的最适 pH 值是 1.5～2.5。

（7）肝

肝中含有 B 族维生素和23%的铁蛋白。适合于制取抗贫血药剂。B 族维生素对血红蛋白的合成有刺激作用，能提高铁的吸收。此外，肝中还含有大量的维生素 A、维生素 B_2、泛酸、生物素，胆碱等。肝可制成肝粉和肝浸膏及肝精注射液等药剂。

（8）胆汁

主要利用胆汁中的胆汁酸和胆固醇。由胆汁制取的胆红素和胆绿素是人造牛黄的原料。胆汁制剂主要有辅助治疗消化道和肝病的功用。

6. 羊粪

在专门化畜牧场或屠宰场，可将羊粪加工后作饲料、肥料或燃料。羊粪加工主要采用生物法和化学法。这些方法需要大量的设备投资和占用大量土地。畜粪的处理，一方面可合理利用废弃物，因为羊粪中含有大量蛋白质等营养物质；另一方面可防止环境污染。

在现代农业生产中，化学肥料的施用量显著增长，导致土壤酸化，缺乏微量元素，土壤结构被破坏，土壤中有益微生物的生存条件受到限制。有关专家认为，生物腐殖质对土壤肥力有特别重要的作用，除营养物质显著高于羊粪和其他堆肥外，还具有许多优势：如生物腐殖质具有生物活性，含微生物和调节植物生长的激素和酶；蚯蚓的生命活动能减少沙门氏菌和其他病原菌数；肥料中的有机物质具有较大的稳定性；植物生长所必需的矿物质在肥料中以容易吸收的形式存在；可生产大量畜禽高蛋白质饲料等。

近年来已开发出有效的加工羊粪的生物方法，其产品为生物腐殖质，十分适宜在农村条件下应用。

生物腐殖质的制作方法：将羊粪与垫草一起堆成 40~50cm 高的堆后浇水，堆藏 3~4 个月，直至 pH 值达 6.5~8.2，粪内温度 28℃时，引入蚯蚓进行繁殖。蚯蚓在 6~7 周龄性成熟，每个个体可年产 200 个后代。在混合群体中有各种龄群。每个个体平均体重 0.2~0.3g，繁殖阶段为每平方米 5000 个，产蚯蚓个体数为每平方米 3 万~5 万个。生产的蚯蚓可加工成肉粉，用于生产强化谷物配合饲料和全价饲料，或直接用于鸡、鸭和猪的饲料中。

第九章　藏羊的繁殖技术

第一节　藏羊的生殖器官和生理机能

生殖系统是藏羊繁殖后代，保证种族延续的一个系统。包括雄性生殖系统和雌性生殖系统。

一、公羊生殖系统

公羊生殖系统包括睾丸、附睾、输精管、副性腺、尿生殖道、阴茎及其附属器官精索、精囊和包皮等。

1. 睾丸

（1）形态

睾丸是产生精子和分泌雄性激素的器官。藏羊的睾丸为成对器官，位于阴囊内，呈长椭圆形，头端向上，尾端向下。

（2）生理机能

1）生精机能

精细管的生精细胞是直接形成精子的细胞。它经多次分裂最后形成精子。精子细胞随精细管的液流输出，并经精直细管、睾丸网、输精网管而到附睾。公羊每克睾丸组织平均每天可产生精子 2400 万～2700 万。

2）分泌雄激素（内分泌机能）

间质细胞分泌的雄激素，能激发公畜的性欲及性兴奋，刺激第二性征，刺激阴茎及副性腺发育，维持精子产生及附睾精子的存活。雄性在性成熟前阉割睾丸会使生殖道的发育受到抑制，成年后阉割会发生结构及行为上的退行性变化。所以阉割对管理家畜及改善肉品味是很有作用的。

2. 附睾

（1）形态

附睾分头、体、尾三部分，附睾头主要由睾丸输出管构成。输出管汇合成一条附睾管，盘曲而成附睾体和附睾尾，在附睾尾处管径增大延续为输精管。附睾尾借附睾韧带与睾丸尾端相连。附睾韧带由附睾尾延续到阴囊（总鞘膜）的部分，称为阴囊韧带。去势时切开阴囊后，必须切断阴囊韧带和睾丸系膜，才能摘除睾丸和附睾。

（2）生理机能

1）附睾是精子最后成熟的地方

从睾丸精细管生产的精子，刚进入附睾头时，颈部常有原生质滴存在，形态尚未发育完全。此时其活动微弱，没有受精能力或受精力很低。精子在通过附睾的过程中，原生质滴向尾部末端移行。这种形态变化与附睾的物理及细胞化学的变化有关。它能增加精子的运动和受精能力。

精子通过附睾管时，附睾管分泌的磷脂质及蛋白质，裹在精子的表面，形成脂蛋白膜，将精子包被起来，它能在一定程度上防止精子膨胀，也能抵抗外界环境的不良影响。

2）附睾是精子贮藏所

成年公羊两附睾聚集的精子数在 1500 亿以上。在附睾内贮存的精子经 60d 后仍具有受精能力。但如果贮存过久，则活力降低，畸形及死亡精子增加，最后精子死亡被吸收。所以长期不配种的公畜，第一次采得的精液，会有较多衰弱、畸形的精子。相反如果配种过于频繁，则会出现发育不成熟的精子，故需很好地掌握射精频度。

3）附睾管的吸收作用

吸收作用是附睾头及体的一个重要机能（尾部没有）。来自睾丸的稀薄精子悬浮液，通过附睾管时，其中的水分被上皮细胞所吸收，因而到附睾尾时成为极浓的精子悬浮液（每微升含精子 400 万以上）。

4）附睾管的运输作用

冷精子在附睾内缺乏主动运动，之所以由附睾头运送至附睾尾，是由于纤毛上皮的活动，以及附睾管壁平滑肌的收缩作用，而通过附睾管，公羊精子通过附睾管的时间为13～15d。

3.输精管和精索

输精管是运输精子的管道。起始于附睾尾的末端，进入精索，经腹股沟管上行进入腹腔，随之向后进入骨盆腔。在膀胱上方两条输精管并列而行，并逐渐变粗，形成输精管壶腹，壶腹内壁具有丰富的腺体。壶腹通过前列腺体的下方，开口于尿道起始总背壁的精阜。精索呈扁平的圆锥形索状，基部附着于睾丸和附睾上。顶端达腹股沟管的内口，外面被有固有鞘膜，由血管、淋巴管、神经、输精管和睾内提肌等组成。

4.副性腺

精囊腺、前列腺和尿道球腺总称为副性腺。射精时它们的分泌物，加上输精管壶腹的分泌物混合在一起称为精清，与精子共同构成精液。

（1）位置

1）精囊腺

位于膀胱颈的背面和两侧。精囊腺的输出管与输精管分别开口于精阜。

2）前列腺

位于膀胱颈背侧，靠近尿道起始部的背侧，一般可分为腺体部和扩散部（壁内部）。

3）尿道球腺

位于尿生殖道骨盆部的末端，左右成对，有很多输出管开口于尿生殖道的背侧。

（2）副性腺的生理机能

1）冲洗尿生殖道，准备精液通过

交配前阴茎勃起时，所排出的少量液体，主要是尿道球腺所分泌，可以冲洗尿生殖道中残留的尿液，使通过尿生殖道的精子不受到尿液的危害。

2）精子的天然稀释液

附睾排出的精子，其周围只有少量液体，待与副性腺液混合后，精子即被稀释，从而也加大了精液容量。公羊射出的精液中，精清约占精液容量的70%。

3）供给精子营养物质

精子内某些营养物质是在与其附性腺液混合才得到的，如影响附睾内的精子不含果糖，当精子与精清（特别是精囊腺液）混合时，果糖即很快地扩散入精子细胞内。果糖是精子能量的主要来源。

4）活化精子，改变休眠状态

副性腺液的 pH 值，一般为碱性，碱性环境能增强精子的运动能力。副性腺液中的某些成分能够在一定程度上吸收精子运动所排出的 CO_2，从而可在一定程度上维持精液的偏碱性，以利于精子的运动。另外，副性腺液的渗透压低于附睾处，可使精子吸收适量的水分而得以活动。

5）帮助推动和运送精液到体外

精液的射出，无疑是借助于附睾管、副性腺壁平滑肌及尿生殖道肌肉的收缩。但在排出过程中，副性腺液的液流亦有推动作用。副性腺管壁收缩排出的腺体分泌物在与精子混合的同时，运送精子排出体外，精液射入母畜生殖道后，精子在母畜生殖道借助一部分精液（当然还有母畜生殖道的分泌物）为媒介而泳动至受精地点。

6）缓冲不良环境对精子的危害

精清中含有柠檬酸盐及磷酸盐，这些物质具有缓冲作用，给精子保持以良好的环境，从而延长精子的存活时间，维持精子的受精能力。

7）形成阴道栓，防止精液倒流

家畜的精液有部分或全部凝固的现象。一般认为这是一种在自然交配时防止精液倒流的天然措施。

副性腺是依靠雄激素而发生作用的，因此它们与睾丸的正常功能是紧密联系在一起的。

5.尿生殖道

尿生殖道是尿和精液共同排出的管道，分为两部分：①骨盆部，由膀胱直达坐骨弓，位于骨盆底壁，为一长的圆柱形管，外面包有尿道肌；②阴茎部，位于阴茎海绵体腹面的尿道沟内，外面包有尿道海绵体和球海绵体肌。在坐骨弓处，尿道阴茎部在左右阴茎之间稍膨大形成尿道球部。

射精时，从壶腹聚集来的精子，在尿道骨盆部与副性腺的分泌物相混合，在膀胱颈的后方，有一个榛子大的隆起，即精阜，在其顶上有壶腹和精囊腺导管的共同开口。精阜主要由海绵组织构成，在射精时可以关闭膀胱颈，从而阻止精液注入膀胱。

6.阴茎与包皮

阴茎是公羊的交配器官。起自坐骨弓，经两股之间沿中线向前延伸到脐部。分阴茎根、阴茎体和阴茎头三部分。

包皮为皮肤转折而成的管状皮肤鞘，有容纳和保护阴茎头的作用。

二、母羊生殖器官及生理机能

母羊的生殖器官包括三部分：①性腺，即卵巢；②生殖道，包括输卵管、子宫、阴道。以上两部分也称为内生殖道；③外生器官，包括泌尿生殖前庭、阴唇、阴蒂。

1.卵巢

（1）形态位置

卵巢是产生卵子和分泌雌性激素及孕酮的成对器官，由卵巢系膜悬于腰椎下面。羊的卵巢为稍扁的圆形。长 1~1.5cm、宽及厚约 0.8~1cm，老年时卵巢缩小。位于子宫尖端的外侧（有时在其下面），耻骨前缘附近（年轻胎次少的母羊，卵巢在耻骨前缘之后，即骨盆腔内。经产母羊，子宫角因胎次增多而逐渐垂入腹腔，卵巢也随之前移至耻骨前缘前下方，即进入腹腔）。

（2）生理机能

1）卵泡发育和排卵

卵巢皮质部分布着许多原始卵泡。原始卵泡是由一个卵母细胞和周围一单层卵泡细胞构成。它经过次极卵泡、生长卵泡和成熟卵泡发育阶段，最终排出卵子。排放后，在原始卵泡处形成黄体。

2）分泌雌激素和孕酮

在卵泡发育过程中，包围在卵泡细胞外的两层卵巢皮质基质细胞形成卵泡膜。卵泡膜可分为血管性的内膜和纤维性的外膜。内膜可分泌雌激素，一定量的雌激素是导致母畜发情的直接因素。紧接在排卵之后，在原排卵处颗粒膜形成皱襞，增生的颗粒细胞形成索状，从卵泡腔周围呈辐射状延伸到腔的中央形成黄体。黄体能分泌孕酮，它是维持怀孕所必需的激素之一。

2. 输卵管

（1）形态位置

输卵管是成对弯曲的细管，位于卵巢与子宫角之间的输卵管系膜内，有运送卵细胞的作用，也是卵细胞受精的地方。输卵管可分为三部分，即漏斗、壶腹与峡部。管的前端（卵巢端）接近卵巢，扩大成漏斗状叫做漏斗。漏斗边缘上有许多突出，呈花边状，叫做伞，其前部附着在卵巢的前端。漏斗的壁面光滑，脏面粗糙。漏斗的中心有输卵管腹腔孔，与腹腔相通。管的前三分之一或前半段较粗，称为壶腹，是卵子受精的地方。壶腹的后端和峡相通，称为壶腹峡结合处。后段较细，称为峡。其末端（子宫端）经输卵管子宫孔与子宫角相通，称为宫管结合处。输卵管逐渐过渡为子宫角，宫管结合处没有明显的界线。

（2）生理机能

1）承受并运送卵子

从卵巢排出的卵子先到伞，借纤毛的活动将其运输到漏斗和壶腹。通过输卵管分节蠕动及逆蠕动、黏膜及输卵管系膜的收缩，以及纤毛活动引起的液流活动，卵子通过壶腹的黏膜壁被运送到壶峡连接部。

2）分泌机能

输卵管的分泌细胞在卵巢激素的影响之下，在不同的生理阶段，分泌的液体量有很大的变化。发情时，分泌增多，分泌物主要为黏蛋白及黏多糖，它是精子和卵子的运载工具，也是精子、卵子及早期胚胎的培养液。输卵管及其分泌物的生理生化状况是精子和卵子正常运行、合子正常发育及运行的必要条件。

3. 子宫

（1）形态位置

子宫是胚胎发育生长的器官。前接输卵管，后接阴道，大部分位于腹腔内，小部分位于骨盆腔内，在直肠和膀胱之间。两侧借子宫阔韧带附着于腰下部和骨盆腔的侧壁上。分子宫角、子宫体和子宫颈三部分。子宫角一对，全部位于腹腔内（处女羊位于骨盆腔内），角的前端接输卵管，后端会合成子宫体，最后由子宫颈接阴道。

成年母羊的子宫大部分位于腹腔内，子宫角呈羊角状弯曲。子宫体短，子宫颈壁厚而坚实，管腔的黏膜呈螺旋状，平时关闭，不易开张，子宫颈和阴道之间分界清楚，子宫颈外口的黏膜形成轮状环。子宫体和子宫角的黏膜上约有四排蘑菇状的突出物，称子宫阜，其顶端有凹陷，妊娠时特别大。

（2）生理机能

发情时子宫借其肌纤维有节奏的强而有力的收缩作用而运送精液，使精子有可能超越其本身的运行速率而通过输卵管的子宫口进入输卵管。分娩时子宫以其强力阵缩排出胎儿。

子宫内膜的分泌物和渗出物，以及内膜进行糖、脂肪、蛋白质的代谢物，可为精子获能提供环境，又可供给孕体的营养需要。怀孕时子宫阜形成母体胎盘，与胎儿胎盘结合成为胎儿与母体间交换营养和排泄物的器官。子宫是胎儿发育的场所。

可影响卵巢机能。在发情季节，如果母畜未孕，在发情周期的一定时期，一侧子宫角内膜所分泌的前列腺素 F2a 对同侧卵巢的发情周期黄体有溶解作用。致黄体机能减退，垂体又大量分泌促卵泡素，引起卵泡的发育成长，导致发情。

子宫颈是子宫的门户，在不同的生理状况下，相应启闭。在平时子宫颈处于关闭状态，以防异物侵入子宫腔，发情时稍微开张，以使精子进入，同时宫颈大量分泌黏液，是交配的润滑剂。妊娠时，子宫颈柱状细胞分泌黏液堵塞子宫颈管，防止感染物侵入。临近分娩时，颈管扩张，以便胎儿排出。

子宫颈是精子的"选择性贮库"之一，子宫颈黏膜分泌细胞所分泌的黏液的微胶粒方向线，将一些精子导入子宫颈黏膜隐窝内。宫颈可以滤剔缺损和不活动的精子，所以它是防止过多精子进入受精部位的第一道栅栏。

4. 阴道

阴道是交配器官，也是产道。位于骨盆腔内，长约 8~14cm，上面与直肠相邻，下面为膀胱和尿道。前接子宫，后为尿生殖前庭。阴道壁由黏膜、肌层和浆膜三层构成（后部为外膜）。阴道黏膜的色泽和分泌的黏液，在母羊发情时表现很明显的变化。

5. 外生殖器官

（1）尿生殖前庭

是从阴瓣到阴门裂的短管。前后低，稍倾斜。在前庭两侧壁的黏膜下层有前庭大腺，为分支管状腺，发情时分泌物增多。

（2）阴唇

构成阴门的两侧壁，其上下端为阴唇的上下角，两阴唇间的开口为阴门裂。阴唇的外面是皮肤，内为黏膜，二者之间有阴门括约肌及大量结缔组织。

（3）阴蒂

由两个勃起组织构成，相当于公畜的阴茎。海绵体的两个脚附着在坐骨弓的中线旁边，阴蒂头相当于公畜的龟头，位于阴唇下角的阴蒂凹内。

第二节　藏羊的繁殖规律

一、公羊的繁殖规律

1. 性成熟

幼龄家畜发育到一定时期，无论雄性或雌性，都开始表现性行为，具有第二性征，特别是能产生成熟的生殖细胞。一旦在这期间交配，就有使雌性受胎的可能，这个时期常称为性成熟。家畜的性成熟可视为从初情期起渐向体成熟过渡的个体发育阶段，亦即性成熟以初情期开始，把初情期包括在性成熟中。

初情期是指公畜第一次能够释放出精子的时期，但确定公畜的初情期要比母畜困难得多，因为公畜第一次精原细胞的分化比从精细管释放出来的精子早1个月以上，而且精子从睾丸运送到输精管约需2周时间。如果公畜第一次能够释放出精子就被认为已是性成熟，则未免太早。

体成熟是家畜基本上达到生长完成的时期。从性成熟到体成熟需经过一定的时期。在这期间如果长期生长发育受阻，必然延缓达到体成熟的时刻，对种用或非种用的公羊都会带来经济上的损失。藏羊性成熟的时间因类型不同而差异很大，在10~18月龄，体成熟在18~30月龄。高原型藏羊1~1.5岁开始性成熟，1.5~2岁开始配种。山谷型藏羊因分布地区气候较温和，草场返青早，枯萎迟，冬春以少量农副产物补饲，因而其性成熟期和初配年龄比高原型羊提前4~6个月。山地型羊分布的纬度较低，气候温和，10月龄即性成熟，1.5岁开始配种。

2. 影响性成熟的因素

性成熟的早晚，内源激素的作用虽很重要，但尚决定于下列的主要因素。

（1）生态环境

自然环境和群体间的社会环境是生态环境影响性成熟极为重要的外因。藏羊生长在青藏高原，气候寒冷，因此藏羊的性成熟较温热带地区的羊品种晚。饲养管理是人为造成的生态环境，可以改变自然环境的一些影响，良好的饲养水平下的羊只一般比营养水平低的性成熟早，群居生活的比隔离饲养者早，特别是雌雄不分群的情况下更是如此，因在初情期前易受到异性的刺激。

（2）品种的不同

性成熟不仅在同畜种之间有差异，在同一畜种的不同品种之间亦有显著差异。培育品种一般早于原始品种。过早地性成熟，一般视为是早熟性，但这不应作为品种的优点，因为用育种的观点，实不宜早配。

（3）个体的差异

公畜一般比母畜的性成熟迟些。生长发育受阻的羊，除主要是营养不足或疾病的结果外，还有先天的原因。

3. 初配的适当年龄

达到性成熟期，动物就有开始繁殖的能力，但是否适于配种，是一个特别与育种效果很有关系的实际问题。一般地说，初配年龄应在性成熟的后期或更迟些。雄性家畜虽不及雌性重要，但不应顺其自然，例如在牧群中滥交野合，不仅乱群，而且由于交配频繁，必有碍个体的发育和以后的繁殖力。

对良种的优秀个体，作为后裔测验的需要，在严格限制交配的情况下，在性成熟的前期，也容许人工采精，但还要决定于该畜的个体发育情况。藏羊公羊一般在2.5岁左右开始配种。

二、母羊的繁殖规律

性机能的发育过程是一个发生、发展、至衰老的过程。在母畜性机能的发育过程中，一般分为初情期、性成熟及繁殖机能停止期（指停止繁殖的年龄）。此外，为了指导生产实践，还有一个初配适龄的问题。各期的确切年龄因品种、饲养管理及自然环境条件等因素而有不同，在同一品种，也因个体生理系统发育及健康情况不同而有所差异。

1. 初情期

初情期指的是母羊初次发情和排卵的时期，是性成熟的初期阶段，是具有繁殖能力的开始。这时的生殖器官仍在继续生长发育。

初情期以前，母羊的生殖道和卵巢增长缓慢，随着年龄的增长而逐渐增大。当母羊达到一定年龄和（或）体重时，即出现第一次发情和排卵，这就是到了初情期。在初情期前卵巢也在生长卵泡，但后来退化闭锁而消失，新的生长卵泡又再出现，最后又再退化，如此反复进行，直到初情期开始，卵泡才能生长成熟以至排卵。这与下丘脑—垂体—卵巢轴的生长和分泌机能有关。在初情期前，垂体生长很快，同时对下丘脑的促性腺激素释放激素已有反应能力。初情期时，释放到血液中的促性腺激素的量有所增长，从而引起卵巢的卵泡发育，随着卵泡的增长和成熟，卵巢的重量增加，同时，卵泡分泌雌激素到血液中，刺激生殖道的生长和发育。

有的母羊第一次发情，往往有安静发情现象，即只排卵而没有发情症状，这可能是因为在发情前需要少量孕酮，才能使中枢神经系统适应于雌激素的刺激而引起发情，但是在初情期前，卵巢中没有黄体存在，因此没有孕酮分泌，所以就往往只排卵而不发情。藏羊的初情期一般在12~18月龄。

营养水平对母羊初情期的影响较大，初情期与其体重的关系很密切，营养好的母羊，达到初情期体重所需时间较短，故其初情期较早，而营养差的要等到接近初情期体重时才第一次发情，自然需要时间较长，故其初情期较迟。由此看来，营养水平很重要，加强营养以提早初情期，这是提高养畜经济效益的重要措施。

2. 性成熟

母羊的性成熟为生殖机能发育成熟的时期。它在初情期后的较晚时候，生殖机能达到了比较成熟的阶段。此时生殖器官已发育完全，具备了正常的繁殖能力。但此时身体的生长发育还未完成，故一般种畜尚不宜配种，以免影响母畜本身和胎儿的发育。藏羊的性成熟期为10-18月龄。

3. 初配适龄

母羊的初配适龄应根据其具体生长发育情况而定，不宜一概而论，一般比性成熟晚一些，在开始配种时的体重应为其成年体重的70%左右。即1.5~2岁。

4. 繁殖能力停止期

母羊的繁殖能力有一定的年限，年限长短因品种、饲养管理以及健康状况之不同而异。一般母羊的繁殖停止期为6~8岁。

5. 母羊发情周期特点

（1）发情和发情周期

发情是母羊所表现的一种性活动现象。发情时母羊的精神状态、生殖道及卵巢等发生一系列变化。母羊外阴部充血、肿胀，喜欢接近公羊，在公羊追逐或爬跨时站立不动，有些母羊见到公羊时后腿分开，并摆动尾部。有时母羊食欲减退，采食量很少，峰叫不停。处女羊的发情表现不太明显，有的甚至拒绝公羊爬跨，但一般只要主动接近公羊，并紧跟其后者便可认为是发情羊。

在发情过程中，由于雌激素的作用，发情母羊阴道黏液分泌增加，并充血、松弛，子宫颈口充血肿胀，发情初期阴道分泌少量呈透明或稀薄乳白色的分泌物，中期黏液较多，呈牵丝性，后期分泌物牵丝性减低，较黏稠。母羊的发情持续时间称为发情持续期。发情持续期受品种、年龄、繁殖季节中的时期等因素影响。母羊在发情期内，未经交配或交配后未受孕时还会间隔一段时间再次发情。上次发情开始到下次发情开始的间隔时间，称为发情周期。发情周期因品种、年龄及营养状况不同而有差别。藏羊的发情周期较短，平均为18d，一个发情期持续时间为12~46h，平均为30L母羊排卵一般在发情开始后12~24h，故发情后12h左右配种最适宜。羔羊初情期的发情持续期最短，1.5岁后较长，成年母羊最长；繁殖季节初期和末期的发情持续期短，中期较长；公母羊混群的母羊比单独组群的母羊的发情持续期短，且发情整齐一致。处女羊、老龄羊发情周期长，壮年羊短；营养差的羊发情周期长，营养好的羊短。

（2）卵巢变化特点

发情前期卵巢有一个或一个以上的卵泡发育。发情期卵泡增长速度很快，卵泡壁变薄，血管增生，卵泡突出表面呈半球状。排卵前约 1h，出现透明的圆形排卵点；排卵时，此处形成锥形状突起，卵泡在此破裂排卵。

排卵后，卵泡腔内并无出血现象，破口处被一小凝血块所封闭，卵泡壁向内增长，排卵后 30h 卵泡腔消失，形成黄体。排卵后 6~8d 时，黄体达最大体积，直径 9μm。黄体颜色起初为粉红色，随着间情期进展，色渐变淡。由于藏母羊发情周期短，故黄体在排卵后 12~14d 便开始退化，且退化很快。

6.繁殖季节性

藏羊为季节性多次发情动物，每年秋季随着光照从长变短，藏羊便进入了繁殖季节。温度适中的 7~9 月是发情期，尤其是 7~8 月为发情配种高峰期，占羊群的 79.08%。因为此时青藏高原的广大牧区气温处在 14℃ ~27℃，牧草生长旺盛，营养充足，适宜羊只发情。但有的地方也有在 9~11 月发情配种的情况，如有的山谷型藏羊在 9~11 月发情配种。

第三节　藏羊的配种

一、配种计划安排

羊的配种计划安排一般根据各地区、各羊场每年的产羔次数和时间来决定。1 年 1 产的情况下，有冬季产羔和春季产羔两种。一般在 7~9 月配种，12 月至翌年 1~2 月产羔，称为产冬羔；在 10-12 月配种，翌年 3~5 月产羔，称为产春羔。产冬羔的母羊配种时期膘情较好，对提高产羔率有好处，同时由于母羊妊娠期体内营养充足，羔羊的初生重大，存活率高。此外冬羔利用青草期较长，有利于抓膘。但产冬羔需要有足够的保温产房，要有足够的饲草饲料贮备。否则母羊容易缺奶，影响羔羊发育。春季产羔，气候较暖和，不需要保暖产房。母羊产后很快就可吃到青草，奶水充足，羔羊出生不久，也可吃到嫩草，有利于羔羊生长发育。但产春羔的缺点是母羊妊娠后期膘情最差，胎儿生长发育受到限制，羔羊初生重小。同时羔羊断奶后利用青草期较短，不利于抓膘育肥。

随着现代繁殖技术的应用，密集型产羔体系技术越来越多的应用于各大羊场。在 2 年 3 产的情况下，第 1 年 5 月配种，10 月产羔；第 2 年 1 月配种，6 月产羔；9 月配种，来年 2 月产羔。

二、配种时间和方法

配种时间一般是早晨发情的母羊傍晚配种,下午或傍晚发情的母羊于第二天早晨配种。为确保受胎,最好在第一次交配后,间隔12h左右再交配一次。

羊的配种方法有两种,即自然交配(本交)和人工授精。

1. 自然交配

又分为自由交配和人工辅助交配两种。

(1)自由交配

自由交配是最简单、也是最原始的交配方式。将选好的种公羊放入母羊群中,任其自行与发情母羊交配。该法简单易行,节省劳力,如果公、母比例适当[一般1:(30~40)],受胎率也相当高,适合于农牧户和小型分散的养殖场。

其缺点是:①不能充分发挥优秀种公羊的作用,1只种公羊只能配30~40只的母羊;②无法掌握具体的产羔时间,给管理上造成困难;③公、母羊混群,公羊追逐母羊,不安心采食,消耗公羊体力,不利于羊群的采食抓膘;④无法掌握交配情况,羔羊系谱混乱,不能进行选配工作,容易早配和近亲交配。

为克服上述缺点,在非配种季节,公、母羊要分群管理,配种期可按1:(30~40)的比例将公羊投放母羊群内,配种结束后即将公羊隔离出来。为了防止近交,羊群间要定期调换种公羊。

(2)人工辅助交配

人工辅助交配是将公、母羊分群隔离饲养,在配种期用试情公羊试情,使发情母羊与指定的种公羊进行配种。采用这种交配方式,可有目的地进行选种选配,提高后代生产性能。在配种期内每只公羊与交配母羊数可增加到60~70只,因此提高了种公羊的利用率。

2. 人工授精

人工授精是借助于器械将公羊的精液输入到母羊的子宫颈内或阴道内,达到受孕的一种配种方式。它是近代畜牧科学技术的重大成就之一,是当前我国养羊业中常用的技术措施,与自然交配相比有以下优点。

(1)能够准确登记配种时期。

(2)扩大优良种公羊的利用率。在自然交配时,公羊射一次精只能配一只母羊,如果采用人工授精的方法,由于输精量少和精液可以稀释,所以公羊的一次射精量,一般可供几只或几十只母羊的受精之用。因此,应用人工授精方法,不但可以增加公羊配母羊的数量,而且还大大提高了优秀种公羊的利用率,减少了种公羊的饲养量,提高了羊群质量。

(3)提高母羊的受胎率。采用人工授精方法,可将精液完全输送到母羊的子宫颈或子宫颈口,增加了精子和卵子结合的机会,同时解决了母羊因阴道疾病或子宫颈位置不正所引起的不育问题;再者,由于精液品质经过检查,避免了因精液品质不良所造成的空怀,从而可提高母羊受胎率。

（4）节省购买和饲养大量种公羊的费用。如，有适龄母羊3000只的羊群，如果采用自然交配方法，至少需要购买种公羊80～100只，而如果采用人工授精方法，只需购买10只左右的种公羊，这就节省了购买大量种公羊和管理种公羊的费用。

（5）减少疾病传染。在自然交配过程中，由于羊体和生殖器官的相互接触，就有可能致使某些传染病和生殖器官疾病传播。采用人工授精方法，公母羊不直接接触，器械经过严格消毒，大大地减少了疾病传播的机会。

（6）精液可以长期保存和远距离运输。由于冷冻精液技术的发展，可达到精液长期保存和远距离的异地配种，使某些地区在不引进种公羊的前提下，就能达到杂交改良和育种的目的。

第四节　藏羊的繁育技术

繁育技术是现代化肉羊生产中关键环节之一。繁育技术不仅直接影响养羊业的生产效率，而且也是畜牧科学技术水平的综合反映。在繁育技术上，通过有效地控制、干预繁育过程，使养羊生产能按人类的需求有计划地进行生产。

一、母羊的发情鉴定

在家畜繁殖工作中，发情鉴定是一个重要技术环节。发情鉴定的目的是及时发现发情母羊，正确掌握配种或人工授精时间，防止误配漏配，提高受胎率。母羊发情鉴定一般采用外部观察法、阴道检查法、试情法等。

1. 外部观察法

藏羊发情周期短，外部表现不太明显，发情母羊主要表现在喜欢接近公羊，并强烈摇动尾部，当被公羊爬跨时则站立不动，外阴部分泌少量黏液。

2. 阴道检查法

阴道检查法是用阴道开膛器来观察阴道的黏液，分泌物和子宫颈口的变化来判断发情与否。发情母羊阴道黏膜充血，红色、表面光亮湿润，有透明黏液流出，子宫颈口充血，松弛，有黏液流出。

做阴道检查时，先将母羊保定好，外阴部冲洗干净。开膛器清洗、消毒、烘干后，涂上灭菌过的润滑剂或用生理盐水浸湿。工作人员左手横向持开膛器，闭合前端，慢慢插入，轻轻打开开膛器，通过反光镜或手电筒光线检查阴道变化，检查完后稍微合拢开膛器，抽出。

3. 试情法

鉴定母羊是否发情多采用公羊试情的办法。

（1）试情公羊的准备

试情公羊必须体格健壮、无疾病，2~5周岁。为了防止试情公羊偷配母羊，要给试情公羊绑好试情布，也可做输精管结扎或阴茎移位术。

（2）试情公羊的管理

试情公羊应单圈喂养，除试情外，不得和母羊在一起。要给予试情公羊良好的饲养条件，保持其活泼健康。试情公羊每隔5~6d排精或本交一次，以促其旺盛的性欲。

（3）试情方法

试情公羊与母羊的比例要合适，以1:（30~40）为宜。试情公羊进入母羊群后，工作人员不要哄打或喊叫，只能适当轰动母羊群，使母羊不要拥挤在一处。发现有站立不动并接近公羊的母羊，即为发情母羊，要迅速挑出。

二、公羊的性行为

公羊的生殖器官和生殖机能发育趋于完善，睾丸内能够产生成熟的具有受精能力的精子时，即标志着公羊的发育进入了性成熟期，一般公羊的性成熟在12~18月龄。性成熟主要与营养、气候及有无母畜同群饲养等因素有关。

公羊的性行为主要表现为性兴奋、求偶、交配。公羊性兴奋的主要表现为当出现发情母羊时，边追赶母羊边发出连串的鸣叫声，口唇上翘，性兴奋发展到高潮时爬跨进行交配。公羊交配动作迅速，仅数十秒钟即可完成，公羊交配有一个明显的射精动作，即前冲。

公羊达到性成熟时，身体仍要经过一段时间的生长发育，当具有正常的性兴奋、求偶、交配等行为，年龄达到18~24月龄时开始配种为宜，把这个年龄称为公羊的适宜初配年龄。

三、发情控制

认识母羊发情的表现，鉴定发情的状态，掌握发情的规律是顺利进行繁殖工作的基本要求。但是，人们为了最大限度地提高母羊的繁殖效率，在实际工作中，有时希望在非配种季节或哺乳乏情期，使母羊发情配种，使通常产单胎的绵羊品种能够产双胎和使一群母羊在特定的时间同时发情，对此，可利用某些激素，调整发情规律，使母羊按照要求在一定的时间发情、排卵和配种，此即谓发情控制。

发情控制是有效地干预家畜繁殖过程、提高繁殖力的一种手段，它包括诱发发情、同期发情和控制排卵等技术措施。诱发发情是在母羊乏情状态下，激发卵巢的功能，恢复周期性活动，使卵泡发育并排卵；同期发情是调整和改变群体母羊的发情周期规律，使之整齐一致；控制排卵是指促进排卵的发生或排较多的卵。运用这些技术时，下列激素是不可缺少的，它们是促卵泡素、促黄体素、孕马血清促性腺激素、绒毛膜促性腺激素，以及前列腺素 F2α（PGF2α）、释放激素、孕激素和雌激素等。

1. 同期发情

对母畜发情周期进行同期化处理的方法称为同期发情或同步发情。它是 70 年代出现的一种家畜繁殖技术。简单地说就是利用某些激素制剂人为地控制并调整一群母畜发情周期的进程，使之在预定的时间内集中发情，以便有计划地合理地组织配种。

（1）同期发情的意义

有利于推广人工授精：人工授精的普及往往由于畜群过于分散（农区）或交通不便（牧区）而受到限制，如果能在短时间内使畜群集中发情，就便于采用人工授精，所以同期发情技术可作为普及人工授精的一个有效手段和有力的辅助措施。

便于组织生产：控制母羊同期发情对生产有利，具有经济上的意义。配种时间的相同，以及母羊妊娠、分娩和羔羊的培育在时间上相对集中，便于商品羊的成批生产，有利于更合理地组织生产，有效地进行饲养管理，可以节约劳力和费用。对于畜牧业工厂化生产有很大的实用价值。

提高繁殖率：同期发情不但用于周期性发情，而且也能使乏情状态的母羊出现性周期活动。

另外，在胚胎移植中，当胚胎长期保存的问题尚未解决之前，同期发情是经常采用甚至不可缺少的一种方法。

（2）同期发情的机理

母羊的发情，从卵巢的机能和形态变化方面可分为卵泡期和黄体期两个阶段。卵泡期是在周期性黄体退化继而血液中孕酮水平显著下降后，卵巢中卵泡迅速生长发育，最后成熟并导致排卵的时期，此时母羊也出现行为上的特殊变化（即性兴奋期和接受公畜交配，称为发情期）。在发情周期中，卵泡期之后，破裂卵泡发育为黄体，随即出现一段较长的黄体期。黄体期内，在黄体分泌的孕激素（孕酮）的作用下，卵泡的发育成熟受到抑制，母羊性行为处于静止状态，不表现发情。在未受精的情况下，黄体维持一段时间（一般是十多天）之后即行退化，随后出现另一个卵泡期。

由此看来，黄体期的结束是卵泡期到来的前提条件，相对高的孕激素水平，可抑制发情，一旦孕激素的水平降到低限，卵泡就开始生长发育，并表现发情。因此，同期发情的中心问题是控制黄体的寿命并同时终止黄体期。如能使一群母羊的黄体期同时结束，就能引起它们同时发情。

在自然情况下，任何一群母羊，每个个体均随机地处于发情周期的不同阶段，如卵泡期或黄体期的早、中、晚各期。同期发情技术就是以内分泌的某些激素在母畜发情周期中的作用为理论依据，应用合成的激素制剂和类似物，有意识地干预某些母畜的发情过程，暂时打乱它们的自然发情周期的规律，继而把发情周期的进程调整到统一的步调之内，人为地造成发情同期化百也就是使被处理的家畜的卵巢按照预定的要求发生变化，使它们的机能处于一个共同的基础上。

同期发情和诱发发情，在概念上，二者的区别在于诱发发情通常是指乏情期的个体母畜而言，同期发情则是针对周期性发情或处于乏情状态的群体母畜。诱发发情并不严格要求准确的发情时间，而同期发情则希望被处理的一群母畜在预定的日期而且相当短的时间范围内（2～3d）集中发情，所以也可称为群集发情。

现行的同期发情技术有两种途径，一种是向一群待处理的母羊同时施用孕激素，抑制卵泡的生长发育，经过一定时期同时停药，随之引起同时发情。在这种情况下，当施药期内，如黄体发生退化，外源孕激素即代替了内源孕激素（黄体分泌的孕酮）的作用，造成人为的黄体期，实际上延长了发情期，推迟发情期的到来，为以后引起同时发情创造一个共同的基准线。另一个途径是利用性质完全不同的另一类激素即前列腺素 F2α 使黄体溶解，中断黄体期，停止孕酮分泌，从而促进垂体促性腺激素的释放，引起发情。在这种情况下，实际上是缩短了发情周期，使发情提前到来。

破坏黄体功能的另一种方法是通过直肠用手指压碎黄体，使黄体组织受到损害，因而丧失分泌孕酮的功能。但显然这种方法由于操作上的困难和可能会对生殖器官造成意外的损伤，所以是不适用的。孕激素处理方法不但可用于有周期活动的母羊，而且也可以在非配种季节处理乏情母羊，前列腺素则只适用于有正常发情周期活动的母羊。

上述两种途径所用的激素性质不同，作用亦各异，但它们有一个共同点，即处理后的结果，都是动物体内孕激素水平（内源的或外源的）迅速下降，故都能达到发情同期化的目的，收到同样的效果。

（3）藏羊同期发情的处理方法

阴道海绵法：将浸有孕激素的海绵置于子宫颈外口处，处理 10～14d，停药后注射孕马血清促性腺激素 400～500 IU，经 30h 左右即开始发情，发情的当天和次日各输精 1 次。常用孕激素的种类及剂量为：孕酮 150-300mg，甲孕酮 50-70mg，甲地孕酮 80～150mg，18 甲基 - 块诺酮 30～40mg，氟孕酮 20～40mg。

口服法：每日将一定数量的药物均匀拌入饲料内，连续饲喂 12～14d。药物用量约为阴道海绵法的 1/10-1/5。最后一次口服药的当天，肌肉注射孕马血清促性腺激素 400～750 IU。

前列腺激素法：将前列腺素（PGF2α）或其类似物（如氯前列烯醇或 15- 甲基前列腺素），在发情结束数日后向子宫内灌注或肌肉注射一定剂量，能在 2～3d 内引起母羊发情。

2. 诱发发情

为人工引起发情。指在母羊乏情期内，借助外源激素引起正常发情并进行配种，缩短母羊的繁殖周期，变季节性配种为全年配种，实行密集产羔，达到 1 年 2 胎或 2 年 3 胎的

目的，提高母羊的繁殖力，藏羊诱发发情可通过羔羊早期断奶、激素处理及生物学刺激等途径实现。，

（1）羔羊早期断奶

实质上是控制母羊的哺乳期，缩短母羊的产羔间隔以控制繁殖周期，使母羊早日恢复性周期的活动，提早发情。早期断奶的时间可根据不同的生产需要与断奶后羔羊的管理水平来决定。1年2胎的，羔羊出生后半月至1月龄断奶；3年5产的，产后1.5～2月龄断奶；对于2年3产的，产后2.5～3月龄断奶a进行早期断奶必须解决人工哺乳及人工育羔等方面的技术问题。

（2）激素处理

可消除季节性休情，使母羊全年发情配种。具体做法是：先对羔羊实行早期断奶，再用孕激素处理母羊10d左右，停药后注射孕马血清促性腺激素，即可引起发情和排卵。

（3）生物学刺激

包括环境条件的改变及性激素。环境条件的改变主要通过调节光照周期，使白昼缩短，达到发情排卵的目的。通过在正常配种季节开始之前，向母羊群引入公羊，使配种季节提前，缩短产后至排卵的间隔时间。

3. 超数排卵

在母羊发情周期的适当时间，注射促性腺激素，使卵巢比正常情况下有较多的卵泡发育并排卵，这种方法即为超数排卵（简称超排）。经过超排处理的母羊1次可排出数个甚至10数个卵子，这对充分发挥优良母羊的遗传潜力具有重要意义。超排的目的：其一是为了提高母羊的产羔数，在超排处理后，经过配种，使母羊正常妊娠，其二是结合胚胎移植进行，在这种情况下，由于受精卵要分别移植到数个受体母羊，所以供体母羊排卵后无妊娠问题，排卵数量可增加至10数个或更多。

超排的处理方法是在成年母羊发情到来前4d，即发情周期的12或13d，肌肉或皮下注射孕马血清促性腺激素600～1100IU，出现发情后即行配种，并在当日肌肉或静脉注射人绒毛膜促性腺激素（HCG）500～750IU，即可达到超排目的。母羊的多产性，不仅决定于排卵数，而且与子宫怀多胎的能力有关。

4. 诱产双胎、多胎

通过人为手段，改善母羊的生理生殖环境，促使母羊每窝产双羔或双羔以上羔羊。诱产双胎、多胎的方法如下：

（1）补饲催情法

在配种前一个月，改善日粮组成，提高母羊营养水平，特别补足蛋白质饲料。通过补饲手段，既能提高母羊的发情率，又能增加1次排卵数，诱使母羊多产双胎甚至多胎。

（2）激素途径

此途径与超排处理一致，其处理方法也是母羊先经试情，于发情周期第12d或第13d

皮下注射孕马血清促性腺激素 600～1100IU，有人主张于发情周期第 2d 注射，可使排卵反应的变异小，且不会出现高排卵率的不良现象，有利于提高羔羊的育成率。应当指出，由于品种、个体对激素的反应差异很大，很难找到对每只羊都适宜的统一剂量，所以应在对当地特定品种进行预备试验后，再确定适宜的用量。

（3）采用双羔素或双胎素

其道理是以人工合成的外源性类固醇激素与载体蛋白偶联，来刺激动物体内产生生殖激素抗体，抗体与外周血液中相应的内源类固醇相结合，使其部分或全部类固醇激素失去活性，从而削弱或排除了下丘脑—垂体负反馈作用，引起分泌促卵泡激素（FSH）及促黄体激素（LH）脉冲频率增加，导致卵巢上有较多的卵泡发育、成熟，从而提高了排卵率。

这种激素的一个重要特点是提高双羔率，比用孕马血清或双羔选育的方法来提高繁殖率更简便、更合算，更能提高羔羊成活率。双羔素是澳大利亚生产的，在母羊配种前 7 周和 4 周于颈部皮下各注射 1 次，每只每次 2ml。双胎素是国产的，有水剂制品和油剂制品两种，水剂制品于母羊配种前 5 周和 2 周颈部皮下注射 1 次，每只每次 1ml，油剂制品于配种前 2 周臀部肌肉注射 1 次，每只 2ml。该法是提高羊繁殖力的有效手段，其特点是方法简便，成本低，效果好，应用价值大。

四、人工授精技术

羊人工授精技术在提高优秀种公羊的利用率、增加配种母羊数量、最大化发挥优秀种公羊的遗传潜力、加速杂交改良、加快育种进程，防止疾病传播，特别是生殖道疾病的传播等方面有着重要意义。

1. 种公羊的选择、调教及饲养管理

种公羊是否合格以及能否顺利适应采精技术要求，是人工授精工作开展的基础。

（1）种公羊的选择

符合种用标准，品种特征明显。体质结实，结构匀称；生殖器官发育正常，性欲旺盛，精液品质良好；饲养管理正常，膘情适中。种公羊的等级应高于母羊的等级。

（2）种公羊的调教

种公羊采精前的准备充分与否直接影响着精液的数量和质量，因此，在采精前均应以不同的诱情方法使公羊有充分的性欲和性兴奋，如观摩法、涂抹法、注射雄激素等。实践经验表明，采取 5 步训练的方式对种公羊的调教较为有效。

人与羊亲和力的建立过程：该过程是指采精人员通过日常饲喂、饮水、驱赶种公羊运动等方式逐渐与种公羊相互熟悉和信赖，并以此了解种公羊的习性。

本交条件反射的建立过程：主要目的是使种公羊首先要能够完成自然交配，为以后的采精工作打下基础。

人为干扰，反复刺激性欲的过程：在自然交配完成的基础上，采精人员干扰种公羊的

交配活动，使其不能顺利达到目的，以激发、强化性反射。

假设条件的认同过程：利用发情母羊的气味刺激，采精人员使用假阴道反复进行采精训练，使其能够在假阴道内排精 3

最终条件反射的形成过程：通过上述 4 个过程的多次训练，最终使种公羊在固定时间、固定地点，不受母羊发情与否的限制，顺利完成采精工作。

（3）种公羊的饲养管理

为了使种公羊有旺盛的精力及保持精液质量。必须每天驱赶种公羊运动 5h 以上。其精料日喂量为专用种公羊精料 2kg 左右，另外补饲鸡蛋 2 个、胡萝卜 0.25～0.5kg、优质干草 2kg，自由饮水，舔食盐砖。

2. 采精的准备

（1）器械消毒

金属、玻璃器械清洗干净后放入干燥箱中高温消毒，无条件的地区也可用压力锅高温消毒；假阴道内胎等橡胶制品清洁干净后要求用 75% 酒精棉球消毒后备用。

（2）假阴道的准备

假阴道由硬橡胶外壳和软橡皮内胎安装而成。假阴道的准备工作分 3 个阶段：先把假阴道内胎放到外壳里边，把多余部分反转套在外壳上，要求松紧适当、匀称平整，不起皱褶或扭转；采精前从假阴道外壳上的注水孔注入 45℃～50℃的温水，水量为外壳与内胎容量的 1/3～1/2，然后关闭活塞；用消毒后的玻璃棒蘸取少许经消毒的凡士林，在假阴道装集精杯的对侧内胎上涂抹一薄层，深度为 1/3～1/2。

（3）检温与吹气加压

假阴道内胎温度以 38℃～40℃为宜。合格后向夹层内注入空气，使涂抹凡士林一端的内胎壁黏合，口部呈三角形。

3. 采精技术

（1）采精

采精人员右手握假阴道后端，蹲于公羊右后侧。让假阴道靠近台羊的臀部，假阴道与地面保持 35°～40°，在公羊爬跨的同时迅速将公羊的阴茎用左手导人假阴道内，待公羊后驱急速向前用力一冲后，顺公羊动作向下后移假阴道，集精杯一端向下迅速将假阴道竖起。打开气嘴放出空气，取下集精杯，盖好盖子待检。

（2）精液的品质检查

一般绵羊射精量为 0.8～1.2ml。正常羊精液呈乳白色或乳黄色，若精液颜色异常，表明公羊生殖器官有疾病，应当弃用并查找原因。羊精液一般无味或略带动物本身的固有气味，否则表明不正常；羊正常精液因密度大而混浊不透明。肉眼观察可见，由于精子运动而呈现的云雾状翻滚。

（3）显微镜检查

原精活率要求直线运动精子数达到65%以上才能用于输精；精子密度分为密、中、稀3个等级，以确定精子的稀释倍数；精子畸形率不应超过20%。

（4）精液的稀释

1ml羊精液中约有25亿个精子，但每次只需输入3000~5000万个精子就可使母羊受孕，稀释后不仅可以扩大精液量，增加可配母羊只数，而且可以供给精子足够的所需营养，为精子生存创造良好的环境，从而延长精子存活时间，便于精液的保存和运输。

（5）常用配方

100ml蒸馏水+3g无水葡萄糖+1.4g柠檬酸钠+20ml新鲜卵黄+10000001U青霉素。也可用生理盐水稀释。根据原精密度确定稀释比例，如果用带营养液的配方。一般可以稀释到6~15倍，而采用生理盐水最大比例为1倍稀释。

（6）精液的保存和运输

常温下保存一般不超过24h输精为宜，如需较远运输或异地输精，根据气温变化，建议在温度10℃左右保存。容器可采用已消毒且带棉塞的试管，并标明公羊的品种、年龄、稀释倍数、稀释液的种类等。

4.输精技术

（1）输精前的准备

将发情母羊的后驱放在输精架上或由助手倒提母羊后肢保定，并将母羊外阴用消毒液消毒后再用温水擦干。

（2）器械的准备

开膣器、输精枪等一般以每只母羊1支为宜，不具备条件的地区应当每输完1次精后将之用生理盐水清洗干净，以备重复使用。

（3）精液的准备

用于输精的精液，必须符合输精所要求的输精量、活力以及有效精子数等。

（4）输精的要求

输精时间：母羊的最佳输精时间一般在发情后10~36h。在生产中为保证受胎率采用二次输精法，即第一次输精后间隔8~12h重复输精1次。

输精量：原精为0.05~0.10ml，稀释后的精液为0.1~0.2ml，要求每次输精量中有效精子数不低于3000万个。

输精方法：将开膣器插入阴道深部后旋转90。，打开开膣器。借助外源光找到子宫颈口，子宫颈口一般在阴道内呈突起状，附近黏膜充血而颜色较深。找到子宫颈口后，将输精枪插入子宫颈口内1~2cm将精液缓慢注入。输精后先取出输精枪再抽出开月窒器。

输精过程总的原则：适时、准确、慢插、轻注、缓出。

5.冷冻精液人工授精技术要点

（1）保证冻精品质

冻精品质的好坏，是决定母羊受胎率高低的基础条件。在输精前要严格进行精液解冻后的品质检查，精子的活率不低于0.35.每次输精容量0.3~0.4ml，含有效精子0.5亿，最低不少于0.3亿，初产羊有效精子数加倍。

（2）冻精融化要快

冻精解冻是冷配的重要技术环节。取5ml试管内注0.5ml2.9%柠檬酸钠溶液，置于40℃水浴锅预热，取出试管，将试管底端捏在手心内，投入一支冻精。不停轻摇试管至全部融化。操作应掌握四快。即液氮罐提斗夹冻精快取、往预热好的解冻液中快投、适度摇动试管促其快融、全部融化后快输。这样做可使冻精迅速通过有害温度区，并减少污染机会，保证解冻后的精子有较高活率，为提高受胎率打基础。

（3）适时输精

掌握最佳配种时机。解冻后的精子存活时间相对新鲜精液短，要求输精时间与母羊排卵时间越接近越好。从理论上讲，多数母羊发情后24~36h排卵，卵子具有受精力的时间为5~6h，精子具有受精力的时间为24~28h。因此，最适配种时间应在母羊发情开始后的12~24h，一般经产羊发情12h即可配种，青年羊20h以后进行配种。即老配早，小配晚，不老不小配中间，此时受精率最高。但在农村养羊实践中很难观察掌握具体时间，畜主发现母羊"起性"并不等于开始发情。所以还需要向畜主仔细询问发情症状过程和年龄胎次，还需要认真查看母羊的求偶行为和生殖道的变化，通过了解综合判断输精时间，过早、过晚输精都不利于受胎率的提高。

6.人工授精注意事项

（1）清洗和消毒

坚持三清洗三消毒制度。①每天配种结束后，对使用过的各种器械要先清洗几遍，后用蒸僧水冲洗1~2次，待次日配种前再进行高温消毒；②用清水洗去待配母羊外阴部污物，后用0.1%高锰酸钾或2%的来苏儿溶液擦洗消毒，水洗后用医用棉球揩干，防止污物带进阴门，减少精液污染；③技术人员自身的卫生清洁消毒和操作室清洁灭菌。

（2）等温和等渗

在温度低的季节，凡是接触精液的器械都必须预温，尤其是输精器与开月窒器，以防精子冷休克和母羊痉挛。器材也绝不能黏附水珠，需用生理盐水或是解冻液冲洗一遍。

（3）建立档案

详细做好配种记录。对下一个情期返配母羊，要查明失配原因，及时补配，对患有生殖器官炎症的或瘦弱母羊，要及时治疗和指导增膘复壮措施。

五、胚胎移植技术

胚胎移植也称受精卵移植或简称卵移植。它的含义是将一只良种母畜配种后的早期胚胎取出，移植到另一只同种的生理状态相同的母畜体内，使之继续发育成为新个体，所以也有人通俗地叫人工受胎或借腹怀胎。提供胚胎的个体称为供体，接受胚胎的个体称为受体。胚胎移植实际上是产生胚胎的供体和养育胚胎的受体分工合作共同繁殖后代。

1. 胚胎移植的意义

（1）充分发挥优良母畜的繁殖潜力，提高繁殖效率

人工授精可提高优良公畜的配种效能，但优良后代的增加，不仅决定于公畜，也有赖于母畜，其生产性能也取决于双方，因此充分发挥优良母畜的繁殖潜力也是改良品种的一个方面。胚胎移植技术就是提高优良母畜繁殖效率的一个有效方法，它将为家畜繁殖开辟新的途径。

实行胚胎移植，就是将一头良种母畜的胚胎移植到其他母畜体内而不需要在自己体内完成发育阶段。换言之，供体母畜只产生具有良种遗传物质的胚胎，妊娠过程则由受体（可利用非优良个体，也不必和供体同属一个品种）去完成。因此，这改变了自然的繁殖过程，受体只是胚胎的养母，仅起到供给胚胎营养的作用，并不产生自己真正的后代（遗传上的后代）。而作为供体母畜的优良母畜，由于省去了很长的妊娠期，繁殖周期无形中缩短了，更重要的是通常都进行了超数排卵的处理，一次即可取得多数的胚胎，所以，不论在一次配种后或从一生来看，都能产生更多的后代，比自然情况下增加若干倍。

（2）加速品种改良，扩大良种畜群

在育种工作中，一头良种公畜所起的作用之所以远比一头优良母畜为大。是因为一头公畜一生中留下的后代比一头母畜产生的后代多得多。母畜产生的后代比公畜少的原因，是母畜产生的成熟卵子很少。且受精卵发育是在母体内进行，妊娠期占去一生中很大部分时间。如能使母畜排出多个卵子，同时解除其孕育胚胎的职能（妊娠），则无疑可产生更多的后代。应用胚胎移植技术可达到此目的。如果使母畜繁殖力提高许多倍，增加其后代数量，那么一头优良母畜在育种工作中的意义将大为提高。这样便于良种畜群的建立和扩大，有利于选种工作的进行和品种改良规划的实施。由此看来，胚胎移植和人工授精是分别从母畜和公畜两个方面提高家畜繁殖力的有效方法，同时也是进行育种工作的有力手段。

（3）诱发母畜产双胎，提高生产效率

在肉牛业和肉羊业中，有一种由胚胎移植技术演化出来的所谓"诱发双胎"的方法，即向已配种的母畜（排卵的对侧子宫角），移植一个胚胎，这样配种后未受胎的母畜可能因接受移植的胚胎而妊娠，而本来已受精的那些母畜由于增加了一个外来胚胎可能怀双胎。很明显，这种人工诱发怀双胎的方法不但提高了供体母畜的繁殖力，同时也提高了受

体的繁殖率（受胎率和双胎率）。另一种方法是向未配种的母畜移植两个胚胎。

由于供体母畜可在年轻时采集胚胎后，即予屠宰，这样既提供了优质肉品，同时又留下了一定数量的后代（采集的胚胎经移植后产生的后代不一定少于它一生中所繁殖的后代）。这样，肉畜饲养业中的繁殖用母畜不必再照通常的方式保留那样多的数量，可消减一定的比例（如30%），而仍能维持畜群的正常繁殖率和更新率。如此，生产效率大为提高，饲养费用则明显减少。

（4）代替种畜的引进

胚胎的长期冷冻保存可以使移植不受时间和地点的限制，所以就可以通过胚胎的运输代替以往的种畜进出口活动，大大节约购买和运输种畜的费用。此外，由外地引进胚胎繁殖的家畜，由于在当地生长发育，较容易适应本地区的环境条件，也可以从养母得到一定的免疫能力，而引进的活畜则不具有这些优点。最后，特别优秀的种畜价格非常昂贵或根本不出售，但购买在血统上属于与活畜同类的高质量的胚胎是完全可以办到的。

（5）保存品种资源

胚胎的长期保存是保存某些特有家畜品种和野生动物资源的理想方式，比保存活畜的费用低的多，容易实行。可以和冷冻保存的精液共同构成优良改善的基因库。

（6）研究手段

胚胎移植是研究受精作用、胚胎学和遗传学等基础理论问题的一种很好的手段。

2. 胚胎移植的基本原则

（1）胚胎移植前后所处环境的一致性

这种同一性的含义是指胚胎移植后的生产环境和胚胎的发育阶段相适应，它包括下述几个方面：

供体和受体在分类学上的相同属性：即二者属于同一个物种，但这并不排除不同种（在动物进化史上，血缘关系较近，生理和解剖特点相近）之间，胚胎移植有成功的可能性。一般来说，在分类上关系较远的不同物种，由于胚胎的组织结构、发育需要的条件（营养、环境）和发育（附植的时间和妊娠期）差异太大，它们之间的胚胎移植不能存活或只能存活很短时间。

动物生理上的一致性：即受体和供体在发情时间上的同期性。

动物解剖部位的一致性：即移植后的胚胎与移植前，所处的空间环境的相似性。

（2）胚胎发育的期限

从生理学上讲，胚胎采集和移植的期限（胚胎的日龄）不能超过周期黄体的寿命，最迟要在受体黄体退化之前数日进行移植，不能在胚胎开始附植之时进行。因此，通常是在供体发情配种后3~8d内收集胚胎，受体也在相同时间接受胚胎移植。

（3）胚胎的质量

在全部操作过程中，胚胎不应受到任何不良因素（物理、化学、微生物）的影响而危及生命。移植胚胎必须是经过鉴定确认发育正常者。

总之，按照上述原则，胚胎的移植只是空间位置（现象上）的更换，而不是生理环境（实质的）改变，这不会影响到胚胎的生长发育（如果有，也是微小的），更不会危害生命。所以，胚胎从一头母畜移至另一头母畜，或经过运输再移植，能够存活并顺利发育直到最后由母体产出，成长为新个体。

3. 胚胎移植的技术程序

（1）供、受体羊的选择

供体羊：供体羊应选择表现型较好、生产水平高、遗传稳定的优秀羊只。年龄应在2～5岁，有正常繁殖史，发情周期正常，健康无病，尤其是无生殖道疾病。初产羊通常由于超排效果较差，一般不宜选用，但周岁以上发育良好的个体也可选用。6岁以上的母羊，由于采食能力和体质下降，卵巢机能退化，其胚胎数量和质量都低于青壮年羊，一般也不选用，但体质和繁殖性能尚佳的个体例外。

受体羊：受体羊要选择体形较大、繁殖率较高、哺乳力较强的品种。受体羊和供体羊必须是空怀母羊。不论从同期发情处理效果看，还是从羔羊的初生重和生长发育情况看，体格大、产奶量高、健康无病，有1～2胎产羔史的2～4岁青壮年羊是理想的胚胎移植受体，而老龄羊及单胎品种羊处理效果较差。供、受体羊的计划配备以1:（12～13）为宜。

（2）加强供、受体羊的饲养管理

供、受体羊的饲养管理与正常繁殖生产母羊的要求基本一致。供受体羊手术前2个月应进行强化饲养。推荐饲料配方如下：羊草（干）65%、苜蓿草（干）15%、玉米10%、豆粕5%、磷酸钙0.14%，余者为预混料件预混料中各成分占饲料比重：硫酸钴2.5mg/kg、碘酸钾0.9mg/kg、硫酸铜9mg/kg、硫酸亚铁7mg/kg、硫酸锌35mg/kg、硫酸锰40mg/kg、氧化镁100mg/kg、亚硒酸钠0.075mg/kg、维生素 E_{12} mg/kg、维生素 Λ_1 700IU/kg。营养水平：粗蛋白约8.71%、钙3.06g/kg、磷1.86g/kg，代谢能约8.92MJ/kg、消化能约10.87MJ/kg。术前要求羊只身体健康，达到中上等膘情，防止过肥或过瘦导致乏情或不排卵。术前不要突然变换饲养管理环境、改变饲养方式及饲料；防止长途运输、意外惊吓等，以防出现应激反应，导致供体羊不排卵、排卵少或胚胎退化、死亡，影响供体的超排效果，降低移植受胎率。因此，用于胚胎移植的供、受体羊的购进越早越好，使其逐渐适应所饲养的环境，并注意饲料中各种营养成分的搭配和调制。缺硒地区的羊只还应当每半年注射一次亚硒酸钠维生素E注射液。在进行同期发情处理前，完成所有疫苗的接种和驱虫工作。

（3）选择适宜的季节

羊的繁殖时间主要集中在秋季，其次是春季。为了最大限度地利用羊只潜在的自然繁殖性能、实现胚胎移植的高效益，羊的胚胎移植最好在秋冬季进行，也可选择春季。实践证明，温度适宜的秋季效果最佳，冬季也可取得良好的效果，春季次之，夏季和早秋不宜实施胚胎移植手术。

（4）选择质量可靠的超排药物和进行同期发情处理

药物选择：目前国内用于动物同期发情和超排的激素类药物有国产的，也有进口的。从使用效果看，国产药虽然价格较低。但各批次质量差异较大，每批药物使用前需要进行处理试验。进口药物性能比较稳定，但价格较高，生产中应根据具体情况予以选择。供体羊超排处理用药以促卵泡激素（FSH）较为理想，处理时，采用递减法臀部肌肉注射，这种方法操作起来比较麻烦。为此，有人报道，用15%-30%聚乙烯吡咯烷酮（PVP）溶液稀释FSH后全量一次肌肉注射。其超排效果与多次注射相同，可大大简化超排处理程序。受体羊的同期发情处理采用阴道栓（CIDR-G）和孕马血清（PMSG）配合使用效果较好。

超排和同期发情处理方法：在进行超数排卵时，应在选择好的供体羊阴道中放置阴道栓，放栓后第8~10d，每天早晚肌肉注射促卵泡素，第10d晚取栓，第11~12d观察母羊是否发情。超排供体羊发情后，每间隔8~10h，用良种公羊配种2~4次（也可用人工输精方法）。在进行胚胎移植时，受体羊必须和供体羊处于相同的发情阶段。选择未发情受体羊，和供体羊同时在阴道放置阴道栓（供、受体羊比例在1：6左右），放置后第10d早晨取栓（比供体羊约早12h），供体羊与受体羊的发情同步差应在24h之内。

（5）做好供体羊配种和受体羊试情记录

这项工作关系到胚胎质量和移植效果。供体羊配种过迟和过早的结果是卵子和精子的老化，老化的卵子和精子都不利于受精，即使受精，胚胎也不能正常发育，出现早期退化、死亡，最终导致受胎率低下。公羊应在使用前1~2个月进行调教并检查精液质量。用于供体羊配种的公羊应选择精液质量较优、精力充沛、健康无病的个体。供体羊从接受爬胯开始，每8h配一次，直到发情结束。一般情况下，一只供体羊需要配4~6次。如果公羊不足，供体羊可采用人工授精方式，人工授精要用当天采集的优质鲜精，输入的精液剂量应高于平时用量。冷冻精液受胎率较低，不宜用于供体羊配种，受体羊要用输精管结扎过的试情公羊试情，同样每8h试一次，并予以详细记录。

（6）做好胚胎移植术前准备工作和术后抗感染工作

手术前要对手术器械进行严格的清洗、消毒。手术间，尤其是检胚室要彻底清洗并用紫外线灯照射消毒。供、受体羊在术前24h开始禁食并根据发情时间进行配对。手术人员术前进行手臂消毒并穿戴无菌工作衣、帽、口罩和手套。对术后羊只进行精心管理，除了注射必要的抗感染药外，还应随时观察羊只采食、排泄情况。必要时，还要测量体温、检查伤口。发现感染，应立即采取措施。良好的饲养管理是保证供体生殖机能恢复和受体羊体内胚胎正常发育的基本条件。受体羊随着胎儿的发育，对营养的需求量增加，尤其是怀孕后期，不仅要供给足够的营养丰富的精、粗饲料，还要注意矿物元素和维生素A、D、E的供给，特别是胡萝卜的补充。另一方面，圈舍保持清洁、干燥，饲养密度不宜太大，群体结构保持相对的稳定，以防羊只互相打斗，引起流产。

（7）冲胚的手术方法和供体羊的利用次数

采用外科手术法，在经超数排卵的供体羊发情配种后的第 6d，从其子宫角采集早期胚胎，如采用配种后 68～72h 输卵管冲胚法。供体羊利用最好不超过 2 次，而且用过一次，生育一胎后再利用第 2 次。这能说明供体羊冲胚后没留下生殖上的疾患和其他后遗症，可以保证下一次和受体羊配套，避免经济损失。如采用腹腔镜子宫内冲胚法（6～7d）最好不过 3 次，如果子宫不污染、刀伤恢复快、发情周期正常可连续冲胚 2 次。

（8）冲胚过程中的几个关键环节

手术冲胚时：手术部位周围羊毛要刮净，严格消毒，以防产生炎症，留下后患，降低羊的利用率。冲胚时，手术动作要轻、要细致，防止输卵管、输卵管伞及其他部位出血，造成粘连、堵塞，使母羊丧失生育能力。

手术时冲洗伤口和血液的抗菌液以前采用的生理盐水加入青霉素最好改为生理盐水和盐酸林可霉素为好，防止子宫表面产生水泡，造成利用率和受胎率下降。

冲胚完毕后，用 20ml 生理盐水稀释 800000 IU 的青霉素和 1000000IU 的链霉素注入子宫内。以应对配种和手术时对子宫的污染，提高供体羊的重复利用率和受胎率。冲胚后缝合时，要用食指和中指把腹膜和肠道隔开以避免缝合肠道。腹膜缝合时，针要从里向外扎，线要拉紧，防止腹膜线挣开，肠道下垂而重新手术或导致供体羊死亡，造成不必要的损失。

（9）冲胚后配种处理

供体羊冲胚后，从发情时起算 10d 左右，肌注氯前列烯醇 0.8～1ml，以溶解卵巢上的多个黄体，以利于发情和避免形成持久黄体。冲胚后，由于体内的外源激素仍然会保持一定水平，所以第 1 次发情后，尽量不要配种，会有部分羊发情周期紊乱，排卵不正常、不易受胎。有的羊即使配种受胎率也较低。故第 2 情期配种较适宜，配种的同时肌注 LRH-A3100mg 提高受胎率。

供体羊发情时，发现分泌物混浊和子宫炎症、阴道炎的。应及时冲洗、消炎处理，然后再配种，以防止受胎困难和时间拖延错过配种时机。

对冲胚后较长时间不发情的羊只可用 CIRD 放入阴道，置 13d，肌注氯前列烯醇 0.8ml 后 10h 取出。发情后即可进行配种。对春季末冲胚的母羊，由于天气越来越热，长时间不发情的要根据情况尽量不催情配种。因为反季节催情，气温高更易造成母羊生殖道污染，受胎率也较低。故可使其休情，在秋季抓住时机配种，能大大提高利用率和受胎率。

（10）胚胎的鉴定与移植

用形态鉴定法对胚胎进行鉴定，选择可利用胚胎，用外科手术法移入与供体羊同期发情的受体羊子宫内。

胚胎鉴定：将冲胚液倒入检卵皿内，在显微镜下检胚。将胚胎转入培养液内（含 20% 犊牛血清 PBS）进行胚胎质量评定。根据胚胎的质量将其分为 A、B、C 三级。A 级和 B

级可作移植用，称作可用胚。A 级胚胎可冷冻保存。C 级胚胎或未受精卵为不可用胚。

胚胎移植：将 6~7d 的供体羊胚胎移入发情后 6~7d 的受体羊子宫角尖端。移胚应用外科手术方法。将母羊全身麻醉，在腹下乳房前白线处切口，打开腹腔，拉出有黄体侧子宫角，先用针头刺透子宫壁，后用移胚细管将胚胎移入。亦可用腹腔镜分别由乳房前白线两侧插入腹腔，观察两侧卵巢黄体情况，可在有黄体侧腹腔镜插入处开一小孔，子宫用肠钳拉出该侧子宫角，将胚胎移入子宫角尖端，然后将子宫角放回原处，闭合腹壁。根据情况，1 只受体羊可移入 1~3 枚胚胎。

注意事项：经移植的受体羊经 2~3 个情期的观察。未返情的为妊娠羊。在胚胎移植手术过程中，如操作处理不当，会造成供体、受体母羊腹膜、子宫颈、输卵管发生粘连，出现这种情况将严重影响其以后的繁殖机能，种羊只能淘汰，给种羊场造成较大损失。因此应注意选择实践经验丰富、知名度较高的专家进行胚胎移植手术。同时要十分注意受体羊的选择。胚胎移植手术过程前后，受体羊的恢复管理十分重要，应注意给受体羊补充优质饲草及配合全价饲料，保证手术后受体羊的营养需求。

第五节　提高藏羊繁殖力的技术措施

一、藏羊的正常繁殖力

对进行自然交配的种公羊来说，交配而未受精的母羊百分数，可反映出不同公羊的繁殖力。这一指标有一个平均的范围，一般在 0~30%。若低于 10% 可认为是繁殖力很高的公羊。除此之外，目前把睾丸的大小、质地、精液品质和性欲等作为公羊繁殖力综合评定的主要依据。

母羊的正常繁殖力，因品种和饲养条件而异。藏羊一般生活在气候恶劣的高海拔地区，母羊一般产单羔。表示母羊繁殖力的方法，常用每 100 只配种母羊的产羔数来表示。据统计，乔科型藏羊 1.5 岁配种时，产羔率为 76.9%；2.5 岁配种时，产羔率为 98.79%。

二、影响藏羊繁殖力的主要因素

影响藏羊繁殖力的因素包括遗传、环境、管理和繁殖障碍四大因素。其中每个因素里面包含的内容非常多。

1. 繁殖障碍性疾病

（1）母畜繁殖障碍疾病

乏情、受精障碍、死胎、流产、卵巢机能障碍、子宫疾病等。

（2）公畜繁殖障碍疾病

先天障碍、机能障碍、精液品质不良、精子的抗原性、染色体畸变、生殖器疾病等。

2. 管理

（1）繁殖管理：发情鉴定、妊娠诊断、采精频率、哺乳幼畜等。

（2）日常管理：卫生条件、饲喂制度等。

3. 环境

（1）自然环境：温度、湿度、日照等。

（2）社会环境：营养水平、噪音、圈养、放养、公母混养等。

4. 遗传

品种（亚种）。

三、提高藏羊繁殖力的技术措施

1. 引进优良品种羊和选育

（1）引进优良品种羊对本地品种羊进行杂交

不同品种的羊繁殖力存在着很大差异，应选择繁殖率较高的公母羊进行繁殖。藏羊的选择应注意在正常的饲养管理条件下，其性成熟的早晚、发情排卵的情况、产仔间隔、受胎能力（配种指数）及哺乳性能等，进行综合考察。

（2）对种公羊和繁殖母羊进行选育

母羊的繁殖力是有遗传性的，因此要选择高产的品种羊进行杂交改良，并且对自己现有的羊群进行选育。尤其是对种公羊和繁殖母羊的选育，长期坚持会提高整个羊群的繁殖力。优质种公羊可通过其母亲的繁殖成绩和后裔的测定来进行选择，必须是高产母羊的后代。

2. 提高种公羊和繁殖母羊的饲养水平

营养条件对公羊、母羊的繁殖能力有很大的影响。充足而完全的营养，可以提高种公羊的性欲，提高精液的品质，可以促进母羊的发情并使其排卵数的增加。

（1）种公羊的饲养

种公羊在饲养时要保持其健壮，要有中等以上膘情，平时所饲喂的草料要营养全面，建议使用苜蓿等优质牧草。以放牧为主的种公羊在非配种季节，每天给种公羊补饲精料 0.5kg、干草 2kg、青绿饲料 0.5kg、食盐 5~10g。配种前 40d 开始，每天补饲精料 0.7~0.8 kg，以后逐渐增加。配种期每天补饲精料 1.2 kg 左右、青干草 2.5kg、胡萝卜 0.5 kg、食盐 5-10g。适当放牧，每天保持运动 2h 左右，每天按摩睾丸。舍饲饲养的种公羊，在非配种期，每日饲喂优质干草 2.5kg、多汁饲料 1.0~1.5kg，混合精料 0.8 kg，配种期每日饲喂青绿饲料 1.0~1.5kg，混合精料 1.0~2.0kg、食盐 5~10g。

（2）繁殖母羊的饲养

在放牧条件下，处于空怀期的母羊在每天能吃饱的情况下不需要补饲，在冬天可适当补充一些干草。对于体况欠佳的种母羊在配种前40d左右可实行短期优饲，促进其发情和排卵，注意使母羊保持7~8成的膘情。在妊娠期的前3个月，胎儿发育慢，除了枯草期外，不需要补饲，在妊娠期的后2个月，胎儿增长迅速，母羊的能量代谢和物质代谢比空怀期时要提高30%~40%，这时，每只母羊每日可补饲混合精料0.45kg、青干草1~1.5kg、青绿饲料0.5kg。在母羊妊娠期要注意保胎，尽量减少给母羊造成应激。到了哺乳期，母羊每日应补饲混合精料0.3~0.5kg、青干草0.5kg、多汁饲料1.5kg。在哺乳后期，由于羔羊不再完全靠母乳为主要营养来源，所以要适当减少对母羊的精料饲喂量。

3. 保持羊群中能繁母羊的适宜比例

羊群结构是否合理，对羊群的繁殖力有很大的影响。老龄母羊繁殖力下降的原因主要是性机能衰退，卵子质量不好，子宫机能减弱，致使受胎率降低和胚胎死亡现象增多。因此，增加适龄母羊（2~5岁）在羊群中的比例，是提高羊群繁殖力的重要措施。适龄能繁母羊的比例以60%~70%为宜。

4. 科学地进行配种

（1）配种季节选择

藏羊应夏秋季配种，即每年的7~9月配种，12月至翌年1~2月产羔。这样配种的优点是母羊在怀孕时，由于营养条件比较好。所以羔羊的初生重比较大，且在羔羊断奶后就可以吃上青草，因而生长发育较快，第一年的越冬度春能力比较强。

（2）科学配种方式

羊的配种方式有两种，即自然交配和人工授精。自然交配是养羊中最原始的方式，即在繁殖季节公、母羊混群放牧配种。这种方式节省人工，不需要设备，但是应用这种方式对整个羊群的繁殖力有很多不良的影响，由于近亲繁殖，不了解羊的血缘关系，所以给以后选种选配带来了困难，而且会产生很多畸形胎儿，直接降低了羊群的繁殖力。而进行人工授精则可以有效地改进以上缺点，它可以扩大优良公羊的利用率，提高母羊的受胎率，对提高羊群的繁殖力有很大帮助。如果不进行人工授精也可以采用人工辅助配种，即将公、母羊分群放牧，到配种季节每天对母羊进行试情，然后让发情的母羊和指定的公羊进行配种，这样有利于进行羊的选种选配。

5. 加强母羊分娩前后的管理

产前对母羊的尾根、外阴、肛门和乳房用1%来苏尔或1%。高锰酸钾溶液进行消毒。羔羊产出后，在距离羔羊脐窝5~8cm处剪断脐带，并用碘酊消毒。如果有假死羔羊，要及时提起其后肢，拍打其背部，或让其平躺，用两手有节律的推压胸部让其复苏。有难产情况发生时，检查其胎位后可进行人工助产，否则找兽医实行剖腹产。胎儿产出后及时让其吃到初乳，提早开食，训练吃草，排出胎粪及增强胃肠蠕动。新生的羔羊抵抗力较差，要加强护理。如母羊奶水不足要及时对羔羊采取人工哺乳或寄养。

6. 应用繁殖新技术

现代化畜牧业的发展，要求人们把家畜的繁殖效率提高到与生产效率和人民生活需要相适应的水平。为此，必须对家畜的繁殖理论和科学的繁殖方法不断进行深入的研究，从而对家畜的整个繁殖过程（主要是母畜）进行全面有效控制，用人工的方法调整改变其自然繁殖方式。

科学试验和养羊业生产实践不断地证明，合理运用繁殖新技术如羊人工授精技术（包括冷冻精液技术）、同期发情技术、超数排卵技术、胚胎移植技术和诱发分娩技术等，是有效提高羊繁殖力的重要措施之一。

第六节　分娩与接羔

一、妊娠与分娩

1. 妊娠

妊娠也叫怀胎、怀孕，是母羊特殊的生理状态。从精子和卵子在母羊生殖道内形成受精卵开始，一直到成熟胎儿产出所持续的时间称为妊娠期。藏羊的妊娠期在 148～155d。母羊妊娠初期是月四台形成阶段，母羊变化不大。妊娠 2～3 个月时，胎儿已经形成，手可触摸到腹下、乳房前有硬肿块，但因胎儿体格很小，母羊消耗营养不多。在妊娠 4～5 个月时，即妊娠后期，胎儿生长发育迅速，母羊体内物质代谢和总能量代谢急剧增强，一般比空怀时高 20%。此阶段母羊腹部增大，乳房增大，行动小心缓慢，性情温驯。这段时间要加强营养，满足胎儿迅速增长的需要，同时应防止剧烈运动、相互拥挤、气温骤变、疾病感染等因素造成母羊流产早产。

2. 分娩

妊娠期满的母羊将发育成熟的胎儿和胎盘从子宫内排出体外的生理过程，称为分娩或叫产羔。产羔期内，羊群在白天出牧前，应仔细观察，把有临产征兆的母羊留下，如发现临产母羊，应立即关至分娩栏内，加强护理，准备产羔。

二、分娩征兆

母羊在分娩前，机体的某些器官在组织学和形态学上发生显著的变化；母羊的全身行为也与平时不同，这些变化以适应胎儿产出和新生羔羊哺乳的需要为目的。根据这些变化的全面观察，往往可以大致预测分娩时间，以便做好助产准备。

1. 乳房的变化

乳房在分娩前迅速发育，腺体充实，临近分娩时，可从乳头中挤出少量清亮胶状液体或少量初乳，乳头增大变粗。

2. 外阴部的变化

临近分娩时，阴唇逐渐柔软、肿胀、增大、阴唇皮肤上的皱装展开，皮肤稍变红。阴道黏膜潮红，黏液由浓厚黏稠变为稀薄滑润，排尿频繁。

3. 骨盆的变化

骨盆的耻骨联合、荐关节以及骨盆两侧的韧带活动性增强，在尾根及其两侧松软，凹陷。

4. 行为变化

若母羊精神不安，食欲减退，回顾腹部，时起时卧，不断努责和鸣叫，腹部明显下陷，应立即送入产房。

三、正常接产

母羊产羔时，最好任其自行产出。接产人员的主要任务是监视分娩情况和护理出生羔羊。正常接产时，首先剪净临产母羊乳房周围和后肢内的羊毛，然后用温水洗净乳房，挤出几滴初乳，再将母羊的尾根、阴部、肛门洗净，用1%来苏水消毒。一般情况下，经产比初产母羊快，羊膜破裂数分钟至30min左右，羔羊便能顺利产出。一般情况下羊羔的两前肢先出，头部附于两前肢之上，随着母羊的努责，羔羊可自然产出。产双羔时，间隔10～20min，个别间隔较长。当母羊产出第一只羔后，仍有努责、阵痛表现的，是产双羔的征候，应认真检查。羔羊出生后，要先将羔羊口、鼻和耳内黏液淘出擦净，以免误吞羊水，引起窒息或异物性肺炎。羔羊身上的黏液，应及早让母羊舔干，既可促进新生羔羊的血液循环，又能有助于母羊认羔。

羔羊出生后，一般都自己扯断脐带，这时可用5%碘酊在扯断处消毒。羔羊自己不能扯断脐带时，先把脐带内的血向羔羊脐部顺捋几次，在离羔羊腹部3～4cm的适当部位人工剪断，并消毒处理。母羊分娩后1h左右，胎盘即会自然排出，应及时取走胎衣，防止被母羊吞食养成恶习。若产2～3h母羊胎衣仍不下，应及时采取措施。

四、难产的助产与处理

1. 难产的助产

母羊骨盆狭窄、阴道过小、胎儿过大，或因母羊身体虚弱，子宫收缩无力或胎位不正等均会造成难产。

羊膜破水后30min，如母羊努责无力，羔羊仍未产出时，应即助产。助产人员应将手指甲剪短、磨光，消毒手臂，涂上润滑油，根据难产情况采用相应的处理方法。如胎位不正，先将胎儿露出部分送回阴道，将母羊后躯抬高，手入产道校正胎位，随母羊有节奏的努责，将胎儿拉出；如胎儿过大，可将羔羊两前肢反复数次拉出和送入，然后一手拉前肢，一手扶头，随母羊努责缓慢向下方拉出。切忌用力过猛，或不依据努责节奏硬拉，造成拉伤。

2. 假死羔羊的处理

羔羊产出后，如不呼吸，但发育正常，心脏仍跳动，称为假死。原因主要是羔羊吸入羊水，或分娩时间较长，子宫内缺氧等。处理方法：①提起羔羊两后肢，悬空并不时击其背和胸部；②让羔羊平卧，用两手有节律地推压胸部两侧，经过如此处理，短时假死的羔羊多能复苏。

五、母羊和初生羔羊的护理

1. 产后母羊的护理

产后母羊应注意保暖、防潮、避风、预防感冒，保持安静休息。产后头几天内应给予质量好、容易消化的饲料，量不宜太多，经3d饲养即可转变为正常。

2. 初生羔羊的护理

羔羊出生后，使羔羊尽快吃上初乳。瘦弱的羔羊或初产母羊，以及保姆性差的母羊，需要人工辅助哺乳。先把母羊保定住，将羔羊放到乳房前，找好乳头，让羔羊吃奶，反复几次，羔羊即可自己吮乳。如因母羊有病或一胎多羔奶水不足时，应找保姆羊代乳。由于遗传、免疫、营养、环境等因素，以及产出时不顺利，可能在新生仔畜出生后不久，就出现一些病理现象。为此应积极采取预防措施，如做好配种时公母羊的选择，加强母羊妊娠期的饲养管理，注意畜舍的环境卫生及羔羊的个体卫生等，减少疾病的发生，提高羔羊的繁殖成活率。对于发病者，应对症治疗。

第十章　藏羊的饲养管理

第一节　藏羊健康养殖技术要点

推进藏羊健康养殖是实现畜牧业高效规模化、保障畜产品质量安全、维护人民身体健康、促进社会和谐稳定的基本要求，是发展现代畜牧业的必由之路。因此，在发展藏羊生态健康养殖时必须符合以下要求。

一、场址选择要适宜、结构布局要科学

在遵循当地总体规划的前提下，养殖场（小区）场址选择要满足地势高燥、背风向阳、交通便利、水电配套、水质良好等要求，禁止在水源保护区、城镇居民区、农民集居点、文化教育点等人口集中区域内选址。场址应建设在距铁路、交通要道、城镇、居民区、学校、医院、其他畜禽场等场所1000m以外的地方，距屠宰场、畜产品加工厂、畜禽交易市场、垃圾及污水处理场所、污染严重的厂矿1500m以外。场区布局要严格区分饲养区、生活区、隔离区，布局及房舍间距要合理，清洁道和污染道严格分开，互不交叉，可利用绿化带隔离。

二、饲养品种要优良、饲养规模要适度

从事种羊生产经营行为的养殖场必须持有种《畜禽生产经营许可证》。羊只质量必须符合国家、地方或企业标准，国外引进的品种参照供方提供的标准。保持适度的养殖规模，如果规模太小，则管理成本较高；规模太大，生产风险加大。

三、生产流程要合理、设施设备要先进

要有为其服务的、与饲养规模相配套的畜牧兽医技术人员。场区内人员、羊只和物品等应采取单一流向。全场（小区）或单栋圈舍应实行全进全出制度。圈舍需配有必需的养殖基础设施、设备，要操作方便、整洁、实用。圈舍可配备合适的调温、调湿、通风等设备，配备自动喂料、饮水、清污以及除尘、光照等装置。

四、档案资料要齐全、生产记录要完整

养殖档案应明确记载藏羊的品种、数量、繁殖记录、标识情况、来源和进出场日期，饲料、饲料添加剂、兽药等投入品的来源、名称、使用对象、时间和用量，检疫、免疫、消毒情况，羊只发病、死亡和无害化处理情况等。养殖档案要妥善保管、充分利用，登记及时、准确、真实。

五、投入品使用要规范

要使用经批准合格的兽药、饲料和饲料添加剂以及环保型消毒剂，不得使用过期、变质产品，注意配伍禁忌、严格执行休药期。禁止使用法律法规、国家技术规范禁止使用的饲料、饲料添加剂、兽药等。兽药使用应在动物防疫部门或执业兽医指导下进行，凭兽医处方用药，不得擅自改变用法、用量。

六、防疫措施要严格

要具备有效的《动物防疫条件合格证》。有完善的免疫制度、休药期制度、卫生消毒制度、投入品的采购使用和管理制度、无害化处理制度。生产区四周应建有围墙或防疫沟；大门出入口要设有值班室、消毒池等；生产区门口应设有更衣、换鞋或消毒设施；圈舍入口处应设置消毒池或消毒盆。强制免疫苗种的应免密度达100%，免疫标识佩戴率达100%。具有病死羊隔离和无害化处理设施。

七、粪污治理要有效

圈舍内配备粪污收集、运输设施设备，要有与养殖规模相适应的堆粪场，不得露天堆放。场区内粪污通道可改为暗沟，实行干湿分离、雨污分离。可建造对粪便、废水和其他固体废弃物进行综合利用的沼气池等设施或其他无害化处理设施。粪污实行农牧结合，就近就地利用，不直接排放到水体，或经综合治理后实行达标排放。

第二节　藏羊生态饲养方式

藏羊的生态饲养方式归纳起来有三种：放牧饲养、舍饲饲养和半放牧半舍饲饲养。选择哪一种生态饲养方式，要根据当地草场资源、牧草种植、农作物秸秆的数量、羊舍面积以及不同生产方向的品种类型来确定。在保护生态环境的前提下，充分利用天然草场进行放牧，并对农作物秸秆进行合理加工和利用，以保证羊只正常生长发育需要，充分发挥生产性能，降低饲养成本，提高经济效益。

一、放牧饲养方式

该方式是除暴风雪和强降雨天气外，一年四季羊群都在草场上放牧的饲养管理模式，是藏羊生产的主要方式。这些地区拥有面积广大的天然草原、林间和林下草地、灌丛草地，具有羊群放牧饲养得天独厚的生态环境条件和牧草资源优势。长久以来，生活在青藏高原的藏羊，由于自然生态因素不断的作用和影响，形成了许多适应海拔高、气候冷、气压低、枯草季节长等特殊生态环境的生物学和生态学特征，因此，容易放牧管理。

放牧饲养投资小，饲养成本低，饲养效果取决于草畜平衡，关键在于控制羊群数量，提高单产，合理保护和利用草场。因此，在春季牧草返青前后，冬季冻土之前的一段时间，要适当降低放牧强度，组织好放牧管理，兼顾羊群和草原双重生产性能，才能取得良好的经济效益和生态效益。

二、舍饲饲养方式

舍饲饲养是把羊群关在羊舍中饲喂，适合在缺乏放牧草场的农区和城镇郊区采用，或肉用藏羊的肥育和藏羊的集约化、规模化生产时采用。这种饲养模式由于实施全舍饲，能减少羊只放牧游走的能量消耗，有利于肉羊的育肥，也可减轻草场的压力，对当前草原生态建设有积极的作用，但不能通过放牧形式利用牧草资源，人力物力的消耗较大，因此饲养成本较高。舍饲要求有丰足的草料来源、宽敞的羊舍和足够的饲槽、草架和一定面积的运动场。要搞好舍饲饲养，必须种植大面积的饲料作物，收集和贮备大量的青绿饲料、干草和秸秆，才能保证全年饲草的均衡供应。肉用品种等高产羊群需要营养较多，在喂足青绿饲料和干草的基础上，还必须适当补饲精料。

舍饲饲养的效果取决于羊舍等生产设施的状况和饲草料储备情况，关键在于品种的选择、营养的平衡、疫病的防控和环境条件等多种生产要素的综合控制。实施密集的生产体系，缩短饲养周期，提高羊群的出栏率，才能获得较高的经济和生态效益。

三、半放牧半舍饲饲养方式

这种饲养方式结合了放牧与舍饲的优点，可充分利用自然资源，产生良好的经济和生态效益，是半农半牧区、山区、丘陵地带广泛采用的一种养羊生产模式。在生产实践中，要根据不同季节牧草生产的数量和品质、羊群本身的生理状况，规划不同季节的放牧和舍饲强度，确定每天放牧时间的长短和在羊舍饲喂的次数和数量，实行灵活而不均衡的"放牧＋舍饲"饲养方式。一般夏秋季节各种牧草灌木生长茂盛，通过放牧能满足营养需要，可不补饲或少补饲，冬春季节，牧草枯萎，量少质差，单纯放牧不能满足营养需要，必须加强补饲。为了缩短肉用羊的肥育期，夏秋季节在放牧的基础上还需进行适当补饲。

这种饲养方式的效果取决于当地草场和农作物资源状况，关键在于夏秋季节的草料储备。如果能合理种植牧草，及时贮存青绿饲料和农作物秸秆，就能获得良好的经济和生态效益。

第三节 藏羊放牧饲养

藏羊是以放牧为主的草食家畜，天然牧草是藏羊的重要的饲料来源。放牧养羊既符合羊的生物学特性，又可节约粮食，降低饲养成本和管理费用，增加经济效益。羊的放牧饲养方式在世界养羊业中仍占主导地位。充分、合理地利用天然草地资源来生产大量的优质蛋白质食品和轻工业、毛纺工业原料，有不可替代的意义。我国有大量可利用的草原，是养羊业发展的重要物质基础。如何充分、合理、持续、经济地利用这些宝贵资源，提高草地的生产水平，是广大养羊者面临的一大课题。实践证明，藏羊放牧效果的好坏，主要取决于两个方面，一方面是草场的质量和利用是否合理；另一方面是放牧的方法和技术是否得当。

一、四季牧场划分

为了合理地利用天然草场，应对放牧草场做出合理科学的规划。在青藏高原地区，由于季节和气候的影响，牧草的产量和质量均呈现出明显的季节性变化。因此，必须根据气候的季节性变化、草场的地形地势以及水源等具体情况规划四季放牧草场，才能收到良好的效果。

1. 春季牧场

春季是冷季进入暖季的交替时期，牧草开始萌发，气温多变，气候不稳定。因此，春季牧场应选择在气候较温暖，雪融较早，牧草最先萌发，离圈舍较近的平川、盆地或浅丘草场。

2. 夏季牧场

夏季气温较高，降水量较多，牧草丰茂但含水量较高。但炎热潮湿的气候对羊体健康不利。所以夏季牧场要选择气候凉爽，蚊蝇少，牧草丰茂，有利于增加羊只采食量的高山地区。

3. 秋季牧场

秋季气候适宜，牧草结籽，牧草营养价值高，是藏羊放牧抓膘的最佳时期。秋季牧场的选择和利用，可先由山冈到山腰，再到山底，最后放牧到平滩地。此外，秋季还可利用割草后的再生草地和农作物收割后的茬子地放牧抓膘。

4. 冬季牧场

冬季严寒而漫长，牧草枯黄，营养价值低，此时育成羊正处于生长发育阶段，妊娠母羊正处在妊娠后期或产冬羔期。因此，冬季牧场应选在背风向阳、地势较低的暖和低地和丘陵的阳坡地。

二、羊群组织

合理的组织羊群有利于藏羊的放牧和管理，是保证藏羊吃饱、长膘和提高草场利用率的一个重要技术环节。组织放牧羊群应根据羊只的数量、类型、品种、年龄、性别、体质强弱和放牧草场的地形地貌等因素综合考虑。在进行藏羊育种时，把育种过程中产生的理想型羊只单独组群和放牧。采用自然交配时，配种前1个月左右，将种公羊按1：（30~40）的比例放入母羊群中饲养，配种结束后，种公羊再单独组群放牧。羊只数量较多时，同一品种藏羊可分为种公羊群、成年母羊群、育成公羊群、育成母羊群、羯羊群和育种母羊核心群等。在成年母羊群和育成母羊群中，还可按等级组成等级母羊群。羊只数量较少时，不宜组成太多的羊群，应将种公羊单独组群，母羊可分成繁殖母羊群和淘汰母羊群，羯羊和淘汰母羊组成一个群。为确保种公羊群、育种核心群、繁殖母羊群安全越冬度春，每年秋末冬初，应根据冬季放牧草场的载畜能力、饲草饲料贮备情况和羊的营养需要，对老龄和瘦弱以及品质较差的羊只进行淘汰，确定羊只的饲养量，做到以草定畜。冬春季节养羊一般采用放牧与补饲相结合的方式，除组织羊群外还必须考虑羊舍（暖棚）的面积、补饲和饮水条件、牧工的放牧强度等因素，羊群的大小要有利于放牧和日常管理。如成年种公羊以20~30只、后备种公羊以40~60只为宜；繁殖母羊牧区以250~500只、半农半牧区以100~150只、农区以30-100只为宜；育成公羊和母羊可适当增加，核心群母羊可适当减少。

三、放牧技术

1. 选择适宜的放牧方式

选择适宜的放牧方式可以达到合理利用草场的目的。放牧方式一般可分为4种，即固定放牧、围栏放牧、季节轮牧和划区轮牧。草场放牧羊群的多少主要由草场的载畜量决定。

（1）固定放牧

固定放牧是羊群一年四季在一个特定区域内自由放牧采食。这是一种原始的放牧方式，它不利于草场的合理利用和保护，载畜量低，单位草场面积提供的畜产品数量少，每个劳动力所创造的价值不高，羊的数量与草地生产力之间不平衡，羊的数量多了，就会造成牧草死亡。

（2）围栏放牧

围栏放牧是根据地形把放牧草场围起来，在一个围栏内，根据牧草所提供的营养物质数量结合藏羊的营养需要，安排一定数量的羊只放牧。此方式能合理利用和保护草场，对承包到户的草场起着极其重要的作用。据试验，围栏草场的产草量可提高17%~65%，草的质量也有所提局。

（3）季节轮牧

季节轮牧是根据四季草场划分，按季节轮流放牧。此方式能合理利用草场，提高放牧效果。为了防止草场退化，可定期安排休闲牧场，以利于牧草恢复生机。

（4）划区轮牧

划区轮牧是指在划定季节牧场的基础上，根据牧草的生长、草场生产力、羊群的营养需要和寄生虫侵袭动态等，将草场划分为若干个小区，羊群按一定的顺序在小区内进行轮回放牧。这是一种先进的放牧方式，其优点为：①能合理利用和保护草场，提高草场载畜量；②轮牧将羊群控制在小区范围内，减少了游走所消耗的热能，加快增重，与传统放牧方式相比，春、夏、秋、冬季的平均日增重可分别提高 13.42%、16.45%，52.53% 和 100.00% 宇三是能控制内寄生虫的感染，羊体内寄生虫卵随粪便排出经 6d 发育成幼虫即可感染羊群，因此，羊群只要在某一小区放牧时间限制在 6d 内，就可减少内寄生虫的感染。

划区轮牧技术是在季节性放牧草场还是在常年放牧草场实施，可根据养羊单位（或牧户）的具体条件而定，一般是先粗后细，逐步完善，按如下步骤进行。

1）划定草场，确定载畜量

根据草场类型、面积及产草量，划定草场；再结合羊的日采食量和放牧时间，确定载畜量。

2）划分小区

根据放牧羊群的数量和放牧时间以及牧草的再生速度，划分每个小区的面积和轮牧一次的小区数。轮牧一次一般划定为 6 ~ 8 个小区，羊群每隔 3 ~ 6d 轮换一个小区。

3）确定放牧周期

全部小区放牧一次所需的时间即为放牧周期。其计算方法是：放牧周期（d）＝每小区放牧天数 × 小区数。放牧周期的确定，主要取决于牧草再生速度，而牧草的再生速度又受水热条件、草原类型和土壤类型等因素的影响。在我国北部地区，不同草场类型的牧草生长期不同，一般放牧周期是：干旱草场 30 ~ 40d，湿润草场 30d，高山草场 35 ~ 45d，半荒漠和荒漠草场 30d。不同放牧季节所确定的放牧周期不尽相同，应视具体情况而定。

4）确定放牧频率

放牧频率是指在一个放牧季节内，每个小区轮回放牧的次数。放牧频率与放牧周期关系密切，主要取决于草场类型和牧草再生速度。在我国北方地区不同草场类型的放牧频率是：干旱草场 2 ~ 3 次，湿润草场 2 ~ 4 次，林间草场 3 ~ 5 次，高山草场 2 ~ 3 次，荒漠和半荒漠草场 1 ~ 2 次。

5）放牧方法

参与小区轮牧的羊群，按计划在小区依次逐区轮回放牧。同时，要保证小区按计划依次休歇。

2.掌握正确的放牧技术

（1）放牧羊群的队形

为了控制羊群游走、休息和采食时间，使其多采食、少走路而有利于抓膘，在放牧实践中，应通过一定的队形来控制羊群。羊群的放牧队形名称甚多，但基本队形主要有"一条龙"、"一条鞭"和"满天星"3种。放牧队形应根据草场地形、草场品质、季节和天气灵活应用。

1）"一条龙"队形

放牧时，让羊排成一条纵队，放牧员走在前面，如有助手，则跟在羊群的后面。这种队形适宜在田埂、渠边、道路两旁的牧地放牧。放牧员应走在上坡地边，观察羊群的采食状况，控制好羊群，不让羊采食庄稼。

2）"一条鞭"队形

一条鞭是指羊群在放牧时排列成"一"字形的横队。羊群横队一般有1~3层。放牧员在羊群前面控制羊群前进的速度，使羊群缓慢前进，并随时命令离队的羊群归队，如有助手可在羊群后面防止少数羊只掉队 - 出牧初期是羊采食高峰期，应控制住带头羊，放慢前进速度。当放牧一段时间，羊只快吃饱时，前进的速度可适当放快一些。待到大部分羊只吃饱后，羊群站立不采食或躺卧休息时，放牧员不让羊群前进，等到羊群休息和反刍结束，再继续放牧。这种放牧队形，适用于牧地比较平坦、植被比较均匀的牧场。春季采用这种队形，可防止羊群"跑青"。

3）"满天星"队形

满天星是指放牧员将羊群控制在牧地的一定范围内让羊只自由散开采食，当羊群采食一定时间后，再移动更换牧地。散开面积的大小，取决于牧草的密度。牧草密度大、产草量高的优良牧场或牧草稀疏、覆盖不均匀的牧场均可采用。

（2）放牧方法

1）领着放

羊群较大时，由放牧员走在羊群前面，带领羊群前进，控制其游走的速度和距离。适用于平原、浅丘地区和牧草茂盛季节，有利于增加羊的采食量和提高牧草的利用率。

2）赶着放

即放牧员跟在羊群后面进行放牧，适合于春、秋两季在平原或浅丘地区放牧，放牧时要注意控制羊游走的方向和速度。青藏高原的大部分牧区都采用此方法放牧。

3）陪着放

在平坦牧地放牧时，放牧员站在羊群一侧；在坡地放牧时，放牧员站在羊群的中间；在田边放牧时，放牧员站在地边。此方法便于控制羊群。

4）等着放

在丘陵山区，当牧地相对固定，羊群对牧道熟悉，且牧道附近无农田、无兽害时，可采用此法。即出牧时，放牧员将羊群赶上牧道后，自己抄近路走到牧地等候羊群。

此外，还有牵牧、拴牧等放牧方法。

总之，羊的放牧要因地、因时制宜，采用适当的放牧队形和方法。让羊只少走路、多吃草，以利于抓膘。

（3）放牧要点

1）多吃少走降消耗

放牧羊群在草场上吃草的时间应超过游走的时间，超过的幅度越大，吃的草越多，走路消耗越少。要"走慢、走少、吃饱、吃好"，走是措施，吃是目的，走慢是关键。

2）四勤四稳

"四勤"是指放牧员要"手勤、腿勤、嘴勤、眼勤"。"手勤"是放牧员手不离鞭，以便随时控制羊群，放牧地有烂纸、塑料布等应随手捡起，以免羊食后造成疾病。遇到毒草、带刺植物要随手拔掉。发现羊的蹄甲过长，被毛挂有钩刺时，应及时处理；"腿勤"是放牧员在每天放牧时，一边放羊一边找好草，不能让羊满地乱跑，因此，放牧员应多走路，随时控制羊群，使之吃饱吃好；"嘴勤"是放牧员应随时吆喝羊群，使全群羊能听使唤，放牧中遇到有离群的羊只，都应先吆喝，后打鞭，以免伤到羊只；"眼勤"是放牧员要时常观察羊的举动，观察羊的粪尿有无异常变化，观察羊的吃草和反刍情况，发现病羊应及时治疗。在配种季节，应观察有无母羊发情，以做到适时配种 5 在产羔季节，要观察母羊有无临产症状，以便及时处理。"四稳"是指"出入圈稳、放牧稳、归牧稳、饮水稳"。放牧时只有稳住羊群才能保证羊多吃少走，吃饱吃好，才能抓膘。出入羊圈稳，目的是不让羊拥挤，否则可能会造成母羊流产。归牧稳的目的是不要让羊拥挤和奔跑，防止羊只发生胃肠疾病及母羊流产。饮水稳是防止羊急饮、抢水呛肺或拥挤掉入水中。"四稳"要靠"四勤"来控制，反过来只有对羊群"四稳"才能更好地执行"四勤"。

3）领羊挡羊相结合

为了控制好羊群，平时要训练头羊，俗话说："放羊打住头（头羊），放得满肚油，放羊不打头，放成瘦子猴"。头羊最好选择体大雄壮的种公羊或母羊，训练时要用羊喜欢吃的牧草做诱导，先训练来、去、站住等简单的口令和它的代号，在训练其他如向左、向右、阻止乱跑等口令，使头羊识人意，听人的召唤。

4）饮水

水是新陈代谢不可缺少的物质，给羊补充水分，可以调节体温和生理机能，促进胃肠的消化吸收和增进食欲。藏羊的饮水量因季节、天气凉热和牧草生长状况而不同。一般天凉时饮水 2~3 次，炎热时饮水 3~5 次，饮水以泉水、井水和流动的河水为宜，切忌饮用浑水、污水和死水。当藏羊接近水源时，应先停留片刻，待羊喘息缓和后再饮水，发现羊饮水过猛时，可向水中投石子，以暂缓羊的饮水速度。饮井水时应随打随喝，饮流水时应从上游向下游方向行走，先喝水的羊在下游，后喝水的羊在上游，即可避免喝浑水，又可避免羊呛水，羊圈和运动场内应设有水槽，水槽应高出地面20~30cm，以防止粪土污染，水槽内要随时装有清水，保证在羊只出牧前和归牧后能及时饮到水。

5）补盐

盐是藏羊生长发育必不可少的物质，它有助于维持羊只体细胞的渗透，能帮助运送养分和排泄废物，有利于对饲料的消化利用。食盐供给不足可导致羊只食欲下降、体重减轻、被毛粗糙等。因此，要适时补充食盐以提高其采食量和增重。

补盐的方法是：①将食盐直接拌入精料中，每日定量喂给，种公羊每日喂8~10g，成年母羊5~8g，一般应占日粮干物质的1%；②将盐块或盐水放入食槽内，让羊自由舔食；③用食盐、微量元素及其他辅料制成固体盐转，让羊自由舔食，这样即补充了食盐，又补充了微量元素，效果较好。

（4）四季放牧技术要领

1）春季放牧技术要领

春季气候特点是"寒冷潮湿雨雪多，冷热变化难掌握"，牧草特点是"百草返青正换季，草嫩适口不宜吃"。而春季的羊群经过漫长的冬季，营养较差，身体虚弱，有的母羊正处于怀孕后期，有的母羊正处于哺乳期，迫切需要较好的营养。这时青草还没有长起来，如果冬天贮备的饲草已经喂完，再遇上早春的寒潮和连阴雨的天气，对羊的威胁极大，易出现"春乏"的现象。而且，春季正是牧草交替之际，有的地方青草虽已生长，但薄而稀，羊看到一片青，却难以采食到草，长疲于奔青找草，增加体力消耗，导致瘦弱羊只死亡；再则，啃食牧草过早，将降低其再生能力，破坏植被而降低产草量。因此，春季放牧的主要任务是在保膘情的基础上，尽可能恢复体力，对怀孕母羊还要注意保胎，要严格控制羊群，挡住强羊，看好弱羊，防止抢青跑青。在选择草场时，应选阴坡或枯草高的草场，使羊看不见青草，但在草根部分又有青草，羊只可以青、干草一起采食。待牧草长高后，可逐渐转到返青早、开阔像样的牧地放牧。春季对瘦弱羊只可单独组群，适当予以照顾，对带仔母羊及待产母羊，留在羊舍附近较好的草场放牧，若遇天气骤变，可以迅速赶回羊舍。春季草嫩，含水量高，早上天冷，不能放露水草，否则易引起拉稀。同时，春季潮湿，羊体虚弱，是寄生虫繁殖滋生的适宜时期，要注意驱虫，勤垫羊圈，保持羊圈卫生。

2）夏季放牧技术要领

夏季气候特点是"炎热多雨蚊虫多"，应该防暑防潮防蚊蝇。而羊群经过春季的放牧，身体已逐渐恢复，此时牧草正处于抽茎开花阶段，牧草繁茂，营养价值较高，应抓紧时机抓膘。夏季气温较高，蚊蝇多，应选择高燥、凉爽、饮水方便的地方放牧。另外，放牧时间要延长，早出晚归，要求一天能吃三饱，饮2~3次水。在一天之内，放牧的手法各不相同，早上出牧时，一般要"手稳，手紧"，挡住头羊，放成"一条龙"或"一条鞭"，防止羊乱跑专挑好草吃，或者不安心吃草。利用羊喜吃回头草的习惯，每放一段距离后，拦羊回头，使"羊吃回头草，越吃越饱"。羊吃饱后，有的开始躺下反刍，这时可以赶羊去喝水。喝完水后，改成"满天星"的方式放牧，再让羊吃一个饱。羊在强烈的阳光下经常有扎堆的习惯，影响采食，因此，在中午烈日照射时，应让羊只休息、反刍。夏季放牧应尽量避开大风雨，切忌在电闪雷鸣的时候在陡坡放牧，以防羊受惊摔伤。

3）秋季放牧技术要领

秋季牧草开花结籽，营养丰富，秋高气爽，气候适宜，正是抓膘季节，也是羊配种季节，要做到放牧抓膘和配种两不误a所以，应在抓好夏膘的基础上抓好秋膘，以便出栏或蓄积体脂过冬。应那里有好草就到哪里放，在农区或半农办牧区，尤其不可错过放刈割草场或农作物收获后茬子地的好时机。这些地方平时羊群来不了，除了收割后遗留的庄稼外，还生长一些熟草，都已结籽，是抓秋膘的好场所。秋季是藏羊主要的配种季节，秋季牧草丰茂，营养丰富，含维生素多，大量青绿饲料以及凉爽的气候条件，有助于性机能的活动，能促进发情、排卵。母羊和种公羊膘情的好坏，直接影响繁殖率的高低，因此要努力做到满膘配种，提高繁殖率。秋末经常有霜冻，不易早牧，要晚出晚归，防止母羊采食霜冻草而流产。

4）冬季放牧技术要领

冬季天气转寒，常有霜雪，百草枯萎，树叶凋落。冬季放牧的要领是：防寒、保暖、保膘、保羔，并备足饲草料。对冬季草场利用的原则是：先远后近，先阴坡后阳坡，先高处后低处，先沟堑地后平地，先差草后好草。严冬时，要顶风出牧，但出牧时间不宜太早；顺风收牧，而收牧时间不宜太晚。放牧时，怀孕母羊要注意保胎，做到出门不拥挤，途中不急行，不走陡坡不跳沟，不吃霜草，不吃发霉的草料。归牧后，应给怀孕母羊和育成羊适当补饲，并注意圈舍保温。要严防空腹饮水或饮霜冻水，以防流产，以羊只吃饱后再饮水为宜。

第四节　藏羊的生产管理技术

一、藏羊日常管理原则

藏区人民在长期的生产实践中，不断总结饲养管理、选种选配、哺幼育肥、疾病防治等多方面的经验，概括出"管、选、配、育、放"五字的藏羊日常管理原则。

1. 管

管即科学的饲养管理方法。藏羊的饲养管理，一般采用放牧补饲相结合的方法。除抓好青草期放牧外，还可以采取其他措施：①大量种植苜蓿等优质牧草；②大量贮备和青贮秸秆等饲料；③强化羔羊和怀孕母羊的补饲。采用灵活的放牧方式：一是分群放牧，将羊群按年龄、性别、大小分成小群，每群 50～100 只。二是根据羊的采食特点，采取分片轮回放牧的方法放牧，即每日出牧后先让羊在往日放牧的地方吃草，待羊吃到半饱时，再到新鲜草场放牧，等羊不大啃吃时再放开手，采用"满天星"方式让羊吃饱为止。这种"先生后熟，先紧后松，一日三饱"配合两季慢（春秋两季放牧要慢）和三坚持（坚持跟群放牧、早出晚归、二次饮水）、三稳（放牧、饮水、出入要稳）和四防（防跑青、防扎窝、防害和防病）的方法有利于放牧羊群的增膘和保胎育羔。

2.选

选即优化羊群结构。通过存优去劣，逐年及时淘汰老羊及生产性能差的羊只，多次选择，分类分段培育，坚持因时（时间）因市（市场情况）制宜、循序渐进的原则，使羊群结构不断变化，经济效益不断提高。由于各养殖户饲养的羊只数量不同，发展不同，选择方法不同，选择比例也不同。但都要注重初生、断奶、周岁三个阶段、繁殖性能和后代生长速度等多个环节。特别要注重母羊的选择比例，其比例为：淘汰率 15%～20%，选留率 35%～40%a 经不断选择，其年龄结构保持在青年羊（0.5～1.5 岁）占 15%-20%，壮年羊（1.5～4 岁）占 65%~75%，5.5 岁以上占 10%~20% 的比例。母羊比重应达到 75%～85%，其中能繁母羊占 55%～70%，母羊比重越大，出栏率越高，经济效益越好。

3.配

配即选配和配种方式。就是通过对公母羊配偶个体的合理选择，采用科学的配种方式，实现以优配优、全配满怀的目的，既可充分有效的利用种公羊，又能人为的控制产羔季节、配种频率。也可采用同期发情等发情控制技术，使母羊适时集中发情，在较短时间内配种，且使受胎率、授配率高，同时提高羔羊的质量。

4.育

育即对羊只培育措施。在母羊怀孕后期及哺乳前期，给予合理的补饲，同时搞好饮水、补盐和棚舍卫生。

5.防

防即预防疾病。除进行常规的疫苗注射外，要在剪毛后进行药浴，每年春秋两季进行驱虫。同时在活动场所及圈舍门口撒以草木灰等进行消毒，对异常羊或发病羊进行隔离治疗，以降低发病率和死亡率。

二、藏羊四季管理要点

1.藏羊春季管理

春季是藏羊一年当中最困难的时期。经过漫长的冬季，羊只营养消耗大，消瘦，如果饲养管理得当，能最大限度地减少羊只死亡。

（1）定期驱虫

春季要给除怀孕母羊以外的其他羊群集中驱虫1次。驱除羊体内线虫、绦虫及吸虫等多种寄生虫。可用丙硫咪唑、阿苯达哩；阿维菌素也可驱除羊体内外多种寄生虫。这些都是较理想的驱虫药物。

（2）及时补硒

常用药物是亚硒酸钠维生素E注射液，剂量为每只0.5~1.0ml。

（3）保证补盐和饮水

春季放牧的藏羊应保证每周补盐2~3次，每天饮水3~4次。

（4）防止跑青

应选择草质较好、干草较多的阴坡放牧，放牧时要人在前、羊在后，使羊慢慢行走，当羊吃半饱后再放青草地。

（5）放牧时要格外小心

警惕羊误食有毒的植物青苗、废旧塑料、霉败饲料等。同时，在放牧时要远离刚播种的耕地，防止误食种子、化肥、农药、种子包衣剂等，防止中毒。

（6）及时补喂草料

春季羊的营养状况差，从冬季补饲到春季放牧转移，需要一段过渡期，每天放牧时间要逐渐延长，否则会引起腹泻等不良现象，并且产冬羔的母羊正在哺育羔羊，产春羔的母羊刚刚分娩或正在妊娠的后期，需要的营养较多，因此除了正常放牧外，每天每只最好补喂干草0.3~0.5kg，补饲精料0.20~0.25kg，使其体质健壮，顺利渡过春季枯草期。

（7）保持圈舍卫生

要坚持羊群无病早防、有病早治、防重于治的原则。疫苗的种类很多，有三联苗（羊快疫、猝疽、肠毒血症）、羊痘弱毒苗、口蹄疫苗等，由于各地区传染病不止一种，疫苗性质和免疫期长短不一，必须根据各种疫苗的免疫特性，合理安排免疫接种的间隔时间和接种次数，才能有效地预防和控制藏羊传染病的发生，使羊群全年免受重大传染病的危害。

2. 藏羊夏季管理

夏季水草丰茂，要不失时机地抓好夏膘，促进羊只恢复体力，为秋冬季满膘配种打下基础。同时，夏季天气炎热潮湿，蚊蝇滋生，羊群容易感染细菌、病毒性疫病和寄生虫病。因此要做好羊群的保健工作。

（1）搞好驱虫

对春季没有驱虫的母羊和其他羊只，则在夏牧前驱虫一次。常用驱虫药有：丙硫咪唑、左旋咪唾、阿维菌素、虫克星等。使用驱虫药时，严格按照使用说明书的要求控制剂量，并对没有用过的药物先做小群试验，再进行全体驱虫。

（2）做好羊圈舍及运动场的消毒

羊舍消毒，消毒药物可用 10%～20% 石灰乳、10% 的漂白粉、3% 来苏儿、5% 草木灰和 10% 石炭酸水溶液等喷洒消毒；运动场消毒，消毒药物可用 3% 的漂白粉、4% 的福尔马林、5% 的氢氧化钠水溶液喷洒消毒；门道出入口处消毒，消毒药物可用 2%～4% 氢氧化钠、10% 克辽林喷洒消毒，或在出入口处放置浸有消毒液的麻袋或草垫；粪便消毒，采用生物热消毒法，即在离羊舍或运动场 100m 以外的地方，将羊粪堆积起来，上面覆盖 10cm 厚的细土，发酵 1 个月即可；污水消毒，将污水引入处理池，加入漂白粉或生石灰（一般 2～5g/L 污水）进行处理。

（3）给羊群进行药浴

首先要建好药浴池，常用的药浴池为上宽 0.6～0.8m，下宽 0.3～0.5m，深 1～1.5m，长 3～10m，入口处和出口处均设围栏，出口处铺成有坡度的滴水台，让羊药浴后停留 10min，便于羊体带出的药液回流入池。然后配好药浴的药物，给羊进行药浴，常有药浴药物有 0.1%～0.2% 杀虫豚、0.04% 蜱螨灵、0.05% 蝇毒灵等。药浴应在晴

朗无风的热天进行，药浴前 8h 停止放牧或喂料，入浴前 2～3h 给羊饮足够量的水，以免羊在药浴中吞饮药液中毒。药液的温度应在 30℃ 左右。先浴健康羊，后浴有皮肤病的羊，病羊、伤羊和怀孕 2 个月以上的羊不宜药浴。浴液的深度以浸没羊体为好。羊鱼贯而行，每只羊药浴时间不少于 3min，应将羊头按入药液中 1～2 次。药浴后在滴流台沥干羊体，然后让羊休息。药浴后 6h 才能投喂饲草或放牧。

（4）要掌握正确的放牧方法

早晨出牧时间可根据露水大小而定，露水较小时，出牧时间可稍早一些，露水较大时，出牧时间可稍晚一些。因为露水草上多有寄生虫，羊易感染寄生虫病，同时羊吃露水草易发生胀肚。不要让羊在潮湿泥泞的地方休息，也不要在沼泽地放牧，防止感染肝片吸虫等寄生虫及腐蹄病、风湿病。雨天要顺风放牧，防止羊面部被雨袭击。雨后将羊圈在山坡上，采取"满天星"放牧方法，让风尽快吹干羊毛，以防生病。

3. 藏羊秋季管理

秋季养羊，要掌握好以下几点。

初秋放牧要早出晚归，适当延长放牧时间；晚秋放牧要做到有霜天晚出牧，晚归牧，无霜天早出牧，晚归牧；晚秋放牧要注意保暖，应到牧草长势较好的阳坡地放牧。

选择牧草好、避风的草场作为秋营地，要少走路、多吃草。

做到"四稳"，严防拥挤造成怀孕母羊流产。

保证饮水。每天坚持饮水 2 次，不要饮污水；防止饮空肚水和卧盘水（即归牧后饮水）。

每隔 10d 喂一次盐，每只羊 10g。喂盐时要先饮水，防止怀孕母羊喂盐后饮水过量造成"水顶胎"而发生流产。

出牧与归牧时，仔细检查羊群，发现病羊，应及时治疗。

秋季母羊膘情好，发情正常，排卵多，易受胎，有利于胎儿发育，要抓紧抓好母羊配种，以提高受胎率和产羔率。

秋季是羊各种疾病多发和流行的高峰季节。因此，秋季应用丙硫咪唑或阿维菌素等驱虫药对羊群进行一次驱虫，同时注射有关羊用疫（菌）苗以预防传染病。勤清羊舍或运动场的饲料残渣、残草和粪尿，以保持羊舍或运动场内干燥清洁，定期用2%火碱溶液消毒。要特别防止羊只因吃了再生青草和豆科牧草而发生肚胀。

4.藏羊冬季管理

冬季正是母羊怀孕后期和早怀母羊的产羔期，由于天气寒冷，对羊发育非常不利。该期间应保好膘，保好胎，能促进母羊顺利产羔，提高羔羊成活率。

（1）清理羊群，合理组群

在入冬后将老弱病残羊、自食羊和出售的羊，从羊群中清理出去，趁膘情好时及时宰杀和出售，即可增加经济效益，又有利于羊群的冬季饲养。对过冬的羊，要根据羊的年龄、性别、体质等情况进行合理调整，将体质相近的羊组成一群，便于照顾体弱羊只，及时加强补饲和就近放牧。

（2）保温防寒

是羊群安全越冬的重要措施。羊圈（塑料暖棚）要避免贼风侵入，地面要保持干燥，暖棚中温度和湿度要合适，饲养过程中要经常打开通风口或天窗进行通风换气，发现暖棚有破洞要及时修补。放牧要选择背风向阳、地势低洼而比较暖和的地方。冬季决不可顺风出牧，否则，羊毛会被风吹开，不利于保温，使羊易患感冒等疾病。

（3）备足草料

冬季单靠放牧满足不了羊体对营养的需要，所以，牧户要备足草料，在深冬大雪封地以后用于补饲。

（4）注意饮食

冬季各种草秸都是干的，不像青绿或青贮饲料好消化，所以每天必须饮1~2次水，要饮好饮足。同时，要适当补盐，确保羊只食欲旺盛，生长发育良好。

（5）适度放牧

初冬，部分牧草还未枯死，要抓紧放牧，迟放早归，禁吃霜冻饲草，要防止怀孕母羊打架冲撞挤压和人为急追暗打等，以免引起母羊流产。归牧后要补饲。

（6）及时补饲

给怀孕母羊和瘦弱羊及时补给青干草或秸秆等饲草，供给玉米、青稞、麦麸等精料，饮用淡盐水；也可补给青贮、微贮饲料，但不能太冷或结冰，以中午补给最好。一只成年羊每天补饲干草0.5~1.0kg或青贮饲料1~2kg。一只成年羊每天补饲精料0.15~0.25kg。要注意怀孕后期母羊、哺乳期母羊与小羊的补饲及蛋白质、矿物质和维生素的供给。最好在羊的运动场或饲槽中放置营养舔砖，让羊只自由舔食。防止料水结冰，最好喂给羊干料、温水，井水可以放在室内预温，不要让羊饮冰冻水。供应充足的食盐和清洁的温水，以增强羊只御寒能力，减少体能消耗。忌喂发霉变质和冰冷的饲草料，以防羊只发生腹痛、腹泻，甚至引起母羊流产等。

（7）搞好疫病防治

冬季羊只易患痢疾、大肠杆菌病、链球菌病、感冒、气管炎、肺炎等疾病。因此，要勤扫暖棚羊舍，清除粪便和残料，保证清洁干燥，以保证羊只安全越冬。

三、种公羊的饲养管理

种公羊饲养管理的好坏，与羊群品质、外形特征、生产性能和繁殖育种有很大的关系，品质优良的种公羊，如果饲养管理不好也不能很好地发挥其种用价值。种公羊数量少，种用价值高，对后代影响大，俗话说："公羊好，好一坡，母羊好，好一窝"，故对种公羊的饲养管理要求比较精细，要求常年保持中上等膘情，不肥不瘦，精力充沛，性欲旺盛，精液品质良好在饲养上，应根据饲养标准合理搭配饲料，并选择优质的天然或人工草场放牧。补饲日粮应富含蛋白质、维生素和矿物质，要求品质优良、易消化、体积较小和适口性好。在管理上，要求单独组群，并保证有足够的运动量，以保证和提高种公羊的利用率。种公羊适宜采用"放牧＋补饲"的饲养方式。

1. 种公羊的日粮特点

种公羊饲料要求营养价值高，有足量的蛋白质、维生素和矿物质，且易消化，适口性好。适用的饲料青干草有苜蓿草、三叶草、青燕麦草等；多汁饲料有胡萝卜、甜菜或青贮玉米等；精料有燕麦、大麦、豌豆、大豆、玉米、高粱、豆饼、麦麸等。夏秋季以放牧为主，冬春季以舍饲补饲为主。若日粮营养不足时，可补充混合精料。精料中不可多用玉米或大麦，可用蔬皮、豌豆、大豆或饼渣类补充蛋白质a配种任务繁重的优秀公羊可补动物性饲料。

2. 非配种期的饲养管理

种公羊在非配种期，虽然没有配种任务，但仍不能忽视饲养管理工作。非配种期的种公羊，除应供给足够的热能外，还应注意补充足够的蛋白质、矿物质和维生素。夏秋以放牧为主，草场植被良好的情况下，一般不需补饲，在冬季及早春时期，每天每只羊补饲青贮玉米 2.0kg，混合精料 0.5~0.7kg，胡萝卜 0.5kg，食盐 10g，骨粉 5g，并要满足优质青干草的供给。在冬、春季节，应坚持适当的放牧和运动。

3. 配种期的饲养管理

种公羊配种期饲养管理分为配种预备期（配种前 1~1.5 个月）和配种期两个阶段。为保证公羊在配种季节有良好的种用体况和配种能力，在进入配种预备期后，就应加强种公羊的营养，在一般饲养管理的基础上，逐渐增加精饲料的供应量，并增加蛋白质饲料的比例，给量为配种期标准的 60%-70%，逐渐增加到配种期的精料给量。配种期的公羊神经处于兴奋状态，经常心神不定，不安心采食，这个时期的管理要特别精心，要起早睡晚，少给勤添，多次饲喂。饲料品质要好，必要时可补给一些鱼粉、鸡蛋、羊奶，以补充配种时期大量的营养消耗。配种期如蛋白质数量不足，品质不良，会影响公羊性能、精液品质和受胎率。配种期每日饲料定额为：混合精料 0.8～1.5kg，鸡蛋 2～3 枚，胡萝卜 1kg，青干草自由采食，饮水 3～4 次。混合精料组成：玉米 54%，饼粕 28%，蔬皮 15%，食盐 2%，骨粉 1%。每日放牧或运动时间约 6h。配好的精料要均匀地撒在食槽内，要经常观察种公羊食欲好坏，以便及时调整饲料，判别种公羊的健康状况。种公羊要远离母羊，不然母羊一叫，公羊就站在门口爬在墙上，东张西望影响采食。种公羊舍应选择通风、向阳、干燥的地方。配种结束后的公羊饲养主要在于恢复体力，增膘复壮，日粮标准和饲养制度要逐渐过渡，不能变化太大。

四、繁殖母羊的饲养管理

繁殖母羊是羊群生产的基础，其生产性能的高低直接决定着羊群的生产水平，因而要有良好的饲养管理条件，使其能顺利完成配种、妊娠和哺乳，提高生产性能。在实际生产中，要根据其生理特点和所处的生产周期区别对待，方可取得良好效果。依据繁殖母羊生理特点和所处生产周期的不同，可把繁殖母羊的饲养管理分为空怀期、妊娠期和泌乳期三个阶段。

1. 空怀期的饲养管理

繁殖母羊空怀期的饲养应引起足够重视，这一阶段的营养状况对母羊的发情、配种、受胎以及以后的胎儿发育都有很大关系。

这一时期的主要任务是恢复体况。由于各地繁殖体系不同，产羔季节和母羊的空怀期长短各异，因而饲养管理制度也不同。如在一年一产的繁殖体系中，产冬羔母羊的空怀期一般为 5～7 个月，产春羔母羊的空怀期可达 8～10 个月。母羊空怀期间正是夏秋季节，牧草繁茂，营养丰富，在正常年份，通过合理放牧，大部分繁殖母羊可在 2 个月左右完成抓膘任务，为配种做好准备，不需要补饲。

这一时期的关键是羔羊适时断奶。断奶过早，羔羊生长发育将受到影响，断奶过迟，母羊的体况在短时期内难以恢复。抓好适时断奶的同时，应采用在优质牧地放牧，延长放牧时间等方法加强放牧，并采取适时喂盐，满足饮水等措施突击抓膘，为配种妊娠贮备营养。繁殖母羊只有在膘情良好的情况下，才能有较高的发情率和受胎率。据报道，配种前母羊的体重每增加 1kg，产羔率可望增加 2.1%。在配种前 2～3 周，对体质较弱的繁殖母羊，除放牧外，要适当补饲，每日喂混合精料 0.1～0.2kg，具有明显的催情效果，使大群母羊发情整齐，按时完成配种任务。

2. 妊娠期的饲养管理

母羊妊娠期一般分为妊娠前期（3个月）和妊娠后期（2个月）。

（1）妊娠前期

妊娠前期（约3个月）因胎儿发育较慢，所增重量仅占羔羊初生重的10%，需要的营养物质少，但要求母羊能继续保持良好膘情。此间，牧草尚未枯黄，通过加强放牧能基本满足母羊的营养需要；但随着牧草的逐渐枯黄，应适当补饲，每只日补饲优质干草1.0～2.0kg或青贮饲料1.0～2.0kg。管理上要避免吃霜草和霉烂饲料，不饮冰水，不使其受惊猛跑，以免发生流产。

（2）妊娠后期

妊娠后期（2个月）是胎儿迅速生长之际，胎儿生长发育快，所增重量占羔羊初生重的90%，营养物质的需要量明显增加。据研究，妊娠后期的母羊和胎儿一般增重7～8kg以上，能量代谢比空怀母羊提高15%～20%。此期正值严冬枯草期，这一阶段若营养不足，将出现胎儿发育不良，羔羊初生重小，抵抗力弱，母羊产后缺奶，羔羊成活率低的状况。因此，要加强妊娠后期母羊的饲养管理，保证其营养物质的需要。对冬春季产羔的母羊，在放牧的基础上，每天要补给混合精料0.3～0.5kg，胡萝卜0.5kg，食盐10g，骨粉5～10g及适量的优质干草，使母羊体重每日增加170～190炭对产秋羔的母羊，除加强放牧外，应根据羊的品种和体况适当补饲混合精料和食盐、骨粉等。

母羊妊娠后期，管理上也要格外留心，把保膘保胎作为管理重点，紧紧抓住一个"稳"字，出入圈要稳，防止相互拥挤造成流产；放牧要稳，不要急行，不要过劳，在母羊临产前1周左右，缩短放牧距离，以便分娩时能及时回到羊舍，但不要把临近分娩的母羊整天关在羊舍内。放牧要晚出牧，早收牧，不走冰道，防止滑倒，应尽可能选平坦的牧地放牧。特别应注意，不要无故拽捉、惊扰羊群，及时阻止羊间角斗，以防造成流产。饮水要稳，不急饮，不饮冰水，不吃霜草。冬季的圈舍要宽敞，不拥挤，且通风良好，注意保暖防风，温度一般不低于5P&舍饲条件下，要注意母羊的运动，以增强体质，预防难产。母羊妊娠后期，尤其分娩前管理要特别精心。母羊欣窝下陷，腹部下垂，乳房肿大，阴门肿大，流出黏液。常独卧墙角，排尿频繁，举动不安，时起时卧，不停地回头望腹，发出鸣叫等，都是母羊临产前的表现。应对羊舍和分娩栏进行一次大扫除，大消毒，做好分娩前的准备工作。

3. 哺乳期的饲养管理

母羊哺乳期可分为哺乳前期（1.5～2个月）和哺乳后期（1.5～2个月），饲养重点在哺乳前期。在哺乳前期，母乳是羔羊生长发育所需营养的主要来源，羔羊生长变化的75%以上同母乳量有关，每kg鲜奶约可使羔羊增重0.176kg。尤其是出生后15～20d内，母乳几乎是羔羊唯一的营养物质&母乳多，羔羊发育好，抗病力强，成活率高。如果母羊饲养管理不好，不仅母羊消瘦，产乳量少，而且影响羔羊的生长发育。为了满足羔羊生长发育的需要，必须加强母羊的饲养管理，提高母羊的泌乳量。因此，要增加混合精料的补饲量，合理搭配优质草料。可每日喂混合精料 0.5～0.7kg，胡萝卜 1kg，食盐 12g，骨粉 8～10g 及优质青干草，对双羔母羊还应适当增加补饲量。在产后 3d 内，应少喂混合精料，以防消化不良和乳房炎，1 周后逐渐过渡到正常补饲标准，并在附近的草场放牧，晚出早归，使放牧、奶羔两不误，同时保证饮水。在管理上要勤垫圈，勤清扫，保持羊舍干燥清洁。

在哺乳后期，母羊泌乳量逐渐下降。此时羔羊已逐步具有了采食植物性饲料的能力，能自己采食饲草和精料，不依赖母乳生存，母乳仅能满足羔羊本身营养的 5%～10%。此阶段补饲标准可降低些，一般精料可减至 0.3-0.45 kg、干草 1～2kg、胡萝卜 0.5kg。母羊和羔羊放牧时，时间要由短到长，距离由近到远，要特别注意天气变化，及时赶回羊圈 & 羔羊断奶前要减少供给母羊多汁饲料、青贮料和精料的喂量，防止乳房炎发生 $ 此时应把补饲重点转移到羔羊上，逐渐取消对母羊的补饲，转为完全放牧。

五、育成羊的饲养管理

育成羊是指从断奶后到第一次配种之间的公、母羊，多在 3～18 月龄，其特点是生长发育较快，营养物质需要量大。若此时营养供应不足，不仅影响当年的育成率，成熟期也会推迟，不能按时配种，还将影响羊只生长发育，出现四肢高、体狭窄而浅、体重轻、剪毛量低等问题，其个体品质及生产性能降低，严重时失去种用价值。可以说育成羊是羊群的未来，其培育质量如何是羊群面貌能否尽快转变的关键。

在牧区大多数农牧户对育成羊的饲养重视不够，认为其不配种、不怀羔、不泌乳、没负担。因此，在冬春季节很少补饲，导致多数育成羊出现程度不同的发育受阻。实践证明，冬羔在育成时期的发育比春羔好，是因为冬羔出生早，当年"靠青草生长"的时间长，体内有较多的营养储备。

1. 育成羊的选种

选择合适的育成羊留作种用是羊群质量提高的基础和重要手段，生产中经常在育成期对羊只进行挑选，把品种特性优良的、高产的、种用价值高的藏羊公羊和母羊选出来留作繁殖用，不符合要求的或使用不完的公母羊转为商品生产使用。生产中常用的选种方法是根据藏羊本身的体形外貌、生产成绩进行选择，辅以系谱审查和后代测定。

2. 育成羊的培育

藏羊羔羊断乳以后，按性别、大小、强弱分群，加强补饲，按饲养标准采取不同的饲养方案。羔羊在断奶组群放牧后，仍需继续补喂精料，补饲量要根据牧草情况决定。

刚离乳整群后的育成羊，正处在早期发育阶段，这一时期是育成羊生长发育最旺盛时期，这时正值夏季青草期。在青草期应充分利用青绿饲料，因为其营养丰富全面，非常有利于促进藏羊消化器官的发育，可以培育出个体大、身腰长、肌肉匀称、胸围圆大、肋间距离较宽、整个内脏器官发达，而且具备各类型藏羊体型外貌特征的藏羊。因此夏季青草期应以放牧为主，并结合少量补饲。放牧时要注意训练头羊，控制好羊群，不要使羊群养成好游走，挑好草的不良习惯。放牧距离不可过远。在春季由舍饲向青草期过渡时，正值牧草返青时期，应控制育成羊跑青。放牧要采取先阴后阳（先吃枯草后吃青草），控制游走，增加采草时间。

在枯草期，尤其是第一个越冬期，育成羊还处于生长发育时期，而此时饲草干枯、营养品质低劣，加之冬季时间长、气候冷、风大，消耗能量较多，需要摄取大量的营养物质才能抵御寒冷的侵袭，保障生长发育，所以必须加强补饲。在枯草期，除坚持放牧外，还要保证有足够的青干草和青贮料。精料的补饲量应视草场状况及补饲粗饲料情况而定，一般每天喂混合精料 0.2 ~ 0.5kg。由于公羊一般生长发育快，需要营养多，所以公羊要比母羊多喂些精料，同时还应注意对育成羊补饲矿物质如钙、磷、盐及维生素 A、维生素 D，最好在草场上放置营养舔砖让羊自由舔食。

对于舍饲饲养的育成羊，若有品质优良的豆科干草，其日粮中精料的粗蛋白以 12% ~ 13% 为宜。若干草品质一般，可将粗蛋白质的含量提高到 16%。混合精料中能量以不低于整个日粮能量的 70% ~ 75% 为宜。

六、羔羊的饲养管理

羔羊是指从出生到断奶（一般 4 个月）的藏羊羊羔。这个阶段饲养管理重点是如何提高成活率，并根据生产需要培育体型良好的藏羊羔羊。

1.羔羊的饲养

（1）尽快吃初乳

羔羊出生后，应先让羔羊吃上初乳。初乳中含有丰富的蛋白质（17% ~ 23%）、脂肪（9% ~ 16%）、矿物质等营养物质和抗体，对增强羔羊体质、抵抗疾病和排出胎粪等均具有重要的作用。若产羔母羊因意外死亡，也应设法让羔羊吃其他母羊的初乳，无母孤羔要尽早为其找好保姆羊，对缺奶羔羊应用牛奶、山羊奶、绵羊奶、奶粉和代乳品等补饲。不喂玉米糊和小米粥，否则羔羊会因缺乏消化淀粉的酶而腹泻。人工哺乳务必做到清洁卫生、定时、定量和定温（35℃ ~ 39℃）哺乳工具用奶瓶或饮奶槽，但要定期消毒，保持清洁。

（2）训练采食，加强补饲

羔羊出生 10d 后，开始训练吃草料，以促进其瘤胃发育和心、肺功能。同时可补充铜、铁等矿物质，避免发生贫血。在圈内安装羔羊补饲栏（仅能让羔羊进去）让羔羊自由采食，少给勤添；待全部羔羊都会吃料后，再改为定时、定量补料。每只日补喂精料 50 ~ 100g。羔羊生后 20d 内，晚上母仔在一起饲养，白天羔羊留在羊舍内，母羊在羊舍附近草场上放牧，中午回羊舍喂一次奶。羔羊 20 日龄后，可随母羊一道放牧。羔羊 1 月龄后，逐渐转变为以采食为主，除哺乳、放牧采食外，可补给一定量的草料。羔羊舍内要设足够的水槽和盐槽，可在精料中混入 0.5%～1.0% 的食盐和 2.5%～3.0% 的矿物质饲喂，同时保证充足的饮水。当羔羊初生 2 个月后，母羊泌乳量逐渐下降。这时的羔羊瘤胃发育及机能逐渐完善，能大量采食草料，因而饲养重点可转入羔羊补饲，每日补喂混合精料 200～250g，自由采食青干草，或把羔羊赶到预留的牧地上放牧。要求饲料中粗蛋白质含量为 13%～15%，以玉米、豆饼为主，荻皮不超过 10%～15%。不可给公羔饲喂大量蔬皮，以防引发尿道结石。青草季节要防止羔羊吃草太多引起拉稀，特别是防止吃露水草。

（2）适量运动及放牧

羔羊的爱动，运动能促进羔羊的身体健康。生后 1 周，若天气暖和、晴朗，可在室外自由活动，晒晒太阳，也可以放入暖棚内运动。生后 1 个月可以随群放牧，但要慢赶慢行。羔羊在放牧中喜欢乱跑和躺卧，为了训练羔羊听口令，便于以后放牧，口令要固定、厉声，使它形成良好的条件反射。

（4）优化生活环境

由于羔羊对疾病的抵抗力弱，容易生病。忽冷忽热、潮湿寒冷、肮脏、空气污浊等不良生活环境都可以引起羔羊的各种疾病。因而要经常垫铺褥草或干土。舍内温度保持在 5P 左右为宜，圈舍温度过高过低，通风不良或有贼风袭击，均会引起羔羊病的大量发生。同时羔羊运动场和补饲场也要每天清扫，防止羔羊啃食粪土和散乱羊毛发病。

（5）适时断奶

羔羊断奶不仅有利于母羊恢复体况，准备配种，也能锻炼羔羊的独立生活能力。根据生产需要，有的地区对羔羊实施早期断奶，即在生后 1 周左右断奶，然后用代乳品进行人工哺乳；还有采用生后 45～50d 断奶，断奶后饲喂植物性饲料，或在优质人工草地上放牧。藏羔羊多采用 3～6 月龄断奶的方法。断奶初期，母羊到远处放牧，羔羊留在原圈舍内饲养。母仔隔离 4～5d 后，断奶即可成功，这时可把断奶羔羊按性别和体质分群饲养管理。

2. 羔羊的编号

为了识别羔羊，便于科学的饲养管理及以后选种、选配等工作，需要对羔羊进行编号。羔羊出生后 10～20d，即可进行个体编号。编号的方法主要有耳标法、刺字法等。

（1）耳标法

耳标是固定在羊耳上的标牌。耳标用铝或塑料制成，有圆形和长方形两种。编号的方法是第一个号为羊出生年号，其后为羊的个体号。公羔编单号，母羔编双号。各养殖单位应建立自己的羔羊编号制度、系统和方法，并保证长期相对稳定。

（2）刺字法

刺字法是用特制刺字钳（上边有针制的字钉，可随意置换）蘸墨汁把号打在羊耳朵里边。本方法简便经济，且不掉号，缺点是有时字迹模糊，不易辨认。

另外，还有一种烙角编号法，即用烧红的钢字，把号码烙在角上，本法仅适用于有角的公母羊，可用来作辅助编号。

第十一章 藏羊的疫病防治

第一节 疫病预防控制措施

在藏羊养殖中，掌握常见的藏羊疫病预防与常规性诊治是非常重要的。在藏羊的生产生活过程中，其疾病是多种多样的，根据发病性质一般分为传染病、寄生虫病和普通病 3 大类。

由病原微生物如细菌、病毒、支原体等引起的具有传染性的疾病为传染病。病原微生物通过在羊体内生长繁殖，放出大量毒素或致病因子，损害羊的机体，使羊只发病，并通过羊的排泄物造成污染，使病流行。烈性传染病可造成羊只大批死亡。传染病所具有的特性是当羊注射了某种疫苗或得过某种传染病痊愈后就具有了对该疾病的免疫能力。

由寄生虫蠕虫、蜘蛛昆虫、原虫等寄生于羊体内引起的疾病为寄生虫病。其特点是季节性和群发性。寄生虫对藏羊的危害主要是造成器官、组织的机械性损伤，夺取营养或产生毒素，使羊只消瘦、贫血、营养不良、生产性能下降，严重者可导致死亡。

普通病包括内科疾病（如代谢病、中毒病）、外科病、产科病等。该类疾病是由于饲养管理不当、营养代谢失调等原因造成。其特点是没有传染性，多为散发。中毒病可造成大批死亡。

藏羊疾病防治必须坚持"预防为主"的方针。应加强饲养管理，搞好环境卫生，有计划地进行定期免疫接种、定期驱虫等综合性防治，羊舍及羊圈应保持清洁干燥。

一、加强饲养管理

加强饲养管理，改善饲养条件，增加羊的体质是预防疾病发生的最根本条件。在生产中，应根据不同生理阶段藏羊的营养需要和饲养制度，严格进行饲养管理，饲料种类力求多样化并合理搭配，使其营养丰富全面。在冬季草场牧草缺乏季节，必须对不同生理阶段的羊只进行适量补饲。应重视饲料和饮水卫生，禁止饲喂发霉变质、冰冻及被农药污染的草料，不饮死水、污水等。

为减少疫病发生的几率，应防止在引进种羊的同时引进疫病。要尽可能做到自繁自养，慎重引进羊只、冷冻精液和胚胎。必须引进羊只时，应从非疫区购入，并有动物检疫合格证等有关证明。羊只在装运过程中不得接触其他动物，运输车辆应经过彻底清洗消毒。羊只引入后至少隔离饲养1个月，在此期间进行观察、检疫，确认为健康者方可合群饲养。

有计划地合理安排各个生产环节，提前做好剪毛、配种、产羔和育羔、断奶、分群及免疫接种和药物预防治疗等各个环节的时间。每一生产环节应尽可能在较短的时间内完成，保证种羊正常的生产和繁殖。

二、搞好环境卫生

疫病的发生与羊场的环境卫生关系十分密切。环境污秽，会导致病原体的滋生和疫病的传播。因此，羊舍、场地及用具应保持清洁、干燥，每天应清除圈舍、场地的粪便及污物，将粪便及污物堆积发酵30d左右后作为肥料使用。

堆放饲草的场地应保持清洁、干燥、不能用发霉的饲草、腐烂的饲料喂羊；饮水要清洁，避免让羊饮用污水和冰冻水。

老鼠、蚊、蝇等是病原体的宿主和携带者，能传播多种传染病和寄生虫病，应当及时清除羊舍周围的杂物、垃圾和乱草堆等，填平死水坑，经常开展杀虫灭鼠工作。

三、做好消毒工作

建立严格的消毒制度，按规定经常、定期地对羊舍、暖棚圈舍、饲养场地、饲养用具和设备、工作衣帽、垫草、病羊的排泄物与分泌物及污染的饲料进行消毒，消灭老鼠和蚊蝇，及时处理粪便和污水。清除外界环境中各种病原微生物的传播，是防疫灭病的关键。

对羊舍周围环境要定期用2%火碱或生石灰消毒。羊场周围及场内污水池、排粪坑、下水道出口等，每月用漂白粉消毒1次。在羊场、圈滩、暖棚羊舍的入口处设消毒池，并定期更换消毒液。每批羊只出栏后，要彻底清扫羊舍，采用喷雾、熏蒸等方法消毒。对分娩栏、补饲槽、饲料车、料桶等饲养用具要定期进行消毒。工作人员进入养殖场的生产区净道和羊舍，要更换工作服和工作鞋，并用紫外线照射进行消毒。外来人员必须进入生产区时，应更换场区工作服、工作鞋，经紫外线照射5min，并遵守场内防疫制度，按指定路线行走。

四、严格疫病监控和检疫

养殖场和养殖户要配合当地相关部门，制定疫病监测方案，当发生重大疫情（如炭疽、口蹄疫、羊痘等）时，应及时采取封锁、隔离、报告疫情和扑杀等有效措施，并对病死或淘汰羊的尸体按国家有关规定进行无害化处理。

建立健全相关的档案记录，主要包括羊只来源、饲料消耗情况、发病率、死亡率及发病死亡原因、用药及免疫接种情况、消毒情况、无害化处理情况、实验室检查及其结果、羊只发运目的地等，所有记录应妥善保存3年以上。

检疫是应用各种诊断方法对羊只及其产品进行疫病检查，并采取相应的措施，防止疫病的发生和传播。羊从出栏、出售到屠宰，要经过产地检疫、出入场检疫、运输检疫和屠宰检疫等，涉及外贸时，还要进行进、出口检疫。其中出入场检疫是所有检疫中最基本、最重要的一环。养殖场或养殖户引进羊时，必须从非疫区购入，经当地动物卫生监督部门检疫、并签发检疫合格证书；运抵目的地后，再经本场或当地动物卫生监督部门的官方兽医验证、检疫并隔离观察1个月以上，确认为健康者，经过驱虫、消毒，对没有注射过有关疫苗的羊还要补注疫苗后方可混群饲养。

五、定期免疫接种和驱虫

免疫接种疫苗是激发动物机体对某种传染病发生特异性抵抗力，使其从易感转为不易感的一种手段。在经常发生某种传染病的地区或有某些传染病潜在危险的地区，有计划地对健康羊群进行免疫接种，是预防和控制藏羊传染病的重要措施之一。各地可能发生的传染病不同，因而预防传染病的疫苗也不相同，免疫期长短不一，往往需用多种疫（菌）苗以预防不同的羊传染病，因此，要根据各种疫苗的免疫特性和本地的发病情况，合理安排疫苗种类、免疫次数和间隔时间。一般在春季和夏季各注射羊快疫、猝疽、肠毒血症三联菌苗和布氏杆菌病菌苗、口蹄疫疫苗、魏氏梭菌菌苗、羊痘疫苗等。并对免疫羊编号、佩戴免疫耳标。

在藏羊寄生虫病的防治过程中，多采取以定期（每年2~3次）预防性驱虫的方式，以避免羊在轻度感染后的进一步发展而造成严重危害。驱虫时机，要根据当地羊寄生虫的季节动态变化而定，一般可在每年的3~4月及11~12月各安排1次驱虫，这样有利于羊的抓膘及安全越冬和渡过春乏期。内服驱虫药应根据羊体内寄生虫的流行情况选择用药，一般应选用广谱、高效、低毒的药物，使用时要掌握好剂量，最好先做小群试验，然后再进行全群驱虫。常用内服驱虫药物的种类很多，如有驱除多种线虫的左旋咪唑，驱除多种绦虫和吸虫的吡喹酮，驱除多种体内蠕虫的阿苯达唑、芬苯达唑、甲苯达唑、奥芬达唑，以及既可驱除体内线虫又可杀灭多种体表寄生虫的伊维菌素、阿维菌素等，还有预防和治疗羊焦虫病的血虫净等。药浴是防治羊体外寄生虫病，特别是防治羊螨病的有效措施。一般可选择在每年剪毛后的7~10d进行。常用药物有螨净、胺丙畏、溴氰菊酯、杀灭菊酯等配成所需浓度的水乳剂。药浴可在药浴池内或使用特制的药淋装置，也可以人工抓羊在大盆或大锅内逐只进行。在药浴过程中注意药液温度要适宜（36℃　~39℃），并随时补充新药液，以保证药液的有效浓度。必须注意，在藏羊疫病预防、治疗中，使用疫苗、药物后必须执行严格的休药期，在休药期内严禁羊只出售或屠宰。

六、预防羊只中毒

引起羊中毒的原因很多，如有毒植物、发霉饲料、饲料调配不当、农药化肥、灭鼠药等。在平时的饲养管理过程中，应设法除去病因，以防止羊中毒。一旦发生中毒，首先应使羊离开毒物现场，使其不让再食入毒物或皮肤接触毒物，同时静脉放血后输入相应的葡萄糖生理盐水，也可注射利尿剂以促使毒物从肾脏排出。采取上述措施的同时，应根据毒物性质给予解毒药，如有机磷中毒可用阿托品、解磷定，砷制剂中毒可用二疏丙醇，酸中毒可用碳酸氢钠、石灰水等，同时结合不同情况给予强心、利尿和镇静剂。

第二节　疾病观察诊断方法

一、病羊的一般检查

饲养管理人员平时应注意观察个别羊只以及整个羊群的行为变化。从整体上观察羊的精神、肥瘦、步态、姿势，从个体上主要观察羊的被毛、皮肤、黏膜、结膜、食欲、粪尿、呼吸、体温等变化，以确定藏羊是否有病，并及时诊治。

1. 精神

直接观察羊的精神状态和所呈现的各种异常变化。健康藏羊一般眼睛炯炯有神，行动活泼平稳，争相采食，奔走速度相当，反应敏捷；病羊常表现落群、不食、呆立或卧地不起等。

2. 肥瘦

慢性消耗性疾病，由于病原的长期作用，病羊的身体瘦弱。但患有急性炭疽、羊快疫、羊黑疫、羊猝狙、羊肠毒血症等，病羊身体仍可表现肥壮。

3. 姿势

观察藏羊的举动是否与平时一样，如果不同，就可能患有某种疾病。

4. 步态

健康藏羊的步态活泼而稳定，病羊则行动不稳或不愿行走。有些疫病还呈现特殊姿势，如破伤风表现为四肢僵直，患有脑包虫或羊鼻蝇的羊跛行、转圈。

5. 被毛

健康藏羊被毛平整，不易脱落，富有光泽；而患病羊的被毛粗糙无光、质脆、易脱落，如羊螨病常表现被毛脱落和结痂，皮肤增厚、蹭痒擦伤。

6. 皮肤

健康藏羊的皮肤富有弹性，患病羊的皮肤则不然，因此要注意观察羊只皮肤的颜色及皮肤有无变厚、变硬、水肿、发炎、外伤等症状出现。

7. 黏膜

健康藏羊的黏膜呈光滑的粉红色，而患病羊则有下列几种情况：如果可视黏膜发红则多是体温升高，身体有炎症；如果黏膜发红并带有红点、血丝或呈紫色，多是由中毒或传染病引起的；黏膜苍白，则为贫血；黏膜发黄，说明血液内胆红素增加，可能患有肝病、胆管阻塞或溶血性贫血等。如羊患焦虫病、肝片吸虫病等，可视黏膜均呈现不同程度的黄染现象。

8. 食欲

食欲的好坏直接反应羊全身及消化系统的健康状况。健康藏羊通常鼻镜湿润，饲喂半小时开始反刍，每次反刍持续 30～40min，每一食团嚼 50～70 次，每昼夜反刍 6～8 次。如果反刍减少、无力或停止，则表示羊的前胃有病；当羊只出现采食量和饮水量增加或减少以及喜欢舔泥土、吃草根等症状时，可能是慢性营养不良，如维生素和微量元素缺乏等；如果羊不进食，可能是口腔疾病引起的，如喉炎、咽炎、口腔溃疡或舌有损伤等。

9. 粪便

如果粪便有特殊臭味，则患各种肠炎；若粪便内有大量黏液，则表示肠道内有卡他性炎症；若粪便内有完整的谷粒或很粗的纤维，则表示消化不良；若粪便内混有寄生虫或寄生虫节片，则表示体内有寄生虫。

10. 呼吸

正常藏羊每分钟呼吸 30～48 次，呼吸次数增多，常见于热性病、呼吸系统疾病、心脏衰竭、贫血、腹内压升高等；呼吸次数减少，主要见于某些中毒、代谢障碍、昏迷等疾病。

11. 体温

用手摸羊的耳朵或把手伸进羊嘴里握住舌头，可以知道羊是否发烧。但最准确的方法适用体温计测量。羊的正常体温是 38℃ ～39.5℃，羔羊高出约 0.5℃，如果高于正常范围，则表示有发热性疾病。

二、识别病羊的要点

1. 看羊的动态

无病之羊不论采食或休息，常聚集在一起，休息时多呈半侧卧姿势，人一接近即行起立。病羊食欲、反刍减少，常常掉群卧地，出现各种异常姿势。

2.听羊的声音

健康羊发出洪亮而有节奏的叫声。病羊叫声高低常有变化，不用听诊器可听见呼吸声及咳嗽声、肠音。

3.看羊的反刍

无病之羊每次采食 30min 后开始反刍 30～40min，一昼夜反刍 6～8 次。病羊反刍减少或停止。

4.看羊的毛色

健康羊被毛整洁、有光泽、富有弹性。病羊被毛蓬乱而无光泽。

5.摸羊的角

无病之羊两角尖凉，角根温和。病羊角根过凉或过热。

6.看羊的眼

健康羊眼睛灵活，明亮有神，洁净湿润。病羊眼睛无神，眼睑下垂，反应迟缓。

7.看羊的耳朵

健康羊双耳常竖立而灵活。病羊头低耳垂，耳不摇动。

8.看羊的舌头

健康羊舌头呈粉红色且有光泽，转动灵活，舌苔正常。病羊舌头活动不灵、软绵无力，舌苔薄而色淡或苔厚而粗糙无光。

9.看羊的口腔

健康羊口腔黏膜为淡红色，用手摸感到暖手，无恶臭味。病羊口腔时冷时热，黏膜淡白流涎或潮红干涩，有恶臭味见

10.看羊的大小便

健康羊粪呈小球状而比较干硬。补喂精料的羊呈较软的团块状，无异味。小便清亮无色或微带黄色，并有规律。病羊大小便不正常，大便或稀或硬，甚至停止，小便色黄或带血。

第三节　藏羊传染病

一、藏羊传染病防治措施

藏羊传染病是由病原微生物引起的，能够由病羊传染给健康羊，也可由一个地区传播到其他地区的疫病。其具有传染性和流行性，不仅造成大批羊只死亡和畜产品的损失，某

些病还能给人的健康带来严重威胁。传染病的发生和发展具有三个基本条件：一是具有一定数量和足够毒力的病原微生物；二是具有对某种传染病易感的家畜；三是具有促进病原微生物侵入畜体的外界条件，使传染病有继续蔓延的可能。以上昼个条件相互关联，缺少任何一个环节，传染病就不可能发生和流行。同样，当传染病已经流行时，切断任何一个环节就可阻止传染病的流行。

防治藏羊传染病的原则是：养、防、检、治、处、封锁、隔离和消毒。养就是农牧户要加强藏羊饲养管理，提高抵抗力；防：就是定期进行预防注射；检：就是定期检疫；治：就是及时治疗病羊；处：就是及时扑杀病羊，对尸体进行无害化处理；发生疫病后要做好疫区封锁、隔离和消毒工作。

1. 藏羊传染病的防治和扑灭措施

（1）综合防治措施

农牧民群众要对预防接种、驱虫工作有一个明确的认识。群众要主动接受、积极配合兽医人员按期完成羊只预防注射和驱虫工作。

帐圈、住地要经常打扫清理，撒灰消毒。周围有疫病流行时，要在交通要道设立消毒坑；村庄出现疫情时，除隔离病羊外，要建立明显的标志，对病羊活动过的地方进行必要的消毒。

牧户要根据当地疫病流行情况，请兽医人员对饲养的羊只定期或不定期地进行检查，对检出的病羊进行及时的治疗或处理。

凡新引进或调进的羊只，必须要有完整的非疫区证明和检疫证，在进场前应进行检疫、消毒和免疫注射及驱虫；凡出售或调出的羊只要经过当地动物卫生监督机构检疫并出具证明，重点疫病需查验免疫耳标和免疫档案，凭免疫耳标进行检疫和出具检疫证明。

藏羊发生疫病时，畜主应迅速报告当地兽医人员进行检查，做出初步诊断。乡兽医站根据诊断结果实施防制措施，并及时向上级业务部门报告。要加强对各种传染病的监测工作，不论是本地区还是外地发病都要互通情况，密切监测疫情动态，及时制定防范措施。

定期预防接种。预防接种是通过注射疫（菌）苗的方法，使羊只产生免疫力，从而保护机体免受传染病侵袭的有效措施。兽医人员应根据牧户饲养的羊只情况和当地疫病流行局势制定免疫计划，按时免疫注射和打耳标建档。注射后残留的疫（菌）苗及使用过的空瓶如数收回妥善处理，不能随便乱扔。

（2）传染病的扑灭

1）隔离

藏羊发生传染病时，应先将病羊、疑似病羊隔离起来。对一时不能确诊的则要在隔离条件下进一步观察和诊断；对已确定的则要在隔离条件下采取必要的防制措施；对一些慢性传染病，必须在隔离条件下饲养，避免疫病扩散和传播。

2）封锁

封锁的目的是防止疫病传出和就地扑灭疫病。'当发现疫情，诊断为一类传染病被临时确定需要封锁时，应立即报请当地县级以上人民政府，划定疫区范围，建立封锁区，发布封锁令，并报上一级人民政府备案。

3）处理、治疗病羊

对一类传染病或尚无治疗方法而传染剧烈的疫病，采取扑灭或急宰处理；对用药可以治愈的一般性传染病，加强护理，进行治疗；而无临床症状的阳性病羊，分别进行淘汰、隔离饲养；扑杀和急宰的病羊，尸体必须进行无害化处理；治疗、护理、封锁病羊必须作好消毒工作。

4）紧急预防接种

发生疫病的地方，应及时划定疫点、疫区、受威胁区，对疫区、受威胁区的健康家畜进行紧急预防接种。紧急预防接种后，产生免疫力以前，应限制家畜移动，以便进行观察，发现有反应和发病的家畜，及时进行处理。

5）消毒和尸体处理

消毒的目的是消灭由病羊排泄于体外环境中的病原体，以及外界的传播者。消毒的对象是病羊的畜舍及与之相接触过的一切场所和物体。如病羊排泄物，运输病羊、尸体和排泄物的工具、车辆，羊只活动场所，畜产品及其加工场地和仓库，羊体，工作服和器械等一切物体。

2. 预防藏羊传染病常用的疫（菌）苗

（1）口蹄疫活疫苗

1）口蹄疫

型活疫苗。预防羊 O 型口蹄疫。注射前应充分摇匀，肌内或皮下注射。4 个月以内羔羊不注射。4~12 月龄注射 0.5ml，12 月龄以上注射 1ml 注射后 14d 产生免疫力，免疫持续期为 4~6 个月。疫苗在 20℃ ~22℃下保存，限 7d 用完。

2）口蹄疫 A 型活疫苗

预防羊 A 型口蹄疫。注射前应充分摇匀，肌内或皮下注射。2~6 月龄注射剂量为 0.5ml，6 月龄以上注射 1ml。注射后 14d 产生免疫力，免疫持续期为 4~6 个月。疫苗在 -18℃ ~-12℃保存，有效期为 2 年；在 2℃ ~6℃保存，有效期 3 个月；在 20℃ ~22℃保存，有效期 7d。

3）口蹄疫 O 型—亚洲 I 型二价灭活疫苗

用于预防羊 O 型、亚洲 I 型口蹄疫。注射后 15d 产生免疫力，免疫期为 4~6 个月。肌内注射，每只羊 1ml。避光保存，有效期为 1 年。

（2）绵羊痘活疫苗

预防绵羊痘。冻干苗按瓶签注明头份，用生理盐水（或注射用水）稀释为每头份 0.5ml，振荡均匀，无论羊只大小，一律尾根内侧或股内侧皮内注射 0.5ml。3 月龄以内的哺乳羔羊，在断乳后应加强注射 1 次。注射后 6d 产生免疫力，免疫持续期为 1 年。冻干苗在 -15℃以下冷冻保存，有效期为 2 年；于 2℃ ~8℃阴冷干燥处保存，有效期为 1.5 年；于 16℃ ~25℃阴暗干燥处保存，有效期为 2 个月。

（3）炭疽菌苗

1）无荚膜炭疽芽孢苗

预防羊炭疽。用前须充分振摇均匀，1 周岁以上羊皮下注射 1ml，1 周岁以下者注射 0.5ml。注射后 14d 产生免疫力，免疫期 1 年。在 2℃ -8℃阴暗干燥处保存，有效期为 2 年。

2）Ⅱ号炭疽芽孢苗

预防羊炭疽。用前须充分振摇均匀，不论羊只大小一律皮下注射 1ml 或皮内注射 0.2ml。注射后 14d 产生免疫力，免疫持续期为 1 年。在 2%2-8℃阴暗干燥处保存，有效期为 2 年。

3）抗炭疽血清

预防和治疗绵羊炭疽。预防时皮下注射，用量 16-20ml，治疗时静脉注射，并可增量或重复注射，用量为 50 ~120ml 在 2℃ ~8℃阴暗干燥处保存，有效期为 3 年。

（4）羊传染性脓疱皮炎活疫苗

预防羊传染性脓疱皮炎，有 GO-BT 冻干苗和 HCE 冻干苗 2 种。适于各种年龄的羊只，免疫剂量均为 0.2ml，可进行股内侧划痕免疫。GO-BT 冻干苗免疫期为 5 个月，HCE 冻干苗免疫期为 3 个月。在 0℃ ~4℃保存期为 5 个月，在 -20℃ ~-1℃保存期为 10 个月，10℃ ~25℃保存期为 2 个月。

（5）羊梭菌病菌苗

1）羊黑疫、羊快疫灭活菌苗

预防羊黑疫和快疫。不论年龄大小，一律皮下或肌内注射 5ml。注射 14d 后产生免疫力，免疫期 1 年 0℃ ~8℃冷暗处保存，有效期 2 年。

2）羊快疫、猝狙（或羔羊痢疾）、肠毒血症三联四防灭活苗

预防羊快疫、羊猝狙、羔羊痢疾和羊肠毒血症。不论羊只年龄大小，一律皮下或肌内注射 5ml。注射 14d 后产生免疫力，免疫持续期为 6 个月。在 2℃ ~8℃的冷暗处保存，有效期 2 年。

3）羊梭菌病四联氢氧化铝浓缩菌苗

预防羊快疫、羊猝狙、羊肠毒血症和羔羊痢疾。用时摇匀。不论羊只年龄大小，一律肌肉或皮下注射 5ml。注射 14d 后产生免疫力，免疫期为 1 年。在 2℃ ~15℃的冷暗处保存，有效期暂定为 1.5 年。

4）羊厌气菌氢氧化铝甲醛五联灭活菌苗

预防羊快疫、羊猝狙、羊肠毒血症、羔羊痢疾和羊黑疫。不论年龄大小，一律皮下或

肌内注射 5ml。注射 14d 后产生免疫力，免疫期为 1 年。于 2℃ ～15℃的冷暗干燥处保存，有效期暂定为 1.5 年。

5）羔羊痢疾灭活菌苗

预防羔羊痢疾。怀孕母羊分娩前 20～30d 第一次皮下注射 2ml，第二次与分娩前 10～20d 皮下注射 3ml。第二次注射后 10d 产生免疫力。免疫期母羊为 5 个月，经过乳汁可使羔羊获得被动免疫力。

（6）抗羔羊痢疾血清

预防及早期治疗产气荚膜梭菌引起的羔羊痢疾。在本病流行地区，给 1～5 日龄羔羊皮下或肌内注射血清 1ml，治疗时可增加至 3～5ml，必要时 4～5h 后再重复注射 1 次。在 2℃ ～8℃下保存，有效期 5 年。

（7）羊布氏杆菌病菌苗

1）布氏杆菌猪型 2 号菌苗

预防羊布氏杆菌病。羊臀部肌内注射 0.5ml（含菌 50 亿），3 月龄以内的羔羊和孕羊均不能注射；饮水免疫时按每只羊内服 200 亿菌体计算，与 2d 内分 2 次饮服。免疫持续期为 1.5 年。菌苗在 0℃ ～8℃下保存，有效期 1 年。

2）布氏杆菌羊型 5 号弱毒冻干菌苗

预防羊布氏杆菌病。用适量灭菌注射用水或生理盐水稀释所需的用量。皮下或肌内注射，每只羊剂量为 10 亿活菌；室内气雾，每只羊剂量为 25 亿活菌；室外气雾（露天避风处），每只羊剂量为 50 亿活菌。羊也可饮服或灌服，剂量为每只羊 250 亿活菌。免疫持续期为 1.5 年。在 0℃ ～8℃下保存，有效期 1 年。

3）布氏杆菌无凝集原（M-IH）菌苗

预防羊布氏杆菌病。无论羊只年龄大小（孕羊除外），每只羊皮下注射 1ml（含菌 250 亿），或每只羊口服 2ml（含菌 500 亿）。免疫持续期为 1 年。在 0℃ ～8℃下保存，有效期 1 年。

（8）羊大肠杆菌病灭活菌苗

预防羊大肠杆菌病。3 月龄以上羊皮下注射 2ml，3 月龄以下羊如需注射，每只用量 0.5～1ml。免疫持续期为 5 个月。怀孕母羊禁用。在 2℃ ～8/ 保存，有效期 1.5 年。

（9）破伤风菌苗

1）破伤风类毒素

用于紧急预防和防治羊破伤风。皮下注射 0.5ml，每年注射 1 次。羊受伤时，再用相同剂量注射 1 次。若羊受伤严重，应同时在另一侧颈部皮下注射破伤风抗毒素，以防止破伤风的发生。注射后 1 个月产生免疫力，免疫持续期为 1 年。在 2℃ ～8℃下保存，有效期 3 年。

2）破伤风抗毒素

用于预防和治疗羊破伤风。皮下、肌内或静脉注射均可。免疫期2~3周。预防用量1200~3000IU，治疗量为5000~20000IU。在2℃ ~8℃保存，有效期2年。

二、藏羊常见传染病的防治

1.口蹄疫

口蹄疫，俗称"口疮"、"蹄癀"，是由口蹄疫病毒引起的偶蹄类动物共患的急性、热性、高度接触性传染病。是人畜共患传染病，在我国被列入一类传染病。该病以患病羊口腔黏膜、蹄部皮肤和乳房发生水疱和溃疡为特征。

（1）病原及其流行特点

口蹄疫病毒属微RNA病毒科口疮病毒属。病毒具有多型性和变异性，根据抗原的不同，可分为O、A、C、亚洲Ⅰ、南非Ⅰ、Ⅱ、Ⅲ等7个不同的血清型和65个亚型，各型之间均无交叉免疫性。口蹄疫病毒具有较强的环境适应性，耐低温，不怕干燥。该病毒对酚类、酒精、氯仿等不敏感，但对日光、高温、酸碱的敏感性很强。常用的消毒剂有1%~2%的氢氧化钠、30%的热草木灰、1%~2%的甲醛、0.2%~0.5%的过氧乙酸、4%的碳酸氢钠溶液等。

病畜是主要传染源，畜产品、饲料、草场、饮水、饲养管理的用具和交通工具被病毒污染后也可成为传染源。主要经消化道感染，也可通过黏膜、皮肤和呼吸道感染。本病传染性强、传播速度快、影响程度大，一旦发生往往呈流行性，新疫区发病率可达100%，老疫区在50%以上。多为秋末开始，冬季加剧，春季减缓，夏季平息。

（2）临床症状

羊感染口蹄疫病毒后一般经过1~7d的潜伏期出现症状。病羊体温升高，初期体温可达40℃ ~41℃，精神沉郁，食欲减退或拒食，脉搏和呼吸加快，流涎。口腔、蹄、乳房等部位出现水疱、溃疡和糜烂。特别是四肢的皮肤、蹄叉和趾间产生水泡和糜烂，故显跛行。病羊水疱破溃后，体温即明显下降，症状逐渐好转。羔羊多见有出血性胃肠炎，多因心肌炎而死亡。

（3）病理变化

除口腔、蹄部的水疱和烂斑外，病羊消化道黏膜有出血性炎症，心肌色泽较淡，质地松软，心外膜与心内膜有弥散性及斑点状出血，心肌切面有灰白色或淡黄色、针头大小的斑点或条纹，如虎斑，称为"虎斑心"，以心内膜的病变最为显著。

（4）防治措施

按照农业部制定的《口蹄疫防治技术规范》实施。

根据毒型选用口蹄疫疫苗，定期预防接种。

发生疫情后，应立即向当地动物防疫监督机构报告，严格执行封锁、隔离、消毒、紧急预防接种等综合扑灭措施。病畜扑杀后深埋或焚烧。对疫区和受威胁区尚未发病的家畜，进行紧急预防接种，尽快加以扑灭。严格消毒被污染的环境和器具，可选用2%氢氧化钠溶液，0.2%~0.5%过氧乙酸、4%碳酸钠溶液等消毒剂。发生本病后，及时扑杀病畜和同群畜，尸体销毁或深埋。在最后一头病畜扑杀14d后，无新病例出现时，经过彻底消毒后，由发布封锁令的政府宣布解除封锁。

2. 绵羊痘

羊痘俗称羊天花。是由痘病毒引起的一种羊的急性、热性接触性传染病。藏语叫"日麻"。世界动物卫生组织（OIE）将其列为必须报告的动物疫病，我国将其列为一类动物疫病。其特征是在全身皮肤、有时也在黏膜上出现典型的痘疹，病羊发热并有较高的死亡率。羔羊的发病致死率甚至高达100%，妊娠母羊常发生流产，多数羊在发生严重的羊痘以后即丧失生产力，使养羊业遭受巨大的损失。

（1）病原及流行特点

本病病原为痘病毒，病羊和带毒羊为传染源，病毒主要存在于痘疹之中。羊痘最初由个别羊发病，以后逐渐蔓延全群。本病主要通过呼吸道感染，病毒也可通过损伤的皮肤或黏膜侵入机体。饲养管理人员、管理用具、皮毛产品、饲料、垫草和外寄生虫等都可成为传播的媒介。自然情况下，绵羊痘只发生于绵羊，不传染山羊和其他家畜。羔羊较老龄羊敏感，病死率亦高。妊娠母羊易引起流产。本病主要在冬末春初流行，气候严寒、雨雪、霜冻、枯草和饲养管理不良等因素都有助于本病的发生和加重病情。

（2）临床症状

潜伏期4~20d。病羊体温升高到41℃~42℃，食欲减少，精神不振，结膜潮红，有浆液或脓性分泌物从鼻孔流出，呼吸和脉搏增速。约经1~4d后在全身皮肤无毛或少毛的部位发痘，如腿周围、唇、鼻、颊、四肢和尾内侧、阴唇、乳房、阴囊和包皮上。开始为红斑，1~2d后形成丘疹，突出皮肤表面，随后丘疹逐渐增大，变成灰白色或淡红色半球状的隆起结节。结节在几天之内变成水疱，水疱内容物起初像淋巴液，后变成脓性液体，如果无继发感染则在几天内干燥变成棕色痂块。痂块脱落遗留一个红斑，后颜色逐渐变淡。有继发感染时，痘疱发生化脓、坏疽恶臭，形成较深的溃疡，常为恶性经过，病死率可达20%~50%，羔羊可高达100%。

（3）病理变化

特征性病变是在嘴唇、口腔、舌面、咽喉、食道、气管、肺和胃肠等黏膜上出现大小不同的扁平的灰白色痘疹，其中有些表面破溃形成糜烂和溃疡，特别是唇黏膜与胃黏膜表面更明显。气管黏膜及其他实质器官，如心脏、肾脏等黏膜或包膜下则形成灰白色扁平或半球形的结节，特别是肺的病变与腺瘤很相似，多发生在肺的表面，切面质地均匀，但很坚硬，数量不定，性状则一致。在这种病灶的周围有时可见充血和水肿等。

（4）防治措施

按照农业部制定的《绵羊痘防治技术规范》实施。

加强饲养管理，增强羊只抵抗力。不从疫区引进羊只或购入畜产品。引进的羊只需隔离观察21d，并在调运前15d至4个月进行过免疫，才能混群饲养。

发生疫情时，应上报动物防疫监督机构，对疑似病羊及同群羊立即采取隔离、限制移动等防控措施，并消毒羊舍，场地，用具，对未发病的羊只或邻近已受威胁的羊群可用疫苗紧急接种。当确诊后，当地县级以上人民政府兽医主管部门应当立即划定疫点、疫区、受威胁区，并采取相应措施；同时，及时报请同级人民政府对疫区实行封锁，逐级上报，并通报毗邻地区。在动物防疫监督机构的监督下，对疫点内的病羊及其同群羊彻底扑杀。对病死羊、扑杀羊及其产品进行无害化处理，对病羊排泄物和被污染或可能被污染的饲料、垫料、污水等均需通过焚烧、密封堆积发酵等方法进行无害化处理。

两年内发生过羊痘的地区，应进行羊痘疫苗免疫接种。免疫接种的疫苗是羊痘弱毒冻干疫苗，大、小羊一律尾部或股内侧皮下注射0.5ml，可获得1年的免疫力。

3. 羊传染性脓疱

俗称羊口疮，又名羊传染性脓疱坏死性皮炎，是藏羊常见的一种急性、接触性传染病。羔羊可呈群发。病的特征为患羊口唇等部位皮肤、黏膜形成丘疹、脓疱、溃疡以及结成疣状厚痂。该病传播迅速，流行广泛，发病率高。

（1）病原及流行特点

羊传染性脓疱病毒属于痘病毒科、副痘病毒属。该病毒对高热和常用的消毒剂均敏感，58℃5min可灭活，但对外界环境具有相当强的抵抗力，在自然条件下，羊舍、羊毛上的病毒可存活半年，在牧场上的可存活2个月。干燥痂皮内的病毒在低温下能长期保存，对3%的硼酸、2%的水杨酸钠和10%的漂白粉有抵抗力。若用2%的氢氧化钠（或钾）或1%的醋酸可在5min内将病毒杀死。

不同性别和不同年龄的藏羊均可感染，其中3~6月龄羔羊更易感，病死率较高。成年羊发病较少，呈散发性传染。该病多发生于秋季、冬末和春初，病羊和带毒动物为主要传染源。病毒存在于病羊皮肤和黏膜的脓疱和痂皮内，主要通过损伤的皮肤、黏膜侵入机体，病羊的皮毛、尸体、污染的饲料、饮水、牧地、用具等可成为传播媒介。由于病毒对外界的抵抗力较强，故该病在羊群中可常年流行。人与病羊接触也会造成感染。

（2）临床症状

本病潜伏期一般4~7d，长的可达16d。在临床上分为3型，即唇型、蹄型、外阴型，也偶见混合型。

1）唇型

是一种最常见的病型。病羊在口角、上唇、或鼻镜上发生散在的小红点，继之发展成水泡或脓疱，脓疱破溃后，形成黄色或棕色的疣状结痂。如为良性，经过1~2周，痂皮脱落，恢复正常。严重病例，患部波及整个唇部、面部、眼睑和耳郭等部位，形成大面积龟裂和易出血的痂垢，痂垢下伴有肉芽组织增生。整个唇部肿大外翻呈桑椹状突起，严重影响采食。病羊日趋衰弱而死，病程可长达 2~3 周。个别病例常继发化脓菌和坏死杆菌感染，引起深部组织的化脓坏死。有的病例可波及口腔黏膜，发生口腔糜烂，影响采食吞咽。少数病例可因继发肺炎而死亡。

2）蹄型

常在藏羊的蹄叉、蹄冠或系部皮肤上形成水泡或脓包，破溃后形成溃疡。如有继发感染，则化脓坏死变化可波及皮肤基部或蹄骨，病羊表现跛行，长期卧地。有的可能在肺脏、肝脏和乳房中发生转移病灶，常因衰竭或败血症死亡。

3）外阴型

较少见，公羊阴鞘和阴茎肿胀，出现脓疱和溃疡。母羊有黏性和脓性阴道分泌物，肿胀的阴唇及附近皮肤发生溃疡，乳头、乳房的皮肤发生脓疱，烂斑和痂垢。单纯的外阴型很少有死亡。

本病要注意与羊痘、坏死杆菌病、溃疡性皮炎等进行鉴别。

（3）病理变化

病变开始为表皮细胞肿胀、变性、充血和水肿，使表皮层增厚并向表面隆突，真皮充血，渗出加重，真皮充血的血管周围见大量单核细胞和中性粒细胞浸润；随着中性粒细胞向表皮移行并聚集在表皮的水泡内，水泡逐渐转变为脓疱。可见，病变的特征性变化在真皮部分。

（4）防治措施

1）预防措施

购买羊只时，尽量不从疫区购入，新购入的羊应隔离检查，并对蹄部、体表进行消毒处理。加强饲养管理，抓好秋膘和冬春补饲。经常打扫羊圈，保持清洁干燥，要注意保护羊只的皮肤、黏膜完好，捡出饲料、垫草中的铁丝、竹签等芒刺物，避免饲喂带刺的草或不要在有刺植物的草地放牧。平时加喂适量食盐，以防羊只啃土、啃墙而引起口唇黏膜损伤。疫区羊群每年定期预防接种。对出生 15 日龄后的羔羊，可将羊口疮弱毒细胞冻干苗用生理盐水稀释后，于口腔黏膜内接种，剂量为 0.2ml/ 只。一旦羊只发病，应立即隔离治疗，封锁疫区。被污染的草料应烧毁，圈舍用具可用 2% 氢氧化钠、10% 石灰乳、20% 热草木灰水或 0.1%~0.5% 过氧乙酸进行喷洒消毒。对尚未发病的羊只或邻近受威胁的羊群，可用疫苗进行紧急接种。病死羊尸体应深埋或焚毁，圈舍要彻底消毒。兽医及饲养人员治疗病羊后，必须做好自身消毒，以防感染。

2）治疗方法

对病羊可先涂以水杨酸软膏将痂垢软化，除去痂垢，再用 0.2%~03% 的高锰酸钾冲洗创面，或用浸有 5% 硫酸铜的棉球擦掉溃疡面上的污物，再涂以 2% 龙胆紫或碘甘油（5% 碘酊加入等量的甘油）或土霉素、磺胺类软膏，每天 1~2 次。若蹄部发生病变，可将蹄部置于 5%~10% 的福尔马林溶液中浸泡 1~2min，连泡 3 次，间隔 5~6h，于次日用

3%的龙胆紫溶液或土霉素软膏涂拭患部。

4.蓝舌病

蓝舌病是由蓝舌病毒引起，由媒介昆虫"库螺"传播的一种主要发生于绵羊的传染病。其特征是病羊发热，白细胞减少，口腔、鼻腔和胃肠道黏膜呈溃疡性炎症变化。病羊乳房和蹄部也常出现病变。由于病羊长期发育不良，并发生死亡、胎儿畸形、羊毛损坏等情况，往往给养殖户造成重大的经济损失。

（1）病原及流行特点

本病的病原是蓝舌病病毒，属于呼肠孤病毒科、环状病毒属，为一种双股 RNA 病毒。病羊是主要的传染源，病愈绵羊血液能带毒达 4 个月之久，通过库螺传播。不同品种、性别、年龄的羊均可感染，尤以 1 岁左右的羊最易感，哺乳期羔羊有一定的抵抗力ｓ病羊、病后带毒羊以及患病的牛、山羊和其他反刍动物常为隐性带毒者。本病的发生具有一定的季节性，主要与库螺的分布和活动密切相关，多发生于湿热的夏秋季节和池塘、河流分布广阔的潮湿低洼地区。

（2）临床症状

潜伏期为 3～8d，病初体温升高达 40.5℃ ～41.5℃，稽留 5～6d，表现出厌食、委顿，落后于羊群。口流涎，上唇水肿，蔓延到面部和耳部，甚至颈部、腹部。口腔黏膜充血，后发绀，呈青紫色。在发热几天后，口腔连同唇、齿龈、颊、舌黏膜形成溃疡、糜烂，致使吞咽困难；随着病的发展，在溃疡损伤部位渗出血液，唾液呈红色，口腔发臭。常从鼻孔流出浆液性、脓性带血的分泌物，并在鼻孔周围结痂，引起呼吸困难和鼾声，鼻腔黏膜和鼻镜糜烂出血。有的可引起蹄冠、蹄叶发生炎症，触之敏感，呈不同程度的跛行，甚至膝行或卧地不动。病羊消瘦、衰弱，有的便秘或腹泻，有时下痢带血，早期有白细胞减少症。病程一般为 6～14d，发病率 30%～40%，病死率 2%～3%，有时可高达 90%。患病不死的经 10～15d 逐渐痊愈，6～8 周后蹄部病变也恢复。怀孕 4～8 周的母羊遭受感染时，其分娩的羔羊中约有 20% 出现发育缺陷，如脑积水、小脑发育不足、回沟过多等。

（3）病理变化

口腔出现糜烂和深红色区，舌、齿龈、硬腭、颊部黏膜发生水肿。绵羊的舌发绀如蓝舌头。瘤胃有暗红色区，表面上皮形成空泡变性和死亡。真皮充血、出血和水肿。肌肉出血，肌间有浆液和胶冻样浸润。重者皮肤毛囊周围出血，并有湿疹变化。蹄冠出现红色或红丝，深层充血、出血。心内外膜、心肌、呼吸道和泌尿道黏膜有小点状出血。

（4）防治措施

1）预防

加强检疫，严禁从有该病的地区引进羊只或冻精，特别是库螺活动的季节。夏季应选择高地放牧，夜间不在野外低洼地区过夜。定期进行药浴、驱虫，做好环境消毒，消灭库螺。非疫区一旦传入该病，应立即采取坚决措施，扑杀发病羊群和与其接触过的所有羊群及其他易感动物，并彻底消毒。严防用带毒精液进行人工授精。

在流行地区可在每年发病季节前 1 个月接种疫苗；在新发病地区可用疫苗进行紧急接种「目前所用疫苗有弱毒疫苗、灭活疫苗和亚单位疫苗，以弱毒疫苗比较常用，每年接种 1 次、免疫力较好，但该苗不能用于孕羊，因为易引起死胎。

2）治疗

目前尚无有效治疗方法。对病羊应加强营养、精心护理、对症治疗，避免烈日、风吹、雨淋，给易消化的饲料。口腔用清水、食醋或 0.1% 的高锰酸钾液冲洗；再用 1%～3% 硫酸铜、1%～2% 明矾或碘甘油涂搽糜烂面；或用冰硼散外用治疗。蹄部患病时先用 3% 克辽林或 3% 来苏儿洗净、再用碘甘油或土霉素软膏涂拭以绷带包扎。注射抗生素、可预防继发感染。严重病例可补液强心，用 5% 的糖盐水加 10% 的安钠咖 10ml 静脉注射、每天 1 次。有条件时，病羊或分离出病毒的阳性羊应予以扑杀；血清学阳性羊，要定期复检，限制其流动，就地饲养使用，不能留作种用。

5. 狂犬病

羊狂犬病（俗称疯狗病），是由狂犬病病毒引起的一种人、畜共患的急性接触性传染病。临床表现为羊神经兴奋、狂躁不安和意识障碍，最终发生麻痹而死。

（1）病原及流行

本病的病原狂犬病病毒，属于 RNA 型的弹状病毒科狂犬病病毒属。病毒主要存在于病羊的中枢神经组织、唾液腺和唾液中。在唾液腺和中枢神经细胞质内形成狂犬病病毒特异的包涵体（也叫内基氏小体）。人和各种家畜可能感染本病，羊被患狂犬病的犬咬伤后就可发病。病毒对外界环境抵抗力较弱。酸、碱、日光、紫外线和 70% 酒精，0.01% 碘液、新洁尔灭等兽用消毒液可使病毒死亡。

本病主要传染源有患病的家犬及带毒的野生动物。患病动物主要经唾液腺排毒，以咬伤为主要传播途径；也可经损伤的皮肤、黏膜传染；另外还可以经呼吸道及口腔传播。以散发性流行为主。

（2）临床症状

本病的潜伏期平均为 30d，一般为 20～60d，病初病羊呈惊恐状，神态紧张，直走，并不停地狂叫，叫声嘶哑，见其他羊只就咬，跳跃饲槽，并会跃起扑人，冲抵障碍物，并有嘴咬石头砖瓦等异食现象。继而精神逐渐沉郁，似醉酒状，行走踉跄。眼充血发红，眼球突出，随着麻痹症状的出现，病羊表现伸颈，吞咽困难，口腔流涎，瘤胃鼓气等症状，最终倒地不起，因心力衰竭而死亡。

（3）病理变化

尸体无特征性变化。尸体消瘦，有咬伤、裂伤，口腔和瘤胃内有大量的砖瓦石渣等异物，口腔和咽喉黏膜充血或溃烂，胃肠黏膜和脑膜肿胀、充血和出血，组织学检查有非化脓性脑炎，在神经细胞的胞浆内形成嗜酸性包涵体—内基氏小体。

（4）防治措施

1）预防

扑杀野狗和没有免疫的狗；家养的狗必须登记注册，进行免疫接种；疫区与受威胁区的羊和易感动物预防接种狂犬病弱毒疫苗或灭菌苗。

2）治疗

羊只被患有狂犬病或可疑的动物咬伤时，应及时用清水或肥皂水冲洗伤口，再用0.1%升汞、碘酒或硝酸银等处理伤口，并立即接种狂犬病疫苗。对被狂犬咬伤的羊和家畜一般应予以扑杀，以免危害于人。

6. 炭疽

藏语叫"萨"，是由炭疽杆菌引进的人畜共患的一种急性、热性、败血性传染病。临床剖检特征是败血症的变化，脾脏显著增大，皮下和浆膜下结缔组织出血性胶样浸润，血液凝固不良。

（1）病原及其流行

炭疽杆菌为革兰氏阳性菌，不运动，可形成卵圆或圆形的芽孢。病畜是炭疽的主要传染源，可通过其粪便、尿、唾液及天然孔出血等方式排菌。常随病羊带血的排泄物，病死动物尸体血、肉、皮、脏器等而污染外界环境，形成芽孢。若尸体处理不当，炭疽杆菌形成芽孢污染土地、水或牧场，则可使这些地区成为长久的疫源地。当羊采食含炭疽芽孢的饲料或饮水后通过消化道而感染，也可经皮肤伤口和呼吸道而感染，或被带有炭疽杆菌的吸血昆虫叮咬而感染。人的感染多为皮肤局部感染，也可成为败血症而死亡。

农牧区有些地方的群众有剥皮吃死畜肉的现象，这样最易引起炭疽杆菌芽泡的形成，长期污染土壤、草地和水源，是造成炭疽病流行的原因之一。本病有一定的地区性，呈散发性，无明显的季节性，但夏秋两季多见。

（2）临床症状

羊多为急性发作，表现为突然发病，昏迷，摇摆，倒地，体温升高到42℃，呼吸困难，黏膜发绀，全身战栗，磨牙，口、鼻流出带有气泡的黑红色液体，肛门、阴道出血，且不易凝固，数分钟内死亡，尸僵不全。病程发展稍缓者，病羊兴奋不安，行走摇摆，心悸亢进，脉搏增加，呼吸急促，可视黏膜呈蓝紫色，以后精神沉郁，卧地不起，天然孔流血，多在数小时内死亡。

（3）病理变化

患炭疽病的病死羊禁止剖检，只有在具备严格的防护、隔离、消毒条件下，方可剖检。因此要特别注意外观症状地综合判断，以免误剖。最急性死亡的病例腹部鼓胀，尸僵不全，口、鼻、肛门流出血样泡沫或不凝固的血液。

（4）防治措施

1）预防措施

对发生过炭疽病的地区，用Ⅱ号炭疽芽孢苗或无荚膜炭疽芽孢苗一次免疫接种。各种羊均为皮下注射 1 ml，注苗后 2 周即可产生坚强的免疫力，免疫期为 1 年。另外，要加强检疫和宣传力度，宣传有关本病的危害性及防治方法，特别要告诫广大农牧民不可剖检和食用死于炭疽的动物。

2）扑灭措施

严格按照农业部制定的《炭疽防治技术规范》执行。

发生本病时，应尽快上报疫情，划定疫点、疫区，采取隔离封锁等措施。封锁期间严禁车、羊及人出入。患病羊和同群羊全部进行无血扑杀处理。其他易感动物紧急免疫接种。禁止疫区内动物交易和输出动物产品及草料。禁止食用患病羊的乳、肉。对所有病死羊、被扑杀羊，排泄物和可能被污染的垫料、饲料等物品产品进行无害化处理。在最后 1只病羊死亡或治愈后 15d，再未发现新病羊时，经彻底消毒后，方可解除封锁。

羊的尸体需要运送时，应使用防漏容器，须有明显标志，并在动物防疫监督机构的监督下实施。

死尸天然孔及切开处，用浸泡过消毒液的棉花或纱布堵塞，连同粪便、垫草一起焚烧，尸体可就地深埋，病死羊躺过的地面应除去表土 15~20cm，并与 20% 漂白粉混合深埋。畜舍及用具场地均应彻底消毒。

7. 恶性水肿

恶性水肿是由梭菌引起的创伤性、急性传染病。临床以局部发生急性炎症，伴有水肿、发热和全身性毒血症为特征。

（1）病原及流行

本病的病原主要为腐败梭菌，水肿梭菌、魏氏梭菌、溶组织梭菌等也可参与致病。腐败梭菌为严格厌氧菌，菌体粗大、两端钝圆，呈革兰氏阳性，可形成芽孢，菌体呈梭状，周身有鞭毛，能运动。病原广泛分布于自然界，藏羊多在有外伤，如去势、断尾、分娩、抵伤、外科手术时，因消毒不严而被感染。

（2）临床症状

潜伏期一般为 12~72h。病羊多表现为精神萎靡，虚弱，呼吸困难；反刍停止，腹胀、腹痛、腹泻、脱水，乃至昏迷、休克；在创伤部常发生广泛的炎性水肿，肿胀部灼热、疼痛；病羊眼结膜发绀，心跳加快，体温升高到 41℃以上，可发生跛行，卧地不起。死前精神沉郁，臀部肌肉震颤，走路不稳；轻微腹泻，呼吸困难；两后肢弥漫性水肿呈暗褐色，会阴水肿，阴道黏膜潮红，并迅速蔓延至腹下、腹部、乳房，以致发生运动障碍和全身症状；皮下组织疏松，手压柔软，有捻发音。

（3）病理变化

尸体剖检，可见发病部位呈弥漫性水肿，皮下有污黄色液体浸润，散发腐败的酸臭味，并产生气泡。肌肉变成灰白色或暗棕色，切面有气泡产生。实质器官肝、肾、脾大，淋巴结肿大出血。肝脏和肾脏混浊肿胀，并有灰黄色病灶。腹腔、心包积有多量的淡黄或黄色略带红色的液体。

（4）防治措施

1）预防

严防外伤发生，重视外伤治疗。在进行外科手术或注射时，注意消毒，坚持无菌操作，加强术后管理。深埋或烧毁病羊的尸体。

2）治疗

因本病发病急，病程短，死亡快，故应对病羊尽快进行全身和局部治疗。

全身治疗：可用青霉素800000IU，链霉素1000000IU肌肉注射，每日2次，连用3d。严重的应进行抗菌、强心、补液、解毒，如用四环素1000000IU，5%葡萄糖溶液或生理盐水500ml，10%安纳咖2ml，混合，静脉注射，每日1次，连用3d。

局部治疗：磺胺类药物对本病有良好的效果。局部处理，可切开扩创，用0.1%高锰酸钾溶液或3%双氧水冲洗，净化创面，撒布磺胺碘仿合剂（其配方为磺胺粉9份、碘仿1份，研细即可）。

8. 羊布氏杆菌病

本病是由布氏杆菌引起的人畜共患的慢性传染病。主要侵害羊的生殖系统，引起大批母羊流产、不孕，公羊发生睾丸炎等。

（1）病原及流行

病原为布氏杆菌。它存在于病羊的生殖器官、内脏和血液。传染源是病羊及带菌羊，尤其是受感染的妊娠羊，在其流产或分娩时，可随胎儿、胎水和胎衣排出大量布氏杆菌。母羊比公羊易感性高，随着性的成熟，易感性增强。，主要通过消化道感染，也可经皮肤、黏膜和配种感染。此外，吸血昆虫可以传播本病。布氏杆菌对外界的抵抗力很强，在干燥的土壤中可存活37d，在冷暗处和胎儿体内可存活6个月。1%来苏尔，2%的福尔马林，5%的生石灰水15h可杀死病菌。羊一旦流行此病，首先仅为少数孕羊流产，以后逐渐增多，严重时羊群中50%～90%的孕羊发生流产或产出死胎、弱胎。本病对养羊业危害很大。

（2）临床症状

羊虽被感染，但潜伏期不显症状。一般发生流产时，才被人们注意。怀孕母羊发生流产，流产前病羊表现减食、口渴、沉郁、阴门流出黄色黏液，有时掺杂血液，流产多发生在妊娠3～4个月内。母羊流产后可能发生胎衣不下和滞留，患慢性子宫内膜炎，因患关节炎和滑液囊炎而引起跛行。亦可患乳房炎和支气管炎。公羊发生睾丸炎、附睾炎或精索炎等。

（3）病理变化

检查胎衣，可见其绒毛膜下组织呈黄色胶冻样浸润，并充血或出血，有的有水肿和糜烂，有些部位覆有纤维蛋白和脓液。胎衣不下者，通常产道流血。流产胎儿的第4胃中有淡黄色或白色的黏性絮状物，胃肠或膀胱的浆膜下可见到出血点和出血斑。发生关节炎时，腕、附关节肿大，出现滑液囊炎症病变。公羊睾丸硬结肿大，并出现坏死灶和化脓灶。

（4）防治措施

按照农业部制定的《布鲁氏菌病防治技术规范》执行。该病应以"预防为主"，无治疗价值。

应每年对羊群进行布氏杆菌病的血清学检查，对阳性羊只扑杀淘汰，必要时隔离治疗。严禁与健康羊接触。

被病羊污染的圈舍、场地和饲具等要彻底消毒，可使用5%克辽林，10%~20%石灰乳，2%氢氧化钠溶液或含有2%~2.5%有效氯的漂白粉溶液等进行消毒。流产胎儿、胎衣、羊水和产道分泌物要深埋。

病羊流产后，用1%高锰酸钾溶液冲洗阴道和子宫，每日1~2次，直至无分泌物流出为止，有体温反应者可用抗生素等药物进行治疗。

病羊管理人员等要加强自身防护，尤其在产仔期间要特别注。

血清学检查阴性羊，可用布氏杆菌猪型2号苗、布氏杆菌羊型5号弱毒冻干菌苗或布氏杆菌无凝集原菌苗进行免疫接种。

9. 羊巴氏杆菌病

羊巴氏杆菌病又称出血性败血症，是由多杀性巴氏杆菌引起的一种传染病。藏羊主要表现为呼吸道黏膜和内脏出血性炎症。临床上主要以急性经过、败血症和炎性出血为特征。

（1）病原及流行

病原菌多杀性巴氏杆菌呈两端钝圆、两极着色的球杆菌或短杆状菌，不形成芽孢，也无运动性，革兰氏染色阴性。该菌对外界抵抗力不强，对干燥阳光敏感，使用一般消毒药物数分钟即可将其杀死。本病多发于幼龄羊和羔羊，病原菌随病羊和带菌羊的分泌物和排泄物排出体外，经呼吸道、消化道及损伤的皮肤而感染其他羊。带菌羊经受寒和长途运输机体抵抗力下降时，可发生自体内源性感染。

（2）临床症状

按病程长短可分为3种类型。

1）最急性型

多见于哺乳羔羊，突然发病，出现寒战、虚弱、呼吸困难等症状，常在几分钟至数小时内死亡。

2）急性型

病羊精神沉郁、不食，体温升高到41℃~42℃，咳嗽，眼、鼻流出黏液，鼻孔常有出血。病初便秘，后期腹泻，有的粪便呈血水样，最后因腹泻脱水而死亡，病程2~5d。

3）慢性型

主要见于成年羊，病程可达3周，病羊消瘦，食欲减退，咳嗽，呼吸困难，流黏脓性鼻液，有时颈部和胸下出现水肿，角膜发炎，出现腹泻；死前极度消瘦，四肢厥冷，体温下降。

（3）病理变化

急性死亡的病羊，皮下有液体浸润和小出血点。黏膜、浆膜及内脏出血，胸腔积液，肺瘀血，有小出血点和肝变。其他脏器水肿、充血、间有小出血点，但脾不肿大，胃肠有出血性炎症；病程较长者尸体消瘦，皮下胶样浸润，常见纤维素性胸膜炎、肺炎和心包炎，肝有坏死灶。

（4）防治措施

1）预防

加强饲养管理，避免拥挤和受寒，定期对圈舍进行消毒。长途运输时，防止过度劳累。出现病羊和可疑病羊时，应立即隔离治疗，羊舍及场地可用5%漂白粉或10%～20%石灰乳等彻底消毒。对有发病史的羊群，要进行免疫，接种疫苗。

2）治疗

庆大霉素、新霉素、氟哌酸以及磺胺类药物对本病均有良好的治疗效果。庆大霉素每kg体重1500IU，氟哌酸每kg体重4～8ml，20%磺胺嘧啶钠5～10ml，均可进行肌肉注射，每日2次，连用5d。或用青霉素每kg体重30000IU、链霉素15000IU，混合肌注，每日2次，连用3d。也可使用复方新诺明片，按每kg体重10mg剂量内服，每日2次，直到体温下降，食欲恢复为止。

10. 羊沙门氏菌病

羊沙门氏菌病是由鼠伤寒沙门氏菌、都柏林沙门氏菌和羊流产沙门氏菌引起的，以羔羊急性败血症和下痢、母羊怀孕后期流产为主要特征的急性传染病。

（1）病原及其流行

沙门氏菌是革兰氏阴性杆菌。对外界抵抗力较强，在水、土壤和粪便中能存活数月，一般消毒药物可将其迅速杀死。

各种年龄的羊均可发生本病，其中以断乳或断乳不久的羊最易感。病原菌可通过羊的粪、尿、乳汁及流产胎儿、胎衣、羊水污染饲料和饮水等传染，一般经消化道感染健康羊，也可通过交配或其他途径感染。各种不良因素均可促使本病的发生。本病一年四季均可发生，孕羊多在晚冬或早春发病。

（2）临床状

本病根据临床表现可分为下痢型和流产型。

1）下痢型

多见羔羊，体温升高达40℃～41℃，食欲减少，腹泻，排黏性带血粪便，有恶臭。

精神沉郁，虚弱，低头弓背；继而卧地，昏迷，最后因衰竭而死亡。病程 1~5d，有的经 2 周后可恢复。发病率一般为 30%，病死率 25% 左右。

2）流产型

怀孕母羊多在怀孕的最后 2 个月发生流产或死产。病羊体温升高，不食，精神沉郁，部分羊有腹泻症状。未流产的病羊产出的活羔多极度衰弱，并常有腹泻，一般 1~7d 死亡。发病母羊也可在流产后或无流产的情况下死亡。本病爆发 1 次，一般可持续 10~15d，流产率和死亡率均很高。

（3）病理变化

下痢羔羊尸体消瘦，肛门周围粘满粪便。严重脱水，真胃和肠道空虚，内容物稀薄，常含有血块。肠黏膜充血，肠系膜淋巴结肿大，心内外膜有小出血点。

流产、死产的胎儿或生后 1 周内死亡的羔羊，呈败血症病变。表现组织水肿、充血，肝脏、脾脏肿大，有灰色病灶，胎盘水肿出血。死亡的母羊呈急性子宫炎症状，其子宫肿胀，内含有坏死组织、浆液性渗出物和滞留的胎盘。

（4）防治措施

1）预防

加强饲养管理，保持圈舍清洁卫生，防止饲料和饮水被病原污染。注意给羔羊保暖，及早给羔羊喂给初乳。发现病羊，应及时隔离，对流产的胎儿、胎衣及被病羊污染的饲料、垫草等污染物进行销毁，流产场地、圈舍及被污染的用具等进行全面彻底的消毒处理。对可能受传染威胁的羊群，应注射相应菌苗预防。

2）治疗

对患病羊可用抗生素进行治疗，如用土霉素或新霉素。羔羊每天每 kg 体重按 30~50mg 剂量，分 3 次内服；成年羊按每 kg 体重 10~30mg 剂量，肌肉或静脉注射，每日 2 次，连用 5~7d。成年羊和羔羊也可用痢特灵，每 kg 体重 10mg，分 2 次灌服，连用 5d；种羊可用大肠杆菌、布氏杆菌和沙门氏菌三价抗血清 5ml，1 次皮下注射。

11. 羊链球菌病

羊链球菌病由溶血性链球菌引起的一种急性、热性败血性传染病。其病的特征主要是下颌淋巴结与咽喉肿胀，各脏器出血、大叶性肺炎、呼吸异常困难、胆囊肿大。

（1）病原及流行

其病原属链球菌属 C 群兽疫链球菌的一种，革兰氏染色阳性，在病料中呈球形，单个或成对存在，偶见 3~5 个菌体相连的短链，有清晰的荚膜。病羊和带菌羊为传染源。本病主要通过消化道和呼吸道传染，也可经皮肤创伤、羊虱蝇叮咬等途径传播；病死羊的肉、骨、皮、毛等亦可散播病原。

本病多发于冬春寒冷季节（每年 11 月至次年 4 月），2、3 月的春乏时节流行严重，尤其是天气寒冷和大风雪以后，发病和死亡羊数显著增加，呈现地方性流行情况，老疫区一般为散发，新疫区危害最严重。

（2）临床症状

病程短，最急性者24h内死亡，一般为1～3d，延至5d者少见。病羊体温升高至41℃，呼吸异常困难，精神不振，食欲低下，反刍停止；咽喉部及下颌淋巴结肿大。间有咳嗽，口流泡沫状的涎液，鼻孔流浆性、脓性带血鼻液（呈铁锈色）；结膜充血发绀，常见流出脓性分泌物；粪便松软，带有黏液或血液。怀孕母羊多数流产。有时可见眼睑、嘴唇、面颊及乳房部位肿胀。病死前常有磨牙、呻吟及抽搐现象。

（3）病理变化

主要以败血性变化为主，尸僵不明显。胸腔积液，各脏器广泛出血，尤以膜性组织（大网膜、肠系膜等）最为明显。肺脏水肿、气肿，肺实质出血、肝（实）变，呈大叶性肺炎，有时肺脏尖叶有坏死灶；肺脏常与胸壁粘连。肝大，呈泥土色，表面有出血点，胆囊肿大2～4倍，肾脏质地变脆、变软、肿胀、梗死，被膜不易剥离。各脏器浆膜面常覆有黏稠、丝状的纤维素样物质。膀胱内膜出血。

（4）防治措施

1）预防

加强饲养管理，抓膘、保膘，做好防寒保温工作。定期消灭羊体内外寄生虫。做好羊圈及场地、用具的消毒工作。勿从疫区购进羊和羊肉、皮毛产品。羊群在一定时期内勿进入发过病的"老圈"。每年发病季节到来之前，用羊链球菌氢氧化铝甲醛菌苗进行预防接种，大小羊一律皮下注射3ml，3月龄以下羔羊，2～3周后重复1次。于14-21d产生免疫力，免疫期可维持半年以上。羊发病后，及时隔离病羊，粪便堆积发酵处理。圈舍及场地等可用含2%～2.5%有效氯的漂白粉、10%～20%石灰乳、3%来苏尔等消毒液消毒。在本病流行地区，病羊群要固定草场、牧场放牧，避免与未发病羊群接触，对未发病羊提前注射抗羊链球菌血清或青霉素有良好的预防效果。

2）治疗

早期应用青霉素或磺胺类药物治疗。青霉素肌肉注射，每次800000～1600000IU，每日2次，连用2～3d；20%磺胺嘧啶钠5～10ml，肌肉注射，每天2次，连用2～3d；或磺胺咪内服，每次5～6g（小羊减半），每天1～3次，连用2～3d。

高热者，每只羊用30%安乃近3ml，肌肉注射；病情严重食欲废绝的给予强心补液，用5%葡萄糖盐水500ml，安钠咖5ml，维生素C5ml，地塞米松10ml，静脉滴注，每天2次，连用3ck

12. 羔羊大肠杆菌病

羔羊大肠杆菌病是由致病性大肠杆菌引起的一种羔羊急性、致死性传染病。其特征是呈现剧烈的下痢和败血症。病羊常排出白色稀粪，因而又称"羔羊白痢"。

（1）病原及流行

本病的病原为大肠杆菌，是革兰氏染色阴性、中等大小的杆菌，对外界抵抗力不强，一般常用的消毒液均能迅速将其杀死。

本病多发生于出生数日至 6 周龄以内的羔羊；有些地方，3～8 月龄的羔羊也有发生，呈地方性流行或散发。在深秋雨季、冬春季节及气候不良时多发生。羔羊先天性发育不良或后天性营养不良，羊舍阴暗潮湿、污秽、通风不良，均能促使本病的发生。本病主要经消化道感染。

（2）临床症状

潜伏期数小时至 1～2d，临床上可分为肠型和败血性 2 类。

1）肠型（下痢型）

主要见于 7 日龄以下的羔羊。病初体温升高，随之出现腹泻，体温下降，粪便先为半稀状，由黄变黑，以后呈液状，混有气泡、血液和黏液。病羊表现腹痛、虚弱、严重脱水、卧地不起。如不及时救治，经 24～36h 后死亡。病死率可达 15%～75%。

2）败血性

主要发生在 2～6 周龄的羔羊，病羊体温 41℃～42℃，精神沉郁，迅速虚脱，有轻微的腹泻或不腹泻，有的有神经症状，头弯向一侧，四肢僵直，运步失调，磨牙，视力障碍。随着病的发展，病羊头向后仰，四肢做划水动作，口留清涎，四肢冰凉。有的出现关节炎，有的发生胸膜炎，有的在濒死期从肛门流出稀粪，呈急性经过，多于病后 4～12h 死亡，病死率可达 80% 以上。

（3）病理变化

肠型病死羊的病理变化主要在消化道，胃肠充满乳样内容物，瘤胃、网胃黏膜脱落，皱胃和肠道黏膜充血、出血。肠系膜淋巴结肿大，切面多汁有出血点。

败血性病死羊表现为胸、腹腔和心包大量积液，内有纤维素。附关节和腕关节肿大，滑液混浊，内有纤维素性絮片。脑膜充血，有很多小出血点。

（4）防治措施

1）预防

首先要加强怀孕母羊的饲养管理，做好临产母羊的准备工作，严格遵守临产母羊及新生羔羊的卫生制度，对产房进行消毒，可用 3%～5% 的来苏儿喷洒消毒，确保产下健壮的、抗病力强的新生羔羊。其次是加强新生羔羊的饲养管理。搞好环境卫生，新生羔羊哺乳前用 0.1% 的高锰酸钾水擦拭母羊的乳房、乳头和腹下。让羔羊吃到足够的初乳，做好羔羊的保暖工作。对于缺奶羔羊，一次不要饲喂过量。对有病的羔羊及时进行隔离。对病羔接触过的房舍、地面、墙壁和排水沟等，要进行严格的消毒，可用 3%～5% 来苏儿消毒，也可根据病原的血清型，选用同型菌苗给孕羊和羔羊进行预防注射。

2）治疗

大肠杆菌对土霉素、新霉素、磺胺类、恩诺沙星等药物均具有敏感性。但必须配合护理和对症治疗。土霉素以每天每 kg 体重 30～50mg 剂量，分 2～3 次口服；磺胺豚，第一次内服 1g，以后每隔 6h 内服 0.5g。对新生羔羊可同时加胃蛋白酶 0.2～0.3g，内服；心脏衰弱者可注射强心剂，脱水严重者可适当补充生理盐水或葡萄糖盐水，必要时也可加入碳酸氢钠或乳酸钠以防全身酸中毒。对于有兴奋症状的病羊，可内服水合氯醛 0.1～0.2g（加水内服）。

中药治疗可用大蒜酊（大蒜 100g，95% 酒精 100ml，浸泡 15d，过滤即成）2～3ml，加水 1 次灌服，每天 2 次，连用数天。以腹泻为主要症状的病羊，也可用四逆汤：附子、干草各 2g，干姜 3g，煎水，另加磺胺豚 0.5g，每日 1 次，灌服，效果较好。

13. 羊腐蹄病

腐蹄病也叫蹄间腐烂或趾间腐烂，秋季易发病，是羊发生的一种传染病。羊腐蹄病有传染性和非传染性两类，是羊蹄受伤后被结节拟杆菌和坏死梭杆菌混合感染，引起羊蹄部肿胀、坏死、跛行的一种慢性传染病。其特征是局部组织发炎、坏死。因为病原常侵害蹄部，使蹄部皮肤等坏死、腐烂，因而称"腐蹄病"。此病在我国各地都有发生，尤其在西北的广大牧区常呈地方性流行，对羊只的发展危害很大。

（1）病原及流行

病原主要为坏死梭杆菌和结节拟杆菌，均为拟杆菌科梭杆菌属成员，革兰氏阴性菌。坏死梭杆菌呈长丝状、较短个体呈球状。结节拟杆菌呈大杆菌状，菌体末端膨大。本病原对理化因素抵抗力不强。1% 的高锰酸钾、2% 的甲醛溶液 15min 内可将其杀死；60℃，30min 或煮沸 1min 即死亡。但在污染的土壤中可存活 10～30d。病原广泛存在于自然界，病畜和带菌畜是本病的传染源。本病主要通过损伤的皮肤、黏膜和消化道传染。主要侵害羊的蹄部而发病。本病常发生在夏秋两季阴湿泥泞地区，多见于湿雨季节，泥泞、潮湿而排水不良的草场可成为疾病暴发的因素。羊只长期拥挤，环境潮湿，相互践踏，都容易使蹄部受到损伤，给细菌的侵入制造有利条件。在焚烧过的小灌木草场上放牧时，常因刺伤蹄部而感染发病。多呈散发性或地方流行性。主要特征是病羊的蹄叉和蹄冠腐烂坏死、跛行，放牧时落于群后，致使牲畜在夏秋季不能很好抓膘，于冬春季因乏弱而死亡。病情严重者蹄匣脱落或患败血病而死。，如果不及时控制，可以使羊群中羊只 100% 的受到传染，甚至可传染给正在发育的羔羊。

（2）临床状

患腐蹄病的羊食欲降低，精神不振，喜卧，跛行。病初轻度跛行，多为一肢患病，随着疾病的发展，跛行逐渐严重。如果两前肢患病，病羊往往爬行；后肢患病时，常见病肢伸到腹下。进行蹄部检查时，初期见蹄间隙、蹄匣和蹄冠红肿、发热，有疼痛反应，之后溃烂，病蹄有恶臭分泌物和坏死组织，蹄底部有小孔或大洞。用刀切削扩创，蹄底的小孔或大洞中有污黑臭水迅速流出。趾间也常能找到溃疡面，上面覆盖着恶臭物，蹄壳腐烂变形，病羊常跪下采食。病情严重的体温上升，蹄部深层组织坏死，蹄匣脱落，坏死，也可波及肌腱、韧带和关节，有的还可能引起全身性败血症。

有时在羔羊引起坏死性口炎，又称"白喉"，可见鼻、唇、舌、口腔甚至眼部发生结节、水泡，以后变成棕色痂块。有时由于脐带消毒不严，可以发生坏死性脐炎。在极少数情况下，可以引起肝炎或阴唇炎。

病程比较缓慢，多数病羊跛行达数十天甚至数月。由于影响采食，病羊逐渐消瘦。如不及时治疗，可能因为继发感染而造成死亡。

（3）病理变化

病变多发生于蹄趾间、蹄冠、蹄踵部的皮肤，可波及滑液囊、腱、韧带和骨。局部皮肤坏死，形成溃疡，坏死物呈黄黑或黄褐色，恶臭污秽，并形成黑褐色痂皮，在痂皮下坏死过程可向深层组织扩散，最后导致蹄匣脱落和坏死性骨炎。有的在肺脏中形成坏死病变；有的在肝脏中形成坏死性病变，肝脏肿大，呈土黄色，肝脏表面或深部散布有黄白色、质地坚实、外部有红晕的大小不等的坏死灶。羔羊鼻、唇、舌、口腔等部有水泡和棕色痂块，脐坏疽和脐孔周围相邻处的纤维素性腹膜炎。

（4）防治措施

1）预防

改善环境卫生和加强羊蹄的护理；防止过度拥挤，避免外伤发生；发现创伤及时用5%碘酊涂擦处理，以防感染。羊只不宜在低洼、潮湿的地区放牧；运动场和圈舍保持清洁、干燥，及时清除运动场和圈内粪尿。当羊群中发现本病时，应及时进行全群检查，将病羊全部隔离并进行治疗。对健羊全部用30%硫酸铜或10%福尔马林液体进行预防性浴蹄。对圈舍及运动场要彻底清扫消毒，铲除表层土壤，换成新土。对粪便、坏死组织及污染暮草彻底进行焚烧处理。

2）治疗

治疗时，先用清水洗净蹄部污物，清除患部坏死组织，直到出现干净的创面后，用食醋、3%来苏尔或1%高锰酸钾溶液冲洗，或用6%福尔马林、5%～10%硫酸铜溶液进行蹄浴，然后用碘甘油或抗菌素软膏涂抹；为了防止尖硬物的刺激，可将患蹄用绷带包裹；病情严重的病畜可用抗生素，如青霉素、链霉素和磺胺类药物进行全身治疗。

14. 羊快疫

羊快疫是由腐败梭菌引起的羊的一种急性、致死性传染病，发病突然，病程极短。其主要特征为真胃呈出血性、炎性损害。

（1）病原及流行

病原为腐败梭菌，是革兰氏染色阳性的厌气大杆菌，菌体正直，两端钝圆，用死亡羊的脏器，特别是肝脏被膜触片染色后镜检，常见到无关节的长丝状菌体，在动物体内外均可产生芽孢，不形成荚膜，可产生多种毒素。具有致死、坏死特性。必须使用强力消毒药进行消毒，如 20% 漂白粉，3%～5% 氢氧化钠等。

发病羊多为 6～18 月龄的藏羊，主要经消化道感染。腐败梭菌通常以芽孢体形式散布于自然界，主要散布于潮湿低洼的草地、熟耕地及沼泽地等环境中。羊采食被污染的饲料和饮水后，芽孢便随之进入消化道，一般情况并不发病，只有到秋冬和初春季节，羊受寒或采食了冰冻带霜的草料及受肠道寄生虫的侵袭等，机体抵抗力降低时，容易诱发本病。病原大量繁殖产生的外毒素，使消化道黏膜，特别是真胃黏膜发生坏死和炎症。毒素刺激中枢神经系统，引起急性休克，使病羊迅速死亡。本病以散发性流行为主，发病率低而病死率高。

（2）临床症状

羊突然发病，往往未表现出临床症状即倒地死亡，常常在放牧途中或在牧场上死亡，也有早晨发现死在羊圈舍内。有些羊临死前疝痛、磨牙、痉挛。死亡慢的病羊表现为离群独居，卧地，虚弱，不愿走动，强迫其行走时，则运步无力，运动失调。腹部鼓胀，腹痛，腹泻，体温有的正常，有的升高到 41.5℃。最后病羊因极度衰竭而昏迷，表现磨牙抽搐，口吐泡沫，常经数分钟至几小时内死亡。很少有耐过者。

（3）病理变化

病羊死后，尸体迅速腐败鼓胀。剖检见可视黏膜充血呈暗紫色。特征性表现为真胃出血性炎症，胃底部及幽门部黏膜可见大小不等的出血斑点及坏死区，黏膜下组织水肿，胸、腹腔及心包积液。肠道内充满气体，常有充血、出血、坏死或溃疡。心内、外膜可见点状出血。胆囊多肿胀。

（4）防治措施

1）预防

由于本病的病程短促，往往来不及治疗。因此，必须加强平时的防疫措施。在该病常发区，每年定期注射羊三联菌苗（羊快疫、猝狙、肠毒血症）、羊梭菌病四联氢氧化铝浓缩菌苗（羊快疫、猝狙、肠毒血症、羔羊痢疾）或羊厌气菌氢氧化铝甲醛五联灭活菌苗（羊快疫、猝狙、肠毒血症、羔羊痢疾、黑疫），用法用量按说明书。同时应加强饲养管理，防止受寒，避免羊只采食冰冻饲料。当本病发生严重时，应及时转移放牧地，同时可使用羊梭菌病菌苗进行紧急接种，如用羊梭菌病三联苗、四联苗和五联苗等。

2）病羊往往来不及治疗而死亡

对病程稍长的病羊，可用抗生素或磺胺药，结合强心、镇静对症治疗。青霉素肌肉注射，每次 800000-1600000IU，每天 2 次；磺胺嘧啶灌服，每次每 kg 体重 0.1～0.2g，每天 2 次，连用 3～4 次；也可给羊灌服 10%～20% 石灰乳，每次 50~100ml，连用 1～2 次。在使用上述抗菌药物的同时，应及时配合强心、补液解除代谢性酸中毒等对症疗法，可用葡萄糖盐水 500～1000ml，5% 碳酸氢钠 100～150ml，10% 安钠咖 10～15ml，混合后静脉注射。对可疑病羊全群进行预防性投药，如饮水中加入恩诺沙星，或环丙沙星。

15. 羊肠毒血症

羊肠毒血症是由 D 型魏氏梭菌在羊的肠道中大量繁殖，产生毒素而引起羊的一种急性、致死性传染病。本病发病急、死亡突然，其临床症状类似羊快疫，因此又称"类快疫"。剖检死后的病羊，可见肾脏呈现软泥状，肠道出血，所以又称"软肾病"、"血肠子病"。该病临床上以发病急，死亡快，死后肾脏多见软化为特征。

（1）病原及流行

本病病原为 D 型魏氏梭菌，是革兰氏染色阳性的厌气性粗大杆菌，在动物体内能形成荚膜，故又称产气荚膜杆菌，可产生多种强烈的外毒素。芽孢可污染饮水和草料，从而诱发本病。

本病多呈散发流行。藏绵羊发生较多，山羊少见，尤以 2~12 月龄羊最易发病。在牧区多发于春末夏初青草萌发和秋季牧草结籽后的一段时期；在农区则常在蔬菜、粮食收获季节羊吃了多量蔬菜和大量谷类时发生此病，病羊多为膘情较好者。

（2）临床症状

本病发生突然，病羊腹部极度膨胀，腹痛，口吐白沫，倒地后发生痉挛，很快死亡。病羊在临死前，步态不稳，呼吸加快，全身肌肉颤抖，磨牙，侧身倒地，体温一般不高，四肢及耳尖发冷。多死于夜间，次日早晨才被发现。

病程稍缓者，起初厌食，反刍、嗳气停止，流涎，腹部膨大，腹痛，排稀粪。粪便恶臭，呈黄褐色，糊状或水样，其中混有黏液或血丝，1~2d 后死亡。

（3）病理变化

体腔积液，心内外膜有出血点。肺呈紫红色，切面有血液流出。肝脏肿大、充血、质脆，胆囊肿大 1~3 倍，充满胆汁。肾脏表面充血，实质松软，呈不定性的软泥状（一般认为是死后的变化）。小肠黏膜充血出血，严重者整个肠壁呈血红色或有溃疡。全身淋巴结肿大、充血，切面呈黑褐色。

（4）防治措施

1）预防

农、牧区春夏之际应尽量减少羊只抢青，秋季避免过食结籽饲料和蔬菜等多汁饲料。当羊群出现本病时要立即搬离本草场，转移到高燥的草场放牧。在本病常发地区，应定期注射羊快疫、猝狙（或羔羊痢疾）、肠毒血症三联四防灭活苗或羊梭菌病四联氢氧化铝浓缩菌苗、羊厌气菌氢氧化铝甲醛五联灭活菌苗，用法用量按说明书。病死羊及其排泄物均应深埋，被病羊污染的所有场地、饲料和用具等需彻底消毒。及时隔离病羊，对病羊的同群羊进行紧急预防接种。对发病的羊群，也可灌服 10% 石灰乳进行预防。

2）治疗

本病病程急，往往来不及治疗而死亡。对病程较缓慢的病羊，可使用青霉素肌肉注射，每只羊注射 800000~1600000IU，一日 2 次；内服磺胺豚 8~12g，第 1 天 1 次灌服，第 2 天分 2 次灌服；也可灌服 10% 石灰乳，大羊 200ml，小羊 50~80ml，昊 1~2 次。此外，应结合强心、补液、镇静等对症治疗。

16. 羊猝狙

羊猝狙是由 C 型魏氏梭菌引起的一种毒血症，以急性死亡、腹膜炎和溃疡性肠炎为特征。

（1）病原及流行

病原为 C 型魏氏梭菌，两端稍钝圆，不游动，在动物体内有荚膜。广泛存在于土壤、污水、粪便和饲料中。经消化道感染，在小肠（十二指肠和空肠）里繁殖，产生毒素，引起发病。常见于低洼、沼泽地区。本病 1~2 岁的羊发病较多，多发于冬春季节，常呈地方性流行。

（2）临床症状

病程短促，未见有任何临床症状，即突然死亡。病羊表现为掉群，卧地，烦躁不安，机体衰弱，全身痉挛，在数小时内死亡。

（3）病理变化

主要发生在消化道和循环系统。十二指肠和空肠黏膜严重充血，糜烂，也可在不同肠段有出现大小不等的溃疡灶。由于细菌和毒素的作用，血管的通透性增加，可在胸腔、腹腔和心包腔大量积液，积液可形成纤维素絮块。浆膜上有点状出血。死后 8h，骨骼肌肌间隙积聚有血样液体，肌肉出血，有气性裂孔。

（4）防治措施

本病的流行特点、症状与羊快疫、肠毒血症相似，这几种病常混合发生。预防和治疗可参照羊快疫和羊肠毒血症。

17. 羊黑疫

羊黑疫是由诺魏氏梭菌引起的羊的一种急性、高度致死性毒血症，有名羊传染性坏死性肝炎。本病的特征是肝实质有坏死病灶。

（1）病原及流行

病原为 B 型诺魏氏梭菌，属梭状芽孢杆菌属，是革兰氏染色阳性的粗大杆菌。广泛存在于自然界中。

本病常在 2~4 岁的膘情较好的羊中多发。本病多发于肝片吸虫流行的地区和季节，在低洼潮湿的沼泽草地放牧的羊只发病较多。当羊采食了被细菌污染的饲草后，细菌便随牧草进入羊的胃肠道，通过胃肠壁进入肝脏，以芽孢的形式潜伏于肝脏中，当未成熟的游走肝片吸虫损伤肝细胞时，存在于该处的芽孢迅速繁殖，产生毒素，进入血液循环，发生毒血症，进而损害神经和其他器官的组织细胞，导致急性休克而死亡。

（2）临床状

该病的临床症状与羊肠毒血症、羊快疫极其相似，病程十分短促，常突然死亡。少数病例病程可拖至 1~2d。临床表现为掉群、不食、呼吸困难、体温升高、昏睡俯卧、无痛苦地突然死亡。

（3）病理变化

病羊尸体皮下静脉显著充血，使其皮肤呈暗黑色，故有"黑疫"之称。肝脏表面和深部有直径数厘米大界限清晰的淡黄色或草绿色不整圆形的坏死灶。病灶周围常有一鲜红色充血带围绕，切面呈半圆形。肝被膜的实质常见有肝片吸虫幼虫移行造成的出血区。真胃幽门部和小肠充血、出血。体腔多积液，心内膜有出血点。

（4）防治措施

1）预防

预防本病的关键是控制肝片吸虫的感染，在肝片吸虫病流行地区，对羊群每年至少安排 2 次定期驱虫。1 次在秋末、冬初由放牧转为舍饲前，另 1 次在冬末、春初由舍饲改为放牧之前。药物可选用蛭得净（溴酚磷），每 kg 体重 16mg，1 次内服；或用丙硫苯咪哩以每 kg 体重 15~20mg 剂量，1 次内服；也可使用三氯苯哩以每 kg 体重 8~12mg 剂量，1 次内服。定期注射羊黑疫菌苗、羊黑疫快疫混合苗或羊厌气菌氢氧化铝甲醛五联灭活菌苗，用法用量按说明书。当羊群发病时，迅速将羊圈搬至干燥地带。可使用抗诺维氏梭菌血清早期预防。

2）治疗

对病程稍缓的病羊，可肌肉注射青霉素每次 800000-1600000IU，每天 2 次；也可静脉注射或肌肉注射抗诺维氏梭菌血清，1 次 10~80ml，连用 1~2 次。

18. 羔羊痢疾

羔羊痢疾是发于初生羔羊的一种急性毒血症，以剧烈腹泻和小肠发生溃疡为其特征。本病常可使羔羊发生大批死亡，给养羊业带来重大损失 §

（1）病原及流行

本病病原主要为 B 型魏氏梭菌，其次是 A、C、D 型魏氏梭菌，其他肠道细菌如沙门氏菌、大肠杆菌等也可以成为条件性病原。羔羊在生后数日内，魏氏梭菌可以通过羔羊吮乳、人工哺乳、饲养员的手和羊的粪便而进入羔羊消化道。在外界不良诱因如母羊怀孕期营养不良，羔羊体质瘦弱；气候寒冷，羔羊受冻；哺乳不当，羔羊饥饱不匀，羔羊抵抗力减弱时，细菌会大量繁殖，产生毒素，引起发病。本病除经消化道传染外，也可通过脐带和伤口侵入羊的体内。

本病主要危害 7 日龄以内的羔羊，其中又以 2~3 日龄的羔羊发病最多，7 日龄以上的羔羊很少患病。

（2）临床症状

自然感染的潜伏期为 1~2d。病羔羊体温微升或正常，羔羊精神委顿，被毛粗乱，孤立站在一边，低头拱背，不想吃奶，呼吸、脉搏增快。不久则发生持续性腹泻，粪便恶臭，有的稠如面糊，有的稀薄如水，到了后期，有的还含有气泡、黏液和血液，直到成为血便。到病的后期，常因虚弱、脱水、酸中毒而死亡。本病病程很短，若不及时救治，常在数小时至十几小时内死亡。

（3）病理变化

尸体脱水现象严重。最显著的病理变化在消化道。第四胃内往往存在未消化的凝乳块，胃黏膜水肿充血，有出血斑点。小肠（特别是回肠）黏膜充血发红，有的有出血点，病程较长的有溃疡，溃疡周围有一出血带环绕；有的肠内容物呈血色。肠系膜淋巴结肿胀充血，间或出血。肝肿大而稍软，呈紫红色。心包积液，心内膜有时有出血点。肺常有充血区域或瘀斑。

（4）防治措施

1）预防

加强孕羊饲养，适时抓膘保膘，使胎羔发育良好，出生健壮，以增强抵抗力。加强防疫，在怀孕母羊临产前20～30d和10～20d，2次皮下注射羔羊痢疾甲醛菌苗2～3ml，可使初生羔羊获得被动免疫。注意产羔期的卫生消毒和护理。在产羔季节前彻底清扫和消毒羊舍及产栏，接羔时特别注意消毒，对新生羔羊加强保温，保证吃足初乳。在常发病地区应采用抗生素预防，于羔羊出生后12h内，开始灌服土霉素，每次0.12～0.15g，每天1次，连服3-5da每年秋季及时注射羊厌气菌氢氧化铝甲醛五联灭活菌苗，必要时可于产前2～3周再接种1次。羔羊出生后4h之内，皮下注射魏氏梭菌B型高免血清4～5ml，具有一定效果。一旦发病，应迅速隔离病羔，彻底消毒被污染的环境和用具。如果发病羔羊很少，还可考虑将其屠杀，以免扩大传播。

2）治疗

采用以青霉素为主的综合性疗法：每隔4h肌内注射青霉素100000～200000IU，同时口服下列止泻剂：土霉素0.2～0.3g、胃蛋白酶0.2～0.3g，加水灌服，每天2次，连服2～3d；磺胺豚0.5g，W酸蛋白0.2g、次硝酸铋、0.2g、碳酸钠0.2g，加水灌服，每天3次，连服2～3d；也可用胃管一次灌服6%硫酸镁30～60ml，经6～8h后，再用胃管一次灌服1%高锰酸钾10～20ml，每天2次。在使用上述药物的同时，要适当采取强心、补液、镇静等对症治疗措施。如心脏衰弱，可皮下注射5%樟脑磺酸钠或25%安息香酸钠咖啡因0.5～1.0ml；若并发肺炎时可用青霉素、链霉素各200000IU混合肌肉注射，每天2次；食欲不好者，可灌服人工胃液（胃蛋白酶10g，浓盐酸5ml，水1000ml，混合均匀）10ml，或番木鳖酊0.1ml，每天1次。

酸乳疗法：初生羔羊先饮给酸乳50ml，然后再使哺乳。若痢疾已发生，每日可给酸乳100ml，直到痊愈为止。

采用中药治疗：对已下痢的病羔，可服用加减乌梅汤或加味白头翁汤。

加减乌梅汤：乌梅（去核）、炒黄连、黄芩、郁金、炙甘草、猪苓各10g，诃子肉、焦三楂、神曲各12g，泽泻8g，干柿饼（切细）1个，将上药捣碎，加水400ml，煎成150ml，加红糖50g为引，用胃管1次灌服，如下痢不止，可再服1~2次。

加味白头翁汤：白头翁10g、黄连10g、秦皮12g、生山药30g、山萸肉12g、柯子肉10g、茯苓10g、白术10g、白芍10g、干姜5g、干草6g，将上药水煎2次，每次煎汤300ml，混合后每个羔羊灌服10ml，每天2次。

19. 破伤风

破伤风又称"锁口风"、"强直症"。本病是由破伤风梭菌引起的一种人畜共患的急性、创伤性、中毒性传染病。其特征是患羊骨骼肌持续性痉挛和对外界刺激反射兴奋性增高。

（1）病原及流行

本病的病原是破伤风梭菌，该菌又称强直梭菌，属芽泡杆菌属，为细长的杆菌，多单个存在，能形成芽抱。芽抱位于菌体的一端，似鼓槌状，周身鞭毛，能运动，无荚膜。幼龄培养物革兰氏染色阳性，培养48h后常呈阴性反应。本菌为厌氧菌，一般消毒药均能在短时间内杀死。但其芽抱具有很大的抵抗力，煮沸10~90min才能杀死。在土壤表层能存活数年。对1%碘酊、10%漂白粉、3%双氧水等敏感。本菌对青霉素敏感，磺胺药次之，链霉素无效。

本病为散发，没有季节性，必须经创伤才能感染，特别是创面损伤复杂、创道深的创伤更易感染发病。

本病通常由伤口污染含有破伤风梭菌芽抱的物质引起。当伤口小而深，创伤内发生坏死或创口被泥土、粪便、痂皮封盖或创内组织损伤严重、出血、有异物，或在需氧菌混合感染的情况下，破伤风梭菌才能生长发育、产生毒素，引起发病。也可经胃肠黏膜的损伤部位而感染。

本病主要是细菌经伤口侵入身体的结果，如脐带伤、去势伤、断尾伤、去角伤、公羊角斗抵伤、外科手术及其他外伤等，均可以引起发病。母羊多发生于产死胎和胎衣不下的情况下，有时是由于难产助产中消毒不严格，以致在阴唇结有厚痂的情况下发生本病。也可以经胃肠黏膜的损伤感染。病菌侵入伤口以后，在局部大量繁殖，并产生毒素，危害神经系统。由于本菌为专性厌氧菌，故被土壤、粪便或腐败组织所封闭的伤口，最容易感染和发病。

（2）临床症状

本病的潜伏期一般为4~6d。病初症状不明显，常表现起卧困难，即卧下后不能起立，或者站立时不能卧下，精神呆滞。随着病程的发展，四肢逐渐强直，运步困难，头颈伸直，牙关紧闭，角弓反张，肋骨突出，尾直，四肢分开站立，呈"木马状"。当受到光线、车鸣声、震动声等外界刺激时，痉挛症状加重。在病程中，常并发急性肠卡他，引起剧烈的腹泻。病羊流涎吐沫，饮食困难，反刍停止，最后死亡。本病死亡率很高。

（3）病理变化

尸体僵直，心肌变性，肺脏淤血水肿，脊髓和脊髓膜充血或出血，实质器官和肠浆膜有出血点。

（4）防治措施

1）预防

免疫接种，每年定期皮下注射破伤风类毒素 1ml，次年再注射 1 次，免疫期可达 4 年。羊身上任何部分发生创伤时，均应用 2%～5% 的碘酒严格消毒，并应避免泥土及粪便侵入伤口。对一切手术伤口，包括剪毛伤、断尾伤及去角伤等，均应特别注意消毒。对感染创伤进行有效的防腐消毒处理，彻底排除脓汁、异物、坏死组织及痂皮等，并用消毒药物（3% 过氧化氢、2% 高锰酸钾或 2%-5% 碘酊）消毒创面，结合青链霉素，在创伤周围注射，以清除破伤风毒素来源。

2）治疗

将病羊放入清洁、干燥、僻静、较黑暗的圈舍，避免惊动；给予易消化的饲料和充足的饮水。对伤口及时扩创，彻底清除伤口内的坏死组织，可用 3% 过氧化氢（双氧水）、2% 高锰酸钾或 5%～10% 碘酊进行消毒处理。病羊发病初期可先静脉注射 4% 乌洛托品 5～10ml，再用破伤风抗毒素 50000～100000IU，静脉或肌肉注射，以中和毒素；用青霉素 400000～800000IU，肌肉注射，每天 2 次，连用 1 周。为了缓解肌肉痉挛，可用氯丙嗪，按每 kg 体重 0.002g 剂量，或用 25% 硫酸镁注射液 10～20ml，肌肉注射，并配合 5% 碳酸氢钠 100ml，静脉注射。当牙关紧闭、开口困难时，用 2% 普鲁卡因 5ml 和 0.1% 肾上腺素 0.2～0.5ml 混合后，注入两侧咬肌；如不能采食，可进行补糖、补液。对便秘、臌气的病羊，可用温水灌肠或投服盐类泻剂。

配合中药治疗能缓解症状，缩短病程，可采用散风活血解表剂，如防风散、千金散或乌蛇散，根据病情加减。应用"防风散"，即防风 8g、天麻 5g、羌活 8g、天南星 7g、僵蚕 7g、清半夏 4g、川芎 4g、炒蝉蜕 7g，水煎 2 次，将药液混在一起，待温加黄酒 50ml，胃管投服，连服 3 剂，隔天 1 次。

第四节　藏羊寄生虫病

一、藏羊寄生虫病综合防治措施

藏羊对疾病的抵抗力较强，在患寄生虫病的过程中大多呈现慢性疾患过程，不像传染病那样一下子发生大量死亡，所以很容易被忽视。实际上寄生虫病对藏羊造成的危害性是很大的。羊患了寄生虫病后，往往发育不良，养不肥，皮毛干燥，并因瘦弱而抵抗力下降，容易并发其他疾病造成重大经济损失，严重影响畜牧业的经济效益。防治藏羊寄生虫病和防治藏羊其他疾病一样，必须在正确诊断的基础上开展群防群治，坚持"预防为主、防重于治"的原则，把治疗和预防紧密地结合起来，采取综合性的防治措施，才能发挥较好的效果。

根据藏羊寄生虫病的发生、传播、感染方式及目前大多数寄生虫病还没有疫苗或血清可供预防的特点，实行综合防治，制定综合防治措施，着重从控制和消灭传染源，切断传播途径和保护易感动物三个基本环节着手，力争做到消灭病原体、排除感染机会和增强羊只机体的抵抗力，要利用一切手段消灭各个发育阶段的寄生虫（虫卵、幼虫或成虫）。

1. 加强饲养管理

根据各地具体情况，合理轮换牧场，提高藏羊对寄生虫的抵抗力，加强对羔羊的饲养管理，成年羊和羔羊分开放牧、分开圈养，给瘦弱羊及时补饲。

2. 抓好驱虫

根据当地寄生虫流行规律，制定和实施合理的综合防治计划，对发病的藏羊进行治疗性驱虫，对带虫者进行全群的预防性驱虫（或计划性驱虫）。在每年的春、秋两季针对消化道线虫、绦虫、肝片吸虫及体外寄生虫用丙硫咪唑（抗蠕敏）、阿维菌素类药物进行计划性驱虫。

3. 消灭传播者及中间宿主

用杀虫药物刷洗羊体，喷洒圈舍、沼泽草场，以杀灭蜱、螺等，防止疫病传播。

4. 搞好卫生

及时清除圈舍及运动场的粪便，注意圈舍内的通风和日照，保持圈舍清洁、干燥。定期对圈舍、羊体消毒。加强对藏羊饮水处的水源保护，防止污染。尽量避免羊只在少而浅的死水池饮水，最好给羊只饮用泉水、流动河水或井水。避免将粪便、垃圾等堆置在水源附近。

二、藏羊常见寄生虫病防治

1. 羊消化道线虫病

羊消化道线虫病是由寄生于藏羊消化道内的各种线虫引起的疾病。寄生于藏羊消化道内的线虫种类很多，且多为混合感染。各种消化道线虫引起的病状大致相似，对羊造成不同程度的危害。其特征是患羊消瘦、贫血、胃肠炎、下痢、水肿等，严重感染可引起死亡。本病分布广泛，是藏羊重要的寄生虫病之一，也是每年春乏季节引起羊只大批死亡的重要原因之一，给养羊业造成严重的经济损失。

（1）病原及流行

寄生于藏羊消化道内的线虫种类很多，虫体多细小，线状，其长度 4~30mm，寄生部位及形态各异。

除细颈线虫和马歇尔线虫虫卵个体较大外，其他各属线虫卵的形态特征都很相似，呈卵圆形或椭圆形，卵壳薄，光滑，呈灰白色或稍带黄色，内充满数量不等的胚细胞。在显微镜下很难鉴别。只有鞭虫卵形态较特殊，呈腰鼓状，两端有塞状物。

本病在全国各地均有不同程度的发生和流行。尤以西北、华北、内蒙古、东北的广大牧区最为普遍。羊消化道线虫的发育均不需要中间畜主参加，多数种类的虫卵随粪便排到外界后，在适宜的条件下，即可孵出幼虫，幼虫经 2 次蜕皮后发育为第 3 期幼虫（感染性幼虫），感染性幼虫可移行至牧草的茎叶上，羊吃草时即可经口腔感染。3 期幼虫在真胃或肠黏膜内发育蜕皮，并附在黏膜上，逐渐发育为成虫。有的感染性幼虫（如钩虫）也可通过皮肤感染。线虫虫卵对外界的抵抗力较强，最适发育温度为 20℃ ~30℃，只要温、湿度和光照适宜，特别在早、晚和小雨后的初晴天，草叶湿润，日光不十分强烈，这时幼虫大量向草叶上爬行，是羊被最易感染的时机，有时在一个露滴内就含有几十条甚至上百条幼虫。

（2）临床症状

病畜消瘦、乏弱、精神委顿、被毛粗乱无光，放牧落群，长期拉稀粪；幼畜发育受阻。病情严重时，卧地不起，颈下和眼睑水肿，眼结膜贫血，极度消瘦，普通止泻药不能止泻，最后因极度衰竭而死。死后或屠宰后，可在胃肠内找出大量虫体，不同部位寄生的虫体不同。

（3）剖检变化

尸体消瘦贫血，内脏明显苍白，胸腹腔内常积有多量淡黄色液体，胃和肠道各段有数量不等的相应线虫寄生。大网膜、肠系膜有胶样浸润。肝、脾呈不同程度萎缩、变性。真胃黏膜水肿，有出血点。小肠、盲肠黏膜呈卡他性炎症。大肠可见有黄色点状结节或化脓性结节与溃疡，当溃疡破溃后引起腹膜炎，并伴发粘连和溃疡性化脓性肠炎等。

（4）防治措施

1）预防

定期驱虫，一般可在每年秋末冬初进入舍饲后（11~12 月）和春季放牧前（3~4 月）各安排 1 次。但因地区不同，选择驱虫的时间和次数可依具体情况而定。羊的粪便要堆积发酵处理，羊群应饮用自来水、井水或干净的流水，禁饮低洼地区的积水或死水，尽量避免在潮湿低洼地带和早、晚及雨后放牧，可减少感染机会。有条件的地方可进行轮牧。驱虫药物要用广谱、高效、低毒的药物，如：丙硫咪唑（抗蠕敏）、虫克星、阿维菌素等。建议每年冬季用抗蠕敏进行驱虫，春季用虫克星或阿维菌素等药物驱虫，以免虫体产生耐药性。此外，用佳灵三特等药物驱治羊消化道线虫的效果良好。

2）治疗

可选择下列药物：

丙硫苯咪哗，剂量以每 kg 体重 5～20mg，1 次内服。

芬苯哒哩，剂量为每 kg 体重 5～10mg，1 次内服。

甲苯咪唑，剂量为每 kg 体重 10～15mg，1 次内服。

左旋咪陛，剂量为每 kg 体重 10～15mg，1 次内服，也可皮下或肌肉注射。

阿维菌素或伊维菌素，剂量为每 kg 体重 0.2mg，1 次皮下注射或内服。对体内的各种线虫和体表寄生虫均有杀灭作用。

2. 羊肺线虫病

藏羊肺线虫病是由网尾科的丝状网胃线虫和原园科的多种线虫寄生于藏羊的气管、支气管、细支气管乃至肺泡所引起的以支气管炎和肺炎为主要症状的一种寄生虫病。其中丝状网胃线虫属于大型肺线虫，致病力强，常呈地方性流行，特别是在春乏季节可造成羔羊和幼龄羊的大批死亡。原园科线虫较小，为小型肺线虫，危害较轻。

（1）病原及流行

1）丝状网胃线虫

虫体呈细线状，乳白色，肠管似一条黑线穿行体内。雌虫长 43～112mm，雄虫长 25～80mm，交合伞发达，尾端交合刺短，呈靴形，黄褐色，为多孔性结构。新鲜粪便内的虫卵与已孵化出的幼虫（一期幼虫），长 0.5～0.54mm，头端有一纽扣样突起，尾端较钝。

本病的感染季节主要在春、夏、秋较温暖的季节。羊感染时，雌虫在羊气管和支气管内产卵，卵产出时已含幼虫，当羊咳嗽时，卵随痰液进入口腔，大部分被咽入消化道，少部分随痰或鼻腔分泌物排出体外。卵在通过消化道的过程中，在消化道孵化出一期幼虫，并随粪便一起排到体外。体外的幼虫在适宜的条件下（在 20℃温度下），约经 4～5d，经 2 次蜕皮变成感染性幼虫。感染性幼虫落入水中或附着在草上，当羊在吃草、饮水时吞食幼虫而感染。幼虫进入肠壁，随淋巴管和血管移到心脏，再沿小循环到肺脏，穿过毛细血管进入肺泡，进入小支气管和支气管内发育为成虫。从羊感染到发育为成虫，大约需要 18d，感染后 26d 开始产卵。成虫在羊体内的寄生期限随羊的营养、年龄有所不同，由 2 个月到 1 年不等。

丝状网胃线虫幼虫对热和干燥敏感，在 21℃以上时幼虫活动就受影响。可以耐低温。在 41～5 专时，幼虫就可发育，并可保持活力达 100d 之久。感染性幼虫在 -40℃ ～-2℃ 仍然不死亡。干粪中幼虫的死亡率比在湿粪中大得多 B 成年羊比幼年羊感染率高，但对羔羊危害严重。肺线虫病在我国分布广泛，尤以西北等高寒地区为甚，是常见的蠕虫病之一。

2）小型肺线虫

小型肺线虫种类很多，其中以原园属、缪勒属线虫分布最广，危害也较大。这类线虫比较纤细，长为 12～28mm，多呈棕色或褐色。其一期幼虫较小，尾端均较纤细，常具背刺、刚毛。

本科线虫的发育都需要经中间宿主陆地螺或淡水螺蛳来完成。虫卵产出后，发育孵化为一期幼虫，后者沿细支气管上行到咽，转入肠道，随粪便排到外界。一期幼虫进入中间宿主体内发育成感染性幼虫，感染性幼虫可自行逸出或留在中间宿主体内。当羊吃草或饮水时，摄入感染性幼虫或含有感染性幼虫的中间宿主时受感染。幼虫钻入肠道，经发育并随血流移行至肺，在肺泡、细支气管以及肺实质中发育为成虫。从感染到发育为成虫的时间约为 25~38d。

一期幼虫的生存能力较强。自然条件下，在粪便和土壤中可生存几个月，对干燥有显著的抵抗力，在干粪中可生存数周。在湿粪中生存期较长。幼虫耐低温，在 3℃~6℃时，比在高温下生活得好。冰冻 3d 后仍有活力，12d 死亡在螺体内的感染性幼虫，其寿命与螺的寿命同长，约 12~18 个月。除严冬软体动物休眠时外，几乎全年均可发生感染。4~5月龄以上的羊，几乎都有虫体寄生，甚至数量很大。

（2）临床症状

羊群被感染的第一个症状是咳嗽。先是个别羊发生，继之成群羊发作，特别是在早晨、夜间或被驱赶时咳嗽更为明显，常发出拉风箱似的呼吸声。严重时咳嗽频繁，常打喷嚏，有时咳出成团虫体和大量幼虫、虫卵。流黏性鼻液，干涸后形成鼻痂。有时分泌物黏稠，常拖悬在鼻孔下面。患羊逐渐消瘦，贫血，头部及四肢水肿，被毛粗乱，体温一般不高。羔羊症状较为严重，感染较轻的幼羊和成羊呈慢性经过，症状不明显。

（3）剖检变化

尸体消瘦，贫血，肺膨胀不全和气肿，表面隆起，成灰白色，触诊有坚硬感，切开时常见幼虫体。支气管黏膜浑浊、肿胀充血，有小出血点，内充有黏性或脓性混有血丝的分泌物团块，团块内有成虫、虫卵和幼虫。

（4）防治措施

1）预防。在本病流行区，每年春、秋两季（春季在 2~3 月，秋季在 11~12 月），用广谱、高效、低毒的药物进行 2 次以上计划性驱虫。驱虫治疗后，对粪便进行堆积发酵。注意饮水卫生，不要饮死水，要饮流水或井水。羔羊与成羊分群放牧，有条件的地区，可实行轮牧。避免在低湿沼泽地区放牧。冬季应适当补饲。

2）治疗

左旋咪唑，剂量为每 kg 体重 10mg，1 次内服。

丙硫苯咪唑，剂量为每 kg 体重 5~15mg，1 次内服。

割乙酰肌（网胃素），剂量为每 kg 体重 17mg，1 次内服，连用 3d；肌肉或皮下注射剂量为每 kg 体重 15mg。

乙胺嗪（海群生），剂量为每 kg 体重 200mg，1 次内服。该药适用于对早期幼虫的治疗。

阿维菌素或伊维菌素，用法、用量见羊消化道线虫病。

3. 羊片形吸虫病

羊片形吸虫病是由肝片吸虫、大片吸虫寄生于藏羊的肝脏、胆管内引起的慢性或急性肝炎、胆管炎，同时伴发全身中毒现象及营养障碍等病症的寄生虫病。危害相当严重，可引起羊的大批死亡。在其慢性病程中，使羊只消瘦、发育障碍，生产力下降，病肝成为废弃物。往往给畜牧业经济带来巨大的损失。

（1）病原及流行

肝片吸虫外观呈扁平叶状，虫体长 21 ~ 41mm，虫体宽 9 ~ 14mm。新鲜虫体呈棕红色，固定后变为灰白色。虫体前端呈圆锥状突起，称头锥。头锥后方变宽，形成肩，从肩部以后逐渐变窄。体表生有很多小刺。口吸盘位于头锥的前端，腹吸盘位于肩水平线中部。生殖孔开口于腹吸盘前方。口孔位于口吸盘中央。肝片吸虫虫卵较大，长径 $133 ~ 157 \mu m$，宽径 $74 ~ 91 \mu m$，呈椭圆形，金黄色或黄褐色，前端较窄，有一不明显的卵盖，后端较钝。卵壳薄而光滑，半透明，卵内充满许多卵黄细胞和 1 个胚细胞。

大片吸虫形态基本与肝片吸虫相似，呈长叶状，虫体长 25 ~ 75mm，虫体宽 5 ~ 12mm。虫体两侧缘比较平行，后端钝圆，肩部不明显。腹吸盘较口吸盘约大 1.5 倍。虫卵为黄褐色，长卵圆形，长径 $150 ~ 190 \mu m$，宽径 $75 ~ 90 \mu m$。

片形吸虫的中间宿主为椎实螺科的淡水螺。藏羊是片形吸虫的终末宿主。成虫寄生于藏羊的胆管内，成虫产下的虫卵随粪便排除后，在适宜的温度、氧气和水分及光线条件下，约经 10 ~ 20d，孵化出毛蚴在水中游动，遇到适宜的中间宿主（螺）即钻入其体内。毛蚴在螺体内，通过无性繁殖，经过胞蚴、母雷蚴、子雷蚴和尾蚴几个阶段的发育，最后发育成的很多尾蚴逸出螺体，在水生植物和水面上形成囊蚴，当羊食入带有囊蚴的水草后被感染。囊蚴在十二指肠脱囊，一部分童虫穿过肠壁，到达腹腔，由肝包膜钻入到肝脏，经移行到达胆管。另一部分童虫钻入肠黏膜，经肠系膜静脉进入肝脏。羊自吞食囊蚴到发育为成虫（粪便内查到虫卵）约需 2 ~ 3 个月，成虫的寄生期限为 3 ~ 5 年。

该病常呈地方性流行。外界环境和季节对本病的流行有很大的影响。常发生于河流、山川小溪和低洼、潮湿沼泽地带。特别在多雨年份和多雨季节由于淡水螺类剧增，本病流行严重。本病主要流行于春末、夏、秋季节，我国北方牧区，8 ~ 9 月为高发季节，羊受感染最为严重。

（2）临床症状

急性型（童虫寄生阶段），多因短期感染大量囊蚴所致。病羊初期发热、不食、精神委顿、衰弱易疲劳、离群，肝区压痛明显，排黏性血便全身颤抖。红细胞及血红素显著降低，严重者多在几天内死亡。慢性型（成虫寄生阶段），主要表现消瘦、贫血、黏膜苍白黄染、食欲不振、异嗜、被毛粗乱无光、步行缓慢。在眼睑、颌下、胸腹下出现水肿，便秘与下痢常交替发生，最后可因极度衰竭而死亡。

（3）剖检变化

急性死亡病例，可见急性肝炎和大出血后的贫血变化。肝脏肿大，包膜有纤维素沉积，常见有 2~5mm 长的暗红色虫道，内有凝固的血液和少量幼虫。腹腔有血红色液体，呈现腹膜炎病变。慢性病例，剖检主要呈现慢性增生性肝炎和胆管炎变化。肝实质萎缩、褪色、变硬、边缘钝圆，小叶间结缔组织增生，胆管肥厚，扩张成绳索状突出于肝表面。胆管内有磷酸钙和磷酸镁等盐类沉积，而使内膜粗糙，刀切时有沙沙声。胆管内充满虫体（似木耳状）和污浊稠厚棕褐色的黏性液体。病羊出现明显的贫血、水肿现象。胸腹腔及心包内积液。

（4）防治措施

1）预防

必须采取综合性防治措施，才能取得较好的效果。

定期驱虫：在本病流行地区，每年结合当地具体情况进行 1~2 次定期驱虫，一般选择在秋末、冬初和笠年的春季。对于急性病例，一般在 9 月下旬幼虫期驱虫，慢性病例一般在 10 月成虫期驱虫。所有羊只每年在 2~3 月和 10-11 月应有 2 次定期驱虫，10~11 月驱虫是保护羊只过冬，并预防羊冬季发病，2~3 月驱虫是减少羊在夏秋放牧时散播病源。

粪便处理：圈舍内的粪便，每天清除后进行堆肥，利用粪便发酵产热而杀死虫卵。对驱虫后排出的粪便，要严格管理，不能乱丢，集中起来堆积发酵处理，防止污染羊舍和草场及再感染发病。

牧场预防：一是选择高燥地区放牧，不到沼泽、低洼潮湿地带放牧；二是定期轮牧，以减少肝片吸虫病的感染机会；三是放牧与舍饲相结合，在冬季和初春，气候寒冷，牧草干枯，大多数羊消瘦、体弱，抵抗力低，是肝片吸虫病患羊死亡数量最多的时期，因此在这一时期，应由放牧转为舍饲，加强饲养管理，来增强抵抗力，降低死亡率。

饮水卫生：在发病地区，尽量饮自来水、井水或流动的河水等清洁的水，不要到低湿、沼泽地带去饮水。

消灭中间宿主：消灭中间宿主椎实螺是预防肝片吸虫病的重要措施。在放牧地区，通过兴修水利、填平改造低洼沼泽地，来改变椎实螺的生活条件，达到灭螺的目的。沼泽地区可喷洒硫酸铜溶液（1∶50000）灭螺，也可辅以生物灭螺，如养鸭和其他水禽等。据资料报道，在放牧地区，大群养鸭，既能消灭椎实螺，又能促进养鸭业的发展，是一举两得的好事。

患病脏器的处理：不能将有虫体的肝脏乱弃或在河水中清洗，或把洗肝的水到处乱泼，而使病原人为地扩散，对有严重病变的肝脏立即作深埋或焚烧等销毁处理。

2）治疗

常用以下驱虫药物进行驱虫治疗。

丙硫苯咪哩，剂量为每 kg 体重 15~25mg，1 次口服。

蛭得净（溴酚磷），剂量为每 kg 体重 16mg，1 次口服，对成虫和幼虫均有很高的疗效。

肝蛭净（三氯苯哒），剂量为每 kg 体重 10mg，1 次口服，对发育各阶段的肝片吸虫均有效。

碘醚柳胺，剂量按每 kg 体重 7.5mg，1 次内服，对成虫和 6～12 周的未成熟的肝片吸虫均有效。

4. 羊前后盘吸虫病

羊前后盘吸虫病是由前后盘科各属的吸虫寄生而引起的寄生虫病。成虫主要寄生于羊的瘤胃壁上，有时在网胃、瓣胃也可发现，一般危害不大。而幼虫阶段，则因在发育过程中移行于真胃、小肠、胆管、胆囊，可造成较严重的疾病，甚至死亡。

（1）病原及流行

前后盘吸虫的种、属很多，虫体的大小和颜色不同，有的呈淡红色或乳白色。虫体呈圆柱形、圆锥形或长梨形，2 个吸盘，口吸盘位于虫体前端，腹吸盘位于虫体的后端，并明显大于口吸盘，故称前后盘吸虫。

前后盘吸虫的发育与肝片吸虫相似，其中间宿主为淡水螺类一扁卷螺。

虫卵卵圆形，灰白色，大小为长径 114～176 μm，宽径 73～100 μm，一端有卵盖，卵黄细胞不充满虫卵，两端空隙较大，有时可见内含一圆形胚细胞。

该病主要发生于夏、秋季节。其中间宿主分布广泛，在沟塘、小溪、沼泽、湖泊、水田中均有大量扁卷螺，在低洼潮湿地区也有大量小椎实螺滋生，与本病的发生流行有直接关系。

（2）临床症状

本病常因童虫在体内移行而表现明显症状。患羊表现顽固性腹泻，粪便常有腥臭味，体温有时升高，消瘦，贫血，颌下水肿，黏膜苍白，后期因极度消瘦衰弱而死亡。

（3）剖检变化

尸体消瘦，黏膜苍白，唇和鼻镜上有浅在的溃疡，腹腔内有红色液体，有时在液体内还可发现幼小虫体。真胃幽门部、小肠黏膜有卡他性炎症，黏膜下可发现幼小虫体，肠内充满腥臭的稀粪。胆管、胆囊膨胀，内有童虫。成虫寄生部位损害轻微，在瘤胃壁的胃绒毛之间吸附有大量成虫。

（4）防治措施

可参照片形吸虫病的预防和治疗方法。

此外，还可选用下列药物治疗：氯硝柳胺（灭绦灵），剂量为每 kg 体重 75～80mg，1 次灌服，对童虫效果较好。

5. 羊绦虫病

羊绦虫病是由莫尼茨属、曲子宫属和无卵黄腺属的绦虫寄生于藏羊小肠内引起的一种寄生虫病。以莫尼茨绦虫致病力最强，主要危害羔羊，引起拉稀、发育不良和死亡。几种绦虫可独立致病，但大多由数为混合感染。每天早晨到圈舍检查时，可在新鲜粪便中发现有黄白色、长约一厘米的绦虫节片。

（1）病原与流行

莫尼茨绦虫常见的有扩展莫尼茨绦虫和贝氏莫尼茨绦虫2种。两者外观形态相似难以区别，均为大型绦虫。虫体扁平带状，乳白色，由头节、颈节及链体部组成。长1~6m，宽约16mm（两者相比，后者较宽且长）。头节呈球形，有4个圆形吸盘。每一成熟节片内有两组生殖器官，生殖孔分别开口在每个节片的两侧缘。每个节片后缘，布有节间腺。扩展莫尼茨绦虫节间腺呈均匀颗粒状；贝氏莫尼茨绦虫节间腺呈短线状，分布于每个节片后缘中部。扩展莫尼茨绦虫虫卵浅灰色，呈三角形或圆形，直径 $50 \sim 60 \mu m$，内含梨形器和六钩蚴。

曲子宫绦虫呈乳白色，虫体长 2~3m、宽约12mm，每个节片有一组生殖器官，生殖孔不规则的交互开口于虫体两侧，使虫体边缘呈不规则的锯齿状。子宫长弯曲极多，呈波浪状，内含有许多卵袋，每个卵袋内有 3~8 个虫卵。虫卵近于圆形，无梨形器，内含一个六钩蚴。

无卵黄腺绦虫是反刍兽绦虫较为纤细的一类，虫体长 2~3m，宽约为 3mm，每个节片有一套生殖器官，无卵黄腺。虫卵内无梨形器，有六钩蚴。

该病在全国广泛分布，在北方牧区流行更为普遍。成虫寄生于羊的小肠内，成虫脱卸的孕节或虫卵随畜主的粪便排出体外，虫卵散播，被地蝇（中间畜主）吞食，六钩蚴在其消化道内孵出，穿出肠壁，入血腔发展为似囊尾蚴，羊只采食时将含有似囊尾蚴的地螨吞食，地螨即被消化而释放出似囊尾蚴，似囊尾蚴吸附于羊只的肠壁上，在小肠内发育为成虫。

以上3种绦虫在发育过程中，幼虫阶段必须在中间宿主地螨体内发育成似囊尾蚴以后才能感染家畜。所以，本病的发生、流行与中间宿主地螨的分布有直接的关系。在森林牧场或有灌木丛的地带，草层较厚腐殖质较多的地方，地蝇的种类和数量也较多。夏、秋时节的每天早晨和傍晚，特别是雨后地表层的地螨数量会大大增加。据报道，在此时放牧，羊每吃入1000g饲草，就可吞食3200多个地螨，羊只很容易感染绦虫。

（2）临床症状

患羊的症状轻重，通常与虫体的感染强度及羊的体质、年龄密切相关。一般表现食欲减退、贫血、水肿，羔羊腹泻，感染家畜的粪便表面可发现，常混有黄白色的孕卵节片。被毛粗乱，喜卧，起立困难，消瘦，体重减轻。若虫体阻塞肠管时，则出现腹胀和腹痛表现，严重者因肠道破裂死亡。有的病羊也可出现转圈、肌肉痉挛或头向后仰等神经症状。后期患羊卧地不起，常做咀嚼样运动，口周围有泡沫流出，反应丧失，直至全身衰竭死亡。

（3）剖检变化

尸体消瘦贫血，可在小肠内发现数量不等的虫体。寄生部位呈现卡他性炎症变化。有时可见肠扩张、套叠乃至肠破裂。肠黏膜、心内膜和心包膜有明显的出血点，脑内见有出血性浸润和出血，腹腔及颅腔有渗出液。

（4）防治措施

1）预防

根据本病的季节动态，在流行区对羊群进行成虫前驱虫，即在羊开始放牧 30d 后进行第 1 次驱虫，经 10~15d 再进行第 2 次驱虫，可防止牧场被污染。避免在雨后、清晨或傍晚放牧，以减少羊只食入地满的机会。有条件的地方，最好实行牛、羊与马属动物轮牧。

2）治疗

可选用如下药物：

丙硫苯咪哩（阿苯哒哩）：剂量按每 kg 体重 10~16mg，1 次内服。

苯硫咪哩（芬苯哒哇）：剂量按每 kg 体重 5~10mg，1 次内服。

吡喹酮：剂量按每 kg 体重 5~10mg，1 次内服。

灭绦灵（氯硝柳胺）：剂量按每 kg 体重 75~100mg，早晨或空腹时 1 次灌服。

甲苯咪哩：剂量按每 kg 体重 20mg，1 次内服。

6. 棘球蚴病

棘球蚴病，又名包虫病，是由寄生于犬、狼、狐狸等动物小肠的细粒棘球绦虫的幼虫期—棘球蚴，感染中间畜主羊、牛、猪、骆驼及其他动物和人，并寄生在中间畜主的肝、肺等脏器组织内引起的一种人、兽共患的绦虫蚴病。本病不但给畜牧业造成严重的经济损失，对公共卫生的影响很大，严重威胁着人类生命安全。

（1）病原与流行

棘球蚴为充满无色透明液体的囊泡，大小不一。在囊泡内膜上（生发层）生长许多头节（原头蚴）或含有头节的生发囊（子囊），子囊内还可产生头节和生发囊。有的子囊还可产生外生囊。这样一个发育良好的棘球蚴内所含有原头蚴（头节）可达上百万个。肉眼观察这些游离在囊液内的子囊和头节很似沙粒，所以又将其称为棘球砂。有的囊泡内无头节生成，称不育囊。细粒棘球绦虫的成虫很小，全长仅 2~7μm，由 1 个头节和 3~4 个节片组成，头节略呈梨形，有明显的顶突和 4 个吸盘，顶突上有两圈小钩，共约 28~50 个。粪便内的虫卵直径 32~36nm，外被一层辐射状的胚膜，内含 1 个六钩蚴。

细粒棘球绦虫寄生于犬、狼、狐狸的小肠内，虫卵和孕节随粪便排出体外，污染草、料和饮水，若这些被污染的草、料和饮水被中间畜主羊吞食，虫卵内的六钩蚴在消化道孵出，钻入肠壁，随血流或淋巴散布到体内各处，以肝脏和肺脏最常见。约经 6~12 个月的生长可成为具有感染性的棘球蚴。犬等终末畜主吞食了含有棘球蚴的脏器即被感染，约经40～50d发育为细粒棘球绦虫。

棘球蚴病分布广泛，常呈地方性流行，尤以西北、东北、内蒙古等牧区流行严重。犬、狼、狐狸等是散布虫卵的主要来源，尤其是牧区的牧羊犬。

（2）临床症状

若轻度感染，则病初不显症状，严重感染时患羊表现为被毛粗乱，发育不良，消瘦。如果棘球蚴侵占肺部，会引起呼吸困难和微弱咳嗽。肝脏感染时，表现消瘦、贫血、黏膜黄染。按压肺、肝区可引起疼痛，严重者常导致死亡。

（3）病理变化

病变主要在虫体经常寄生的肝脏和肺脏。可见肝、肺表面凸凹不平，有数量不等的棘球蚴包囊突出于肝肺表面，肝、肺实质中也可发现大、小不等的棘球蚴包囊。除不育囊外，吸取囊液可见大量棘球砂。有时棘球蚴也可发生钙化和化脓。此外，在其他脏器、肌肉及皮下偶尔也可发现棘球蚴。

（4）防治措施

1）预防

加强兽医卫生检验工作，对有病的脏器一律深埋或烧毁，严禁用来喂犬和随便丢弃；饲草、饮水防止被犬粪污染。对牧羊犬和家犬定期驱虫，常用药物有氢溴酸槟榔碱按每kg体重2～3mg的剂量，绝食12～18h后1次灌服；吡喹酮，每kg体重5～10mg，1次灌服。服药后应拴留一昼夜，并将所排出的粪便烧毁或深埋，以防病原扩散。对野犬、狼、狐狸等终末畜主应予以捕杀。

2）治疗

目前对本病尚无有效治疗方法，比较可靠的方法是手术摘除棘球蚴或切除被寄生的器官。但这些方法很少用于家畜的治疗。

7. 脑多头蚴病

脑多头蚴病，又叫脑包虫病。本病是由多头绦虫的幼虫—多头蚴（或称脑包虫）等寄生于羊脑及脊髓内引起的一种绦虫蚴病。其临床特征为周期性的转圈运动。本病是危害养羊业的一种人、畜共患寄生虫病。

（1）病原及流行

本病的病原是多头绦虫的幼虫—多头蚴＆多头蚴呈囊泡状，小如豌豆粒，大的如鸡蛋大，囊内充满透明液体。在囊的内壁上有100～250个头节（原头蚴），其直径为2～3mm。成虫为多头绦虫，寄生于犬、狐、狼的小肠内。虫体长40～100cm，节片200～250个。成熟节片呈方形。头节小，有4个吸盘，顶突上有22～32个角质小钩，分两圈排列。虫卵直径29～37μm，呈球形，外被一层辐射线条状的胚膜，内含有1个六钩蚴。

多头绦虫寄生于犬、狐、狼的小肠内（终末畜主），孕卵节片脱落随粪便排出体外，节片与虫卵散布于草场，污染饲草、饲料和饮水，这些被污染的饲草料、饮水被羊只（中间畜主）吞食而进入胃肠道后，六钩蚴逸出，借小钩钻入肠黏膜血管内，随血液进入脑脊髓中，经2~3个月发育成多头蚴。六钩蚴在羔羊体内发育较快，感染后2周发育至粟粒大小，6周后囊体约2~3cm。含有多头蚴的脑被犬等肉食动物吞噬后，多头蚴头节便吸附于这些动物的小肠壁上，发育为成虫，成虫成熟后即可见孕节排出。因此，无论在牧区或农区，只要有养犬的习惯，羊就可感染本病，但牧区最常见，发病率也高。

（2）临床症状

初期由于幼虫移行可引起羊脑和脑膜的急性炎症，常见离群、目光无神、减食、行动迟缓，呈现无任何规律的强制运动。重者精神高度沉郁，步态蹒跚，头转向一侧或转圈，个别出现癫痫。由于多头蚴在脑部的寄生部位不同，病羊常呈现头高举、下垂、偏于一侧或头抵障碍物不动；有的做直线运动或转圈运动等，并常为周期性发作；也有的出现痉挛和失明。病的后期，寄生部位骨质松软甚至穿孔。病羊常因极度衰弱死亡。本病患羊表现出一系列特征性神经症状，容易确诊，但应与羊莫尼茨绦虫病、羊鼻蝇蛆病以及其他脑部疾患的神经症状相区别，即这些病均不出现头骨变软、变薄和皮肤隆起现象。

（3）剖检变化

急性死亡病羊呈现脑膜炎和脑炎病变，在脑部可见六钩蚴移行时留下的弯曲伤痕。慢性病例可在脑、脊髓的不同部位发现数量不等的囊状多头蚴。

（4）防治措施

1）预防

防止犬等肉食动物食入带多头蚴的脑、脊髓，对患羊的脑和脊髓应烧毁或做深埋处理。对牧羊犬和家犬应用吡喹酮（每kg体重5~10mg，1次内服）或氢溴酸槟榔碱（每kg体重1.5~2mg，1次内服）定期驱虫。对野犬、狼、狐狸等终末畜主应予以扑杀。

2）治疗

早期病例可试用吡喹酮治疗，剂量为每kg体重50mg内服，连用5d为一个疗程。晚期病例，可采取手术摘除。方法是：定位后，局部剃毛、消毒，将皮肤作"U"字形切口，打开术部颅骨，先用注射器吸出囊液，再摘除囊体，然后对伤口作一般外科处理。为防止细菌感染，可于手术后3d内连续注射青霉素。也可不作切口，直接用注射针头从外面刺入囊内抽出囊液，再注入95%酒精1ml。

8. 羊螨病

羊螨病，又称疥癣，群众俗称羊疥疮、羊癞或"骚"。是由螨类（疥螨和痒螨）侵袭而引起的一种高度接触性皮肤病。病的特征主要为剧痒、皮肤炎症、脱毛和消瘦。本病具有高度的传染性、往往在短期内可引起羊群严重感染，危害十分严重。藏绵羊多为痒螨病。

（1）病原与流行

1）疥螨

虫体很小，呈扁圆形或龟形，长 0.2～0.5mm，浅黄色，不分节，由假头部与体部组成，肉眼很难看见。镜下可见体表有很多刚毛和小刺，假头后方长有 1 对粗短的垂直刚毛，前端有一半圆形的咀嚼式口器。虫体腹面、前后各有 2 对粗短的足。后两对足均不突出于体的后缘。疥螨终生寄生在皮内，不断挖凿隧道，在隧道内生长、繁殖。在圈舍墙壁或其他器物上最多能活 3 周。雌虫在皮下隧道中产卵，一生可产 20～40 个。卵经过 3～8d 孵化成六足幼虫，再经数日而变为小疥虫，以后再发育成成虫。其全部发育过程为 8～22d。

2）痒螨

虫体呈长扁圆形，身体较大，长 0.5～0.9mm，肉眼可见，呈灰白色或黄色，不分节，由假头部与体部组成。口器较长，呈圆锥形刺吸式口器，4 对足细长，特别是前 2 对足较粗壮。痒螨终生寄生于羊皮肤的表面，羊体表温度与湿度对痒螨的发育影响很大，体弱的羊易感染。痒螨表面角质坚韧，抵抗力强，离开畜主耐受力较强。雌虫在羊毛之间的寄生区域产卵，一生可产卵约 40 个。卵经过 3～4d 即孵出六足幼虫，幼虫吸血一次，经 2～3d 变为若虫。若虫蜕皮 2 次后，再过 3～4d 变为成虫。前后共经过 10～12d 而完成生活史。

本病主要通过健康羊与病羊的接触而感染，也可借助圈舍、用具等间接传播。每年的冬季和秋末初春为主要的发病季节。特别是在那些阴湿、拥挤的羊圈，更容易促使螨病的发生蔓延。

（2）临床症状

疥螨多发生于藏羊皮肤柔软、毛短的部位。常先侵害嘴唇、口角、鼻孔四周、眼圈、耳根及鼠蹊部，以后逐渐向周围蔓延。主要在头颈部，病变部位形成坚硬白色胶皮样痂皮，农牧民称之为"石灰头"。痒螨多发生于藏羊被毛长而稠密的背部、臀部、及体侧、尾根等处，是危害最为严重的一种螨病。

由于螨虫的机械刺激和毒素作用，引起患羊剧痒，不时在围墙、栏杆等处摩擦、啃咬而脱毛，继之皮肤出现丘疹、结节、水泡，乃至脓疮，以后则形成痂皮、龟裂和皮肤增厚。特别是当藏绵羊感染痒螨以后，背毛常成束结缕悬于羊体两侧，继而大面积脱落，甚至背毛完全脱光，病变部皮肤先出现浅红色或浅黄色的小结节以及充满液体的小水泡，继而出现鳞屑和脂肪样浅黄色的痂皮。体驱下部泥泞不洁。因病羊长期不安，影响米食和休息，表现贫血、消瘦，最后因瘦弱和冷冻，常在寒冷季节大批死亡。

（3）防治措施

1）预防

每年定期对羊群进行药浴。对新引进的羊应隔离检查确定无螨虫寄生后再混群饲养。

圈舍应经常保持清洁卫生、干燥、通风，羊只不拥挤，并定期清扫和消毒。厩舍及用具用5%克辽林、石灰水喷洒消毒，对患病羊要及时隔离治疗。治疗期间可应用0.1%蝇毒磷乳剂对周围环境消毒，以防散布病原。

2）治疗

涂药疗法。适于病羊少、患部面积小，特别适合在寒冷季节使用。涂药应分几次进行（每次涂药面积不得超过体表的1/3）。

药浴疗法。适用于病羊数量多及气候温暖的季节，常用于对螨病的预防和治疗。

注射疗法。适用于各种情况的螨病治疗，省时、省力，优于以上各种疗法。

3）注意事项

涂擦药物之前，应先剪毛去痂，可用温肥皂水或2%来苏尔彻底洗刷患部，以除去痂皮，然后擦干患部后用药；药浴时间应选择在羊剪毛后5~7d进行；大规模药浴之前应对所选药物做小群安全试验；药浴温度保持在36℃~38℃，并随时补充新药液；药浴时间为1~2min，注意浸泡头头；药浴前让羊饮足水，以防误饮药液。因大部分药物对螨虫卵无杀灭作用，治疗和药浴时必须重复用药2~3次，每次间隔7~8d。常用药物如下。

阿维菌素或伊维菌素：剂量为每kg体重0.2mg，1次皮下注射。市售商品为1%阿维菌素或伊维菌素的注射液，每50kg体重羊，只需注射1ml即可。此外，本品也有粉剂可供内服和渗透剂外用（浇注），其效果和其他剂型一样。

双甲脒：按每吨水加入12.5%双甲脒乳油4000ml，配成乳油水溶液，对羊药浴或涂擦体表。

用于药浴的有机磷制剂有：0.05%辛硫磷乳液、0.015%~0.02%巴胺磷水乳液、0.05%蝇毒磷水乳液、0.025%螨净（二嗪农）水乳液、0.5%~1%敌百虫水溶液（应慎用）等。

用于药浴的拟除虫菊酯类杀虫剂有：0.005%溴氰菊酯水乳剂、0.006%氯割菊酯水乳剂、0.008%-0.02%杀灭菊酯水乳剂等。

9. 羊鼻蝇蛆病

羊鼻蝇蛆病是由狂蝇科狂蝇属的幼虫寄生于羊的鼻腔及其附近的腔窦中，并引起慢性鼻炎的一种寄生虫病。亦称羊鼻蝇蝴病。该病在我国北方的广大地区较为常见，流行严重的地区感染率可高达80%。经调查，本病在甘肃甘南州的农区和半农半牧区的感染率达75%以上。

（1）病原及流行

羊鼻蝇的成虫形似蜜蜂，淡灰色，全身密生短的绒毛，略带金属光泽，体长10~12mm，头大成半球形，两复眼小，缺口器。第一期幼虫呈淡黄色，长约1mm，前端有两个口前钩；第二期幼虫为长椭圆形，长20~25mm；第三期幼虫（成熟幼虫）呈棕色，长约30mm，腹面平直，各节前缘生有很多小刺，背部隆起。各体节上有深棕色横带，虫体前端较尖，有一对发达的黑色口前钩，后端齐平，有2个黑色后气孔。

羊鼻蝇成虫多在春、夏、秋出现，尤以 7～9 月为多。雌雄交配后，雄虫即死亡。雌虫在牧地、圈舍等处飞翔，生活至体内幼虫形成后，在炎热晴朗无风的白天，当遇到羊时则突然冲向羊鼻，将幼虫产于羊的鼻孔内或鼻孔周围。幼虫逐渐向深部移行，寄生 9～10 个月，到翌年春天，发育为成熟的第三期幼虫，三期幼虫再由深部逐渐爬向鼻腔，当患羊打喷嚏时，幼虫被喷出，落于地面，钻入土中或羊粪堆内化为蛹，经 1～2 个月后羽化为成蝇。因此，本病常于每年夏季感染，春季发病明显。

（2）临床症状

成蝇侵袭羊群产幼虫时，可引起羊群骚动不安，互相拥挤，将头藏于腹下或抵地不动，严重影响采食和休息。幼虫在移行时可引起各腔窦黏膜的炎症，鼻漏初为浆液性，后转为脓性，有时混有血液。当大量鼻漏干涸在鼻孔周围形成硬痂测阻塞鼻孔，造成呼吸困难。此时，病羊极度不安，表现打喷嚏、甩鼻子、摇头以及眼睑水肿、流泪等急性症状。病羊精神不振，食欲减退，日渐消瘦。到幼虫寄生后期，症状加剧。当个别幼虫侵入颅腔损伤脑膜或因激发感染而累及脑膜时，均可引起神经症状，表现运动失调，呈现转圈运动或发生痉挛、麻痹等。最后食欲消失，终因极度衰竭而死亡。

（3）剖检变化

死后剖检可在鼻腔、鼻窦或额窦内发现各期幼虫。

（4）防治措施

防治本病应以消灭一期幼虫为主要措施。实施药物防治一般可选在每年的 10～11 月进行，竖年 2～3 月再驱虫一次。其方法如下。

①敌百虫或敌百虫软膏

在成蝇飞翔季节，可用 10% 敌百虫或 1% 敌百虫软膏涂在羊鼻孔周围，有驱避成蝇和杀死幼虫的作用。

②阿维菌素或伊维菌素

剂量以每 kg 体重 0.2mg，1 次皮下注射，药效可维持 20d，且疗效高，是目前治疗羊鼻蝇蛆病最理想的药物。

③敌百虫酒精溶液

精致敌百虫 60g，溶于 31ml 蒸馏水和 31ml95% 的酒精内。剂量以每 kg 体重 0.4mg，1 次肌肉注射。50kg 以上的羊 2.5ml，对一期幼虫驱虫率达 100%。

④药液鼻腔内喷射

可使用 0.1%～0.2% 辛硫磷、0.03%～0.04% 巴胺磷，0.012% 氯氰菊酯水乳液，羊每侧鼻孔各 10～15ml，用注射器分别向两侧鼻孔内喷射，两侧喷药间隔时间 10～15min。对杀灭羊鼻蝇一期幼虫有效。

⑤烟雾法

常用于大群防治，需在密闭的圈舍或帐幕内进行。按室内空间每立方米使用 80% 敌敌畏 0.5 ~ 1ml 剂量，放在厚铁板上或铁锅内加热，也可高压喷雾。让羊在其内吸雾 15min，即可杀死一期幼虫。

10. 羊泰勒虫病

本病是由泰勒科泰勒属的羊泰勒虫寄生于羊的网状内皮系统和红细胞内引起的一种原虫病。病羊出现高温稽留、贫血、腰腿僵硬、肩前淋巴结肿大等特征性的症状。

（1）病原与流行

羊的泰勒虫有两种，分别为山羊泰勒虫和绵羊泰勒虫，我国羊泰勒虫病的病原为山羊泰勒虫。在红细胞内的虫体形态不一，有环形、椭圆形、短杆形、逗点形、钉子形、圆点形等各种形态，以圆形或椭圆形最多见。圆形虫体直径为 0.6 ~ 1.6 μm。一个红细胞内一般只有一个虫体，有时可见到 2 ~ 3 个。红细胞染虫率 0.3%-30%，最高达 90% 以上。在脾脏和淋巴结的涂片中，可在淋巴细胞内见到裂殖体（石榴体）或游离存在的裂殖体（石榴体）。其内包含 1 ~ 90 个、直径 1 ~ 2 μm 呈紫红色的染色质颗粒。

本病在我国北方地区均有发生，在四川、青海、甘肃等省最常见，呈地方性流行可引起羊只大批死亡。有的地区发病率高达 36%-100%。甘南州境内的农区和半农半牧区流行严重，当地牧民群众叫"扎斗"或"祁斗"，本病对羔羊的危害尤为严重，常造成大批死亡。

本病的传染源为病羊或带虫羊，由青海血蜱传播。当蜱在病羊体叮咬吸血时，虫体进入蜱体内繁殖，当感染虫体的蜱再到健康羊体吸血时，虫体随蜱的唾液注入羊体而感染羊只。本病主要发生于 4 ~ 6 月，5 月为高峰期，8-10 月也有发生。1 ~ 6 月龄的羔羊发病率高，病死率也高，1 ~ 2 岁的幼龄羊发病较多，死亡率也较高，3 岁以上成年羊很少发病。耐过的病羊为带虫羊，不再重新发病。外地引进的良种羊易感染，从安全区输入到疫区的种羊和改良羊只，在发病季节，往往造成本病的暴发，死亡率可达 50% 以上。

（2）临床症状及涂片检查

潜伏期 4 ~ 12d。病初体温升高达 40℃ ~ 42℃，呈稽留热，体表淋巴结肿大，特别是肩前淋巴结肿大，有痛感，食欲降低。可视黏膜初期充血，继则苍白、轻度黄染，有小出血点。病重时肢体僵硬（也叫硬腿病），消瘦、贫血、食欲废绝、粪便稀而带血，卧地不起，最后因造血机能严重破坏和胃肠功能严重损伤而死亡。病程 6 ~ 12d。

病初因肩前淋巴结肿大，可穿刺淋巴结进行涂片，姬姆萨染色镜检可见到裂殖体（也叫石榴体）。病的中后期采耳尖血涂片，姬姆萨染色镜检，在红细胞内可见到泰勒虫配子体（即泰勒虫虫体）。

（3）病理变化

尸体消瘦，血液稀薄，皮下脂肪胶冻样。有点状出血。全身淋巴结有不同程度的肿胀，切面多汁，充血，有一些淋巴结呈灰白色，有时表面可见颗粒状突起。肝、脾肿大，肾呈黄褐色，表面有结节和小点出血。皱胃黏膜上有溃疡斑，肠黏膜上有少量出血点。

（4）防治措施

1）预防

在本病流行区，于每年在发病季节到来之前，选择无蜱的草场放牧，尽量不要到往年曾有过病羊的草场放牧，羔羊和种羊尽可能采用舍饲；每天检查和放牧羊接触的羔羊、种羊体表的蜱，并用手摘除。并对放牧的羊群用咪哩苯脲或贝尼尔（血虫净）进行预防注射，后者以每 kg 体重 3mg 剂量配成 7% 溶液深部肌肉注射，每 20d 1 次，预防效果较好。在本病流行地区做好灭蜱工作，每年的 4～6 月和 8～10 月要消灭羊体表的蜱，蜱寄生数量不多时可用手摘除；药物灭蜱常用虫克星、伊维菌素、阿维菌素等药物灌服或注射，效果良好。也可用阿力佳浇泼剂沿背部皮肤浇注或涂抹，每 10kg 体重使用本品 lmlo 整个发病季节，每隔 15d 左右进行一次灭蜱，预防效果良好。

2）治疗

贝尼尔：按每 kg 体重 7mg 剂量配成 7% 水溶液，作分点深部肌肉注射，每天 1 次，连用 3d 为 1 个疗程。

咪哇苯脲：按每 kg 体重 1.5～2mg 剂量，配成 5%-10% 水溶液，皮下或肌肉注射。

磷酸伯氨喹琳：按每 kg 体重 0.75mg 剂量，每天灌服 1 剂，连服 3 剂。

阿卡普林：按每 kg 体重 0.6～1mg 剂量，配成 5% 水溶液，皮下或肌肉注射 48h 后再注射 1 次。

11. 羊附红细胞体病

本病是由羊的附红细胞体寄生于羊的红细胞表面、血浆及骨髓中引起的一种热性、溶血性疫病。主要引起羊黄疸型贫血、生长缓慢、母羊的生殖障碍等。

（1）病原与流行

附红细胞体既有原虫的特点，又有立克次氏体目的特性，因此，对于附红细胞体的分类，还存在争议。当前国际广泛采用的《伯吉氏鉴定细菌学手册》把它划为立克次氏体目，无浆体科，附红细胞体属。虫体形态不一，有环形、球形、卵圆形，也有顿号形和杆状。一个红细胞上可能附有 1～15 个虫体，以 6～7 个最多，虫体大多位于红细胞边缘，被寄生的红细胞变为齿轮状、星芒状或不规则形。血涂片以吉姆萨染色液染色，红细胞染成红色，虫体呈浅蓝色，红细胞染虫率一般在 50%～60%，最局可达 90% 以上。

本病主要由吸血昆虫传播，注射针头、交配、手术器械也可能传播本病。主要发生于临产的母羊和断奶的羔羊。

本病多发生在夏秋或雨水较多季节，此时正是各种吸血昆虫活动频繁的高峰时期，虱、蚊、鳌蝇等的滋生叮咬，增加了羊只感染发病的机会。本病常与羊泰勒虫病混合感染，引起羊只大批死亡。

（2）临床症状

本病多数为隐性感染，只有出现各种不良诱因才引发典型临床症状。高密度饲养、恶劣的气候条件、饲养改变、其他疾病都可诱发本病。急性病例以高热、贫血、黄疸为特征，本病发生后，机体免疫力降低，使羊只容易继发感染其他疾病。

发病初期，体温升高，高达 421. 食欲不振，精神抑郁，结膜黄染，分泌物增多，心跳加快，呼吸困难，有时腹泻，繁殖力、毛质下降；病程后期，眼球下陷，结膜苍白，极度消瘦，精神萎靡，个别有神经症状，最后衰竭而死。羊只患附红细胞体病后，血红蛋白浓度、红细胞压积降低，出现血红蛋自尿。

（3）剖检变化

对病死羊只进行解剖，可见畜体明显消瘦，主要为血液稀薄，呈淡红色，也有的呈酱油色，凝固不良；全身性黄疸，皮下组织及肌间浸润，散在斑状出血；肺的表面有出血点，切开有多量泡沫，心脏质软；心外膜和冠状脂肪出血和黄染；肝脏肿大变性，呈土黄色或黄棕色，并有出血点；胆囊肿大，充满浓稠胆汁；肾脏肿大变性，有贫血性梗死区；膀胱黏膜黄染并有深红色出血点；脾脏肿大并有出血点。

（4）防治措施

1）预防

加强饲养管理，尽量减少应激，避免长途运输；圈舍定期消毒，及时驱除媒介昆虫，防止人为感染；在流行季节，用药物（如金霉素等）进行预防，可降低感染率。

2）治疗

对已感染本病的病羊，用长效土霉素、四环素、庆大霉素、金霉素、贝尼尔等治疗，有一定的效果。

贝尼尔（血虫净）注射液按每 kg 体重 6mg 剂量，深部肌肉注射，48h 注射 1 次，连用 3 次；同时长效土霉素按每 kg 体重 0.1mg 剂量，3d 肌肉注射 1 次，共 2 次。

12. 羊球虫病

羊球虫病是由艾美科艾美耳属的球虫寄生于羊肠道所引起的一种以拉稀、便血为特征的原虫病。发病羊只呈现下痢、消瘦、贫血、发育不良等症状，严重者导致死亡，主要危害羔羊。本病呈世界性分布，我国的南方和北方均有发生，但未引起重视。

（1）病原与流行

寄生于绵羊和山羊的球虫种类很多，已报道的绵羊球虫有 14 种，山羊球虫有 15 种。从新鲜粪便内分离的卵囊大多为椭圆形或卵圆形，黄褐色，卵囊外膜光滑。多数卵囊有卵膜孔和极帽。卵囊的大小不等。艾美尔球虫属直接发育型，不需要中间宿主，须经过无性生殖、有性生殖和孢子生殖 3 个阶段。孢子化卵囊被羊吞食后，在胃液的作用下，子孢子逸出，迅速侵入肠道上皮细胞，进行多世代的无性生殖，形成裂殖体和裂殖子 e 裂殖体和裂殖子进入有性生殖阶段，形成大、小配子体。大、小配子体寄生于肠腺和肠绒毛上皮细胞中，发育成熟后，后者分裂生成许多小配子，小配子与大配子结合形成合子，再形成卵囊。卵囊随宿主粪便排出体外，在适宜条件下，进行孢子生殖。经数日发育成感染性卵囊，被羊吞食后，重新开始其在宿主体内的无性生殖和有性生殖。

1岁以下羊的感染率高于1岁以上的羊，成年羊一般都是带虫者。据调查，1～2月龄春羔的粪便中，常发现大量的球虫卵囊。流行季节多为春、夏、秋三季；感染率和强度依不同球虫种类及各地的气候条件而异。冬季气温低，不利于卵囊发育，很少发生感染。

本病的传染源是病羊和带虫羊，卵囊随羊粪便排至外界，污染牧草、饲料、饮水、用具和环境，经消化道使健康羊感染。饲料和环境的突然改变，长途运输，断乳和恶劣的天气和饲养条件差都可引起羊的抵抗力下降，导致球虫病突然发生。

（2）临床症状

潜伏期为11～17d。本病可能依感染的种类、感染强度、羊只的年龄、抵抗力及饲养管理条件等不同而发生急性或慢性过程。急性经过的病程为2～7d，慢性经过的病程可长达数周。病羊精神不振，食欲减退或消失，体重下降，可视黏膜苍白，腹泻，粪便中常含有大量卵囊。体温上升到40℃～41℃，严重者可导致死亡，死亡率常达10%～25%，有时可达80%以上。

病初羊只出现软便，粪不成形，但精神、食欲正常。3～5d后开始下痢，粪便由粥样到水样，黄褐色或黑色，混有坏死黏液、血液及大量的球虫卵囊，食欲减退或废绝，渴欲增加。随之精神委顿，被毛粗乱，迅速消瘦，可视黏膜苍白，体温正常或稍高，急性经过1周左右，慢性病程长达数周，严重感染的最后衰竭而死，耐过的则长期生长发育不良。成年羊多为隐性感染，临床上无异常表现。

（3）剖检变化

呈混合感染的病羊的内脏病变主要发生在肠道、肠系膜淋巴结、肝脏和胆囊等组织器官。小肠壁可见白色小点、平斑、突起斑和息肉，以及小肠壁增厚、充血、出血，局部有炎症。肝脏可见轻度肿大、瘀血，肝表面和实质有针尖大或粟粒大的黄白色斑点，胆管扩张，胆汁浓厚呈红褐色，内有大量块状物。胆囊壁水肿、增厚。尸体消瘦、后肢及尾根部常沾染有稀粪。

（4）防治措施

1）预防

较好的饲养管理条件可大大降低球虫病的发病率，圈舍应保持清洁和干燥，饮水和饲料要卫生，注意尽量减少各种应激因素。放牧的羊群应定期更换草场，由于成年羊常常是球虫病的病源，因此最好能将羔羊和成年羊分开饲养。

2）治疗

据报道，氨丙啉和磺胺对本病有一定的治疗效果。用药后，可迅速降低卵囊排出量，减轻症状。使用以下药物后必须执行严格的休药期，在休药期内严禁羊只出售或屠宰。可选用的治疗药物：

氨丙啉：每kg体重50mg，每日1次，连服4d或按每天每kg体重145mg混饲，连喂

2～3周。

氯苯脈：每 kg 体重 20mg，每日 1 次，连服 7d。

呋喃哩酮：每 kg 体重每日 10～20mg，连用 5d，可使腹泻停止，恢复食欲和健康。

磺胺二甲基嘧噻或磺胺六甲氧嘧嗪：每 kg 体重每日 lOOmg，连用 3～4d，效果好。

盐霉素：按每天每 kg 体重 0.33～1，Omg 混饲，连喂 2～3d。

第五节　藏羊常见普通病

一、前胃迟缓

羊前胃弛缓是前胃兴奋性和收缩力量降低导致的疾病。临床特征为正常的食欲、反刍、暖气扰乱，胃蠕动减弱或停止，可继发酸中毒。

1. 病因

由于不良的饲养管理，饲料品种单一，长期的大量饲喂秸秆、数皮等过硬难于消化的饲料；长期过多给予精料和柔软饲料，以及饲喂霉变、冰冻、缺乏矿物质和维生素类饲料，导致消化机能下降，均可导致本病的发生。患有瘤胃积食、瘤胃鼓气、胃肠炎和其他多种内科、产科和某些寄生虫病时，也会继发前胃弛缓。本病在冬末、春初饲料缺乏时最为常见。

2. 临床症状

急性病例，表现食欲废绝，反刍停止，瘤胃蠕动减弱或停止；瘤胃内容物腐败发酵，产生多量气体，左腹增大，叩触不坚实。慢性前胃弛缓表现病畜精神沉郁，倦怠无力，喜卧地；被毛粗乱；体温、呼吸、脉搏无变化，食欲减退，反刍缓慢；瘤胃蠕动减弱，次数减少。

3. 防治

（1）预防

加强饲养管理，防止过食易于发酵的草料，供给易消化的饲料。

（2）治疗

治疗原则是消除病因，缓泻、止酵兴奋瘤胃的蠕动。采用饥饿疗法，先禁食 1～2d，每天人工按摩瘤胃数次，每次 10～20min，并给以少量易消化的多汁饲料；当瘤胃内容物过多时，可投服缓泻剂，内服硫酸镁 20～30g 或液状石蜡 100～200ml。为加强胃肠蠕动，恢复胃肠功能，可用瘤胃兴奋剂：病初用 10% 氯化钠溶液 20～50ml，静脉注射；还可内服吐酒石 0.2～0.5g、番木鳖酊 1～3ml，或用 2% 毛果芸香碱 1ml 皮下注射等前胃兴奋剂。为防止酸中毒，可加服碳酸氢钠 10～15g。后期可选用各种健胃剂，如灌服人工盐 20～30g 或用大蒜酊 20ml、龙胆末 10g、豆蔻酊 10ml，加水适量 1 次内服，以便尽快促进食欲的恢复。

二、瘤胃鼓气

瘤胃鼓气又称气胀。是由于瘤胃内容物异常发酵，产生大量气体不能排出，致使瘤胃体壁迅速异常扩张的一种疾病。本病多发于春末、夏初放牧的羊群。

1. 病因

由于羊吃了大量易发酵的饲料，多是豆科植物，如苜蓿、豌豆藤，三叶草、紫云英等幼嫩多汁的青草和谷物类饲料而发生。采食霜露或雨后的青草、霉败变质饲料等也可发病。冬春两季给羊补饲精料，羊只抢食，强食过量的羊易发病，并可继发瘤胃积食。创伤性网胃炎、前胃退缓、瓣胃阻塞等病也可继发瘤胃鼓气。

2. 临床症状

采食后不久发病，病羊弓背伸腰，初期频频暖气，以后暖气完全停止 o 腹痛不安，回头顾腹，后肢踢腹，腹围迅速增大，左月欠部显著隆起，叩诊有鼓音，病羊不断努责，初期排少量的粪，后期停止排粪，食欲废绝，臌气严重的，发生呼吸困难，黏膜发绀，站立不稳，不久倒地，呻吟，痉挛，卧地不起，常因窒息或心脏停搏而死亡。

3. 防治

（1）预防

加强饲养管理，严禁在苜蓿地放牧；禁止饲喂霜冻、发霉、腐败的饲料和有毒草料。新鲜多汁的豆科牧草、沾有露水的青草、作物幼苗，豆科种子等饲喂要适量。

（2）治疗

本病以排气、制酵、泻下为治疗原则。对初发病例或病情较轻的病羊，可使其取前低后高的姿势，将一木棍衔于其口内，促使呕吐或暖气，同时用拳头强力按摩瘤胃，以促进气体排出，每日 3～4 次，每次 15～20min；也可立即单独使用鱼石脂 2～5g（先少加些酒精溶解）或氧化镁 30g，加水适量，灌服 1 次。对病情较重者，用液状石蜡 100ml，鱼石脂 2g，酒精 10ml，加水适量，1 次灌服，必要时隔 15min 后重复用药 1 次。对急性病例，可先插入胃导管放气，以缓解瘤胃内的压力，后灌服药液。对泡沫性臌气，应先使用杀沫剂，如二甲硅油（片）0.5～1g 或食用油、液状石蜡、松节油等。对重症的病羊，实施瘤胃穿刺术，放出气体，放气后，可用止酵缓泻药，用 10% 鱼石脂酒精 10～15ml、松节油 5～10ml、青霉素 800000～1600000IU 一起灌入胃内，并对症治疗恢复瘤胃功能。

三、瘤胃积食

羊瘤胃积食是瘤胃内充满过量的饲料，而至容积扩大，胃壁过度伸张，食物滞留于胃内的严重消化不良性疾病。临床特征为反刍、嗳气减少或停止，瘤胃坚实、疝痛、瘤胃蠕动极弱或消失。本病在夏秋季节多发。

1. 病因

主要是采食过量的粗硬易膨胀的干性饲料（如大豆、豌豆、麸皮、青稞、玉米、玉米秸秆、干草和霉败性饲料等）而引起。在饮水不足、缺乏运动的情况下极易发病。另外，前胃退缓、瓣胃阻塞、创伤性网胃炎、腹膜炎、皱胃炎、皱胃阻塞等病也可引起继发性瘤胃积食。

2. 临床状

病初食欲、反刍、嗳气减少或停止 - 鼻镜干燥，排粪困难，腹痛不安摇尾，弓背，回头顾腹，呻吟峰叫。呼吸急促，脉搏增数，结膜发绀。听诊瘤胃蠕动音减弱、消失。触诊瘤胃胀满、坚实。后期由于过食，胃中食物腐败发酵，导致酸中毒和胃炎，精神极度沉郁，全身症状加剧，呈现昏迷状态。

3. 防治

（1）预防

避免饲喂大量干硬而不易消化的饲料，合理供给精料。冬春季舍饲时，应给予充足的饮水，在饱食后不宜供给其大量冷水。

（2）治疗

治疗原则是：下泻、止酵、纠正酸中毒、强心补液、健胃。

泻下消积，内服硫酸镁或硫酸钠，剂量成年羊 50～80g（配成 8%～10% 溶液）1 次内服，或液状石蜡 100～200ml，1 次内服；纠正酸中毒，可使用 5% 碳酸氢钠 100ml、5% 葡萄糖 200ml，静脉 1 次注射。也可用 11.2% 乳酸钠 30ml，静脉注射；心脏衰弱时，可用 10% 樟脑磺酸钠或 0.5% 樟脑水 4～6 ml，1 次皮下或肌肉注射；中药以消积化滞，健脾开胃为治则，可选用加减大承气汤：大黄 12g、芒硝 30g、积壳 9g、厚朴 12g、椰片 1.5g、香附 9g、陈皮 6g、千金子 9g、木香 5g、二丑 12g，水煎候温 1 次灌服。

四、瓣胃阻塞

瓣胃阻塞又称瓣胃秘结，在中兽医称为"百叶干"，是由于藏羊的瓣胃收缩力减弱，食物排出不充分，瓣胃食糜集聚不能后移，充满瓣叶之间，水分被吸收，内容物变干而致病。其临床特征为前胃迟缓，瓣胃蠕动消失，触诊腹部疼痛，瓣胃坚实，不见排粪。

1. 病因

本病多因长期饲喂过量粗糙干硬的饲料，而且饮水不足、或饲料内泥沙过多，长期沉积胃内，而导致羊的瓣胃收缩力降低，食物不能后移，胃内水分被吸收，内容物变干而致病。此外，前胃弛缓、瘤胃积食，真胃阻塞和瓣胃、真胃与腹膜粘连时也可继发本病。

2.临床症状

病羊初期鼻镜干燥，食欲、反刍减少。粪便干小，色黑；后期反刍排粪停止。听诊瘤胃蠕动音减弱，瓣胃蠕动音消失，常可继发瘤胃积食和臌气。触诊瓣胃区（羊右侧第7～9肋的肩关节水平线上）病羊表现疼痛不安。随着病情发展，瓣胃小叶可发生坏死，引起败血症，体温升高，呼吸脉搏加快，全身症状恶化，最后归于死亡。

3.防治

（1）预防

避免给羊过多饲喂枇糠和坚韧的粗纤维饲料，防止导致前胃弛缓的各种不良因素。注意运动和饮水，增进消化机能，防止本病的发生。

（2）治疗

治疗原则，应以软化瓣胃内容物，促进胃肠蠕动为主。

瓣胃注射：注射部位在羊右侧第8～9肋间与肩关节水平线交界处下方2cm处°。，剪毛消毒后，用12号7cm长的注射针头，向对侧肩关节方向刺入4～5cm深。先注入生理盐水20～30ml，随即吸出一部分，如液体中有食物或液体被污染时，证明已刺入重瓣胃内。然后注入25%硫酸镁30～40ml、液状石蜡100ml，再以10%氯化钠溶液50～100ml、10%氯化钙10ml、5%葡萄糖生理盐水150-300ml，混合一次静脉注射。待瓣胃内容物松软后，可皮下注射0.025%氨甲酰胆碱0.5～1ml。

此外，可用大黄15g、人工盐25～30g、植物油100ml、加水适量一次灌服。

五、创伤性网胃炎心包炎

本病是羊误食了混入饲料的尖锐异物（如针、铁钉、铁丝、骨片等），刺穿了网胃壁、心包等而引起的化脓性炎症。病的特征是突然不食，疼痛，或反复出现瘤胃鼓胀。

1.病因

由于混入饲料中的异物进入瘤胃内，经一定时间由瘤胃转入网胃后，因网胃的收缩，该异物刺伤或穿透网胃壁，进而损伤腹膜、膈肌以及心包的系列炎症损伤。单纯损伤网胃称创伤性网胃炎；如影响到腹膜称创伤性网胃腹膜炎；如损伤方向朝膈肌、心脏，当异物伤及心包时，称创伤性网胃心包炎，个别病例还可损伤心肌。

2.临床症状

初期呈现轻度的前胃弛缓症状。如异物穿通胃壁，或炎症反应较剧烈时，则表现不食，前胃蠕动明显减弱或废绝。精神沉郁，被毛逆立，拱背，四肢集拢于腹下，肘头外展，肘肌震颤，不愿伏卧，下坡，转弯或卧下时表现小心，起立时先起前肢，常有弓背、呻吟等疼痛表现。用手顶压网胃区或压迫、叩打剑状软骨区，病羊表现疼痛，躲闪，反刍困难，体温初期升高，以后可能维持在正常范围，白细胞总数增高。

当发生创伤性心包炎时，病羊全身症状加重，体温升高，脉搏增数，呼吸、心跳明显加快，颈静脉怒张，颌下、胸前水肿。心区触诊疼痛，叩诊浊音区扩大，听诊有心包摩擦音或心包拍水音，心搏动明显减弱。病的后期常导致腹膜粘连，心包化脓和脓毒败血症。

3. 防治

（1）预防

预防本病主要应避免饲料中混入金属异物，严禁在牧场或羊舍内堆放铁器，饲养员和兽医注意不要把尖细铁器、针头遗落在饲料中。加强宣传工作，防止金属异物混入场院及饲料内；要经常检查铁丝制作的饲具，有锈蚀脱落情况，及时更换修理，对碎铁丝要随时清理。

（2）治疗

确诊后尽早施行瘤胃切开手术，经瘤胃内入网胃中取出异物，或者经腹腔，在网胃外取出异物，并将网胃与膈之间的粘连分开，同时配合抗生素和磺胺类药物及其他对症治疗，预防继发感染。如病已到晚期，并累及心包或其他器官，则愈后不良，常以淘汰告终。

六、羊胃肠炎

羊胃肠炎是羊胃肠壁的血液循环和营养吸收受到严重阻碍，而引起胃肠道黏膜及其黏膜下深层组织发生出血性或坏死性炎症的一种疾病。不仅胃肠壁发生淤血、出血以及化脓和坏死现象，而且呈现自体中毒或毒血症，并伴有出血性坏死性炎症。临床以食欲减退或废绝、体温升高、腹泻、脱水、腹痛和不同程度的自体中毒为特征。

1. 病因

该病多为前胃疾病引起。主要是由于饲喂不当，采食了大量带霜的牧草、冰冻或霉败饲料、饲草，或吃了有毒的植物和刺激性强的药物，以及误食了化肥等；圈舍潮湿，卫生不良，驱虫投药不当；羊只春乏，营养不良，抵抗力降低等均可致病。前胃疾病和某些传染病，如炭疽、巴氏杆菌病、羔羊大肠杆菌病以及某些寄生虫病等，也常伴发本病。

2. 临床症状

早期病羊多呈急性消化不良，后转化为胃肠炎。患畜食欲废绝，口臭，有黄白舌苔，腹痛，听诊肠音增强，随病情发展减弱或消失，不断排稀粪或水样粪便，气味腥臭或恶臭，粪中混有黏液、血液及坏死组织片，由于下泻，可引起严重脱水。病羊迅速消瘦，腹围变小，脉搏极度微弱，精神沉郁，四肢冰凉，昏睡，最后因全身衰竭而死亡。

3. 防治

（1）预防

加强饲养管理，消除病因，不让羊采食带霜的牧草，不喂霉败变质和冰冻不洁的饲料，定时定量喂给优质和易消化的饲料，精粗、青绿、多汁饲料适当搭配，不要突然更换饲料，供给充足清洁的饮水；平时注意观察，对发生消化不良症和胃肠卡他病的病羊要及时治疗，防止发展到胃肠炎。

（2）治疗

早期单纯消化不良，可灌脲酶制剂，如胃蛋白酶 1g 溶于 150ml 凉开水饮用促进消化。如有炎症，可口服磺胺脒 5~8g、小苏打 3~5g；药用炭 6g、次硝酸铋、3g，加水 1 次灌服；青霉素 400000~800000IU、链霉素 500000IU，1 次肌肉注射，连用 5d。

脱水严重的宜输液，可用 5% 的葡萄糖氯化钠溶液 100~300ml、1%~3% 的碳酸氢钠 50ml、维生素 C 100mg 混合，静脉注射，每天 1 次，同时也可添加抗生素。

本病也可用中药治疗，白头翁 12g，秦皮 9g，黄连、木香、黄苗、大黄、山枝各 3g，茯苓、泽泻、山楂各 6g，一次水煎去渣，候温灌服。

七、感冒

感冒是冬春季节，因气候剧变，忽冷忽热，羊只受寒而引起的全身性疾病。本病无传染性，若及时治疗，可迅速痊愈。

1.病因

本病主要是由于对羊只管理不当，因寒冷的突然袭击所致。如厩舍条件差，羊只在寒冷的天气突然外出放牧或露宿，或出汗后拴在潮湿阴凉有过堂风的地方等。

2.临床状

病羊精神不振，头低耳壹，初期皮温不均，耳尖、鼻端和四肢末端发凉，继而体温升高，呼吸、脉搏加快。鼻黏膜充血、肿胀，鼻塞不通，流涕，患羊鼻黏膜发痒，不断喷鼻，并在墙壁、饲槽擦鼻止痒。食欲减退或废绝，咳嗽，反刍减少或停止，鼻镜干燥肠音不整或减弱，粪便干燥。听诊肺区肺泡呼吸音增强，偶尔可听到啰音。

3.防治

（1）预防

加强饲养管理，防止羊只受寒，注意保暖，保持环境的清洁卫生，防止感冒侵袭。

（2）治疗

治疗以解热镇痛、祛风散寒为主。

肌肉注射复方氨基比林 5~10ml，或 30% 安乃近 5~10ml，或复方奎宁、百尔定、穿心莲、柴胡、鱼腥草等注射液。为防止继发感染，可与抗生素药物同时应用。复方氨基比林 10ml、青霉素 1600000IU、硫酸链霉素 500000IU，加蒸馏水 10ml，分别肌注，1 日 2 次。当病情严重时，也可静脉注射青霉素 1600000IU×4 支，同时配以皮质激素类药物，如地塞米松等治疗。

八、创伤

创伤是羊体局部受到外力作用而引起的软组织开放性损伤，如擦伤、刺伤、切伤、裂伤、咬伤，以及因手术而造成的创伤等。创伤过程中如有大量细菌侵入，则可发生感染，出现化脓性炎症。羊发生坏死杆菌病（腐蹄病），是因蹄部受伤后感染化脓所致；羊发生破伤风主要是由于阉割或处理羔羊脐带时伤口消毒不严，导致病原菌侵入产生毒素而引起。外伤也可以成为羊流产的原因之一。

1. 临床症状

各种创伤的主要症状是出血、疼痛和伤口裂开，创伤严重者，常可出现不同程度的全身症状。创伤如感染化脓，创缘及创面肿胀、疼痛，局部温度增高，创口不断流出脓汁或形成很厚的脓痂。创腔深而创口小或创内存有异物形成的创囊时，有时会发生脓肿或导致周围组织蜂窝织炎（即皮下、肌膜下及肌间等处的疏松结缔组织发生急性进行性化脓性炎症），并有体温升高。随着化脓性炎症的消退，创内出现肉芽组织，一般呈红色平整颗粒状，质地较坚硬，表面附有黏稠的带灰白色脓性物。

2. 治疗

（1）一般创伤的治疗

创伤止血：如伤口出血不止，可施行压迫、钳夹或结扎止血。还可应用止血剂，如将止血粉撒布创面，必要时可应用安络血（肌注 2~4mg，每日 2~3 次）、维生素 K_3（肌注 30~50mg，每日 2~3 次）等全身止血剂。

清洁创围：先用灭菌纱布将创口盖住，剪除周围被毛，用 0.1% 新洁尔灭溶液或生理盐水将创围洗净，然后用 5% 碘酊进行创围消毒。

清理创腔：除去覆盖物，用镊子仔细除去创内异物，反复用生理盐水洗涤创腔，然后用灭菌纱布轻轻吸蘸创内残存的药液和污物，再在创面涂布碘酊。

缝合与包扎：创面比较整齐，外科处理比较彻底时，可行密闭缝合；有感染危险时，进行部分缝合；创口裂开过宽，可缝合两端；组织损伤严重或不便缝合时，可行开放疗法。四肢下部的创伤，一般应行包扎。若组织损伤或污染严重，应及时注射破伤风类毒素、抗生素。

（2）化脓性感染创的治疗

化脓创的治疗：首先清洁创围；用 0.1% 高锰酸钾液、3% 双氧水或 0.1% 新洁尔灭溶液等冲洗创腔；扩大创口，开张创缘，除去深部异物，切除坏死组织，排除脓汁；最后用 10% 磺胺乳剂或碘仿甘油等行创面涂布或纱布条引流。有全身症状时，可用抗菌消炎药物，并注意强心解毒。

如为脓肿，病初可用温热疗法（如热敷），或涂布用醋调制的复方醋酸铅散（安得利斯），同时用抗生素或磺胺类药物进行全身性治疗。如果上述方法不能使炎症消散，可用具有弱刺激性的软膏涂布患部，如鱼石脂软膏等，以促进脓肿成熟。出现波动感时，即表明脓肿已成熟，这时应及时切开，彻底排除脓汁，再用 3% 双氧水或 0.1% 高锰酸钾水冲洗干净，涂布磺胺乳剂或碘仿甘油，或视情况用纱布条引流，以加速坏死组织的净化。

肉芽创的治疗：首先清理创口，然后清洁创面（用生理盐水轻轻清洗），最后局部用药（应用刺激小、能促进肉芽组织和上皮生长的药，如 3% 龙胆紫等）。如肉芽组织赘生，可用硫酸铜进行腐蚀。，

九、酮病

本病又称酮尿病、醋酮血病、绵羊妊娠病 @ 是由于蛋白质、脂肪和糖代谢发生紊乱，血内酮体蓄积所引起。多见于妊娠绵羊，死亡率很高。藏绵羊多发生于冬末、春初。

1. 病因

原发性酮病，目前普遍的论点是"糖缺乏理论"，羊在妊娠或大量泌乳时，机体糖耗过高，需动员自身脂肪和蛋白质的降解来满足机体的需求。在机体代谢过程中，部分生酮氨基酸可直接变成酮体进入血液。此外，由于饲料搭配不当，碳水化合物和蛋白质含量过高，饲料粗纤维不足，特别是产羔期母羊过肥，体内大量储存的脂肪容易引起过度动员分解，可加速体内酮体的合成。因此，育肥带羔母羊时，过肥也常是酮病的诱因。本病的继发原因为微量元素钴的缺乏和多种疾病引起的瘤胃代谢紊乱，而导致体内维生素 b12 的不足，影响机体对丙酸的代谢。此外，机体内分泌机能紊乱等因素，均可促使酮病的发生。

2. 临床症状

病羊先出现运动失调，掉群，行走摇摆，共济失调，食欲减退，前胃蠕动音减弱，黏膜苍白、黄染，体温正常或偏低，呼出的气体及尿液中有丙酮气味等症状。后期意识紊乱，视力消失。常出现神经症状，如流涎，磨牙，眼球震颤，颈部、肩部不随意收缩，呆立或做转圈运动，全省痉挛，突然倒地死亡。

3. 化验检查

血液中蛋白质、糖含量减少，酮体增多，尿中酮体呈强阳性反应。

4. 防治

（1）预防

改善饲养条件，冬季防寒，并补饲青贮饲料、胡萝卜和甜菜根等；春季补饲青干草，适当补饲精料（以豆类为主）、骨粉、食盐及多种维生素等。

（2）治疗

为了提高血糖含量，静脉注射 25% 葡萄糖 50~100ml，每天 1~2 次，连用 3~5d。也可与胰岛素 5~8IU 混合注射；调节体内氧化还原过程，可口服柠檬酸钠或醋酸钠，每天口服 15g，连服 5d，效果较好。

十、羔羊白肌病

又称肌营养不良症。本病在冬天和早春缺乏青饲料时发病率最高。对 2~3 周龄的羔羊危害较大。

1. 病因

该病主要是由于饲料中缺乏足量的硒和维生素 E 或饲料内含钴、银、锌、饥等微量元素过高，影响动物体对硒的吸收。当饲料、饲草内硒的含量低于 $0.1 \times 10\%$ 时，就可发生硒缺乏症。一般饲料内维生素的含量都比较丰富，但维生素 E 是一种天然的抗氧化剂，因此，当饲料保存条件不好、高温、湿度过大、淋雨、曝晒或存放过久，酸败变质，则维生素 E 很容易被分解破坏。动物的缺硒病可呈区域性分布，一般分布在北纬 35° ~60°。在缺硒地区，羔羊发病率很高。由于机体内硒和维生素 E 缺乏时，正常生理性脂肪发生过度氧化，细胞组织的自由基受到损害，组织细胞发生退行性病变和坏死，并可钙化。病变可波及全身，但以骨酪肌、心肌受损最为严重。会引起运动障碍和急性心肌坏死。

2. 临床症状

病羊精神委顿，食欲减退，常有腹泻，运动无力，站立困难，卧地不起，出现血尿，心律不齐，脉搏每分钟 150-200 次。有时发生强直性痉挛，随即呈现麻痹，于昏迷中死亡。也见有的羔羊病初不见异常，往往在放牧过程中因惊动而剧烈运动，或过度兴奋而突然死亡。该病常呈地方性群羊发病，而且依靠药物治疗不能控制病情。

3. 防治

（1）预防

对缺硒地区，每年所生新羔，于出生后 20d 左右，开始用 0.2% 亚硒酸钠液 1ml，皮下或肌肉注射，间隔 20d 后再注射 1.5ml。注射开始日期最晚不得超过 25 日龄。给怀孕母羊皮下注射 1 次亚硒酸钠，剂量为 4~6mg，能预防新生羔羊白肌病。

（2）治疗

对发病羔羊每只应立即用 0.2% 亚硒酸钠 1.5~2ml、维生素 E100~500mg，1 次皮下或肌肉注射，每天 1 次连用数次。

十一、有机磷中毒

是指羊只接触、吸入或采食了被某种有机磷制剂污染的饲料所致。以体内胆碱酯酶活性受到抑制，导致神经生理机能紊乱为特征。

1. 病因

有机磷农药是农业上常用的杀虫剂，也是畜牧业上常用的杀虫和驱虫药。主要有甲拌磷（3911）、对硫磷（1605）、内吸磷（1059）、乐果、敌百虫等。这些杀虫剂多具有较高的脂溶性，可经皮肤渗入机体内，通过消化道和呼吸道被较快吸收。羊有机磷中毒常是误食喷洒有机磷农药的牧草或农作物、青菜等；误食被有机磷农药污染的饮水；误食拌过农药的种子；应用有机磷杀虫剂防治羊体外寄生虫，剂量过大或使用方法不当；羊接触有机磷杀虫剂污染的各种工具器皿等，而发生中毒。

2. 临床症状

有机磷中毒在临床上可以分为室类症候群：通常出现毒蕈碱样症状，表现为食欲不振，流涎，呕吐，腹泻，腹痛，多汗，尿失禁，瞳孔缩小，可视黏膜苍白，呼吸困难，肺水肿等；有的表现烟碱样症状，如肌纤维性震颤，血压升高，脉搏频数，麻痹；也有的表现为中枢神经系统症状，如兴奋不安，冲撞蹦跳，全身震颤，体温升高，抽搐，渐而步态不稳，以致倒地不起，在麻痹下窒息死亡。

3. 防治

（1）预防

严格农药管理制度和使用方法，不在喷洒农药地区放牧，拌过农药的种子不得喂羊。

（2）治疗

灌服盐类泻剂，尽快清除胃内毒物，可用硫酸镁或硫酸钠 30～40g，加水适量一次内服；应用特效解毒剂，可用解磷定、氯磷定，按每 kg 体重 15～30mg，溶于]00ml5% 葡萄糖溶液内，静脉注射；或用双解磷、双复磷，其剂量为解磷定的一半，用法相同；或用硫酸阿托品，按每 kg 体重 10～30mg，肌肉注射。症状不减轻可重复应用解磷定和硫酸阿托品。

十二、黄曲霉毒素中毒

本病是指羊长期或大量摄食被黄曲霉、寄生曲霉污染的饲料所致的一种中毒性疾病。其临床表现是黄疸、全身出血、消化机能紊乱、神经症状和流产。其特征是肝细胞变性、坏死、出血、胆管和肝细胞增生。

1. 病因

羊短期采食含有大量黄曲霉毒素的霉变饲料或长期饲喂霉变玉米、霉变饲料所致。

2. 症状

羊发病后生长发育缓慢，营养不良，被毛粗乱、逆立无光泽。病初食欲不振，后期废绝。角膜混浊，常出现一侧或两侧眼角失明。反刍停止，磨牙，呻吟，有时有腹痛表现，间歇性腹泻，排泄混有血液凝块的黏液样软便，表现里急后重症状，往往因虚脱昏迷死亡。妊娠母羊有时发生早产或排出死胎等。

3. 病理变化

病羊消瘦，可视黏膜苍白，肠炎，肝脏苍白、坚硬，表面有灰白色区，胆囊扩张，腹水增多。

4. 防治

（1）预防

尚无解毒剂，主要在于预防。玉米、麦子等收获时必须充分晒干，种子或油饼勿放置阴暗潮湿处而致使发霉。如已发现发霉饲料，所有动物都不应再饲喂，发霉饲料应全部废弃。

（2）治疗

当发生中毒时，就应立即停止饲喂霉败饲料，改饲碳水化合物多的青饲料和高蛋白饲料，并减少或不喂含脂肪过多的饲料。除及时投服盐类泻剂排毒外，还要应用一般解毒、保肝和止血药物，如应用 25%-30% 葡萄糖注射液，加维生素 C 制剂，心脏衰弱病例，皮下注射或肌肉注射强心剂（樟脑油、安钠咖等）。

十三、食毛症

羊食毛症是动物异食癖中的一种表现，是由于羔羊代谢紊乱，味觉异常导致的一种非常复杂的多种疾病的综合征。本病多发于冬季，由于冬、春季舍饲的羔羊食入过多被毛或破碎塑料薄膜而影响消化的疾病。由于食毛过多，影响消化，甚至并发肠梗阻造成死亡。

1. 病因

多数学者认为，该病与缺乏无机盐特别是微量元素铜、钴、镁有关；也有人认为是羊的恶癖。发病区外环境缺硫，导致牧草含硫量不足也是原因之一，因为羊毛中含有大量含硫氨基酸；加之农区废旧破碎地膜的大量污染等因素。可见于长期饲喂块根类饲料的羊群。

2. 临床症状

发病初期，病羔羊只吃自己母羊的毛，有异食癖，喜食污粪或舔土和田间破碎塑料薄膜碎片等物。尤喜吃被粪尿污染的腹股部和尾部的毛，以后变为吃其他羊的毛，往往羔羊之间互相食毛。严重时全身毛被吃光。吃下的毛积在真胃及肠管内，形成毛球或异物团块，可使真胃和肠道阻塞，并刺激胃肠，引起消化不良、便秘、腹痛及鼓胀等症，严重者表现消瘦贫血。成年羊食毛，常在一起互相啃食被毛，使整群羊被毛脱落，全身或部分缺失被毛。

3. 防治

（1）预防

增加维生素或无机盐等微量元素；根据土壤、饲料的具体情况，缺什么补什么；加强饲养管理，改换放牧地，特别是不在塑料碎片污染严重的地方放牧；对羔羊要供给富含蛋白质、维生素及微量元素的饲料，饲料中的钙、磷比要合理，食盐要补足；及时清理圈内羊毛和母羊乳房周围的毛，并给羔羊喂食一定量的鸡蛋，增加营养，防止羔羊食毛症的发生；加强羔羊的卫生，防止羔羊互相啃咬食毛。

（2）治疗

对病羊应注意清理胃肠，维持心脏机能，防止病情恶化。主要是采取手术疗法，应用手术取出阻塞的毛球。但往往由于治疗价值不高而不被畜主采纳。

十四、流产

流产是指母羊妊娠中断，或胎儿不足月就排出子宫而死亡。流产分为小产、流产、早产。

1. 病因

流产的原因极为复杂。传染性流产者，多见于布氏杆菌病，弯杆菌病、毛滴虫病。非传染性流产者，可见于子宫畸形、胎盘坏死、胎膜炎和羊水增多症等；内科病，如肺炎、肾炎、有毒植物中毒、食盐中毒等也可致流产；外科病，如外伤、蜂窝织炎、败血症等也可致流产；长途运输过于拥挤，水草供应不均，饲喂冰冻和发霉饲料，也可导致流产。

2. 临床症状

突然发生流产者，产前一般无特征表现。发病缓慢者表现精神不佳，食欲停止，腹痛起卧，努责咋叫，阴户流出羊水，待胎儿排除后稍为安静。若在同一群中病因相同，则陆续出现流产，直至受害母羊流产完毕，方能稳定。外伤性致病，可使羊发生隐性流产，即胎儿不排出体外，溶解物排出子宫外，或形成胎骨在子宫残留，由于受外伤程度的不同，受伤的胎儿常因胎膜出血、在剥离数小时或数天排出。

3. 防治措施

以加强饲养管理为主，重视传染病的防治，根据流产发生的原因，采取有效的防治保健措施。对于已排出不足月胎儿或死亡胎儿的母羊，一般不需要进行特殊处理，但需加强饲养。

对有流产先兆的母羊，可用黄体酮注射液 2 支（每支含 15mg），1 次肌内注射。

中药治疗宜用四物胶艾汤加减：当归 6g、熟地黄 6g、川芎 4g、黄芩 3g、阿胶 12g、艾叶 9g、菟丝子 6g，共研末用开水调，每日 1 次，灌服 2 剂。死胎滞留时，应采用引产或助产措施。胎儿死亡，子宫颈未开时，应先肌内注射雌激素（如己烯雌酚或苯甲酸雌二醇）2~3mg，使子宫颈张开，然后从产道拉出胎儿，母羊出现全身症状时，应对症治疗。

十五、子宫炎

本病是因分娩、助产、子宫脱、阴道脱、胎衣不下、腹膜炎、胎儿死于腹中等导致细菌感染而引起的子宫黏膜炎症。是常见的一种母羊生殖器官疾病，也是导致母羊不孕的重要原因之一。

1. 病因

大多发生于母羊分娩过程和产后，尤其是胎衣不下或子宫脱出时，细菌易侵入而引起炎症。母羊难产助产时消毒不严，配种时人工授精器械和生殖器官消毒不严，可继发引起阴道炎或子宫颈炎；某些传染病或寄生虫病的病原体侵入子宫，如布氏杆菌等；羊舍不洁，特别是羊床潮湿，有粪尿积累，母羊外阴部容易感染细菌并进入阴道及子宫，而引发疾病。

2. 临床症状

（1）急性病例

初期病羊食欲减少，精神欠佳，体温升高；因有疼痛反应而磨牙、呻吟。可表现前胃弛缓，拱背、努责，常作排尿姿势；阴户内流出污红色内容物。严重时，出现昏迷，甚至死亡。

（2）慢性病例

多由急性炎症转变而来，病情较急性轻微，病程长。有时体温升高，食欲、泌乳减少。从阴门常排出透明、混浊或脓性絮状物。发情不规律或停止，屡配不育。如不及时治疗可发展为子宫坏死，继而全身状况恶化，引发败血症或脓毒败血症；有时可继发羊腹膜炎、肺炎、膀胱炎、乳房炎等。

3. 防治

（1）预防

注意保持母羊圈舍和产房的清洁卫生；助产时要注意消毒，不要损伤产道；对产道损伤、胎衣不下及子宫脱出的病羊要及时治疗，防止感染发炎。产后1周内，对母羊要经常检查，尤其要注意阴道排出物有无异常变化，如有臭味或排出的时间延长，更应仔细检查，及时治疗。定期检查种公羊的生殖器官是否有传染疾病，防止公羊在配种时传播感染。

（2）治疗

冲洗子宫，常用的冲洗液有1%氯化钠溶液、1%~2%碳酸氢钠溶液，0.1%~0.2%雷夫诺尔溶液、0.1%高锰酸钾溶液及0.1%复方碘溶液等。药液温度40%~42%：（急性炎症期可用2℃的冷液）每天或隔日冲洗1次子宫，连做3~4次，至排出的液体透明为止。方法是将羊站立保定，术者左手撑开生殖器，暴露子宫颈口，右手持橡皮管（一端圆头）或子宫洗涤器，将其慢慢插入子宫内。如子宫颈口闭锁，可在局部涂少量2%碘酊，一般即可开张（有时羊的子宫颈口过于狭窄，术者可用手掌握住导管进入阴道，以五指控制管的一端，慢慢通过子宫颈口插入子宫内）。由助手将上述冲洗液用漏斗灌进子宫，待液体与子宫壁充分地接触后，取下漏斗，令橡皮管下垂，使子宫内液体尽量排出。

消炎，可在冲洗后的子宫内注入碘甘油3~4ml，或将青霉素400000IU，链霉素

0.5～1g，用生理盐水或注射用水20～30ml稀释后注入子宫内。也可投放土霉素（0.5mg）胶囊，必要时用青霉素800000IU，链霉素500000IU，肌肉注射，每天2次，每天早晚各1次。

为了缓解自体中毒，可应用10%葡萄糖溶液100ml、复方氯化钠溶液100ml，5%碳酸氢钠溶液30～50ml，1次静脉注射，同时肌肉注射维生素C200mg。

中药治疗，急性病例，可用银花10g、连翘10g、黄芩5g、赤芍4g、丹皮4g、香附5g、桃仁4g、惹茂仁5g、延胡索5g、蒲公英5g，水煎候温，1次灌服。慢性者，可用蒲黄5g、益母草5g、当归8g、五灵脂4g、川芎3g、香附4g、桃仁3g、茯苓5g，水煎候温，加黄酒20ml，1次灌服，每天1次，2～3dl个疗程。

牦牛藏羊方案

青海省牦牛藏羊原产地可追溯工程平台及基地建设系统设计方案（2020年）

为确保2020年我省牦牛藏羊追溯工程平台及基地建设项目顺利实施，现根据我厅《青海省牦牛藏羊原产地可追溯工程建设实施方案（2020年）》要求，结合2019年我省牦牛藏羊原产地可追溯工程试点建设的经验，特编制《青海省牦牛藏羊原产地可追溯工程平台及基地建设系统设计方案（2020年）》。

一、设计思路

省、州、县三级牦牛藏羊原产地可追溯平台及牦牛藏羊追溯基地建设，按照"统一追溯模式、统一追溯标识、统一业务流程、统一编码规则、统一信息采集"一体化追溯体系设计技术标准进行设计，实现省、州、县三级追溯平台互联互通、数据共享，并对牦牛藏羊养殖、移动、屠宰及加工过程进行全程监管。

二、建设目标

依托省牦牛藏羊原产地可追溯平台，建成省、州、县三级互联互通，共享共用的一体化牦牛藏羊追溯"农牧云"平台体系，实现溯源数据统一采集、统一处理、统一建模、统一分析、统一分发、统一存储和统一管理；建成省、州、县三级牦牛藏羊溯源监管体系和示范县乡镇信息采集体系建设，实现牦牛藏羊溯源养殖、移动、屠宰和加工等环节的全程追溯。

三、设计原则

1.平台设计原则

（1）全程监管原则。对畜牧养殖、动物防疫、动物保险、动物屠宰加工，以及移动环节公路动物防疫监督检查全程监管标识电子化，力求实现"源头赋码、来源可查、去向可追、责任可究、全程监管"。

（2）统一技术原则。为保障全省牦牛藏羊原产地可追溯项目顺利实施建设，减少数据和业务标准不统一、追溯业务开展不规范等问题，省级追溯平台为全省各县提供县级牦牛藏羊追溯平台技术标准，并为省、州、县三级追溯平台提供互联互通、数据共享等技术支撑。具体技术要求：

模块化和结构化。本系统应由层次化的程序模块构成，模块之间的组成需有相应的设计规范，通过结构化的设计确定平台结构元素之间的耦合关系。

一致性和完整性。本系统在采集、通信、存储方面的数据格式要有一致性设计理念，保证数据交互的准确性，监管平台作为统一整体，做到系统功能一致。

简单性和可扩展性。本系统应具备框架结构清晰、操作智能便捷、业务逻辑合理，并具有一定的可扩展性和灵活性，采用模块化结构以降低耦合性的方式，动态扩充、增强平台功能。

可靠性和安全性。系统软硬件应具备长时间高负荷运转、抗异常情况干扰、自动远程更新的能力等。系统安全及数据安全设计应避免监管平台自身漏洞缺陷，保证数据存储、传输过程中的可靠性、保密性。

2. 溯源基地设计原则

通过溯源基地建设，使物联网传感数据、视频监控数据和基地地理位置信息数据上传到青海省"互联网＋"高原特色智慧农牧业大数据平台GIS智能管控系统中，实现对所有养殖场、屠宰场等生产主体的GIS定位，对养殖基地的基本信息、物联网传感数据、视频监控等实时数据的实时监测。

基地物联网数据采集。基地数据网关服务器对基地物联网设备进行管控、交互、预警，实现基地物联网传感系统与追溯系统平台实时传输数据，为溯源平台提供数据支撑。

基地视频数据采集。智能管控平台对视频终端进行远程管控，实现与溯源平台实时通讯、视频编解码、视频上发，实现基地监控视频数据传输与监控。

基地地理信息采集。基地GIS全景图数据，采用无人机航拍并进行全景拍摄制作，并上传到青海省"互联网＋"高原特色智慧农牧业大数据平台GIS智能管控系统中。

四、建设地址

共和、同德、海晏、格尔木、德令哈、都兰、玉树市、囊谦、杂多、治多、曲麻莱、达日、门源、贵德、同仁、尖扎20个纯牧业县（半农半牧业县）的牦牛藏羊养殖合作社及规模养殖场（包括辖区内国营牧场和屠宰加工企业）开展追溯工程建设。

五、建设内容

1. 县级牦牛藏羊原产地可追溯平台建设

各县要严格按照实现省、州、县三级一体化追溯体系设计技术标准要求，建设完善农畜产品溯源县级平台，并迁移到青海"农牧云"进行部署，实现对辖区乡镇、村、社的牦牛藏羊养殖、屠宰、加工等各个环节的溯源和保险数据的采集、传输、汇总、分析及处理；实现与省、州平台无缝对接、互联互通、数据共享、资源共用。各县级平台信息采集设备（手持仪）所用软件，采用全省统一并由省平台下发。

2. 青海牦牛藏羊追溯大数据中心开发应用

2019 年建设了我省统一标准、规范的青海省牦牛藏羊追溯大数据中心，建成全省牦牛藏羊数据枢纽中心，实现省、州、县三级牦牛藏羊数据共享交换、存储与处理，全省牦牛藏羊追溯数据统一存储、统一处理、统一建模、统一分析、统一分发和统一管理。2020 年省级牦牛藏羊追溯大数据中心在全省 30 个县牦牛藏羊原产地可追溯工程的整体实施过程进行深度开发应用。

3. 部署应用省州县三级牦牛藏羊追溯监管平台

部署应用省级牦牛藏羊追溯平台为省、州、县三级监管部门提供的牦牛藏羊追溯监管平台。在牦牛藏羊原产地可追溯过程中，为各级监管部门提供多级监管入口，对追溯环节的数据采集、记录、流程规范等各个环节、各项数据及时、准确、有效提供监管。

4. 溯源基地建设内容

（1）追溯基地采集点

追溯基地采集点建设主要包括规模养殖场 / 合作社、乡镇农牧技术服务部门、屠宰加工企业、系统集成、采集点培训等内容。

规模养殖场 / 合作社建设。配置数据采集手持终端、手持采集终端数据卡以及耳标钳等设备，数据采集手持终端需安装养殖保险系统或者养殖追溯系统，以辅助完成牲畜戴标工作以及追溯信息录入工作。

乡镇农牧技术服务部门。配置包括电脑、打印机、数据采集手持终端、手持采集终端数据卡、本地应用软件服务器、网络设备等，为农牧技术服务部门的牦牛藏羊追溯管理工作提供必要的设备以及服务。各县可根据具体情况将农牧服务部门的监控等设备费用变更为养殖基地气象监测站，以更好地服务于牦牛藏羊追溯项目的开展。

屠宰加工企业。配置包括 RFID、天线、监控设备、物联网终端、电脑、本地应用软件服务器、手持终端、LED 屏等设备，目标是新建或者升级屠宰加工追溯应用系统。

系统集成。主要包括设备运输、设备连接、设备调试、移动设备、固定设备接口之间的软件开发等工作内容。

采集点培训。对采集点进行系统软硬件培训，目标是保障牦牛藏羊追溯所有参与者对整体项目的建设、系统平台的使用等内容完全掌握，从而推动整体项目的建设开展。

（2）追溯标识

追溯标识主要包括牦牛耳标、藏羊耳标的申请、采购、分发等工作。

（3）标识佩戴

按照"出生佩戴、全程管控"的追溯要求，对出生 30-90 日龄内的牦牛犊、藏羊羔统一佩戴追溯标识。

（4）信息录入

采集录入养殖环节追溯信息，保险部门负责录入保险信息，屠宰企业上传养殖追溯信息、屠宰加工等信息并主动出具产品电子合格证，追溯平台自动生成产品追溯相关信息二维码供消费者查询。实现对养殖户（合作社）、动物个体档案、动物防疫、投入品、出栏、无害化等追溯数据的采集管理。

（5）食用农产品合格证制度试运行

全省试行食用农产品合格证制度，推进生产者落实农产品质量安全主体责任，根据青海省试行食用农产品合格证制度实施方案要求，牦牛藏羊追溯平台应支持追溯过程和合格证制度的融合，提供相应的合格证软件系统，以保障纳入牦牛藏羊原产地可追溯工程的生产主体可开具电子合格证、追溯二维码等。

六、设计依据

> 农业部《"十三五"全国农业农村信息化发展规划》；

> 农业部《关于推进农业农村大数据发展的实施意见》；

> 农业部《关于加快推进农牧业信息化的意见》（农市发〔2013〕2 号）；

> 省政府办公厅《关于印发〈推进青海省国家农村信息化示范省建设的实施意见〉的通知》（青政办〔2015J 78 号）；

> 省农牧厅《关于印发〈青海省特色农牧业"十三五"发展规划编制工作方案〉的通知》；

> 省农业农村厅《关于印发青海省牦牛藏羊原产地可追溯工程试点建设实施方案（2019 年）和工作分工方案的通知》；

> 《畜牧法》、《动物防疫法》、《兽药管理条例》、《动物检疫管理办法》、《畜禽标识和养殖档案管理办法》等畜牧兽医方面法及办法；

> 农业部《移动智能识读器技术规格及要求》、《牲畜耳标技术规范》；

> 农业部《电子检疫证明格式》、《电子检疫证明二维码编码规范》、《二维码 / 编码规范 / 检疫证明格式》、《动物标识及疫病可追溯系统数据交换接口》；

> 兽医卫生信息化技术规范（试行）农办医〔2014〕61 号；

> 《中华人民共和国农产品质量安全法》；

> GB/T 8567-2006 计算机软件产品开发文件编制指南；

七、总体设计

1. 总体业务框架

基于牦牛藏羊溯源平台建设业务需求和对信息化的需求，从系统功能、信息架构和系统体系三个方面对本系统建设和应用进行规划。该系统架构着眼于全局，从系统的角度，明确各个应用系统之间的功能关系、信息联系，规划总体功能框架。

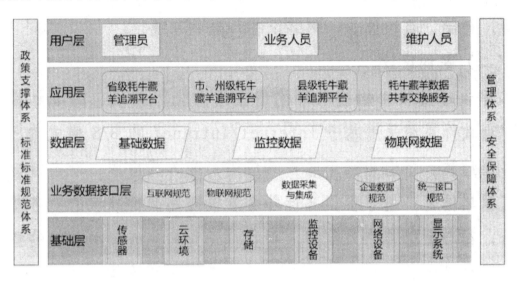

（1）用户层。用户层指牦牛藏羊追溯体系的主要应用管理者：有管理员、业务人员和维护人员等。

（2）应用层。应用层为业务应用提供统一的功能支持，包括应用支撑和安全支撑能力。应用层根据青海省牦牛藏羊追溯体系建设需求，建设牦牛藏羊追溯平台相关一系列软件系统，以及功能配套的客户端及移动端。主要包括省级牦牛藏羊追溯平台，市、州级牦牛藏羊追溯平台，县级牦牛藏羊追溯平台，牦牛藏羊数据共享交换服务。

（3）数据层。通过数据采集、数据对接、信号转换、协议转换等方式对基础层数据进行采集处理。主要包括追溯基础数据，物联网传感数据，监控数据。

（4）业务数据接口层。业务数据接口层以互联网数据获取接口规范、物联网数据获取接口规范和政府、企业数据获取接口规范、企业数据规范、统一接口数据规范为标准驱动，完成基于物联网的农业数据采集和涉农政府部门及企业数据的集成。

（5）基础层。基础层主要是底层基础设备建设，包括传感器，云环境，存储，监控设备，网络设备，显示系统。

2. 架构设计

本平台建设项目的技术架构遵循层次化和模块化的设计原则，平台软件系统采用基于 Internet/Intranet 的 B/S 模式的三层或多层结构。平台中采用客户端应用、嵌入式应用、动态链接库方式采集信息；基于提供高性能企业级应用架构技术的业务基础平台，结合智能传感系统等应用支撑平台来完成应用系统的搭建；通过数据传输系统实现内部系统之间、内部系统与外部系统的数据共享功能。

架构设计原则是重点满足实施与应用要求，为后续阶段的设计规划满足向后兼容的目标；充分与现有系统和网络基础设施进行兼容；充分利用现有技术成果，避免重复的开发和建设；必须遵守IT管理规范，保障最终系统应用部署。

（1）技术架构设计

牦牛藏羊追溯体系中各个系统平台的软件系统架构采用松耦合，分层设计原则，主要分为前端UI（User Interface）层、服务层、业务接口层、数据访问层。

服务层采用服务接口和实现分离的方式，实现模块之间的松耦合。

业务处理层是指一些公共的、通用的业务组件，主要对系统内公共流程，以及通用业务处理进行功能实现。

数据访问层提供数据库访问接口，可以为业务处理层和服务层直接调用，达到访问数据的目标。数据访问层采用EF技术。

（2）逻辑架构设计

根据对业务需求的整体分析与梳理，牦牛藏羊追溯平台的整体逻辑架构采用纵向分层方式分为数据层、服务层、应用层和用户层。

（3）数据架构设计

系统数据架构是对系统业务对象的逻辑分类，涉及的逻辑数据对象包括业务数据、字典数据、管理类数据、定义类数据。

系统的数据层次可以划分为数据源层、缓冲层、基础层、应用层。数据源层是系统的原始数据，包括字典数据、管理类数据和定义类数据；缓冲层作为对数据库数据处理的有效补充，减少对数据库的直接操作请求，负责对字典数据、部分管理类数据和部分定义类数据进行内存的缓存存储，依据各个子系统的性能和业务的综合考虑来确定是否需要将数据库数据缓存到缓存层中；缓存层的数据在对应来源数据变更时实时更新。基础数据层保留所有提交的历史业务数据，包括表单数据和流程流转的实例数据。应用层为面向各功能模块提供统一的接口视图。

（4）应用架构设计

系统的应用架构可以划分为三个层次，分别是组件层、服务层与应用层，其中组件层是系统业务对象的组件化抽象和最低粒度的组装，服务是对相关业务组件的集成与更高粒度的封装，服务面向具体的业务应用；提供标准的调用接口供具体的业务应用直接调用；应用层包括了系统业务与管理层面需要实现的具体应用。

（5）备份与恢复设计

备份与恢复的目标是保证对数据的及时有效备份与恢复，最大程度降低数据丢失，提高数据备份过程的效率。

1）备份范围

按备份的内容分，备份的范围主要包括：应用程序与配置；系统元数据；业务数据。按备份的系统分，备份的范围主要包括：数据库、web 服务器和应用服务层。

2）备份流程

备份通常在备份策略制定后，对备份系统和工具进行配置，由工具定期自动完成，只是在特定情况下（系统升级、迁移等）由手工完成。应定期检查备份日志，以确保备份按照预定设置正确完成。备份管理的流程如下图所示：

3）数据库备份

数据库备份是指完整数据库备份，复制数据库里的所有信息，通过一个单个完整备份可将数据库恢复到某个时间点的状态。但由于数据库备份是一个在线的操作，一个大的完整数据库备份需要一段时间，数据库在该段时间内还会发生变化。所以完整数据库备份还要对部分事务日志进行备份，以使恢复数据库到一个事务一致的状态。

4）差异备份

差异备份基于差异，备份要求数据库之前做过一次完整备份。差异备份仅捕获自该次完整备份后发生更改的数据，这个完整备份被称为差异备份的"基准"。差异备份仅仅包括建立差异基准后更改的数据。

5）备份的频率

数据库全备份保障一天一次，数据库差异备份保障每小时一次。

6）恢复范围

恢复的范围主要包括：对给定时间点能对系统数据库进行完整的数据恢复；将 web 服务器恢复到最新状态；将应用服务器恢复到最新状态。

7）恢复流程

恢复工作并不是日常进行，而是在故障和灾难发生时进行。因此，应持续监视系统情况，选择恢复时机。恢复的执行通常由人工干预完成，完成后应相互层日志记录存档待查。恢复管理的流程如下图所示：

（6）信息采集设计

在本系统的建设中，信息采集技术是不可缺少的重要环节。信息化的源头应该从高新技术的应用和低成本、高效率设备获取客观信息入手，用信息技术提升与改造传统产业，对建设节约型社会和可持续农牧业系统的意义重大，因此，农牧业信息化装备技术创新和产业化必须得到重视。

根据本系统所涉及的业务范围，本系统中基础数据采集方式主要分两种：人工采集和物联网设备采集。

（7）对接接口设计

系统能提供兼容不同技术架构的数据接口，保证系统与其他外部系统进行数据交换。

数据交换基于标准的数据接口，为不同的数据库系统、应用系统、专用中间件系统提供接入组件，通过接口协议需要进行抽象，使用 socket 实现客户端与服务端交互。另提供组件定制接口，可以方便、快速地添加具有新的功能的组件。

3. 县级溯源平台部署到"农牧云"

我省牦牛藏羊追溯平台的部署和建设以青海省"互联网 +"高原特色智慧农牧业大数据平台为建设基础，县级农业农村部门在本项目建设中不需建设专用机房，也不需采购服务器、路由器、防火墙、操作系统等软硬件设备，降低建设项目成本及人员成本。已建、待建平台整体部署到青海"农牧云"平台。

"农牧云"采用虚拟化云平台技术，实现：提高平台效率。采用虚拟化云平台架构，加快服务器和应用的部署，大大降低服务器重建和应用加载时间。自动规划资源请求，及时响应客户和应用的请求，也可以进行快速的硬件维护和升级系统。

保障系统安全。由于采用了虚拟化技术的高级功能，使业务系统脱离了单台物理硬件的束缚，可以实现更高级别的业务连续性要求，提升了系统安全性、可靠性。通过虚拟化技术，降低了物理硬件的故障影响力，减少了硬件的安全隐患。通过虚拟化整合，减少了设备的接入数量，安全防范的范围能够得到更有效地控制。

加快资源调配。建立业务和 IT 资源之间的关系，使 IT 和业务优先级对应。将所有服务器作为统一资源池进行管理，并按需进行资源调配，快速响应业务部门提出的系统资源需求。虚拟化平台具有更广泛的操作系统（OS）兼容性，不再担心旧系统的无法使用，并且通过自动更新功能实现维护和升级等一系列问题。

平台架构灵活。在该设计架构下，未来可轻松完成计算节点、网络链路和存储节点的在线扩容；在该方案基础之上能顺利地向数据容灾和应用容灾方向跨越。

4. 县级牦牛藏羊追溯平台设计

县级牦牛藏羊原产地可追溯平台设计，基于青海农业农村大数据平台和省级追溯平台的技术标准要求，按照全省统一的追溯标准进行整体设计。实现从养殖追溯管理、养殖保险管理、屠宰加工追溯管理、食用农产品合格证管理等进行全面追溯。养殖管理主要包括生产、防疫、检疫开证、投入品使用、佩标、信息采集等环节工作的监管；养殖保险主要是在养殖环节需进行畜牧保险与理赔工作管理；屠宰加工管理主要完成对屠宰加工环节信息进行追溯管理；食用农产品合格证管理主要为企业提供食用农产品合格证出证管理。

（1）养殖追溯管理

县级牦牛藏羊养殖追溯管理平台采用 RFID 技术、条码技术、物联网、GIS/GPS 定位技术、赋码技术，从信息的采集到传输、处理，实现对动物的整个生命周期全程跟踪，对每个环节进行详细记录，并且将数据实时提交上传至养殖追溯管理平台服务端，为牦牛藏羊产品质量安全提供基础数据支撑。

1）省、州、县三级平台整合对接

县级养殖追溯平台直接利用省级追溯平台的追溯系统，可直接打破信息孤岛问题，建立与省州县三级互联互通、共享共用的一体化养殖追溯信息体系。省级养殖追溯平台与国家农业部农畜产品质量安全平台进行数据交换共享。

2）养殖追溯管理监管平台

为县级农牧部门提供牦牛藏羊原产地可追溯监管平台，供县级农牧部门对各县牦牛藏羊追溯情况进行实时监测，全面掌握全县的追溯开展工作情况。

①养殖户信息。根据用户的登录权限，对用户所属地区的养殖户详细信息进行查看，包括养殖户名称、性别、养殖户类型、详细地址、所属合作社、身份证号、联系电话、圈舍面积（m^2）、修改人、修改时间，并提供数据分页、Excel 导出功能。

②合作社信息。根据用户的登录权限，对用户所属地区的合作社详细信息进行查看，包括合作社名称、联系人、联系人电话、区划地址、详细地址、修改人、修改时间，并提供数据分页、Excel 导出功能。

③牧场信息。根据用户的登录权限，对用户所属地区的牧场详细信息进行查看，包括牧场名称、合作社名称、使用证号、占地面积（m2）、可利用面积（m2）、区划地址、详细地址、修改人、修改时间，并提供数据分页、Excel 导出功能。

④动物个体档案。根据用户的登录权限，对用户所属地区的动物个体档案详细信息进行查看，包括区划地址、所属养殖户、耳标号、图片、性别、毛色、特征、品种、成长阶段、交配种源、健康状态、入栏月龄、修改人、修改时间，并提供数据分页、Excel 导出功能。

⑤兽药使用。根据用户的登录权限，对用户所属地区的兽药使用详细信息进行查看，包括区划地址、所属养殖户、耳标号、兽药名称、使用数目、使用日期、修改人、修改时间，并提供数据分页、Excel 导出功能。

⑥饲料喂养。根据用户的登录权限，对用户所属地区的饲料喂养详细信息进行查看，包括区划地址、所属养殖户、耳标号、饲料类型、使用数量、使用日期、修改人、修改时间，并提供数据分页、Excel 导出功能。

⑦疫苗防疫。根据用户的登录权限，对用户所属地区的疫苗防疫详细信息进行查看，包括区划地址、所属养殖户、耳标号、疫苗数目、疫苗批号、修改人、修改时间，并提供数据分页、Excel 导出功能。

⑧耳标更换。根据用户的登录权限，对用户所属地区的耳标更换详细信息进行查看，包括区划地址、所属养殖户、更换日期、旧耳标号、新耳标号、更换原因、修改人、修改时间，并提供数据分页、Excel 导出功能。

⑨无害化处理信息。根据用户的登录权限，对用户所属地区的无害化处理详细信息进行查看，包括区划地址、所属养殖户、耳标号、处理方式、死亡原因、处理人、处理日

期、修改人、修改时间，并提供数据分页、Excel导出功能。

⑩出栏信息。根据用户的登录权限，对用户所属地区的出

栏详细信息进行查看，包括区划地址、所属养殖户、耳标号、买方名称、检疫证号、出栏日期、修改人、修改时间，并提供数据分页、Excel导出功能。

⑪有机认证。根据用户的登录权限，对用户所属地区的有机认证详细信息进行查看，包括证书名称、证书编号、证书有效期、认证机构、证书持有者、持有者地址、修改人、修改时间，并提供数据分页、Excel导出功能。

3）养殖追溯管理客户端

服务于合作社或者规模养殖企业的追溯基地数据采集点，通过数据采集手持终端上部署的养殖追溯管理客户端APP或者养殖追溯管理PC客户端系统，录入或者管理养殖追溯数据。

①农业部耳标识别。通过移动端手持设备、安卓App软件可以对农业部耳标二维追溯码进行摄像头图像识别，进行耳标号解码。

②手持设备养殖客户端系统。手持设备养殖客户端系统主要在手持机APP±对养殖过程中的补栏信息、耳标佩戴、免疫信息、兽药使用、饲料使用、养殖无害化处理、出栏信息、耳标查档案等功能实现。

③养殖客户端。养殖客户端是在PC端以应用客户端形态，支持养殖户对养殖过程中的补栏信息、耳标佩戴、免疫信息、兽药使用、饲料使用、养殖无害化处理、出栏信息、耳标查档案等功能的使用。

县级牦牛藏羊追溯平台对溯源设备进行管理，包括手持设备，耳标号段等。

④统一溯源查询平台。支持牦牛藏羊等畜产品溯源查询，通过输入溯源码或者扫描溯源二维码进行溯源数据查询，对养殖过程补栏信息、耳标佩戴、免疫信息、兽药使用、饲料使用、养殖无害化处理、出栏信息以及屠宰加工过程数据进行监测查看。

（2）养殖保险管理

牦牛藏羊养殖保险管理是以牦牛藏羊为保险标的，对饲养期间遭受保险责任范围内的自然灾害意外事故和疾病引起的损失进行保险理赔的管理系统，系统为养殖户提供便捷的投保管理和理赔管理，为保险公司提供养殖过程追溯数据，为保险理赔提供数据支撑。

1）养殖保险WEB端平台

养殖户管理：对参加农牧保险的养殖户信息进行管理，包含养殖户名称、地址、联系电话、存栏量、圈舍面积等信息的管理。投保管理：对养殖户投保信息进行管理，包含养殖户名称、地址、联系电话、耳标号、坐标等的查看，以及投保信息的查询、导出、删除等。理赔管理：对养殖户的理赔信息进行管理，包含养殖户名称、地址、电话、理赔金额、理赔原因等的查看，以及理赔信息的查询、导出、删除等。统计分析：对养殖、投保、理赔情况进行多维度的分析监测。

2）手持设备养殖保险客户端

养殖户管理：对参加农牧保险的养殖户信息进行管理，包含养殖户名称、地址、联系电话、存栏量、圈舍面积等信息的管理。投保管理：管理养殖户投保信息进行管理，包含养殖户名称、地址、联系电话、耳标号、坐标等的查看，以及投保信息的查询、导出、删除等。理赔管理：对养殖户的理赔信息进行管理，包含养殖户名称、地址、电话、理赔金额、理赔原因等的查看，以及理赔信息的查询、导出、删除等。查看养殖台账、投保台账、理赔台账等功能。

（3）屠宰追溯管理

屠宰加工管理平台实现屠宰追溯管理的科学化、规范化，主要对屠宰入场、屠宰等信息进行采集管理，以便对产品进行追溯和监管。

为保证追溯数据的真实性，屠宰追溯系统要求配合屠宰流水线屠宰流程进行自动化信息采集，基于互联网、物联网等技术实现屠宰数据的自动采集过程，不允许通过填报数据等人工干预形式采集屠宰追溯数据。

1）省、州、县三级平台整合对接

直接使用省级追溯平台的屠宰追溯系统，可实现省州县三级互联互通、共享共用的一体化屠宰追溯信息体系。由省级屠宰追溯平台与国家农业部农畜产品质量安全平台进行数据交换共享。

2）PC端屠宰监管平台

PC端屠宰监管平台主要对屠宰场信息、屠宰进场、宰前无害化、屠宰信息、称重拍照、排酸信息、屠宰出场进行监管，供农牧监管单位对屠宰溯源信息数据进行管理监测。

①屠宰场信息。据用户的登录权限，对用户所属地区的屠宰场信息进行查看，包括屠宰场名称、屠宰场类型、年屠宰量（头）、负责人、负责人电话、区划地址、详细地址、屠宰场编码、修改人、修改时间，并提供数据分页、Excel导出功能。

②屠宰进场。根据用户的登录权限，对用户所属地区的屠宰进场信息进行查看，包括屠宰场名称、检疫证号、动物名称、多功能无数目（头）、货主、货主电话、启运地区划、启运地地址、车牌号、修改人、修改时间，并提供数据分页、Excel导出功能。

③宰前无害化。根据用户的登录权限，对用户所属地区的宰前无害化信息进行查看，包括屠宰场名称、耳标号、无害化数目、处理方式、检验人员、主管监督、处理人员、处理原因、修改人、修改时间，并提供数据分页、Excel导出功能。

④屠宰信息。根据用户的登录权限，对用户所属地区的屠宰信息进行查看，包括屠宰场名称、耳标号、屠宰人员、屠宰工艺、修改人、修改时间，并提供数据分页、Excel导出功能。

⑤称重拍照。根据用户的登录权限，对用户所属地区的称重拍照信息进行查看，包括屠宰场名称、耳标号、胴体重量（kg）、胴体照片、修改人、修改时间，并提供数据分页、

Excel 导出功能。

⑥排酸信息。根据用户的登录权限，对用户所属地区的排酸信息进行查看，包括屠宰场名称、耳标号、排酸时长（小时）、平均温度（° C）、修改人、修改时间，并提供数据分页、Excel 导出功能。

⑦屠宰出场。根据用户的登录权限，对用户所属地区的屠宰出场信息进行查看，包括屠宰场名称、耳标号、IC 卡号、出场日期、修改时间，并提供数据分页、Excel 导出功能。

3）手持屠宰客户端。

主要是在手持端实现对屠宰入场数据的采集，主要包括屠宰批次的检疫证信息的录入、宰前无害化等数据的录入。

4）屠宰客户端。

屠宰追溯服务管理系统是管理牛羊屠宰追溯服务系统的前端管理系统，包括屠宰计划、历史计划、节点日志、温度传感、屠宰记录等内容，同时具有查看和配置屠宰场溯源设备参数的功能。

5）屠宰数据同步服务。

屠宰数据同步服务作为屠宰自动化数据采集系统后台服务，无需人工操作，完成屠宰场信息、屠宰进场、宰前无害化、屠宰信息、称重拍照、排酸信息、屠宰出场等数据上传中心服务器的功能。

6）屠宰自动数据采集服务。

屠宰数据采集服务作为屠宰自动化数据采集系统后台服务，无需人工操作，完成屠宰场信息、屠宰进场、宰前无害化、屠宰信息、称重拍照、排酸信息、屠宰出场等数据的自动采集管理。

（4）加工追溯管理

使用省级冷鲜肉加工追溯管理平台，对冷鲜肉的加工、胴体进场、称重包装信息的管理，完善追溯链条各环节数据，保障牦牛藏羊追溯链条的完整性。

为保证数据的真实性，加工追溯管理平台必须配合加工流水线流程采用自动化的信息采集流程实现冷鲜肉加工追溯过程数据的采集。

1）省、州、县三级平台整合对接

使用省级追溯平台的加工追溯系统，可实现省州县三级互联互通、共享共用的一体化加工追溯信息体系。由省级加工追溯平台与国家农业部农畜产品质量安全平台进行数据交换共享。

2）加工厂信息

根据用户的登录权限，对用户所属地区的加工厂信息进行查看，包括加工厂名称、加工厂类型、是否有机、年屠宰量、负责人、负责人电话、区划地址、详细地址、加工厂编码、修改人、修改时间，并提供数据分页、Excel 导出功能。

3）胴体进场

根据用户的登录权限，对用户所属地区的胴体进场信息进行查看，包括加工厂名称、IC 卡号、耳标号、进场时间、修改人、修改时间，并提供数据分页、Excel 导出功能。

4）称重包装

根据用户的登录权限，对用户所属地区的称重包装信息进行查看，包括加工厂名称、产品类型、产品重量、单价（g/ 元）、总价（元）、溯源码、IC 卡号、生产时间、修改人、修改时间，并提供数据分页、Excel 导出功能。

（5）县级食用农产品合格证管理

食用农产品合格证管理平台可以更好的落实食用农产品生产经营者的主体责任，健全产地准出制度，保障农产品质量安全。

州县级食用农产品合格证管理平台的基础数据可以与省级食用农产品合格证平台无缝对接，打破信息孤岛，建立省州县三级互联互通、共享共用的食用农产品合格证监管体系。

1）农牧监管单位应用系统

针对农牧监管单位，提供县级食用农产品合格证监管平台，该平台用于监管部门对于生产经营企业及合格证开证的管理。功能包括企业主体信息申报，县级监管审核企业主体信息，查看企业主体信息，查看合格证出证情况，电子合格证数据，管理基本数据，数据统计分析等。

2）企业级食用农产品合格证出证系统

① PC 端食用农产品出证系统

生产经营企业基于 PC 端食用农产品出证系统填写基本信息进行注册后，通过系统添加产品信息，基于打印设备，完成农产品出证打印功能，并可查看开证数据。

②手机端食用农产品合格证系统

移动端 APP 系统，通过手机安装的系统添加产品信息，基于便携式蓝牙打印机，完成合格证出证功能，并查看开证数据。

移动端 APP 系统可以很方便的安装在用户的手机中，配合蓝牙打印机，实现食用农产品合格证的出证打印功能。蓝牙打印机摆脱连线所带来的不便，通过与电脑或移动终端的连接，均可完成打印功能。

③手持端食用农产品合格证系统

手持端移动端 APP 系统，可以通过系统添加产品信息，基于手持自带的一体打印机，完成合格证出证功能，并查看开证数据。

手持端 APP 系统可以很方便的安装在手持一体机中，无需其他设备辅助，即可实现食用农产品合格证的出证打印功能。

3）合格证管理系统设备

合格证管理系统设备包括电脑、打印机、便携式蓝牙打印机、手持打印一体机等设备。

5. 青海省牦牛藏羊大数据中心开发应用

2019年建设了青海省统一标准、规范的青海省牦牛藏羊追溯大数据中心，建成全省牦牛藏羊数据枢纽中心，实现省、州、县三级牦牛藏羊数据共享交换、存储与处理，全省牦牛藏羊追溯数据统一标准、统一存储、统一处理、统一分析、统一分发和统一管理。2020年省级牦牛藏羊追溯大数据中心在全省30个试点县进行全面开发应用，专注服务于2020年牦牛藏羊原产地可追溯工程的整体实施过程。

青海省牦牛藏羊大数据中心采用虚拟化和智能化等大数据处理技术手段，对牦牛藏羊追溯所涉及的海量、多源、异构数据进行全方位的采集、上报、分析及处理，建设内容全面、业务广泛、数据规范、组织合理的青海省牦牛藏羊大数据中心，实现各类追溯数据的有机整合、数据共享和深度应用，为溯源数据管理、信息公开提供数据服务和信息支撑。

基础资源层。基础资源层主要包含基础的硬件设备支撑以及基础服务。硬件设备主要包含服务器，溯源数据采集所需的视频设备、物联网传感设备，以及基础的网络通讯设备。基础服务主要是对服务器的部署、维护，物联网设备的配置等服务。

数据采集层。数据采集层主要是对业务系统、应用程序 API 等结构化数据以及文本、网页、视频、图像等非结构化数据的对接、共享服务，以及数据的上报。

数据存储与管理层。数据存储与管理层实现对养殖、屠宰、移动、加工等各环节数据的整合与集成，数据资源管理，数据管理与监控以及操作数据的管理。

应用支撑服务层。应用支撑服务层主要实现对青海省牦牛藏羊追溯大数据的应用提供支撑服务，包含数据的基础服务、即时查询、报表服务、多维分析、数据挖掘，以及对追溯数据的检索服务。

数据应用层。数据应用层为用户提供业务所需相关软件系统及功能，包含养殖管理、移动监督管理、屠宰管理、加工管理、追溯检索等。

青海省牦牛藏羊大数据中心，实现省州县三级牦牛藏羊追溯平台互融互通、集中管理，为全省农牧监管部门提供统一的牦牛藏羊追溯公共服务，有利于打造坚实的青海省牦牛藏羊全程追溯体系。

统一标准。全面推进牦牛藏羊追溯标准统一，确保追溯数据标准、规范，追溯流程一致，各追溯系统软件兼容。

统一存储。全省牦牛藏羊追溯数据在省农业农村厅农牧云进行统一存储，各州县通过开放的 API 接口服务获取辖区内各类追溯数据。

统一处理。各试点县通过青海省牦牛藏羊大数据中心接口上传追溯数据到大数据中心存储中间服务器，大数据中心通过数据清洗进行统一数据处理，进行业务数据校验，完成追溯数据的清洗，存储等统一处理过程。

统一分析。青海省牦牛藏羊大数据中心定期进行数据分析汇总，完成标准化的数据分析，并将分析结果存储到统计分析数据库，各州县可通过统一的接口服务获取数据分析结果。

统一分发。青海省牦牛藏羊大数据中心负责给各州县提供统一分发数据服务，各州县追溯平台通过统一分发数据服务实现其追溯平台的数据监测。

统一管理。青海省牦牛藏羊大数据中心负责全省牦牛藏羊追溯数据的统一管理，包括数据标准管理、数据对接管理、数据存储管理、数据清洗管理、数据授权管理等。

数据标准。数据标准服务主要完成全省牦牛藏羊追溯标准的制定，包括数据标准、业务标准以及追溯流程标准等。

数据共享。数据共享服务实现对养殖、移动、屠宰、加工各环节数据的"互联互通、数据共享、业务协同"，通过共享服务接口，实现省级、州（市）级、县级牦牛藏羊耳标佩戴、检疫免疫、兽药饲料使用、养殖保险、屠宰信息等数据同步共享，互融互通。

数据对接。数据对接服务实现养殖追溯信息、移动检疫信息、屠宰加工追溯信息从基层数据采集系统到县级追溯平台、州级追溯平台，再到省级追溯平台上下对接，共享共用。

数据清洗。数据清洗服务主要完成全省牦牛藏羊追溯数据的清洗处理过程，检查数据一致性，处理无效值和缺失值等，保障青海省牦牛藏羊大数据中心数据真实、可靠。

6. 省州县三级牦牛藏羊追溯监管平台

青海省"互联网+"高原特色智慧农牧业大数据平台的省级农畜产品质量安全追溯平台为省州县三级农牧监管单位提供省州县三级牦牛藏羊追溯监管平台，监管内容包括养殖追溯监管、养殖保险监管、屠宰追溯监管、加工追溯监管、食用农产品合格证监管、电子出证监管、追溯基地物联网监控建设监管、试点县建设进展监管等内容。

7. 牦牛藏羊追溯基地建设

建设牦牛藏羊追溯基地采集点，包含牦牛藏羊规模养殖场/合作社建设、乡镇农牧技术服务部门建设、屠宰加工企业系统集成、采集点培训。通过建设追溯基地采集点，对牦牛藏羊的养殖、移动、屠宰加工环节等的数据信息进行采集、传输和存储，并通过互联网上传至县级追溯平台，数据将同时同步到州级追溯平台及青海省"互联网+"高原特色智慧农牧业大数据中心，打通追溯各个环节数据采集的壁垒，实现牦牛藏羊追溯信息的上下对接、互联互通。

（1）规模养殖场/合作社

建设牦牛藏羊规模养殖场/合作社追溯基地采集点，主要配置数据采集手持终端、养殖基地气象站（包括控制逆变器、光伏组件、蓄电池、电源转换器、监控设备、路由器、风速传感器、风向传感器、无线通讯设备、雨量传感器、温湿度光照二氧化碳传感器、标准型环境数据采集器、物联网温度传感器），手持采集终端数据卡、耳标钳等设备，并且为每个追溯基地采集点制作全景图。采集点负责人将养殖追溯信息录入，溯源数据上传至县级追溯平台，自动同步到州级追溯平台及青海省"互联网+"高原特色智慧农牧业大数据平台数据中心。

1）动物个体防疫数据对接

动物个体防疫数据对接青海省"互联网+"高原特色智慧农牧业大数据平台的疫病防控数据平台应用系统，包括疫苗、数量、养殖名称、防疫员名称、防疫时间等。

2）规模养殖场/合作社全景图制作

通过无人机拍照、影像合成等技术，制作养殖场/合作社的360度全景图，采集企业信息及企业GPS定位。全景图可与省平台GIS综合监控平台实现数据共享，用于养殖场/合作社信息及地理位置在省平台的全景图展示。

3）数据采集手持终端

数据采集手持终端系统要求：

①部署手持设备养殖客户端系统，录入耳标佩戴、免疫信息、兽药使用、饲料使用、养殖无害化处理、出栏信息等，并可实现扫描耳标，查询牦牛藏羊档案的功能；

②数据采集信息格式满足省平台养殖环节数据规范，并且及时数据同步到县级追溯平台、州级追溯平台及青海省"互联网+"高原特色智慧农牧业大数据平台数据中心；

③部署手持设备养殖保险客户端，实现养殖户、养殖户投保信息、养殖户理赔信息的管理；

④满足县平台、州平台及省平台设备管理规范和要求，并且在牦牛藏羊追溯平台中对设备进行管理；

⑤手持设备养殖客户端系统支持身份证图像识别，身份信息自动采集。

4）追溯基地气象站

追溯基地气象站设备包括监控杆、监控设备、控制逆变器、光伏组件、蓄电池、电源转换器、户外防水箱、无线通讯设备、风速传感器、风向传感器、雨量传感器、温湿度光照二氧化碳传感器、标准型环境数据采集器、路由器。

（2）乡镇农牧技术服务部门

建设牦牛藏羊乡镇农牧技术服务部门追溯采集点，主要配置电脑、打印机、数据采集手持仪、手持采集终端数据卡等，并且为乡镇农牧技术服务部门单位制作全景图。通过数据采集手持终端安装的养殖溯源管理系统（移动端），采集辖区内牦牛藏羊追溯数据，并可实现扫描耳标，查询牦牛藏羊档案的功能，养殖溯源数据自动同步到县级追溯平台、州级追溯平台及青海省"互联网+"高原特色智慧农牧业大数据平台数据中心。

1）全景图制作

通过无人机拍照、影像合成等技术，制作乡镇农牧技术服务部门的360度全景图，采集企业信息及企业 GPS 定位。全景图可与省平台 GIS 综合监控平台实现数据共享，用于乡镇农牧技术服务部门信息及地理位置在省平台的全景图展示。

2）数据采集手持终端

①部署手持设备养殖客户端系统应用系统，代替养殖户对辖区内牦牛藏羊耳标佩戴、免疫信息等进行录入；

②数据采集信息格式满足省平台养殖环节数据规范，并且及时数据同步到县级追溯平台、州级追溯平台及青海省"互联网+"高原特色智慧农牧业大数据平台数据中心；

③部署手持设备养殖保险客户端，实现养殖户、养殖户投保信息、养殖户理赔信息的管理；

④满足县平台、州平台及省平台设备管理规范和要求，并且在牦牛藏羊追溯平台中对设备进行管理；

⑤手持设备养殖客户端系统应用系统，支持身份证图像识别，身份信息自动采集。

3）电脑

部署养殖溯源管理系统，实现对养殖基础信息、动物防疫、投入品、动物检疫等的管理，以及养殖数据的统计分析与溯源查询。

（3）屠宰加工企业追溯点

建设牦牛藏羊屠宰加工场追溯点，为屠宰加工企业部署 RFID 电子标签、RFID 读写器、RFID 读写器天线、溯源电子秤、标签打印机、IC 卡、IC 卡读写器、物联网温度传感器、监控设备、物联网终端、电脑、本地应用软件服务器、手持终端、LED 屏等溯源操作设备，并且为屠宰加工场制作全景图。通过动物屠宰追溯管理系统、熟食品加工追溯管理系统以及相其对应的移动端系统，实现溯源体系屠宰加工环节的数据采集、上报、查询。屠宰加工溯源数据自动同步到县级追溯平台、州级追溯平台及青海省"互联网+"高原特色智慧农牧业大数据平台数据中心。

1）屠宰加工企业全景图制作

通过无人机拍照、影像合成等技术，制作屠宰加工企业的 360 度全景图，采集企业信息及企业 GPS 定位。全景图可与省平台 GIS 综合监控平台实现数据共享，用于屠宰加工企业信息及地理位置在省平台的全景图展示。

2）屠宰场手持终端

通过动物屠宰追溯管理系统对屠宰数据进行补充录入，完成屠宰场信息、屠宰进场、宰前无害化、屠宰信息、称重拍照、排酸信息、屠宰出场等数据的录入管理。

技术要求：

①部署手持端屠宰客户端，实现溯源屠宰加工环节的数据采集、上报和查询；

②数据采集信息格式满足省平台养殖环节数据规范，并且及时数据同步到县级追溯平台、州级追溯平台及青海省"互联网+"高原特色智慧农牧业大数据平台数据中心；

③满足县平台、州平台及省平台设备管理规范和要求，并且在牦牛藏羊追溯平台中对设备进行管理；

④手持端屠宰客户端，支持身份证图像识别，身份信息自动采集。

3）RFID 识读器

识读器主要用于屠宰流水线动物标识信息读取，自动读取胴体挂钩信息，自动读取、保存屠宰过程各节点关键信息。

4）RFID 读写器天线

主要应用于物联网 RFID 读写器的信号接收，与 RFID 读写器为一体，每个读写器配备 2 个 RFID 读写器天线，用于读取 RFID 电子标签和动物耳标并获取数据。

5）RFID 电子标签

使用用途：屠宰流水线胴体识别，耳标数据转换。

6）网关服务器

网关服务器用于安装视频数据传输服务，一体化超轻薄设计，极速计算性能，满足高速领域应用；安装方式：嵌入式安装，墙面式安装，导轨式安装（可选）。

7）监控设备

用于屠宰流水线上的胴体拍照，视频监控等。

8）电脑

部署动物屠宰追溯管理系统（PC 端），实现对屠宰自动化数据采集系统进行补充数据录入，完成屠宰进场登记、无害化登记、检疫登记管理功能，以及屠宰场信息、屠宰进场、宰前无害化、屠宰信息、称重拍照、排酸信息、屠宰出场等数据查看功能。

9）物联网温度传感器

用于排酸车间温度监测。

10）溯源电子秤

使用用途：主要用于产品加工时的称重，实现屠宰加工环节溯源数据的采集、上报，数据采集信息格式满足省平台养殖环节数据规范，并且及时数据同步到县级追溯平台、州级追溯平台及青海省"互联网+"高原特色智慧农牧业大数据平台数据中心。满足县平台、州平台及省平台设备管理规范和要求，并且在牦牛藏羊追溯平台中对设备进行管理。

11）标签打印机

使用用途：主要应用于加工环节打印生成溯源二维码标签，在牦牛藏羊肉产品出厂之前，通过标签打印机打印牦牛藏羊肉溯源二维码标签，实现肉品信息可追溯。

12）不干胶标签纸

用于打印追溯二维码。

13）IC 卡

IC 卡主要应用于屠宰加工环节，实现有分就有卡，一卡一分体，通过读卡器快速将牲畜身体分割后的各个部分进行——读卡记录，做到耳标离体有标记，牲畜分体有记录。

14）IC卡读卡器

IC卡读卡器主要应用于屠宰加工环节IC卡读取，将牲畜屠宰加工环节耳标与IC卡绑定以形成快速、准确的定位，将所查档案做出地理定位指示，实现快速查找及归档操作。

15）网络视频录像机

网络视频录像机，是网络视频监控系统的存储转发部分，NVR与视频编码器或网络摄像机协同工作，完成视频的录像、存储及转发功能。

16）监控硬盘

存储视频的录像文件。

8. 培训设计

（1）培训目的

培训是本项目建设的重要组成部分，培训应达到以下几个目的：

1）促使县级监管层真正全面了解整个项目建设目标以及建设内容，以便顺利开展工作。

2）增强负责系统管理的相关专业技术人员维护和使用系统的技能，使他们掌握有关系统软硬件、应用软件的维护和管理的工作，达到能进行管理、日常故障排除、日常测试维护等工作的目的，保证应用系统正常、安全、稳定地运行。

（2）培训对象

培训对象包括本项目建设、运营和维护的专业人员、各类系统使用人员及各级领导等。应根据不同人员的特点和要求有针对性的制订培训的课程及培训方式，以达到培训效果。

（3）培训需求

供应商对其提供的产品应尽培训义务。培训内容包含系统操作培训、系统日常维护培训等。

（4）培训内容

培训内容包括四个层次的培训：省级培训、市州级培训、县级培训、示范基地企业培训。

（5）培训组织

项目实施中，应用技术培训是重中之重。为做好项目培训，实施单位与承建单位成立培训组，组织完成各种培训任务。培训组负责培训需求调查和培训教材的编写与培训授课等工作。

（6）培训教材

教材由根据培训内容由专人负责编写并提前制作，形式有：讲稿、电子文档（PPT）、挂图、操作说明等。

（7）培训模式

针对不同情形，设定不同培训模式，提供短期培训、高级培训、系列培训、定期和不定期集中培训、应急培训等培训方式，以适专用设备项目客户服务量大、服务面积广的特点。

（8）培训方法

利用"多模式"教学方法：理论教学、实际操作、现场互动、重点帮扶四大模块相结合，更好的帮助学员学习和吸收知识。

（9）培训质量

根据培训实施情况，向主管部门提交培训报告汇报：培训目标达成情况、培训报告、统计分析报告、培训用户满意度情况等。结合问答、实际操作演示等方式，重点加强培训质量的使用。

参考文献

[1] 罗光荣，杨平贵编著.生态牦牛养殖实用技术 [M].四川出版集团；成都：天地出版社.2008.

[2] 李世林，罗光荣，严扎甲主编.牦牛养殖 [M].四川民族出版社.2019.

[3] 青海省农牧厅编.牦牛养殖技术 [M].西宁：青海民族出版社.2015.

[4]《牦牛养殖技术》编委会编；万玛项千，扎西才让译.农牧区惠民种植养殖实用技术丛书牦牛养殖技术汉藏对照 [M].西宁：青海人民出版社.2016.

[5] 阎萍主编.牦牛养殖实用技术问答 [M].兰州：甘肃民族出版社.2007.

[6] 罗光荣，杨平贵编著.生态牦牛养殖实用技术藏汉双语 [M].成都：天地出版社.2011.

[7] 郭宪著.牦牛科学养殖与疾病防治 [M].北京：中国农业出版社.2018.

[8] 牦牛生态养殖与生产管理技术 [M].长春：吉林人民出版社.2015.

[9] 梁春年，阎萍主编；张少华，石生光，周绪正等副主编.牦牛科学养殖实用技术手册 [M].北京：中国农业出版社.2014.

[10] 祁国军主编.甘肃高山细毛羊肃南牦牛绿色标准化生产技术 [M].天津：天津科学技术出版社.2018.

[11] 郭淑珍主编.藏羊健康养殖 [M].兰州：甘肃科学技术出版社.2016.

[12] 戈明主编.藏羊养殖技术 [M].兰州：甘肃民族出版社.2017.

[13] 青海省农牧厅编.藏羊养殖技术 [M].西宁：青海民族出版社.2015.

[14] 郎侠，保善科，王彩莲主编.藏羊养殖与加工 [M].北京：中国农业科学技术出版社.2014.

[15] 梁春年，杨树猛主编.藏羊科学养殖实用技术手册 [M].北京：中国农业出版社.2016.

[16] 侯生珍编著.高原型藏羊高效养殖技术 [M].西宁：青海人民出版社.2015.

[17]《肉羊养殖技术》编委会编；尕藏译.农牧区惠民种植养殖实用技术丛书肉羊养殖技术汉藏对照 [M].西宁：青海人民出版社.2016.

[18] 王永主编；徐亚欧，刘鲁蜀编著.羊良种引种指导 [M].北京：金盾出版社.2004.

[19] 北京市农业局编.北京 12316 三农服务热线畜禽养殖技术问答 [M].北京：中国农业大学出版社.2016.

[20] 王玉琴编著 . 无角陶赛特羊养殖与杂交利用 [M]. 北京：金盾出版社 .2004.

[21] 朱新书主编 . 放牧牛羊高效养殖综合配套技术 [M]. 兰州：甘肃科学技术出版社 .2016.

[22] 王华著 . "一带一路"沿线国家特种动物纤维 [M]. 北京：中国纺织出版社 .2019.

[23] 周青平主编 . 高寒牧区畜牧业生产技术实用手册 [M]. 江苏凤凰科学技术出版社 .2015.

[24] 付茂忠编 . 新版养牛问答 [M]. 成都：四川科学技术出版社 .2011.

[25] 郎侠，李国林，王彩莲主编 . 甘肃省绵羊生态养殖技术 [M]. 兰州：甘肃科学技术出版社 .2014.